环境影响评价系列丛书

# 社会区域类环境影响评价

（第三版）

环境保护部环境工程评估中心　编

中国环境出版社·北京

**图书在版编目（CIP）数据**

社会区域类环境影响评价/环境保护部环境工程评估中心编．—3版．—北京：中国环境出版社，2014.9
（环境影响评价系列丛书）
ISBN 978-7-5111-1693-2

Ⅰ．①社…　Ⅱ．①环…　Ⅲ．①社会生活—区域—环境影响—评价—技术培训—教材　Ⅳ．①X820.3

中国版本图书馆CIP数据核字（2013）第309717号

出 版 人　王新程
责任编辑　黄晓燕　李兰兰
文字编辑　许思佳
责任校对　唐丽虹
封面设计　宋　瑞

---

出版发行　中国环境出版社
（100062　北京市东城区广渠门内大街16号）
网　　址：http://www.cesp.com.cn
电子邮箱：bjgl@cesp.com.cn
联系电话：010-67112765（编辑管理部）
010-67112735（环评与监察图书出版中心）
发行热线：010-67125803，010-67113405（传真）
印　　刷　北京市联华印刷厂
经　　销　各地新华书店
版　　次　2007年8月第1版　2014年9月第3版
印　　次　2014年9月第1次印刷
开　　本　787×960　1/16
印　　张　28
字　　数　575千字
定　　价　80.00元

---

# 《环境影响评价系列丛书》
# 编写委员会

# 本书编写委员会

主　编　李海生

副主编　刘伟生　刘振起

编　委　陈凤先　康拉娣　卓俊玲　蔡　梅

# 序

今年是《中华人民共和国环境影响评价法》（以下简称《环评法》）颁布十周年，《环评法》的颁布，是环保人和社会各界共同努力的结果，体现了党和国家对环境保护工作的高度重视，也凝聚了环保人在《环评法》立法准备、配套法规、导则体系研究、调研和技术支持上倾注的心血。

我国是最早实施环境影响评价制度的发展中国家之一。自从1979年的《中华人民共和国环境保护法（试行）》，首次将建设项目环评制度作为法律确定下来后的二十多年间，环境影响评价在防治建设项目污染和推进产业的合理布局，加快污染治理设施的建设等方面，发挥了积极作用，成为在控制环境污染和生态破坏方面最为有效的措施。2002年10月颁布《环评法》，进一步强化环境影响评价制度在法律体系中的地位，确立了我国的规划环境影响评价制度。

《环评法》颁布的十年，是践行加强环境保护，建设生态文明的十年。十年间，环境影响评价主动参与综合决策，积极加强宏观调控，优化产业结构，大力促进节能减排，着力维护群众环境权益，充分发挥了从源头防治环境污染和生态破坏的作用，为探索环境保护新道路作出了重要贡献。

加强环境综合管理，是党中央、国务院赋予环保部门的重要职责。规划环评和战略环评是环保参与综合决策的重要契合点，开展规划环评、探索战略环评，是环境综合管理的重要体现。我们应当抓住当前宏观调控的重要机遇，主动参与，大力推进规划环评、战略环评，在为国家拉动内需的投资举措把好关、服好务的同时促进决策环评、规划环评方面实现大的跨越。

今年是七次大会精神的宣传贯彻年，国家环境保护“十二五”规划转型的关键之年，环境保护作为建设生态文明的主阵地，需要根据新形势，新任务，及时出台新措施。当前环评工作任务异常繁重，因此要求我们必须坚持创新理念，从过于单纯注重环境问题向综合关注环境、健康、安全和社会影响转变；必须坚持创新机制，充分发挥“控制闸”“调节器”和“杀手锏”的效能；必须坚持创新方法，推进环评管理方式改革，提高审批效率；必须坚持创新手段，逐步提高参与宏观调控的预见性、主动性和有效性，着力强化项目环评，切实加强规划环评，积极探索战略环评，超前谋划工作思路，自觉遵循经济规律和自然规律，增强环境保护参与宏观调控的预见性、主动性和有效性。建立环评、评估、审批责任制，加大责任追究和环境执法处罚力度，做到出了问题有据可查，谁的问题谁负责；提高技术筛选和评估的质量，要加快实现联网审批系统建设，加强国家和地方评估管理部门的互相监督。

要实现以上目标，不仅需要在宏观层面进行制度建设，完善环评机制，更要强化行业管理，推进技术队伍和技术体系建设。因此需要加强新形势下环评中介、技术评估、行政审批三支队伍的能力建设，提高评价服务机构、技术人员和审批人员的专业技术水平，进一步规范环境影响评价行业的从业秩序和从业行为。

本套《环境影响评价系列丛书》总结了我国三十多年以来各行业从事开发建设环境影响评价和管理工作经验，归纳了各行业环评特点及重点。内容涉及不同行业规划环评、建设项目环境影响评价的有关法律法规、环保政策及产业政策，环评技术方法等，具有较强的实践性、典型性、针对性。对提高环评从业人员工作能力和技术水平具有一定的帮助作用；对加强新形势下环境影响评价服务机构、技术人员和审批人员的管理，进一步规范环境影响评价行业的从业秩序和从业行为方面具有重要意义。

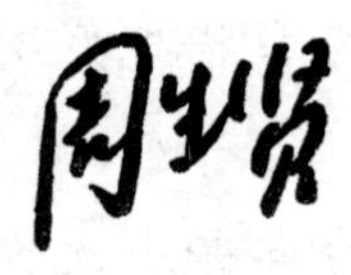

# 前　言

环境影响评价制度在我国实施以来，为推动我国的可持续发展发挥了积极作用，也积累了丰富的实践经验。为了进一步提高对环境影响评价技术人员管理的有效性，国家从2004年4月起开始实施环境影响评价工程师职业资格制度，并纳入全国专业技术人员职业资格证书制度统一管理。这项制度的建立是我国环境影响评价队伍管理走上规范化的新措施，对于贯彻实施《中华人民共和国环境影响评价法》，加强新形势下环境影响评价服务机构和技术人员的管理，进一步规范环境影响评价行业的从业秩序和从业行为具有重要意义。

为了提高环境影响评价队伍的技术水平和从业能力，正确掌握行业环保政策、产业政策及各行业建设项目的环评技术，环境保护部环境工程评估中心组织编写了这套"环境影响评价系列丛书"，《社会区域类环境影响评价》是该套书中的一册。《社会区域类环境影响评价》（第一版）于2007年8月出版，出版以来一直作为环境影响评价工程师培训教材，也是从事环境影响评价科技与管理人员的工作参考书籍，对提高环境影响评价队伍的技术水平和业务能力起到了积极作用，深受广大读者欢迎。在发行使用过程中，我们收到了广大读者的意见和建议，也曾不断对教材内容进行修改，增补新发布实施的相关法律法规及标准，并于2012年10月出版了第二版作为该书纪念册。

为了进一步提高教材的质量和实用性，我们编写了《社会区域类环境影响评价》（第三版），补充和更新了该书涉及的法律法规、政策和标准，增加了概述和案例章节，并根据社会区域类建设项目的特点，对工程分析、环境影响预测评价及污染防治措施等章节进行了修编。重新编写了第三篇区域开发，以满足广大读者需求。本版主要编写人员：第一章：康拉娣、刘振起、钱德安；第二章：钱德安、史雪廷；第三章：卓俊玲、韩旺；第四章：刘振起、赫荣晖；第五章：赫荣晖、王守伟；第六章：陈凤先、钱德安；第七章：孙晓宇、刘小玉；第八章：刘振起、王海华、卜砚；第九章：鱼红霞、秦大唐；第十章：秦大唐、卜砚、王海华；第十一章：蔡梅、彭应登；第十二章：彭应登；第十三章：王亚男、刘伟生；第十四章：赵芳、王亚男；第十五章：李宏、赵芳、何磊、杨淇微；第十六章：杨淇微、葛方龙、何磊；第十七章：王亚男、赵芳。统稿工作主要由刘振起、秦大唐、彭应登、王亚男、钱德安、刘小玉、赫荣晖、鱼红霞、陈凤先完成。2007年版编写和统稿人员同为本书作者。

该册书的修订得到了环境保护部环境影响评价司的指导及井文涌、詹存卫、邱大庆等专家的帮助，在此一并表示感谢。

书中不当之处，敬请读者批评指正。

编　者

2013年11月

# 目　录

## 第一篇　市政公用工程

## 第二篇　社会服务行业

## 第三篇　区域开发

# 第一篇　市政公用工程

市政公用工程篇由自来水生产和供应项目、城市污水处理项目、城市固体废物处置项目、房地产项目和城市综合整治项目五个方面组成。前四类项目，重点阐述了工程概况、相关工艺流程、工程分析、污染防治对策和环境影响评价需要关注的问题。城市综合整治项目，着重阐述了工程组成、影响因子筛选、整体工程与具体项目环境影响分析要点。

本篇综合了大量相关项目环境影响报告书和文献资料，在工程方面针对不同的工程类型，介绍了有代表性的工艺流程和相应的运行条件及运行参数；在工程分析方面，针对不同的污染类型，列出了相应的产污环节和污染源排放系数；在污染防治措施方面，针对不同工程污染问题介绍了有关治理措施和部分实例。

# 第一章　市政公用工程概述

## 第一节　市政公用工程类别划分

本篇中市政公用工程包括城市基础设施及房地产类。城市基础设施是城市发展的基础，是保障城市可持续发展的关键性设施。它主要由公共交通设施、给水、排水、环卫、燃气、供热、房地产开发、城市综合整治等工程系统构成。

① 城市公共交通设施：城市公共汽车首末站、出租汽车停车场、大型公共停车场；城市交通综合换乘枢纽；城市交通广场等。

② 城市供水设施：取水工程设施、水净化设施、供水管网等。

③ 城市排水设施：城市雨水管道、污水管道、排水河道及沟渠、泵站、污水处理厂及其他附属设施。

④ 城市环境卫生设施：垃圾转运站、垃圾处置场、危险废物处置场、废旧资源回收加工再利用及其他辅助设施。

⑤ 城市供燃气设施：城市气源、燃气储配站、燃气管道等。

⑥ 城市供热设施：城市热源、区域性热力站、热力管线等。

⑦ 房地产开发：新区土地开发，旧城区改造或二次开发，住宅，生产与经营和生活服务性建筑等。

⑧ 城镇河道、湖泊整治：城市防洪堤岸、河坝、排洪沟、截洪沟、防洪闸、排涝泵站、排洪道及其他附属设施。

本书主要针对市政工程的给水、污水处理、城市固体废物处理、房地产开发和城市综合整治工程进行论述。

## 第二节　现状及发展中存在的问题

随着我国城镇化建设进程加快，现有城市基础设施已不能满足需求，因此在未来一段时间，城市基础设施建设仍是各个城市发展的重点。

## 一、供水设施现状及存在的问题

目前我国城市发展中存在的较大问题是供水设施不足，这是制约城市经济发展的“瓶颈”。在我国的 660 个城市中供水紧张的有 340 个，其中有 120 个城市严重缺水，甚至有的日缺水量达 1 600 万 $m^3$，其中相当一部分是因供水设施不足造成的。

## 二、排水设施现状及存在的问题

截至 2010 年年底，我国城镇生活污水设施处理能力已达到 1.25 亿 $m^3/d$，设市城市污水处理率已达 77.5%，设施建设超额完成“十一五”专项规划的要求，化学需氧量（COD）污染减排贡献率占“十一五”期间全国 COD 新增削减总量的 70%以上。但仍存在污水配套管网建设相对滞后、设施建设不平衡、部分处理设施不能完全满足环保新要求、多数污泥尚未得到无害化处理处置、污水再生利用程度低、设施建设和运营资金不足、运营监管不到位等问题。

## 三、生活垃圾处置及存在的问题

截至 2010 年年底，全国设市城市和县城生活垃圾年清运量 2.21 亿 t，生活垃圾无害化处理率 63.5%，其中设市城市 77.9%，县城 27.4%。由于城镇化快速发展，生活垃圾激增，垃圾处理能力相对不足，一些城市面临“垃圾围城”的困境。同时，部分处理设施建设水平和运行质量不高，配套设施不齐全，存在污染隐患，影响城镇环境和社会稳定。

## 四、城市生态环境质量亟待提高

随着城市规模的不断扩大，困扰城市发展的水质污染、固体废弃物污染、大气污染等城市环境问题日益突出，主要表现在：

① 水质污染。我国城市水资源质量较差，有调查显示，在受监测的 176 条城市河段中，绝大多数河段受到不同程度污染，52%的河段污染严重。造成水资源受到严重污染的根本原因是城市污水处理设施不够，从而导致大量生产、生活废水未经处理，或虽经处理而未达标。

② 固体废物污染。我国城市垃圾排放量的年平均增长速度为 7%～9%，其产生来源主要有居民的生活垃圾，街道清扫垃圾和集团（机关、工厂、服务业等）垃圾，其处理的主要方式是填埋，由于无害化处理设施与技术不完善，加上管理粗放，固体废

物已成为我国城市环境的一大污染。

③ 大气污染。目前，我国城市大气污染的主要污染源来自工业废气和汽车尾气，其中工业废气污染大部分为烟煤污染，而造成烟煤污染的主要原因是我国工业企业的废气净化设施不足且技术水平落后。

## 第三节　环境保护相关法律法规、政策及标准

### 一、《中华人民共和国水法》相关条款

2002 年 8 月 29 日，《中华人民共和国水法》由中华人民共和国第九届全国人民代表大会常务委员会第二十九次会议通过。

**第三十三条**　国家建立饮用水水源保护区制度。省、自治区、直辖市人民政府应当划定饮用水水源保护区，并采取措施，防止水源枯竭和水体污染，保证城乡居民饮用水安全。

**第三十四条**　禁止在饮用水水源保护区内设置排污口。

在江河、湖泊新建、改建或者扩大排污口，应当经过有管辖权的水行政主管部门或者流域管理机构同意，由环境保护行政主管部门负责对该建设项目的环境影响报告书进行审批。

### 二、《中华人民共和国水污染防治法》相关条款

《中华人民共和国水污染防治法》2008 年 2 月 28 日由第十届全国人民代表大会常务委员会第三十二次会议修订通过，2008 年 6 月 1 日起施行。相关内容的条款主要包括第十七条、第四十四条、第四十六条、第五十六条等。

**第十七条**　新建、改建、扩建直接或者间接向水体排放污染物的建设项目和其他水上设施，应当依法进行环境影响评价。

**第四十四条**　城镇污水应当集中处理。

**第四十六条**　建设生活垃圾填埋场，应当采取防渗漏等措施，防止造成水污染。

**第五十六条**　国家建立饮用水水源保护区制度。饮用水水源保护区分为一级保护区和二级保护区；必要时，可以在饮用水水源保护区外围划定一定的区域作为准保护区。

### 三、《中华人民共和国固体废物污染环境防治法》相关条款

《中华人民共和国固体废物污染环境防治法》于 2004 年 12 月 29 日由中华人民共

和国第十届全国人民代表大会常务委员会第十三次会议修订，自 2005 年 4 月 1 日起施行，相关条款有：

**第十三条** 建设产生固体废物的项目以及建设贮存、利用、处置固体废物的项目，必须依法进行环境影响评价，并遵守国家有关建设项目环境保护管理的规定。

**第十四条** 建设项目的环境影响评价文件确定需要配套建设的固体废物污染环境防治设施，必须与主体工程同时设计、同时施工、同时投入使用。固体废物污染环境防治设施必须经原审批环境影响评价文件的环境保护行政主管部门验收合格后，该建设项目方可投入生产或者使用。对固体废物污染环境防治设施的验收应当与主体工程的验收同时进行。

## 四、《国务院关于加强环境保护重点工作的意见》（国发[2011]35 号）相关内容

（一）严格执行环境影响评价制度。凡依法应当进行环境影响评价的重点流域、区域开发和行业发展规划以及建设项目，必须严格履行环境影响评价程序，并把主要污染物排放总量控制指标作为新改扩建项目环境影响评价审批的前置条件。环境影响评价过程要公开透明，充分征求社会公众意见。建立健全规划环境影响评价和建设项目环境影响评价的联动机制。对环境影响评价文件未经批准即擅自开工建设、建设过程中擅自作出重大变更、未经环境保护验收即擅自投产等违法行为，要依法追究管理部门、相关企业和人员的责任。

（八）深化重点领域污染综合防治。严格饮用水水源保护区划分与管理，定期开展水质全分析，实施水源地环境整治、恢复和建设工程，提高水质达标率。开展地下水污染状况调查、风险评估、修复示范。继续推进重点流域水污染防治，完善考核机制。加强鄱阳湖、洞庭湖、洪泽湖等湖泊污染治理。加大对水质良好或生态脆弱湖泊的保护力度。禁止在可能造成生态严重失衡的地方进行围填海活动，加强入海河流污染治理与入海排污口监督管理，重点改善渤海和长江、黄河、珠江等河口海域环境质量。修订环境空气质量标准，增加大气污染物监测指标，改进环境质量评价方法。健全重点区域大气污染联防联控机制，实施多种污染物协同控制，严格控制挥发性有机污染物排放。加强恶臭、噪声和餐饮油烟污染控制。加大城市生活垃圾无害化处理力度。加强工业固体废物污染防治，强化危险废物和医疗废物管理。被污染场地再次进行开发利用的，应进行环境评估和无害化治理。推行重点企业强制性清洁生产审核。推进污染企业环境绩效评估，严格上市企业环保核查。深入开展城市环境综合整治和环境保护模范城市创建活动。

## 五、《关于印发〈城市污水再生利用技术政策〉的通知》（建科[2006]100号）相关内容

3.1　国家和地方在制定全国性、流域性、区域性水污染防治规划与城市污水处理工程建设规划时，应包含城市污水再生利用工程建设规划。

3.2　城市总体规划在确定供水、排水、生态环境保护与建设发展目标及市政基础设施总体布局时，应包含城市污水再生利用的发展目标及布局；市政工程管线规划设计和管线综合中，应包含再生水管线。

4.3　再生水水源工程

4.3.1　再生水水源工程为收集、输送再生水水源水的管道系统及其辅助设施，再生水水源工程的设计应保证水源的水质水量满足再生水生产与供给的可靠性、稳定性和安全性要求。

4.3.2　排入城市污水收集与再生处理系统的工业废水应严格按照国家及行业规定的排放标准，制定和实施相应的预处理、水质控制和保障计划。重金属、有毒有害物质超标的污水不允许排入或作为再生水水源。

## 六、《关于加强城镇污水处理厂污泥污染防治工作的通知》（环办[2010]157号）相关内容

2010年11月26日，环保部办公厅发布了《关于加强城镇污水处理厂污泥污染防治工作的通知》，根据通知要求：

二、加快污泥处理设施建设。污泥处理处置应遵循减量化、稳定化、无害化的原则。污水处理厂新建、改建和扩建时，污泥处理设施（污泥稳定化和脱水设施）应当与污水处理设施同时规划、同时建设、同时投入运行。不具备污泥处理能力的现有污水处理厂，应当在本通知发布之日起2年内建成并运行污泥处理设施。

三、加强污泥环境风险防范。鼓励在安全、环保和经济的前提下，回收和利用污泥中的能源和资源。污泥产生、运输、贮存、处理处置的全过程应当遵守国家和地方相关污染控制标准及技术规范。污水处理厂以贮存（即不处理处置）为目的将污泥运出厂界的，必须将污泥脱水至含水率50%以下。污水处理厂应当对污泥农用产生的环境影响负责；造成土壤和地下水污染的，应当进行修复和治理。禁止污泥处理处置单位超处理处置能力接收污泥。

## 七、《关于进一步加强生物质发电项目环境影响评价管理工作的通知》（环发[2008]82 号）相关内容

关于生活垃圾焚烧发电项目环境影响评价有关要点有：

（一）厂址选择

按照原建设部、国家环境保护总局、科技部《关于印发〈城市生活垃圾处理及污染防治技术政策〉的通知》（建城[2000]120 号）的要求，垃圾焚烧发电适用于进炉垃圾平均低位热值高于 5 000 kJ/kg、卫生填埋场地缺乏和经济发达的地区。

选址必须符合所在城市的总体规划、土地利用规划及环境卫生专项规划（或城市生活垃圾集中处置规划等）；应符合《城市环境卫生设施规划规范》（GB 50337—2003）、《生活垃圾焚烧处理工程技术规范》（CJJ 90—2002）对选址的要求。

除国家及地方法规、标准、政策禁止污染类项目选址的区域外，以下区域一般不得新建生活垃圾焚烧发电类项目：

（1）城市建成区；

（2）环境质量不能达到要求且无有效削减措施的区域；

（3）可能造成敏感区环境保护目标不能达到相应标准要求的区域。

（二）技术和装备

焚烧设备应符合《当前国家鼓励发展的环保产业设备（产品目录）》（2007 年修订）关于固体废物焚烧设备的主要指标及技术要求。

（1）除采用流化床焚烧炉处理生活垃圾的发电项目，其掺烧常规燃料质量应控制在入炉总量的 20%以下外，采用其他焚烧炉的生活垃圾焚烧发电项目不得掺烧煤炭。必须配备垃圾与原煤给料记录装置。

（2）采用国外先进成熟技术和装备的，要同步引进配套的环保技术，在满足我国排放标准前提下，其污染物排放限值应达到引进设备配套污染控制设施的设计、运行值要求。

（3）有工业热负荷及采暖热负荷的城市或地区，生活垃圾焚烧发电项目应优先选用供热机组，以提高环保效益和社会效益。

（三）污染物控制

（1）燃烧设备须达到《生活垃圾焚烧污染控制标准》（GB 18485—2001）规定的“焚烧炉技术要求”；采取有效污染控制措施，确保烟气中的 $SO_2$、$NO_x$、HCl 等酸性气体及其他常规烟气污染物达到《生活垃圾焚烧污染控制标准》（GB 18485—2001）表 3“焚烧炉大气污染物排放限值”要求；对二噁英排放浓度应参照执行欧盟标准（现阶段为 0.1 ngTEQ/$m^3$）；在大城市或对氮氧化物有特殊控制要求的地区建设生活垃圾焚烧发电项目，应加装必要的脱硝装置，其他地区须预留脱除氮氧化物空间；安装烟

气自动连续监测装置；须对二噁英的辅助判别措施提出要求，对炉内燃烧温度、CO、含氧量等实施监测，并与地方环保部门联网，对活性炭施用量实施计量。

（2）酸碱废水、冷却水、排污水及其他工业废水处理处置措施应合理可行；垃圾渗滤液处理应优先考虑回喷，不能回喷的应保证排水达到国家和地方的相关排放标准要求，应设置足够容积的垃圾渗滤液事故收集池；产生的污泥或浓缩液应在厂内自行焚烧处理、不得外运处置。

（3）焚烧炉渣与除尘设备收集的焚烧飞灰应分别收集、贮存、运输和处置。焚烧炉渣为一般工业固体废物，工程应设置相应的磁选设备，对金属进行分离回收，然后进行综合利用，或按《一般工业固体废物贮存、处置场污染控制标准》（GB 18599—2001）要求进行贮存、处置；焚烧飞灰属危险废物，应按《危险废物贮存污染控制标准》（GB 18597—2001）及《危险废物填埋污染控制标准》（GB 18598—2001）进行贮存、处置；积极鼓励焚烧飞灰的综合利用，但所用技术应确保二噁英的完全破坏和重金属的有效固定、在产品的生产过程和使用过程中不会造成二次污染。《生活垃圾填埋污染控制标准》（GB 16889—2007）实施后，焚烧炉渣和飞灰的处置也可按新标准执行。

（4）恶臭防治措施：垃圾卸料、垃圾输送系统及垃圾贮存池等采用密闭设计，垃圾贮存池和垃圾输送系统采用负压运行方式，垃圾渗滤液处理构筑物须加盖密封处理。在非正常工况下，须采取有效的除臭措施。

（四）垃圾的收集、运输和贮存

鼓励倡导垃圾源头分类收集或分区收集，垃圾中转站产生的渗滤液不宜进入垃圾焚烧厂，以提高进厂垃圾热值；垃圾运输路线应合理，运输车须密闭且有防止垃圾渗滤液的滴漏措施，应采用符合《当前国家鼓励发展的环保产业设备（产品目录）》（2007年修订）主要指标及技术要求的后装压缩式垃圾运输车；对垃圾贮存坑和事故收集池底部及四壁采取防止垃圾渗滤液渗漏的措施；采取有效防止恶臭污染物外逸的措施。危险废物不得进入生活垃圾焚烧发电厂进行处理。

（五）环境风险

环境影响报告书须设置环境风险影响评价专章，重点考虑二噁英和恶臭污染物的影响。事故及风险评价标准参照人体每日可耐受摄入量 4 pgTEQ/kg 执行，经呼吸进入人体的允许摄入量按每日可耐受摄入量 10%执行。根据计算结果给出可能影响的范围，并制定环境风险防范措施及应急预案，杜绝环境污染事故的发生。

（六）环境防护距离

根据正常工况下产生恶臭污染物（氨、硫化氢、甲硫醇、臭气等）无组织排放源强计算的结果并适当考虑环境风险评价结论，提出合理的环境防护距离，作为项目与周围居民区以及学校、医院等公共设施的控制间距，作为规划控制的依据。新改扩建项目环境防护距离不得小于 300 m。

（七）污染物总量控制

工程新增的污染物排放量，须提出区域平衡方案，明确总量指标来源，实现“增产减污”。

（八）公众参与

须严格按照原国家环保总局颁发的《环境影响评价公众参与暂行办法》（环发[2006]28 号）开展工作。公众参与的对象应包括受影响的公众代表、专家、技术人员、基层政府组织及相关受益公众的代表。应增加公众参与的透明度，适当组织座谈会、交流会使公众与相关人员进行沟通交流。应对公众意见进行归纳分析，对持不同意见的公众进行及时的沟通，反馈建设单位提出改进意见，最终对公众意见的采纳与否提出意见。对于环境敏感、争议较大的项目，地方各级政府要负责做好公众的解释工作，必要时召开听证会。

（九）环境质量现状监测及影响预测

除环境影响评价导则的相关要求外，还应重点做好以下工作：

（1）现状监测：根据排放标准合理确定监测因子。在垃圾焚烧电厂试运行前，需在厂址全年主导风向下风向最近敏感点及污染物最大落地浓度点附近各设 1 个监测点进行大气中二噁英监测；在厂址区域主导风向的上、下风向各设 1 个土壤中二噁英监测点，下风向推荐选择在污染物浓度最大落地带附近的种植土壤。

（2）影响预测：在国家尚未制定二噁英环境质量标准前，对二噁英环境质量影响的评价参照日本年均浓度标准（0.6 $pgTEQ/m^3$）评价。加强恶臭污染物环境影响预测，根据导则要求采用长期气象条件，逐次、逐日进行计算，按有关环境评价标准给出最大达标距离，具备条件的也可按照同类工艺与规模的垃圾电厂的臭气浓度调查、监测类比来确定。

（3）日常监测：在垃圾焚烧电厂投运后，每年至少要对烟气排放及上述现状监测布点处进行一次大气及土壤中二噁英监测，以便及时了解掌握垃圾焚烧发电项目及其周围环境二噁英的情况。

（十）用水

垃圾发电项目用水要符合国家用水政策。鼓励用城市污水处理厂中水，北方缺水地区限制取用地表水、严禁使用地下水。

## 八、《废弃电器电子产品回收处理管理条例》相关条款

《废弃电器电子产品回收处理管理条例》于 2008 年 8 月 20 日国务院第 23 次常务会议通过，自 2011 年 1 月 1 日起施行。

**第二条**　本条例所称废弃电器电子产品的处理活动，是指将废弃电器电子产品进行拆解，从中提取物质作为原材料或者燃料，用改变废弃电器电子产品物理、化学特

性的方法减少已产生的废弃电器电子产品数量，减少或者消除其危害成分，以及将其最终置于符合环境保护要求的填埋场的活动，不包括产品维修、翻新以及经维修、翻新后作为旧货再使用的活动。

**第三条**　列入《废弃电器电子产品处理目录》（以下简称《目录》）的废弃电器电子产品的回收处理及相关活动，适用本条例。

**第六条**　国家对废弃电器电子产品处理实行资格许可制度。设区的市级人民政府环境保护主管部门审批废弃电器电子产品处理企业（以下简称处理企业）资格。

**第九条**　属于国家禁止进口的废弃电器电子产品，不得进口。

**第十五条**　处理废弃电器电子产品，应当符合国家有关资源综合利用、环境保护、劳动安全和保障人体健康的要求。

禁止采用国家明令淘汰的技术和工艺处理废弃电器电子产品。

**第二十一条**　省级人民政府环境保护主管部门会同同级资源综合利用、商务、工业信息产业主管部门编制本地区废弃电器电子产品处理发展规划，报国务院环境保护主管部门备案。

地方人民政府应当将废弃电器电子产品回收处理基础设施建设纳入城乡规划。

**第二十二条**　取得废弃电器电子产品处理资格，依照《中华人民共和国公司登记管理条例》等规定办理登记并在其经营范围中注明废弃电器电子产品处理的企业，方可从事废弃电器电子产品处理活动。

除本条例第三十四条规定外，禁止未取得废弃电器电子产品处理资格的单位和个人处理废弃电器电子产品。

**第三十四条**　经省级人民政府批准，可以设立废弃电器电子产品集中处理场。废弃电器电子产品集中处理场应当具有完善的污染物集中处理设施，确保符合国家或者地方制定的污染物排放标准和固体废物污染环境防治技术标准，并应当遵守本条例的有关规定。

## 九、《绿色建筑行动方案》相关内容

2013 年 1 月 1 日，国务院办公厅以国办发[2013]1 号转发国家发展改革委、住房城乡建设部制订的《绿色建筑行动方案》。该《行动方案》分为充分认识开展绿色建筑行动的重要意义，指导思想、主要目标和基本原则，重点任务，保障措施 4 部分。主要内容节选如下。

二、指导思想、主要目标和基本原则

（二）主要目标

1．新建建筑。城镇新建建筑严格落实强制性节能标准，“十二五”期间，完成新建绿色建筑 10 亿平方米；到 2015 年年末，20%的城镇新建建筑达到绿色建筑标准要求。

2．既有建筑节能改造。“十二五”期间，完成北方采暖地区既有居住建筑供热计量和节能改造4亿平方米以上，夏热冬冷地区既有居住建筑节能改造5 000万平方米，公共建筑和公共机构办公建筑节能改造1.2亿平方米，实施农村危房改造节能示范40万套。到2020年年末，基本完成北方采暖地区有改造价值的城镇居住建筑节能改造。

三、重点任务

（一）切实抓好新建建筑节能工作

（二）大力推进既有建筑节能改造

（三）开展城镇供热系统改造

（四）推进可再生能源建筑规模化应用

（五）加强公共建筑节能管理

（六）加快绿色建筑相关技术研发推广

（七）大力发展绿色建材

（八）推动建筑工业化

（九）严格建筑拆除管理程序

（十）推进建筑废弃物资源化利用

四、保障措施

（二）执行标准

1．污染物排放标准

（1）《城镇污水处理厂污染物排放标准》（GB 18918—2002）及修改单；

（2）《污水综合排放标准》（GB 8978—1996）；

（3）《恶臭污染物排放标准》（GB 14554—93）；

（4）《污水排入城镇下水道水质标准》（CJ 343—2010）。

2．固体废物管理标准

（1）《生活垃圾填埋污染控制标准》（GB 16889—2008）；

（2）《生活垃圾焚烧污染控制标准》（GB 8485—2001）；

（3）《一般工业固体废物贮存、处置场污染控制标准》（GB 18599—2001）及修改单；

（4）《危险废物焚烧污染控制标准》（GB 18484—2001）；

（5）《危险废物贮存污染控制标准》（GB 18597—2001）及修改单；

（6）《危险废物填埋污染控制标准》（GB 18598—2001）及修改单；

（7）《城镇垃圾农用控制标准》（GB 8172—87）。

3．其他标准

（1）《农田灌溉水质标准》（GB 5084—2005）；

（2）《城市污水再生利用—分类》（GB/T 18919—2002）；

（3）《城市污水再生利用—城市杂用水水质》（GB/T 18920—2002）；

（4）《城市污水再生利用—景观环境用水水质》（GB/T 18921—2002）；
（5）《景观娱乐用水水质标准》（GB 12941—91）；
（6）《城市污水处理工程项目建设标准（修订）》（建标[2001]77 号）；
（7）《城镇污水处理厂附属建筑和附属设备设计标准》（CJJ 31—89）；
（8）《城镇污水处理厂污泥泥质》（GB 24188—2009）；
（9）《城镇污水处理厂污泥处置—混合填埋用泥质》（GB/T 23485—2009）；
（10）《城镇污水处理厂污泥处置—园林绿化用泥质》（GB/T 23486—2009）；
（11）《城镇污水处理厂污泥处置—土地改良用泥质》（GB/T 24600—2009）；
（12）《城镇污水处理厂污泥处置—单独焚烧用泥质》（GB/T 24602—2009）；
（13）《城镇污水处理厂污泥处置—农用泥质》（CJ/T 309—2009）；

4．相关技术导则及规范

（1）《水污染治理工程技术导则》（HJ 2015—2012）；
（2）《大气污染治理工程技术导则》（HJ 2000—2010）；
（3）《危险废物和医疗废物处置设施建设项目环境影响评价技术原则（试行）》（环发[2004]58 号）；
（4）《固体废物鉴别导则（试行）》（公告 2006 年第 11 号）；
（5）《医疗废物化学消毒集中处理工程技术规范（试行）》（HJ/T 228—2005）；
（6）《医疗废物微波消毒集中处理工程技术规范（试行）》（HJ/T 229—2005）；
（7）《医疗废物高温蒸汽集中处理工程技术规范（试行）》（HJ/T 276—2006）；
（8）《危险废物集中焚烧处置工程建设技术规范》（HJ/T 176—2005）；
（9）《建筑给水排水设计规范》（GB 50015—2010）；
（10）《城镇污水处理厂污泥处理处置污染防治最佳可行技术指南（试行）》，2010 年 2 月；
（11）《城镇污水处理厂污泥处理处置技术指南（试行）》；
（12）《废弃家用电器与电子产品污染防治技术政策》；
（13）《生活垃圾卫生填埋场防渗系统工程技术规范》（CJJ 113—2007）；
（14）《生活垃圾焚烧处理工程技术规范》（CJJ 90—2009）；
（15）《生活垃圾填埋场填埋气体收集处理及利用工程技术规范》（CJJ 133—2009）；
（16）《生活垃圾填埋场渗滤液处理工程技术规范（试行）》（HJ 564—2010）；
（17）《城市生活垃圾好氧静态堆肥处理技术规程》（CJJ/T 52—93）。

## 第四节　环境影响评价应关注的问题

### 一、城市供水工程

① 需要对水源选择和水源地保护提出明确意见。水源选择时要根据水源地区域水文、地质等因素并结合城市水资源规划、城市发展规划进行论证，保证安全可靠地供水，满足各方面用户对供应的水量、水质及压力需求。

② 对因取水导致流域水量减少所引起的水质变化、生态变化应进行分析、论证。

③ 对自来水净水工程的排泥（水）对环境的影响进行分析、评估。

④ 根据对取水水源上游污染源调查结果和有关水源卫生防护的规定，提出相应的水源保护方案。

⑤ 对可能存在的风险和事故，应提出应急预案和应急措施。

⑥ 水资源是十分重要、又很特殊的自然资源，是城市可持续发展的制约因素，自来水生产工程环境影响评价要为合理地开发、利用、保护水资源提出明确目标和有效途径。

### 二、污水处理工程

① 要注意通过深入调查研究，结合城市总体规划，合理确定污水处理厂的规模、厂址选择及其污水收集系统。

② 要根据污水的水质情况、出水水质的要求、污水处理厂规模、项目投资和运行经济效益，合理选择污水处理工艺。同时需要考虑污水再生利用及管网的建设。

③ 要考虑污水处理厂产生的恶臭物质对附近敏感点的影响，确定环境防护距离。

④ 污水处理厂投入运行后对受影响（正面和负面）的水环境和区域生态环境做好宏观和微观的影响评价。

⑤ 注重评估污水收集管网对地下水环境可能造成的影响相应提出污染控制措施。

⑥ 提出污泥综合利用和处置的合理方案。

⑦ 按相关法规要求，规范公众参与全过程；关注参与公众的代表性和敏感目标人群；关注对公众的反对意见分析，说明接受与不接受的理由。

## 三、城市生活垃圾处置

### （一）生活垃圾处置方式的合理性分析

在进行城市生活垃圾处置项目的环境影响评价时，无论是采取何种方式处置生活垃圾，首先应根据拟处置的城市生活垃圾性质、组分、热值和当地的自然环境状况（如地质地貌、水文、植被）、生态环境状况等条件，分析评价垃圾处置方式及其工艺流程的合理性、处理技术和装备的先进性。

### （二）垃圾处置项目场址选择

随着城市人口不断增加以及城市建成区的不断扩大，垃圾处置项目场址选择难度亦不断增大，选址合理性是评价的重点。

选址首先应符合城市总体规划和土地利用规划以及地方的生活垃圾处理处置规划等。结合当地的气象条件、水文地质条件等，按照《环境影响评价技术导则—地下水环境》（HJ 610—2010）规定，选择适宜的场地，同时充分考虑垃圾的分布情况和合理运输半径。

根据正常工况下产生的恶臭污染物（氨、硫化氢、甲硫醇、臭气等）无组织排放源强计算的结果并适当考虑环境风险评价结论，给出合理的环境防护距离，作为项目于周围居民区以及学校、医院等公共设施的控制间距，作为规划控制的依据。新改扩建项目防护距离不得小于 300 m。

### （三）公众参与意见

垃圾处置的任何一种方式都有可能产生二次污染，恶臭、渗滤水的外泄都可能会对当地邻近居民的生活质量产生不利影响。评价工作中对此要事先注意吸纳当地居民和有关人士的参与意见，得到他们的理解和认可，并在污染防治对策建议中加以体现。公众参与的对象应包括受影响的公众代表、专家、技术人员、基层政府组织及相关受益公众的代表。在常规发放调查问卷基础上，可采用座谈会、听证会等形式征求公众意见。

### （四）关注特征污染物

在垃圾焚烧电厂试运行前，须在厂址全年主导风向下风向最近敏感点及污染物最大落地浓度附近各设 1 个监测点进行大气中二噁英监测；在厂址区域主导风向的上风向、下风向各设 1 个土壤中的二噁英监测点；投运后，每年至少要对烟气排放及上述现状监测布点处进行一次大气及土壤中二噁英监测。

垃圾填埋项目需关注渗滤液和沼气的处置和监测。

（五）环境风险

结合《关于进一步加强环境影响评价管理防范环境风险的通知》（环发[2012]77号）和《关于切实加强风险防范严格环境影响评价管理的通知》（环发[2012]98号）开展环境风险专题评价。环评中应根据固废处理工艺特点，作好风险识别和风险预测，制定环境风险防范措施及防范应急预案。

## 四、废弃电器电子产品回收处理

电子废物含有大量的重金属和其他有害、有毒成分，如多氯联苯、铅、汞等。若进行不合理的回收利用，其中的有害成分将对环境和人体健康构成严重的危害。直接焚烧时会产生有害气体造成大气污染；作为城市垃圾填埋时，因为其中的有害成分生物降解很慢，常在土壤或地下水和植物中累积，通过水体和食物链进入人体，危害人体健康。环评重点关注以下问题：

① 项目是否符合有关规划；

② 工艺是否符合技术政策；

③ 产生的危险废物是否能得到妥善处理；

④ 关注重金属等特征污染物；

⑤ 工程对地下水的环境影响及污染防治措施。

## 五、房地产类

① 项目选址和总平面布置要充分考虑环境条件，特别是污染气象条件。

② 应关注外环境噪声（特别是交通噪声）、异味、油烟、电磁辐射等对开发项目的影响以及开发项目内部的相互影响和施工过程中噪声扰民影响。

③ 随着大中城市的不断发展，轨道交通日益发展，其主要分布在城市人口密集地区，因此，轨道交通项目对沿线居住区、学校、医院以及政府行政办公地等产生噪声、振动以及二次结构噪声也是目前房地产项目关注的重点。

④ 商住、办公、酒店等房地产项目的环境影响评价，应尽量考虑生态适宜性分析内容，对于大型的、具有城市标志特征的建筑物应考虑景观效果的评价。

⑤ 房地产项目环境影响评价要体现循环经济理念和节能节水原则。

⑥ 采用地源热泵等房地产项目，需按照地下水导则要求进行专题评价。

## 六、城市环境综合整治项目

城市综合整治工程由一级或多级子项目组成，子项目又由多个具体的项目构成，在环评中既要考虑到项目的整体性，又要考虑具体项目的个性，正确把握项目整体对环境的改善与具体项目对所在地环境产生不良影响的关系。环评中应注重以下问题：

① 城市综合整治项目对环境具有正面影响和负面影响，针对项目的特征，既要对项目负面影响进行分析，又要对项目的正面影响进行评价，从整体上把握住项目的多方面环境影响。

② 对环境空气改善和城市污水、河道整治等项目，要定量分析项目整体和具体项目实施后各类污染物的排放量，并通过调查算清总项目现状各类污染物的排放量，据此确定项目工程实施后各类污染物的削减量，最终污染物的排放量和环境质量的变化。

③ 工业用地置换项目：根据未来使用目的，进行必要的场地环境影响评价。

④ 城市综合整治项目总体是改善环境的项目，局部具体项目的实施在施工期和营运期会产生不良的影响，在环评中应对项目提出具体的环保措施，确保项目实施对环境影响最小。

⑤ 把握项目整体与具体项目的关系，突出重点，注重环评的层次。

# 第二章　自来水生产和供应项目

随着城市规模的不断发展，城市自来水的需求量也随之不断增加。作为城市重要基础设施的自来水生产和供应项目在一定时期需进行扩建或新建，以满足城市经济、社会发展的需要。

城市自来水生产和供应项目一般由水源选择、取水工程、净水工程和送配水工程组成。城市自来水生产直接用于供应城市居民生活用水、生产用水和消防用水，其水量、水质必须满足生活和生产的需要。该类工程一方面对取水水源环境有严格的选择要求，另一方面自来水生产项目在建设和运营过程中也会对外环境产生一定的不利影响。水源环境的制约作用主要表现为：取水水源能否满足自来水生产的规模和水质要求。项目对环境的不利影响主要表现为：施工期产生的施工扬尘、噪声等及运营期净水工程产生的排泥（水）、噪声以及消毒间氯气泄漏事故等对周围环境的污染影响；取水工程取水后对相关的河道、湖泊、水库的水量必然导致不同程度的减少，水文地质条件会发生一定变化，对相应的生态环境会产生不同程度的影响。上述这些环境制约因素和环境影响因素是自来水生产和供应项目环评中应考虑的重点和主要关心的环境问题。

## 第一节　工程概况及工艺流程

### 一、工程概况

#### （一）项目组成

城市自来水生产和供应项目由水源选择和保护、取水工程、自来水生产净化工程和供水送配管网工程组成。

#### （二）项目技术经济指标

项目技术经济指标包括建设规模、容量、总投资、年运行费用、单位水量电耗、药剂费用、总占地面积、劳动定员等。

### （三）工程规模及生产工艺流程选取依据

#### 1. 水厂规模

根据城市的发展和建设规划、城市计划人口数、工业产业结构布局等因素，考虑城市综合生活用水量标准、工业用水量、市政综合用水量等，确定拟建自来水厂供水量（设计年限：近期5～10年，远期10～20年）和供水水质指标。

#### 2. 水源选择及取水口位置

根据城市发展规划、城市和区域水资源规划、水文和水文地质条件及区域水污染源分布，确定取水水源及其位置。

#### 3. 送配管线布设

根据区域地形、取水口、净水厂的位置、供水范围并综合考虑城市市政建设规划，确定自来水送配管线走向及布置。

#### 4. 水厂生产工艺

根据取水水源水质、自来水供水水质要求和现有技术经济的可达性，确定自来水的生产工艺。

### （四）自来水厂项目选址和总图布置

自来水厂选址主要由水源、水文条件、取水口位置和取水方式、自来水供应范围和用户对象、供水规模等确定。选址要求符合城市供水规划，有方便的交通、供电条件，尽量不占或少占基本农田，避开敏感环境，少拆民房。

自来水厂一般划分为两个区域，即生产区和厂前区。有排泥水处理的划分三个区域，即生产区、厂前区、泥区。生产区包括泵房、絮凝沉淀池、调节水池、中间泵房及加氯加药间；厂前区包括综合楼及变配电间；泥区布置污泥浓缩脱水间等。

自来水厂总图布置应根据厂址的地形合理布置。布置内容包括自来水生产、排泥水处理（部分有）的构筑物和建筑物，办公和生产辅助建筑物，以及各类管道、电缆及道路、绿化等。一般布置原则如下。

#### 1. 功能分区合理

生产、辅助设施应按其功能不同分区布置，相对独立，但不过于分散，有利于自来水的生产，避免非生产人员在生产区通行。

#### 2. 布置紧凑、管理方便

生产区的各构筑物应布置紧凑、流程合理、管理方便，同时应留有发展余地。加矾间宜靠近反应沉淀池进口；加氯间一般宜靠近滤池与清水库。当需要对原水预加氯时，对于水源水质较差、菌藻含量较高，预投氯量相对较大的，宜把加氯间设在沉淀池前端；对水源距水厂较远而又需预加氯的可在取水泵房处增设加氯间就近加注；沉淀池和滤池尽量靠近；滤料堆场应尽量靠近滤池布置，并合理利用厂区空地砌筑堆砂池，使厂区整洁，环境优美。

**3．道路便捷、方便生产和维修**

在建筑物、构筑物之间均设有通道，既保证了安全距离也方便了生产操作和设备维修；在厂区道路布置上，各生产构筑物之间，如沉淀池、过滤池、加矾加氯间等处，必须道路便捷。除地面交通外，池与池之间也应设置架空桥，以方便巡回检查管理。

**4．合适标高、安全生产**

厂区设计地面标高宜高出厂外地面 0.3～0.5 m，或更高一些，以免汛期淹水。将泵房设到地势较高的场所比较好，或提高泵房周边地面标高，避免暴雨或构筑物溢水事故时，溢水涌向泵房，造成泵房被淹的危险。

## 二、生产工艺

城市自来水生产和供应项目的功能主要是制水和供水。所谓制水，就是从水源把水取来，经过一系列处理，成为符合国家生活饮用水卫生标准的水，贮存在清水池中。所谓供水，就是把清水池贮存的水加压输送到供水管网中，供给用户。

城市自来水生产和供应项目主要工艺单元有：

### （一）取水工程

自来水生产水源，一般分为地表水和地下水。地表水包括江、河、湖泊、水库和海洋等，地下水包括浅层地下水、深层地下水和泉水。我国北方地下水资源较丰富而地表水较少，所以多用地下水，而南方多用地表水。

地表水取水构筑物按水源不同分为：河流取水构筑物、水库和湖泊取水构筑物以及海水取水构筑物。

河流取水构筑物一般分为固定取水构筑物和移动式取水构筑物。固定取水构筑物包括：岸边式取水构筑物、河床式取水构筑物、江心取水构筑物、直吸式取水构筑物和斗槽式取水构筑物等。移动式取水构筑物分为浮船式取水构筑物和缆车式取水构筑物。山区浅水河流具有与一般平原河流不同的特点，其取水构筑物分为低坝式取水和底栏栅式取水两种构筑物。

湖泊和水库取水构筑物类型有：隧洞式取水构筑物、引水明渠取水构筑物、分层取水的取水构筑物、自流管式取水构筑物。

海水取水构筑物类型有：引水管渠取水构筑物、岸边式取水构筑物、潮汐式取水构筑物三种类型。

由于地下水埋藏深度、含水层性质不同，开采和取集地下水的方法和取水构筑物型式也不同。取水构筑物有管井、大口井、辐射井、复合井及渗渠等，其中以管井和大口井最为常见。大口井广泛应用于取集埋深小于 12 m、含水层厚度在 5～20 m 的浅层地下水。管井用于开采深层地下水，管井深度一般在 200 m 内，但最大深度也可达 1 000 m 以上。渗渠可用于取集含水层厚度在 4～6 m，地下水埋深小于 2 m 的浅层地下水，也可取集河床地下水或地表渗透水。

### （二）水净化工程

水净化工程是自来水生产的核心部分。水净化工程包括净水预处理 + 常规处理 + 深度处理 + 排泥水处理。水净化工艺的选择应根据水源水质和用水对象对水质的要求而确定。

#### 1. 净水预处理

原水的含沙量或色度、有机物、致突变物等含量较高，臭味明显或为改善凝聚效果，可在常规处理前增设预处理。常见预处理技术分为生物氧化法、化学氧化法和物理法。生物氧化法是目前运用较多的工艺。

（1）生物氧化法

生物氧化法主要利用生物作用，以去除原水中氨氮、异臭、有机物等的净水过程。生物氧化法可分为生物接触氧化法、生物滤池和生物转盘等。

（2）化学氧化法

化学氧化法是指向原水中加入强氧化剂，利用强氧化剂的氧化能力，去除水中的有机污染物，为后续水处理工艺减轻负担，并达到改善水质的目的。目前，能够用于给水处理的氧化剂有氯气、臭氧、高锰酸钾和二氧化氯等。

（3）物理法

物理法是指在常规净水工艺前采用预沉淀或活性炭吸附等工艺，通过自然沉降或物理吸附等方式，去除水中的悬浮物、浊度以及有机物，从而降低水的污染程度，达到改善水质的目的。常用的物理法预处理工艺包括预沉淀和活性炭吸附法。

#### 2. 常规处理

常规处理工艺主要包括混凝、沉淀、过滤和消毒，具体见表 2-1。

表 2-1　常规处理工艺

| 步骤 | 效　　果 | 利用原理 | 主要设备 | 单元处理方法 |
| --- | --- | --- | --- | --- |
| 加混凝剂 | 水中胶态颗粒脱稳 | 物理 | 加药设备 | 混凝 |
| 混合搅拌 | | 物理化学 | 混合设备 | |
| 絮凝搅拌 | 脱稳的胶态颗粒和其他微粒结成絮体 | 物理化学 | 絮凝池 | 絮凝 |
| 沉淀 | 从水中除去（绝大部分）悬浮物和絮体 | 物理 | 沉淀池 | 沉淀 |
| 过滤 | 进一步去除悬浮物和絮体 | 物理化学、物理 | 快滤池 | 过滤 |
| 加氯 | 杀死残留在水中的病原微生物 | 物理 | 加氯机 | 消毒 |
| 混合、接触 | | 物理、物理化学、化学 | 清水池 | |

### 3．深度处理

近年来由于水体污染加剧，使得仅对水源水以常规工艺进行处理难以满足要求，需进行深度处理。深度处理技术包括：臭氧-活性炭技术、膜分离技术、生物活性炭技术等。

（1）臭氧-活性炭技术

臭氧-活性炭技术是目前运用较多的工艺。主要工艺流程见图 2-1。

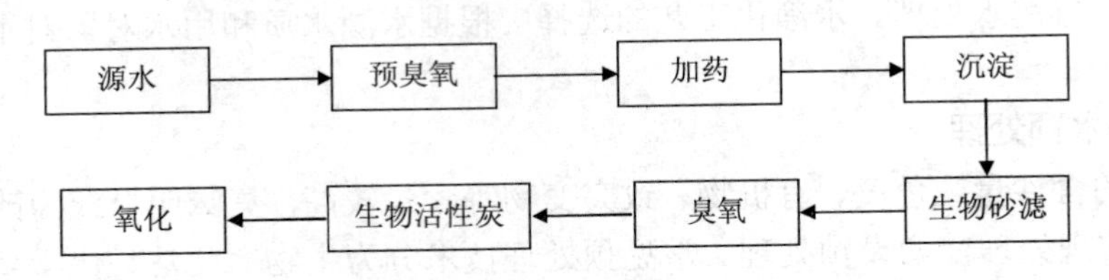


图 2-1 臭氧-活性炭污水处理主要工艺流程

（2）膜分离法

膜处理工艺就是利用天然矿石、超滤技术、反渗透技术等多道物理过滤，实现对自来水的生物与化学污染的多级屏障。其中，反渗透膜装置是该处理工艺的核心部分。经反渗透膜的深度处理，能去除水源中绝大部分无机盐、重金属离子以及有害物质，使水质达到生活饮用水标准。

（3）生物活性炭技术

生物活性炭技术的本质是使活性炭表面附着一定量的生物以达到去除水中污染物的目的。生物活性炭对有机物的作用机理，可以看做是物理吸附和生物降解的组合。吸附饱和的生物活性炭在不需要再生的情况下，可利用其生物降解能力，继续发挥控制污染物的作用，这一点正是其他方法所不具备的。采用生物活性炭技术后，与原先单独使用活性炭吸附工艺相比，出水水质得到提高，而且延长了活性炭的再生周期，减少运行费用。

### 4．排泥水处理

排泥水主要包括反应沉淀池（或澄清池）排泥水和滤池反冲洗水，其水量约占自来水厂总净水量的 4%～7%。排泥水处理工艺流程应根据水厂所处社会环境、自然条件及净水工艺确定，一般由调节、浓缩、脱水及泥饼处置四道工序或其中部分工序组成。典型排泥水处理工艺见图 2-2。

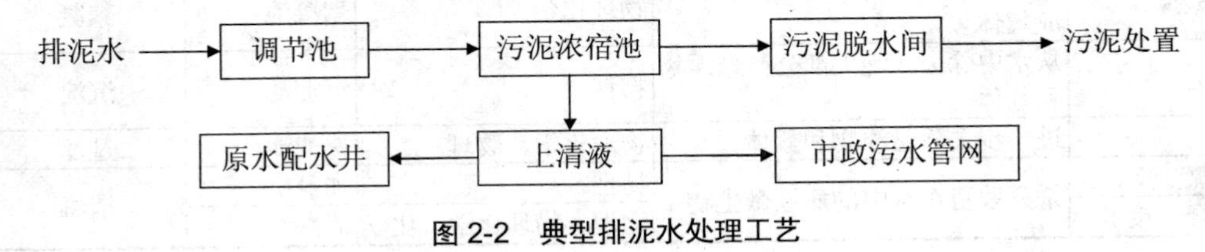


图 2-2 典型排泥水处理工艺

## 5. 海水淡化

海水淡化即利用海水脱盐生产淡水。基本上分为两大类：一是从海水中取淡水，有蒸馏法、冰冻法、反渗透法、水合物法和溶剂萃取法；二是除去海水中的盐分，有电渗析法、离子交换法和压渗法。

（1）蒸馏法

和制备纯水的蒸馏一样，海水经蒸馏后即可为人类所饮用。为克服能源的较大消耗，在蒸馏法中常考虑能源的再利用，所以常把蒸汽冷凝过程所释放的热量用来进行海水的预热。太阳能和原子能的利用使海水淡化的规模生产有了新的依靠，目前这种方法仍是海水淡化的主要方法。

（2）冰冻法

当我们把冷的海水喷入 1 个真空室时，部分海水的蒸发使其余海水冷却（蒸发需要吸收热量），并形成了冰晶。任何固体从溶液中析出时，倾向于排除别的杂质进入到该固体晶格中，因此虽说不是百分之百地不带入别的杂质，但固体冰晶中的杂质要比原溶液中少得多。将这种方法得到的冰晶用适量淡水淋洗一下后再融化即为淡水了。若一次过程尚不足以达到淡化目的，可反复进行几次。这种使某物质从溶液中凝固或结晶出来的方法，常用在化学物质的纯化技术中，称之为复结晶。

（3）反渗透法

若把溶有盐类杂质的海水视为一种稀溶液，那么就存在着一种渗透压。如用某种动物膜或人工制成的多孔薄膜把纯水和海水隔开，则由于渗透压的关系，纯水中的水分子可自由通过隔膜渗入海水中。这是因为海水上方的水蒸气压力比纯水上方的水蒸气压力要小，这是由稀溶液的特性所决定的。如果我们在海水上方人为地增压，那么就可阻止这种单向渗透，压力足够大还可使渗透逆向进行。这种过程我们称之为反渗透。利用反渗透技术，我们就可以把海水中的水压出来变为淡水。这种技术有可能成为一种有前途的海水淡化方法。它可以快速大量生产淡水，而成本仅为目前城市自来水成本的 3 倍左右。所用的渗透膜多为醋酸纤维素，目前还在深入研究以寻求更理想的渗透膜。试验已证明，这种渗透法对于除去水中的多氯联苯酚类化合物，铬、铅和银的化合物极为有效，因此，对解决水污染也不失为一个好方法。

（4）电渗析

在一个含有离子的溶液中插入两个电极并通上电流，溶液中的阳离子就会朝负极迁移，阴离子就会朝正极迁移，这就是电解过程。在电解池内再放入两片半透膜把电解池一分为三。靠近负极的半透膜只能使阳离子通过而拒绝使阴离子通过，而靠近正极的半透膜只能使阴离子通过而拒绝阳离子通过。当在电极间通入电流之后，离子就会向两边迁移，时间足够长之后，中间部分的离子就会全部迁移到两边。若把海水放入电解池，经过电渗析之后，中间部分放出的水即为淡水。

我国西沙永兴岛上的海水淡化站即采用这种方法，日产淡水 20 t。这种方法的成本仅为蒸馏法的 1/4，但因速度较慢不适宜大规模生产。

（5）离子交换技术

和纯化水的离子交换技术一样，用离子交换技术同样可以使海水达到淡化目的。然而离子交换树脂的交换容量是有限的，而海水中盐分的含量又是极高的，因此交换设备庞大，耗费高昂。

### （三）送水配水工程

包括：输水管渠、配水管网、泵站、水塔和水池等。对送水和配水系统的基本要求是：供给用户所需的水量，保证配水管网足够的水压，保证不间断给水。

## 三、自来水厂案例

某自来水厂设计能力 60 万 $m^3$/d，该水厂是利用国外贷款，既引进 20 世纪 90 年代国际先进技术与设备，又充分使用国内成熟经验，使国内外技术融为一体，设备进行合理组合的一座现代化水厂。水厂自 1999 年 6 月试运行，2000 年 6 月正式投产以来一直运行正常，出厂水质各项指标都达到了建设部 2000 年科技进步规划中要求的一类水标准，出厂水浊度年平均为 0.3 NTU，经常在 0.1 NTU 以下。

该水厂分为三期建成，一期、二期规模各为 15 万 $m^3$/d，三期为 30 万 $m^3$/d。

### （一）水源

以钱塘江珊瑚沙段为水源，钱塘江干流全长 483 km，一般流量在 5 000 $m^3$/s，枯水年平均泄水量 300 $m^3$/s（95%保证率）。水质良好，按地表水环境质量标准评价属Ⅰ～Ⅱ级。原水浊度 3.2～7 000 NTU，温度 5～32℃，色度 10～30 SCU，氯化物 3～4 370 mg/L（咸潮型河段），铁 0.05～0.08 mg/L，锰 0.05～0.10 mg/L，总细菌 280～7 300 个/L，总大肠菌群 740～9 600 个/L。

### （二）工艺流程

自来水厂工艺流程如图 2-3 所示。

### （三）工艺设计及构筑物

#### 1. 取水泵房

取水口为淹没式江心取水口，通过长 108 m（DN = 2 600）引水钢管自流进水泵站吸水井。泵站平面尺寸 24.6 m × 26 m，地下部分深 12.8 m，内设粗格栅、旋转滤网及立式斜流泵（$Q$ = 6 875 $m^3$/h，$H$ = 16 m）5 台。

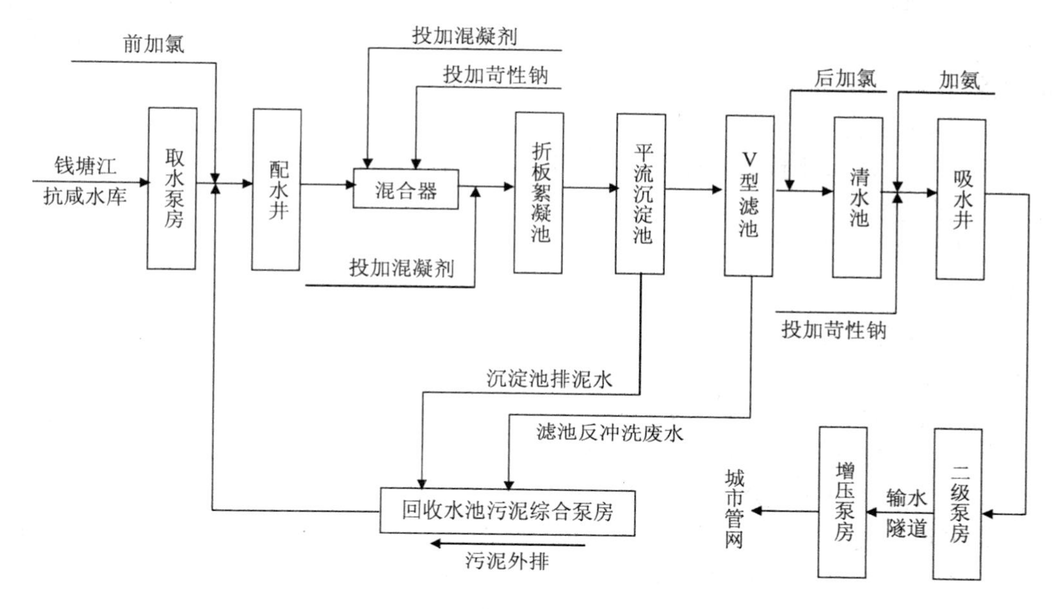


图 2-3　某自来水厂工艺流程

## 2．配水井

圆形配水井直径 18 m，有效容积 1 470 $m^3$，分设 4 路，停留时间 3.2 min，主要功能为将原水均匀分配至 4 组净水构筑物，兼作预氯投加点。

## 3．混合

采用 DN = 1 400 × 4 静态管道混合器，速度梯度为 750～1 000 $s^{-1}$，滞留时间最长为 6 s，投药口设于混合器前端，分上、下、左、右 4 处，保证药液快速、均匀的分配。

## 4．絮凝沉淀池

絮凝采用水力折板絮凝，分为三段，絮凝时间为 15～18 min。速度梯度分别为：异波折板 80 $s^{-1}$，同波折板 43 $s^{-1}$，平板 24 $s^{-1}$。絮凝区设穿孔排泥管，气阀控制。共设 4 组平流式沉淀池，每座平面尺寸为 118.5 m × 18 m，有效水深 3.2 m，分为两格，每格处理能力 7.5 万 $m^3$/d。出水为锯齿形三角堰指形槽，排泥采用刮吸结合无轨道式吸泥机。

## 5．滤池

全部采用 V 型滤池，均粒石英砂滤料，有效粒径 0.95 mm（$K$ = 60，分别为≤1.4，≤1.6）、砂层厚度为 1.20 m，4～8 mm 砾石垫层厚 50 mm，气水反冲洗、恒水头、恒滤速过滤。

滤池的控制阀门均采用气动。在滤池水头损失和流速变化的情况下，每格滤池在 ±100 mm 范围内的定水位由出水控制阀门自动维持。

6．清水池

一期、二期的滤池下部各设有容积为 3 000 $m^3$ 接触池，三期另设容积为 12 000 $m^3$ 清水池。厂外增压泵房另设清水池容积为 30 000 $m^3$。

7．送水泵房

两座 3 万 $m^3$/d 规模的半地下式送水泵房分设在高压配电间及控制室的左右。

8．加药间

加药间设有 $Cl_2$、$NH_3$、$Al_2(SO_4)_3$、PAM、NaOH 5 种药剂的储存、调制及投加设施。

① 消毒剂。消毒剂采用氯和氨。前加氯设计投加量 3 mg/L，为流量比例控制，每台最大加注量 57 kg/h（2 用 1 备），投加点为原水流量计出口 10 m 处加氯井内。

后加氯设计投加量 1.5 mg/L，共设置 5 台余氯控制加氯机，其中一期、二期为 3 台 10 kg/h（2 用 1 备），投加点为滤池下部接触池进水端；三期为 2 台 20 kg/h（1 用 1 备），投加点为滤池出水渠堰口处。

加氨设计投加量 1 mg/L，采用压力式流量比例加氨机，每台最大加注量 20 kg/h（2 用 1 备），投加点为送水泵房吸水井。

加氯间由气源室（15.2 m × 10.5 m）、氯库（10.4 m × 8.5 m）、蒸发器与加氯机室（10.5 m × 5.6 m）、泄氯中和装置（10.5 m × 7.6 m）等组成。

加氨间由气源室、氨库（15.2 m × 10.5 m）及加氨机室（11.1 m × 3.8 m）组成。

② 混凝剂。混凝剂为液体聚氯化铝，备用混凝剂为固体聚氯化铝。

③ 助凝剂。助凝剂为粉状袋装聚合电介质。

④ pH 调节剂。调节剂用质量分数为 45%的苛性钠（NaOH）溶液，密度为 1.3 $g/cm^3$。调节剂主要作用为调整出水的 pH，使出水具有良好的口感；或根据原水水质的情况，可对原水 pH 调整，以保证良好的絮凝效果。

9．回收水池及综合泵房

设有容积分别为 600 $m^3$ 与 500 $m^3$ 回收（污泥）水池 2 座，分别接纳滤池反冲洗废水及沉淀池排泥水。回用水泵将上清液抽至配水井重复使用，污泥泵将泥水排入钱塘江。

10．清水输送管线、自动控制系统、厂区生活污水处理

原水净化处理后，经加压送入城市管网。自控采用集散性控制系统（DCS 系统），该系统由中心调度室及进水、加药、滤池 1、滤池 2、滤池 3、出水、综合泵房 7 个 PLC 站组成。网络结构分为单元控制、通讯和监控三级，既可实行调度室集中控制，也可在各控制子站通过 PLC 子站间采用高效可靠的 FLPWAY 网络连接，实现各 PLC 间的数据交换，各控制站的计算机利用高流量通讯网络 ETHWAY 和 NETDDE 互相连接，实现计算机间的快速信息交换。中控室还设有一台主模拟屏和全厂摄像监控系统。

生活污水收集至污水调节池，采用 A/O 工艺，经地埋式活性污泥处理设备二级生物处理，达标后排入钱塘江。处理规模 100 $m^3$/d。

## 第二节　环境影响分析

自来水生产和供应是城市的重要基础设施，由于本类工程的性质和用途决定了项目建设的可行性和适宜性，必然要受到水源水量和水质环境条件的制约。水量能否满足工程的需要决定了项目建设的可行性；水质的好坏决定了项目建设的适宜性。水源水质直接影响到自来水生产工艺选择；供水水质指标是否合格，关系到城市居民生产、生活用水需求和生命、财产安全保障问题。同时项目在施工和运行过程中也与其他工厂一样会对周边环境产生不利影响，因此对自来水生产和供应项目的环境影响分析应从项目选址、建设规模受环境的制约影响和项目施工、营运期对环境的不利影响两方面分别进行分析和评价。

### 一、环境影响因素识别及评价因子筛选

城市自来水生产和供应项目环境影响评价可根据取水工程、净化工程和自来水管网输送工程三方面并结合周围环境特点进行环境影响因素识别和评价因子筛选。

（一）环境影响因素识别

**1. 取水工程环境影响因素分析**

① 地表水源。可能造成取水口下游水量减少，江河水体的稀释、自净能力下降，对水质的影响；水位下降，对航运的影响；水量减少，对水生生态的影响和对水生动物的影响。

② 地下水源。可能造成区域地下水位下降，引起地面沉降、地面裂缝、地面塌陷、海水入侵等环境问题；地下水动力场和水化学场发生改变，地下水某些化学组分、微生物含量增加，水质恶化；在干旱地区，由于地下水开采引起水位大幅度下降，导致地表水消失，草场、土地退化和沙化，绿洲面积减少。

**2. 净化工程环境影响因素分析**

① 排泥水对水体的影响。自来水净化工程产生排泥水直接排入江河中，对江河一定范围内水体水质有影响；泥沙沉积在江河中某一区域，可能造成局部河床的抬高，影响通航和泄洪能力。

自来水净化工程所产生排泥水直接排入湖泊（水库）水体，会造成泥沙沉积在湖泊和水库中，减少湖泊（水库）的库容，影响湖泊（水库）的蓄洪能力。

② 排泥对环境空气的影响。部分自来水工程对排泥水进行处理，产生脱水泥饼。脱水泥饼如不妥善处理、处置，易引起对大气环境的影响（大风干燥天气及局部大气环境的粉尘污染）和对生态环境产生的二次污染（暴雨期间会引起泥沙流失）。

③ 噪声对环境的影响。自来水生产和供应项目主要产生噪声的设备为取水泵和加压供水水泵。

④ 氯泄漏事故对环境的风险影响。加氯车间有发生氯泄漏事故的可能，需对环境的风险影响进行评价或分析，并提出防范措施。

**3．送配管网工程的环境影响因素分析**

管网工程环境影响主要来自施工期施工噪声、施工扬尘对环境的影响以及施工对生态环境的影响。

（二）评价因子筛选

**1．取水工程**

地表水源：水量、水质和生态环境；地下水源：地下水水位、水质。

**2．净化工程**

地表水：SS；环境空气：扬尘；声环境：等效 A 声级；风险：氯。

**3．送配管网工程**

评价因子：施工扬尘、施工噪声。

## 二、取水工程环境影响分析

（一）受环境的制约影响分析

不同的取水水源（地表水、地下水），不同地区的气候、水文地质条件（富水、多水、少水、缺水），对工程项目建设有不同的制约条件和影响力度。

**1．江河水源制约因素影响分析**

根据多年和近期水文资料，对江河的水量按丰水期、平水期、枯水期分别进行统计分析，着重考虑枯水期的水位、水量是否满足自来水厂取水量的需求。

江河枯水期可取水量应根据河流的水深、宽度、流速、流向和河床地形等因素，结合取水构筑物的形式，一般情况下，占河道流量15%～25%；当江河的河流窄而深、流速小，下游有浅滩、浅槽，在枯水期局部形成壅水，或取水河段为深槽时，则可取水量占枯水流量可达30%～50%。设计枯水流量时按保证率为95%～97%计算。

取水水源地处于富水、多水地区，江河的水量对自来水厂取水的制约作用相对较小；而取水水源地处于贫水、缺水地区，则江河在枯水期对自来水厂取水量的制约作用较大。

生活饮用水水质与人类健康和生活使用直接相关，水源的水质是保证自来水出水水质的关键。地表水江河流域范围广，受地面污染因素影响，江河的水质对自来水生产的制约作用较大。

环评中应对取水口所处的位置、取水口上游排污情况、取水口上下游河流功能进行调查，对取水口水质进行监测，根据监测结果分析水源是否满足生活饮用水源最低标准，即《地表水环境质量标准》(GB 3838—2002) III类标准。

取水水源的水质不仅要考虑现状，还要考虑近远期变化趋势，应根据城市规划、水域功能规划、流域水土保持规划、生态保护规划，分析和预测取水口的水源水质是否满足未来自来水生产的要求。根据其水文特征、流量，按不同季节定性定量分析取水口上游污染源（含面源）排放对取水口的水质影响。

#### 2. 湖泊、水库水量水质环境制约影响分析

根据多年和近期降水量、蒸发量以及水文资料，分析湖泊、水库不同季节水量是否满足自来水厂取水量的需求，计算全年取水的保证率。

湖泊、水库的储水量，与湖面、库区的降水量，入湖（入库）汇流面积，地下水侧向补给因素有关；也与湖面、库区的蒸发量，出湖（出库）的下泄量和渗漏量有关。对自来水厂取水量保证率应从湖泊、水库的枯水期的水量、水位进行论证。在北方或干旱地区，湖泊、水库在枯水期对自来水取水的制约作用最大。

湖泊、水库来水主要是由河流、地下水及降雨时的地面径流补给，其水质与补给水来源有密切关系。与河流相比，湖泊、水库水体更新周期长、水流速度慢，湖泊水体营养盐和污染物浓度积累较快。故采用湖泊、水库作为自来水取水水源，对水源保护尤为重要。环评中要对整个湖泊、水库，特别是取水口附近排污情况进行详细调查，包括生活污水、工业废水、畜牧养殖、农田径流等，定性、定量论述排污对取水口水质的影响程度；并对不同季节的水质进行监测，根据监测分析结果，确定取水水源是否满足水源质量标准。

#### 3. 地下水贮量、水质制约影响分析

根据地下水文地质条件，含水层特征，地下水补给、径流、排泄条件，分析地下水资源量及可开采量。同时根据城市近远期用水发展规划，论证水源取水量的保证性和可靠性。一般来讲，自来水取水量应不大于开采储量。

收集有关地质、水文和环境方面的现场资料，包括含水层的分布和边界条件、非均质性、地下水的补给和开采情况；地下水与地表水的联系；现有的污染状况，污染源位置、大小和强度等。对地下水水质进行监测，根据监测结果，分析确定取水水源是否满足《地下水质量标准》(GB/T 14848—93) III类标准。

### （二）对环境的不利影响分析

#### 1. 取水量对江河环境影响分析

自来水取水造成取水口下游江河水量减少，因此会产生多方面的环境影响。特别是在枯水期，江河水量的减少造成江河稀释、自净能力下降，取水口下游的水质变差；造成下游的水位下降，影响航运；使水生生态的环境发生变化，对取水口下游水生动物的栖息地和活动区造成影响；会造成取水口下游的农业灌溉用水困难，对下游的其

他用水也造成影响。

2．取水量对湖泊、水库环境影响分析

由于湖泊水库多数属于封闭性或半封闭性，取水后可能造成湖泊或水库水位下降和水面萎缩，可能造成水库的干涸，湖泊的咸化，还可能对湖泊或水库周围的农业灌溉用水造成困难。

湖泊或水库自净能力较江河弱，蓄水量减少可能会引起湖泊或水库水质变差、水生生态环境发生改变，对水生动物鱼类正常的繁殖、发育形成威胁和干扰。

3．取水量对地下水环境影响分析

根据地下水贮量、水文地质条件和开采水量等因素，综合分析水厂建成后是否会造成区域地下水位下降，局部是否会形成地下水位下降漏斗；是否会造成地下水资源枯竭；是否会引起地面沉降、地面裂缝、地面塌陷、海水入侵等环境问题。

地下水的开采，是否会致使地下水动力场和水化学场发生改变，造成地下水某些化学组分、微生物含量增加，引起水质恶化。在干旱地区，分析地下水开采是否引起水位大幅度下降，导致地表水消失，草场、土地退化和沙化，绿洲面积减少。

评价按《环境影响评价技术导则—地下水环境》有关要求进行。

## 三、净水工程环境影响分析

净水工程的影响分析主要是对环境不利影响因素分析，包括自来水净化工程营运期产生的排泥（水）、噪声以及加氯车间氯泄漏事故等对周围环境造成的影响，具体分析如下：

### （一）排泥水对水体的影响

自来水净化工程产生排泥水排入水体后，应分析由此对江河水质产生的影响或对湖泊（水库）水体产生的影响。

### （二）排泥对环境空气的影响

为减少排泥水对水体的污染，部分自来水净水工程对沉淀池排泥和滤池反冲洗排水进行处理，产生脱水泥饼。脱水泥饼如不妥善处理、处置，对大气环境和生态环境易造成二次污染。

### （三）噪声对环境的影响

净水工程主要为水泵的噪声，对设备车间附近的声环境产生一定影响。

（四）海水淡化工程环境影响分析

海水淡化工程产生的环境影响主要来自于厂内设备运行的噪声、生产工艺过程中产生的浓盐水、固液分离过程中产生的海泥及废弃的化学药剂等。

### 四、送配工程环境影响分析

送配工程环境影响分析主要也是针对对环境的不利影响因素。自来水设施和送配管网对环境的影响主要是送配管网施工过程所产生的施工扬尘、施工噪声对施工场地周围的居民居住环境造成影响。自来水送配工程一般在城市范围内，送配管网沿线环境敏感点较多，施工产生的扬尘和噪声影响应作为评价重点，同时应分析管网施工对居民出行及生活的影响。

### 五、风险评价

自来水厂的风险不仅来自于水厂内部存在的一些风险源，外部环境对自来水厂的供水安全也存在着较大的风险。

净水工程加氯车间可能发生氯气泄漏事件，会对周围环境产生重大影响，甚至危及生命。环评报告应该对此提出相应的应急预案和应急措施。

我国近年频发的水源污染事件均表明，外在的环境污染将极大地影响自来水厂的供水安全。突发性水污染主要是有机物污染、微生物污染和重金属污染等，环评报告应结合区域的突发环境事件应急预案，提出自来水厂应急措施和应急设备要求。明确应急监测设备配置、监测计划方案，净水工艺增设投放活性炭、pH 调节剂等设施和物品的要求等。

## 第三节 污染防治措施

### 一、声环境影响防治措施

自来水生产和供应项目主要产生噪声的设备为取水泵和加压供水水泵。从目前国内自来水厂运行结果看，一般情况厂界昼间噪声可达标，夜间厂界噪声有可能超标。泵类噪声防治应先选择低噪声泵，安装时使用减振垫、增强泵房密闭性等措施降低噪声污染。

## 二、水环境影响防治措施

为避免排泥水对环境的污染，应对排泥水进行处理，其工艺流程主要由 5 部分组成：① 排泥水收集池；② 排泥水浓缩池；③ 污泥平衡池；④ 聚合物投加系统；⑤ 离心机脱水机房和污泥泵房。处理后的上清液返回自来水生产工艺中，污泥外运至合适的场所。对排泥水进行处理可将占水厂制水量 5%以上的水量回收利用，节水节能，达到生产排泥水零排放。

## 三、固体废物处置防治措施

对排泥水处理后产生的脱水泥饼通常处置办法有：

① 卫生填埋。卫生填埋是自来水厂污泥处置的一个被广泛采用的方法。该方法是将自来水厂内的脱水泥饼同城市垃圾处理场中的生活垃圾一起填埋，也可用作垃圾处理场的覆土，自来水厂脱水泥饼土质一般能够满足垃圾填埋场的覆土要求。

② 综合利用。将脱水泥饼加入一定量的添加剂作为制砖原料，综合利用，节约土壤资源。

## 四、氯泄漏事故风险防范措施

自来水厂加氯车间可能会发生氯气泄漏事故。氯气为剧毒气体，泄漏时会造成人员的中毒，严重时会危及人员的生命。必须采取相应的防范措施：

① 加强氯库管理，将氯库与加氯室分开，库内设有氯气泄漏自动报警装置和自动排气系统。

② 选用安全程度较高的加氯机，氯气输送管路呈真空状态，当管路破损漏气时可自动关闭加氯系统，防止氯气外泄。

③ 严格执行氯气安全操作规程，及时排除泄漏和设备隐患，保证系统处于正常状态。在正常工作状态下应定时开启室内排风扇，保持室内空气清新。

④ 氯气泄漏时，现场负责人应立即组织抢修，撤离无关人员，抢救中毒者。抢修救护人员必须佩戴有效的防护面具。开启通风设施和尾气处理装置等，降低氯气风险影响。

⑤ 液氯事故发生后，液态吸收剂的反应产物不能直接排入明渠、地沟、地表水体等，需设置消防退水池，将事故状态下与氯气的反应产物收集，做进一步处理；固态吸收剂的产物及时收集，防止二次污染。

⑥ 发生液氯泄漏时，应组织污染区居民向上风向地区转移，并用湿毛巾护住口鼻；到了安全地带要好好休息，避免剧烈运动。减少氯气对人群的伤害。可参照《北京市

液氯事故状态下环境污染防控技术导则（试行）》，确定隔离距离和防护距离（表 2-2）。

表 2-2　氯气泄漏隔离距离与防护距离

| 小泄漏 | | | 大泄漏 | | |
|---|---|---|---|---|---|
| 隔离距离/m | 下风向防护距离/km | | 隔离距离/m | 下风向防护距离/km | |
| | 白天 | 夜晚 | | 白天 | 夜晚 |
| 30 | 0.2 | 1.2 | 240 | 2.4 | 7.4 |

## 五、水源保护措施

由于对水源的长期过量开采和水源受污染等，常使水源的水量减少和水质恶化。水源一旦出现水量衰减和水质恶化现象后，就难以在短时期内恢复。因此必须采取保护水源、防止水源枯竭和被污染的措施。水源保护主要任务是防止水源枯竭和污染。

《国家环境保护“十二五”规划》中要求“严格保护饮用水水源地。全面完成城市集中式饮用水水源保护区审批工作，取缔水源保护区内违法建设项目和排污口。推进水源地环境整治、恢复和规范化建设。加强对水源保护区外汇水区有毒有害物质的监管。地级以上城市集中式饮用水水源地要定期开展水质全分析。健全饮用水水源环境信息公开制度，加强风险防范和应急预警”。《国务院关于加强环境保护重点工作的意见》明确指出，“严格饮用水水源保护区划分与管理，定期开展水质全分析，实施水源地环境整治、恢复和建设工程，提高水质达标率。”

《全国地下水污染防治规划（2011—2020 年）》中提出“严格地下水饮用水水源保护区环境准入标准，落实地下水保护与污染防治责任，依法取缔饮用水水源保护区内的违法建设项目和排污口”“针对污染造成水质超标的地下水饮用水水源，科学分析水源水质和水厂供水措施的相关性，研究制定污染防治方案，开展地下水污染治理工程示范，实现‘一源一案’”。

① 防止水源枯竭。对地表水源进行水文观察和预报；对地下水源进行区域地下水动态观测，注意开采漏斗区的观测，及时制止过量开采。

进行流域范围的水土保持工作，在水源的上游进行植树、种草，减少水土流失对河流的淤积。

② 防止水源污染和恶化。对水源地提出明确的保护区卫生防护要求及措施。

为减轻对水源的污染，对易造成污染的企业，如化工、电镀、冶金等企业应禁止设在水源地的上游。

建立水体污染监测网，及时掌握水体污染状况和各种有害污染物的动态，及时采取有效措施，制止对水源污染。

注意地下水开采引起的水质恶化问题，如滨海地区的咸水入侵。

# 第三章　城市污水处理项目

## 第一节　工程概况及工程污染源分析

### 一、工程概况

（一）城市污水处理规划

城市污水处理工程规划要考虑城市发展变化的需要，不但要近、远期结合，而且要考虑城市远景发展的需要。城市排水出口与污水受纳水体的确定都不应影响下游城市或远景规划城市的建设和发展。城市排水系统的布局也应具有弹性，为城市的远景发展留出余地。

城市排水工程规划与城市给水工程规划之间关系紧密，排水工程规划的污水量、污水处理程度和受纳水体及污水出口应与给水工程规划的用水量、回用再生水的水质、水量和水源地及其卫生防护区相协调。城市排水工程规划的受纳水体与城市水系规划、城市防洪规划有关，应与规划水系的功能和防洪的设计水位相协调。城市排水工程规划的灌渠多沿城市道路铺设，应与城市规划道路的布局和宽度相协调。城市排水工程规划受纳水体、出水口应与城市环境保护规划的水环境功能分区及环境保护相协调。

根据城市总体规划用地布局，结合城市污水受纳水体位置将城市分为若干个分区（包括独立排水系统）进行排水系统布局，根据分区规模和废水受纳水体分布确定排水系统数量。

污水流域划分和系统布局都必须按地形变化趋势进行。地形变化是确定污水汇集、输送、排放的条件，小范围地形变化是划分流域的依据，大的地形变化趋势是确定污水系统的条件。

城市污水处理厂是分散布置还是集中布置，或者采用区域污水系统，应根据城市地形和排水分区分布，结合污水污泥处理后的出路和污水受纳水体的环境容量通过技术经济比较确定。一般大中城市，用地布局分散，地形变化较大，宜分散布置；小城市布局集中，地形起伏不大，宜采用集中布置；沿一条河流布局的带状城市沿岸有多个组团（或小城镇），污水量都不大，宜集中在下游建一座污水处理厂，从经济、管理和环境保护等方面都是可取的。

在确定污水排水标准时，应从污水受纳水体的全局着眼，既符合近期的可能，又要不影响远期的发展。采取有效措施，包括加大处理力度，控制或减少污染物数量，充分利用受纳水体的环境容量，使污水排放污染物量与受纳水体的环境容量相平衡，达到保护自然资源、改善水环境的目的。

## （二）污水处理项目组成及工程选址

### 1．污水处理项目组成与主要技术经济指标

① 项目组成。污水处理项目一般包括污水处理厂工程、污泥处置工程及相关配套工程（污水管网、截污工程等）。

依据城市总体规划、水资源综合利用规划、城市排水专业规划和服务人口、服务地域确定污水处理厂位置；根据服务人口和城市发展规划确定处理规模；根据受纳水体进出水水质要求和经济技术可行性确定处理工艺、处理效率、处理后的水质；根据地形、高差、来水等确定污水处理厂的平面布置与管线布置方案；根据选定的污水处理工艺，确定污泥的产生量、组成及处置方式。

污水处理厂配套工程主要包括厂内辅助建筑物和厂区给水、排水、通风、道路、绿化等公共工程。

② 主要技术经济指标。主要技术经济指标包括：建设规模、总投资、年运行费用、处理单位水量投资、削减单位污染物投资、处理单位水量电耗和成本、削减单位污染物电耗和成本、占地面积、运行性能可靠性、管理维护难易程度、劳动定员等。

### 2．工程选址

可行性研究过程中与选址有关的因素包括土地利用现状、征地规模、排水路线、服务范围等；在环境影响评价中，与选址密切相关的因素是恶臭的影响、厂址周围土地使用类型、受纳水体环境功能等。目前在城市污水处理项目的预可行性研究和可行性研究过程中，一般需要考虑两个以上的厂址方案，包括城市总体规划中预留的污水处理厂厂址。

### 3．总图布置

污水处理厂总图布置应因地制宜进行，布置内容包括污水处理构筑物、污泥处理构筑物，办公、化验及其他辅助建筑物，各类管（渠）道、电缆及道路、绿化等。其一般布置原则如下：

按功能分区、配置得当　主要是指对生产、辅助生产、生产管理、生活福利等各部分布置，要做到分区明确、配制得当而又不过分独立分散。既有利于生产，又避免非生产人员在生产区通行或逗留，确保安全生产。在有条件时（尤其建新厂时），最好把生产区和生活区分开，但两者之间不必设置围墙。

功能明确、布置紧凑　首先应保证生产的需要，结合地形、地质、土方、结构和施工等因素全面考虑。布置时力求减少占地面积，减少连接管（渠）的长度，便于操作管理。

顺流排列，流程简捷　处理构（建）筑物尽量按流程方向布置，避免与进（出）水方向相反安排；各构筑物之间的连接管（渠）应以最短路线布置，尽量避免不必要的转弯和用水泵提升，严禁将管线埋在构（建）筑物下面。目的在于减少能量（水）损失、节省管材、便于施工和检修。

充分利用地形，平衡土方，降低工程费用　某些构筑物放在较高处，便于减少土方，便于放空、排泥，又减少了工程量，而另一些构筑物放在较低处，使水按流程按重力顺畅输送。

必要时应预留适当余地，考虑扩建和施工可能（尤其是对大中型污水处理厂）。

构（建）筑物布置应注意风向和朝向　将排放异味、有害气体的构（建）筑物布置在居住与办公场所的下风向；为保证良好的自然通风条件，建筑物布置应考虑主导风向。

城市污水处理厂规划用地指标根据规划期建设规模和处理级别按照表 3-1 规定确定。

**表 3-1　城市污水处理厂建设用地控制指标**　单位：$m^2/(m^3 \cdot d)$

| 建设规模/（万 $m^3/d$） | 一级污水处理厂 | 二级污水处理厂 | 深度处理 |
|---|---|---|---|
| Ⅰ类（50～100） | — | 0.50～0.45 | — |
| Ⅱ类（20～50） | 0.30～0.20 | 0.60～0.50 | 0.20～0.15 |
| Ⅲ类（10～20） | 0.40～0.30 | 0.70～0.60 | 0.25～0.20 |
| Ⅳ类（5～10） | 0.45～0.40 | 0.85～0.70 | 0.35～0.25 |
| Ⅴ类（1～5） | 0.55～0.45 | 1.20～0.85 | 0.55～0.35 |

注：数据引自《城市生活垃圾处理和给水与污水处理工程项目建设用地指标》。

### （三）污水处理规模

在规划阶段，应分析拟建污水处理厂的污水处理规模是否能满足城市总体规划发展目标的要求，是否与供水发展规划相协调。

城市污水量是确定城市污水处理厂建设规模的关键性依据。城市污水处理厂的工艺设施一般按远期设计，分期建设，需要相应确定远期规模和近期规模；与城市污水处理厂同期建设的配套城市排水干管的输水能力与污水处理厂的远期规模相同。因此，应按城市污水处理厂建设的需要，首先查明城市污水现状排放量，继而预测近期和远期城市污水量。

#### 1．城市污水排放量现状

城市污水包括生活污水和工业废水两部分，应分别加以调查。

① 城市生活污水量。生活污水量一般采取排污系数法估算水量。

② 工业废水量。大中型工业企业的污水排放口往往设有污水计量设施，可以据此统计工业废水量。对于没有污水计量设施的工业企业，则按其给水量与排水系数测算其工业废水量。

为了提高污水量估算的可靠性，在有条件的地方，还应根据城市现状出水口的流量对排水总量的估算值加以修正。

### 2. 城市污水排放量预测

城市污水量预测是在现状用水量、现状排水量和现状排水系数的基础上，根据规划所预测的用水量以及相应的排水系数，计算近期和远期相应的城市污水量。

① 生活污水量预测。根据城市发展规划和人口预测城市生活用水量、排水系数现状以及社会发展引起的排水系数的变化，综合测算近期和远期的城市生活污水量。

② 工业废水量预测。根据现状工业产值、现状工业取水量以及工业用水重复利用率，按工业产值增长和工业用水重复利用率提高幅度来预测近期和远期的工业取水量；再由工业排水系数现状及其变化来测算近期和远期的工业废水量。

③ 城市污水量预测。将现状、近期和远期对应的城市生活污水量和工业废水量相加，即为同期城市污水量，相应可以求出同期的城市生活污水与工业废水占全部城市污水的百分比。

参照《城市给水工程规划规范》(GB 50282—98)，估算城市生活污水量和工业废水量所使用的各类用水量指标可分别见表 3-2、表 3-3、表 3-4。城市分类污水排放系数见表 3-5。

**表 3-2　城市万人综合用水量指标**　单位：万 $m^3$/（万人·d）

| 区域 | 城市规模 | | | |
|---|---|---|---|---|
| | 特大城市 | 大城市 | 中等城市 | 小城市 |
| 一区 | 0.8～1.2 | 0.7～1.1 | 0.6～1.0 | 0.4～0.8 |
| 二区 | 0.6～1.0 | 0.5～0.8 | 0.35～0.7 | 0.3～0.6 |
| 三区 | 0.5～0.8 | 0.4～0.7 | 0.3～0.6 | 0.25～0.5 |

**表 3-3　城市单位建设用地综合用水量指标**　单位：万 $m^3$/（$km^2$·d）

| 区域 | 城市规模 | | | |
|---|---|---|---|---|
| | 特大城市 | 大城市 | 中等城市 | 小城市 |
| 一区 | 1.0～1.6 | 0.8～1.4 | 0.6～1.0 | 0.4～0.8 |
| 二区 | 0.8～1.2 | 0.6～1.0 | 0.4～0.7 | 0.3～0.6 |
| 三区 | 0.6～1.0 | 0.5～0.8 | 0.3～0.6 | 0.25～0.5 |

采用《城市给水工程规划规范》中人均综合生活用水量指标估算城市综合生活污水量。

表 3-4 人均综合生活用水量指标 单位：L/（人·d）

| 区域 | 城市规模 | | | |
| --- | --- | --- | --- | --- |
| | 特大城市 | 大城市 | 中等城市 | 小城市 |
| 一区 | 300～540 | 290～530 | 280～520 | 240～450 |
| 二区 | 230～400 | 210～380 | 190～360 | 190～350 |
| 三区 | 190～330 | 180～320 | 170～310 | 170～300 |

注：综合生活用水为城市日常用水和公共建筑用水之和，不包括浇洒道路、绿地、市政用水和管网损失水量。
① 特大城市指市区和近郊区非农业人口 100 万及以上的城市；
大城市指市区和近郊区非农业人口 50 万及以上，不满 100 万的城市；
中、小城市指市区和近郊区非农业人口不满 50 万的城市。
② 一区包括贵州、四川、湖北、湖南、江西、浙江、福建、广东、广西、海南、云南、江苏、安徽、上海、重庆；
二区包括黑龙江、吉林、辽宁、河北、山西、河南、山东、陕西、宁夏、北京、天津、内蒙古河套以东和甘肃黄河以东的地区；
三区包括新疆、青海、西藏、内蒙古河套以西和甘肃黄河以西的地区。
③ 国家级经济开发区和特区城市，根据用水实际情况，用水定额可酌情增加。

在可行性研究过程中，一般需要在进行污水量调查的基础上，根据社会经济发展规划目标对市区范围和污水处理服务范围内污水量进行预测，论证污水处理规模。由于城市总体规划中污水处理规模，一般是在对城市社会经济发展预测的基础上确定的，在城市污水处理规模与城市总的供水规模基本相匹配的情况下，可行性研究中一般不会对规划的污水处理厂规模做大的调整。

表 3-5 城市分类污水排放系数

| 污水性质 | 城市污水 | 城市生活污水 | 城市工业废水 |
| --- | --- | --- | --- |
| 排水系数 | 0.70～0.80 | 0.80～0.90 | 0.70～0.90 |

注：① 数据引自《城市排水工程规划规范》（GB 50318—2000）；
② 城市生活污水是指居民生活污水与公共设施污水两部分之和；
③ 排水系统完善的地区取大值，一般地区取小值；
④ 城市工业供水量，系工业所用的新鲜水量，即工业取水量。

城市污水处理设施建设，应按照远期规划确定最终规模，以现状水量为主要依据确定近期规模。

### （四）污水处理程度

#### 1．工程进水水量及水质

根据工程工业废水和生活污水的水量、水质分析、预测结果确定污水处理厂进水水质。

#### 2．污水处理厂出水水质的确定

按环境容量定：以受纳水体中某污染物现状值与该水体规划的水体功能相应的水质标准值的差值，计算出河水中该污染物的允许增加量后，再利用模型计算污水处理厂需要达到的污染物排放浓度；

按国家法定标准定：直接用《城镇污水处理厂污染物排放标准》和修改单中规定的污染物的排放浓度作为污水处理厂设计的出水浓度。

#### 3．污水处理去除效率

城市污水的水质与水体要求相比，其污染物浓度一般至少要高出 1 个数量级，因此，污水在排入水体之前，都必须进行适当程度的处理，使处理后的排水水质达到按上述两种方法之一确定的污水处理厂出水的允许排放浓度。

污水处理效率的计算公式为：

$$E_i = \frac{C_{i0} - C_{ie}}{C_{i0}} \times 100\% \tag{3-1}$$

式中：$E_i$ —— 污水处理厂污染物的处理效率，%；

$C_{i0}$ —— 未处理污水中 $i$ 污染物的平均质量浓度，mg/L；

$C_{ie}$ —— 处理后污水中 $i$ 污染物的允许排放质量浓度，mg/L。

## 二、污水处理工艺

### （一）污水处理工艺选择原则

#### 1．一般原则

污水处理工艺应根据原水水质、排放标准要求、污水处理厂的规模，结合当地的自然和社会经济等条件综合分析确定近、远期规划，并可根据资金筹措情况分期分阶段逐步实施，更好发挥投资效益。

污水处理工艺选择必须根据原水水质与水量，受纳水体的环境容量与其利用情况，综合考虑城市的实际情况，经技术经济比较优先采用低能耗、低运行费、低基础费、少占地、操作管理方便的成熟处理工艺。

积极慎重地采用经过鉴定的或实践证明是行之有效的新技术、新工艺、新材料和新设备。污水处理厂出水水质应满足国家和地方现行的有关规定。

污水处理设备、仪表的选用首先应立足国内，对目前不能生产或质量尚未过关的部分产品考虑适当引进。

污水处理厂总平面布置力求紧凑，土方平衡，减少占地和投资费用。

### 2．按处理规模选择处理工艺原则

根据《城市污水处理及污染防治技术政策》（建成[2000]124 号）对不同处理规模宜采用的处理工艺的意见，选择污水处理工艺流程，对日处理能力为 20 万 t 以上（不包括 20 万 t）的污水处理设施，一般采用常规活性污泥法，也可采用其他成熟技术。对日处理能力为 10 万～20 万 t 的污水处理设施，可选用常规活性污泥法、氧化沟法、SBR 法和 AB 法等成熟工艺。日处理能力在 10 万 t 以下的污水处理设施，可选用氧化沟法、SBR 法、水解好氧法、AB 法和生物滤池法等技术，也可选用常规活性污泥法。

## （二）典型处理工艺介绍

污水处理按处理深度可分为一级处理、二级处理和深度处理，按处理机理可分为物理、化学和生物处理。物理处理主要有分离、过滤；化学处理主要有混凝沉淀、化学中和、还原、吸附、萃取等；生物处理主要有活性污泥法和生物膜法。工艺流程的选择与处理人口数、处理水量、原水水质、排放标准、需要达到的处理效率、主要控制指标、建设投资、运行成本、处理效果及稳定性，工程应用状况、维护管理是否简单方便以及能否与深度处理组合等因素有关。目前，城市污水处理采用最多的是常规活性污泥法及其二级强化处理技术、生物膜法。常规活性污泥法和生物膜法主要去除水中以 COD、$BOD_5$ 为代表的有机物。二级强化处理工艺除去除 COD、$BOD_5$ 外，还具有除磷脱氮功能。二级强化处理在国内外应用广泛，其类型较多，常用的有各种氧化沟法、AB 法、$A^2/O$ 法、A/O 法、SBR 法和 UNITANK 等。深度处理又叫做三级处理，不仅具有去除 COD、$BOD_5$ 和脱氮除磷的功能，还能去除污水中难以生物降解的有机物、矿物质、病原体等，其工艺主要是在二级强化处理之后增加混凝沉淀、过滤、反渗透或者消毒。

### 1．常规活性污泥法

（1）基本工艺流程

常规活性污泥法系统，主要由普通曝气池、曝气系统、二沉池、污泥回流系统、处理水消毒池以及剩余污泥排放等部分组成。其中，曝气池与二沉池是二级处理的主体。工艺流程简图见图 3-1。

污水首先经格栅及沉砂池，阻截大块呈悬浮及漂浮的杂物，以及分离比重较大的无机颗粒如砂等，而后流入初次沉淀池，污水中可沉的悬浮固体，在重力的作用下沉降与水分离。污水从初沉池进入曝气池，在曝气池内污水与由二次沉淀池循环的回流污泥混合，经过一定时间（一般 3～8 h）的曝气，污水中的含碳有机物（$BOD_5$、COD）成为活性污泥微生物的营养源而被去除。曝气池排出的活性污泥和污水的混合液流入二沉池，在其中通过沉降使活性污泥和水分离，出水达标排放。有时针对不同的受纳水体和排放要求，还要增加消毒工序，消毒后的出水再排放。

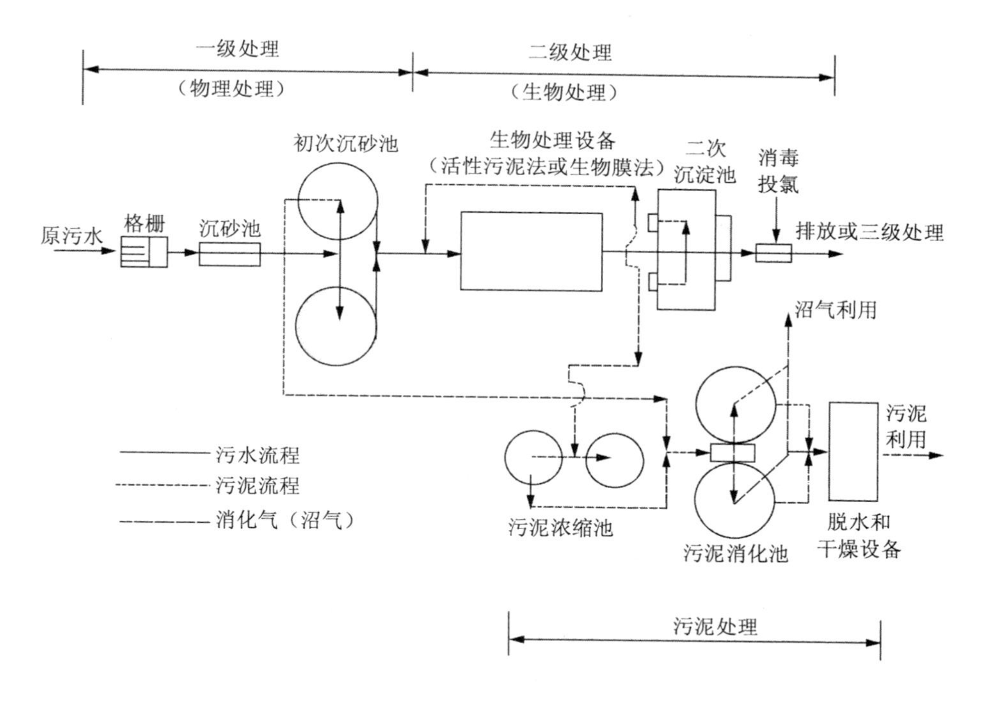


图 3-1　常规活性污泥法二级处理工艺流程

二沉池的污泥，一部分作为回流污泥送回曝气池以维持生物反应器中的微生物量，而另一部分作为系统的剩余污泥排出，与初沉池污泥一并进行污泥处理。污水生物处理系统产生的剩余污泥的处理方法，一般是浓缩、厌氧消化、脱水，最后将含水率低于 50%的污泥饼运出厂外，再对污泥综合利用。对于小型污水处理厂（站），剩余污泥可采用浓缩后直接脱水。

（2）正常运行的基本条件和处理效果

活性污泥法处理系统有效运行需要合适的进水水质、充足的活性污泥以及必要的曝气、沉淀分离和回流设备等条件。一般情况下，其处理效率为：COD＞75%，$BOD_5$＞85%，SS＞85%。

【工程示例】北京市高碑店污水处理厂一期工程设计规模为 50 万 $m^3/d$，于 1993 年 12 月竣工投产，设计总变化系数采用 1.2。采用常规活性污泥处理工艺，曝气池二级处理进水前端设缺氧段（占生物反应池总容积的 1/12），其目的是改善污泥沉降特性和防止污泥膨胀。

进水水质　$BOD_5$ 200 mg/L；SS 250 mg/L；TN 40 mg/L；$NH_3$-N 30 mg/L；pH 6～9。

出水水质　$BOD_5$≤20 mg/L；SS≤30 mg/L；$NH_3$-N≤14 mg/L。

处理工艺　常规活性污泥法

技术经济指标

占地面积（以污水计）　1 $hm^2$/15 000 $m^3$

基建投资（以污水计）　792 元/$m^3$

污水成本　0.227 元/$m^3$（包括：电费、药剂费、工资福利、维修费、折旧等）

**2．厌氧—好氧（A/O）法**

（1）基本工艺流程及工艺特点

A/O 生物除磷工艺的生物反应器是由厌氧及好氧两部分组成的污水生物处理系统。污水经过预处理及一级处理后，首先进入厌氧池，并同时与二沉池回流的污泥混合。在厌氧池回流污泥中的聚磷菌处于厌氧状态，通过释放正磷酸盐的形式获得能量，同时吸收胞外的有机物，在细胞内形成 PHA（聚羟基脂肪酸酯）。当污水进入好氧池处于好氧状态时，活性污泥中的聚磷菌又大量吸收混合液中的正磷酸盐贮存在活性污泥中，形成高磷污泥，并且好氧状态下吸收的磷远比厌氧状态释放的磷要多。生物除磷技术就是利用聚磷菌这一功能，通过创造适宜的厌氧—好氧环境，使污水不断地经过厌氧、好氧的交替过程，再经二沉池固液分离之后，将含磷的剩余污泥排出系统达到除磷的目的。污水中含碳有机物随着生物反应器的推进，进行氧化、分解与合成等生物反应，使其浓度越来越低，达到同时去除 $BOD_5$ 和 COD 的目的。工艺流程如图 3-2。

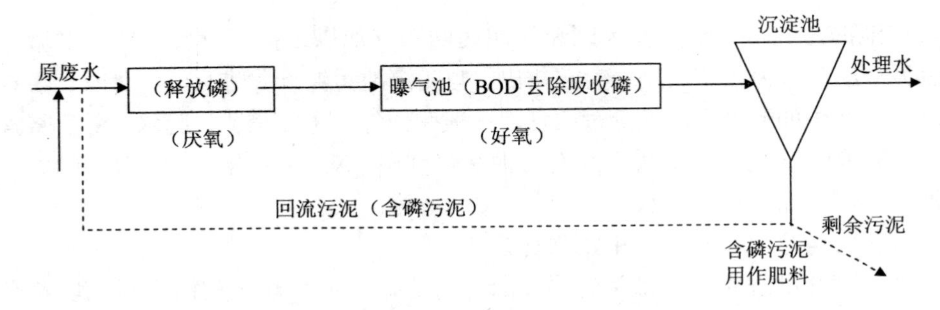


**图 3-2　厌氧—好氧除磷工艺流程**

（2）A/O 生物除磷工艺基本条件和处理效果

A/O 法工艺主要参数如下：

① 溶解氧。厌氧段要求控制溶解氧在 0.2 mg/L 以下，比生物脱氮要求的厌氧条件更严格，故用厌氧和缺氧以示区别。厌氧区的溶解氧稍高时，聚磷菌就将首先利用溶解氧吸收磷或进行好氧代谢，停止释放磷。厌氧状态下，聚磷菌每多释放出 1 mg 磷，进入好氧状态后就可多吸收 2.0～2.4 mg 磷。

② 水力停留时间。厌氧段的水力停留时间一般为 1.5～2.0 h。停留时间过短，影

响聚磷菌对磷的释放；停留时间过长，对其他好氧细菌将产生不利影响。在好氧段的停留时间为 4～6 h 即可保证磷的充分吸收。

③ 厌氧段 $BOD_5$ 浓度的影响。聚磷菌在低级脂肪酸等极易生物降解有机物含量充足的条件下，才会摄取营养及释放磷，应控制厌氧段的污水中 $BOD_5/TP>20$。

当 A/O 生物除磷工艺参数选择合理，构筑物选用适当，污泥处理方法得当的条件下，一般去除率可达：$BOD_5>90\%$，COD＞85%，SS＞90%，TP＞85%。对原污水 TP＜5 mg/L，处理出水 TP＜0.5 mg/L 时达到 GB 18918—2002 的一级 A 标准要求。

【工程示例】某经济技术开发区水质净化厂一期工程采用厌氧—缺氧—好氧（$A^2/O$）生物脱氮除磷工艺。因该厂二级出水直接排入海域，首要解决的问题是防止水体富营养化，对磷的排放浓度有严格要求（TP＜0.5 mg/L）。$A^2/O$ 虽可同时去除 $BOD_5$、COD、N 及 P，但进水 TP＞4 mg/L 时，不易达到上述要求。1992 年 9 月采用厌氧—好氧（A/O）除磷工艺改造原 $A^2/O$ 工艺（图 3-3），处理规模 1.5 万 $m^3/d$。

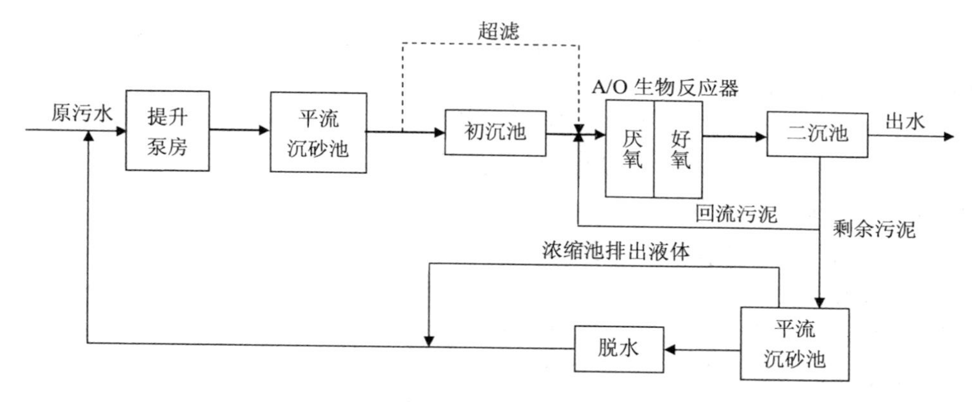


**图 3-3　某开发区污水处理厂除磷工艺流程**

设计要求处理水质为：$BOD_5<15$ mg/L，SS＜20 mg/L，TP＜0.5 mg/L。

技术经济指标　A/O 生物除磷工艺电耗为 0.221 9 kW·h/$m^3$。

### 3．厌氧、缺氧、好氧（$A^2/O$）法

（1）$A^2/O$ 基本工艺流程

生物脱氮除磷系统的生物反应器由厌氧、缺氧和好氧三个生物反应过程组成。基本工艺流程见图 3-4。

$A^2/O$ 生物脱氮除磷是将生物脱氮和除磷组合在一个流程中同步将 N 和 P 去除。系统中厌氧池的主要功能为释放磷，使污水中磷的浓度升高，溶解性有机物被微生物细胞吸收而使污水中 $BOD_5$ 浓度下降。另外，$NH_4^+$-N 因细胞的合成而被去除一部分，使污水中 $NH_4^+$-N 浓度下降，但 $NO_3^-$-N 含量没有变化。在缺氧池中，反硝化菌利用污水中的有机物作为碳源，将回流混合液中带入的大量 $NO_3^-$-N 和 $NO_2^-$-N 还原

为 $N_2$ 释放至空气中，因此，$BOD_5$ 浓度下降，$NO_3^-$-N 浓度大幅度下降，而磷的变化很小。

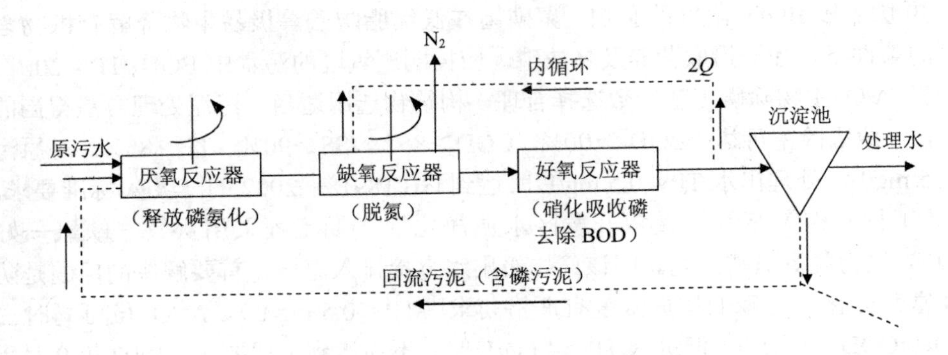


图 3-4 $A^2/O$ 生物脱氮除磷基本处理工艺流程

在好氧池中，有机物被微生物生化降解，而继续下降。有机氮被氨化继而被硝化，使 $NO_3^-$-N 浓度显著下降，但随着硝化过程，$NO_3^-$-N 的浓度却增加，磷随着聚磷菌的过量摄取也以比较快的速度下降。所以，$A^2/O$ 工艺可以同时完成有机物的去除、硝化脱氮、磷的过量摄取等功能，脱氮的前提是 $NO_3^-$-N 应完全硝化，好氧池能完成这一功能，缺氧池则完成脱氮功能。厌氧池和好氧池联合完成除磷功能。

（2）$A^2/O$ 生物脱氮除磷工艺基本条件和处理效果

① 生物硝化工艺。在好氧条件下，有机物的分解可以分为两个阶段：第一阶段为碳氧化阶段，主要是不含氮有机物的氧化，也包括有机氮的氨化，污水中的有机碳化物氧化为 $CO_2$，该阶段所消耗的氧即为 $BOD_5$；第二阶段为硝化阶段，即氨在硝化细菌的作用下，被氧化为 $NO_2^-$ 和 $NO_3^-$，该阶段所消耗的氧量叫硝化需氧量，以 NOD 表示。

生物硝化利用自养菌将氨氮氧化成硝酸盐。首先由亚硝化单胞菌将 $NH_3$-N 氧化成亚硝酸盐，再由硝化杆菌将 $NO_2^-$-N 氧化为硝酸盐，成为稳定状态。

生物硝化与 $BOD_5$ 降解都在曝气池中完成，但硝化菌对环境条件很敏感，要求进行硝化的曝气池应保持硝化菌所需要的环境条件。

② 生物脱氮工艺。生物脱氮是利用反硝化菌将 $NO_3^-$-N 和 $NO_2^-$-N 还原为 $N_2$。反硝化菌属异氧型兼厌氧性菌，在好氧条件下，反硝化菌进行好氧代谢，去除 $BOD_5$；在厌氧条件下，反硝化菌利用 $NO_3^-$-N 中的氧继续分解有机物，去除 $BOD_5$，同时将 $NO_3^-$-N 还原为 $N_2$ 释放。

适用范围　$A^2/O$ 工艺适用于对氮、磷排放指标都有一定要求的城市污水处理，一般去除率可达：$BOD_5$＞90%，COD＞85%，SS＞90%，$NH_3$-N＞95%，TN＞70%，TP＞50%。

### 4. 氧化沟法

（1）基本工艺流程

氧化沟也称氧化渠，又称循环曝气池，是活性污泥法的一种变形，其二级处理工艺流程见图 3-5。混合液在闭合的环形沟道内循环流动，混合曝气。入流污水和回流污泥进入氧化沟中参与环流并得到稀释和净化，与入流污水及回流污泥总量相同的混合液从氧化沟出口流入二沉池。处理水从二沉池出水口排放，底部污泥回流至氧化沟。与普通曝气池不同的是氧化沟除外部污泥回流之外，还有极大的内回流，环流量为设计进水流量的 30～60 倍，循环一周的时间为 15～40 min。因此，氧化沟是一种介于推流式和完全混合式之间的曝气池形式。按运行方式的区别，氧化沟分为三种类型：

- 连续式，连续进水与连续曝气；
- 交替式，交替进水与交替曝气；
- 半交替式，交替进水与连续曝气。

在城市污水处理中，采用较多的有奥贝尔氧化沟（连续式）、T 型氧化沟（交替式）及 DE 型氧化沟（半交替式）。

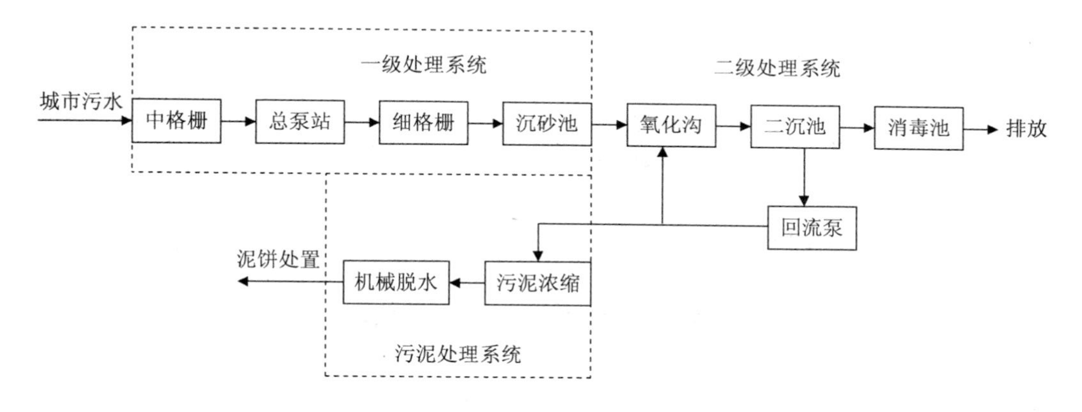


图 3-5 氧化沟二级处理工艺流程

（2）氧化沟的基本条件

由于奥贝尔型氧化沟属于多反应器系统，在一定程度上有利于难降解有机物的去除，且抗冲击负荷能力较强。因此，当城市污水中工业废水比例较高时，奥贝尔型氧化沟较其他类型的氧化沟有更好的适应性，可适用于 20 万 $m^3/d$ 以下规模的城市污水处理厂。

奥贝尔型氧化沟有三个相对独立的沟道，进水方式灵活。在暴雨期间，进水可以超越外沟道，直接进入中沟道或内沟道，由外沟道保留大部分活性污泥，利于系统的恢复。因此，对于合流制或部分合流制的污水系统，奥贝尔型氧化沟均有很好的适应性。

【工程实例】某城市污水处理厂位于该市西南郊，主要接纳和处理南郊和西南郊地区工业企业生产废水和居住区生活污水，其比例为 7∶3 左右。全区服务面积 53.5 $km^2$，规划控制人口 60 万人，处理规模近期 15 万 $m^3/d$，远期 30 万 $m^3/d$。

设计水质

| 水质参数/（mg/L） | 进水 | 出水 |
| --- | --- | --- |
| COD | ＜400 | ＜100 |
| $BOD_5$ | ＜180 | ＜20 |
| SS | ＜255 | ＜20 |
| $NH_3$-N | ＜32 | ＜15 |

工艺流程　见图 3-6。

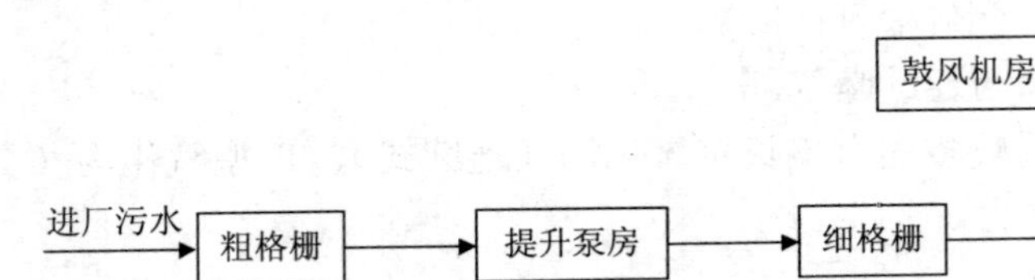

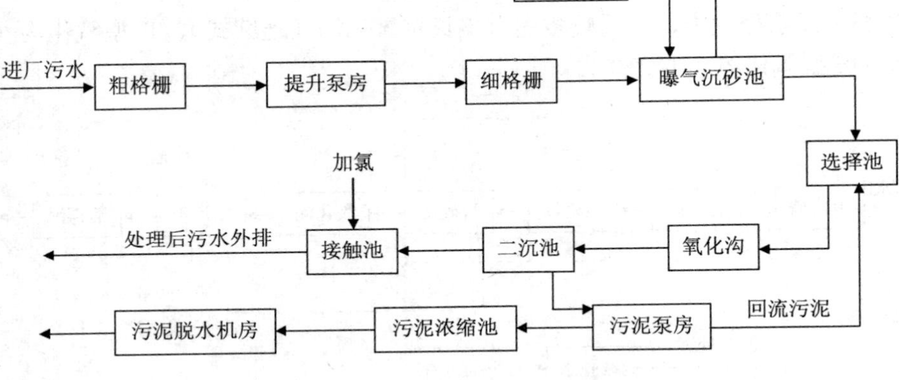


图 3-6　某城市污水处理厂工艺流程

技术经济指标

| | |
| --- | --- |
| 占地指标 | 1.3 $hm^2$/万 $m^3$ |
| 电耗 | 0.28 $kW·h/m^3$ |
| 处理成本 | 0.32 元/$m^3$ |

### 5．序批式活性污泥（SBR）法

（1）SBR 法基本工艺流程

预处理→SBR→出水，其操作程序是在一个反应器内的一个处理周期内依次完成进水、生化反应、泥水沉淀分离、排放上清液和闲置 5 个基本过程。这种操作周期周而复始地进行，以达到不断进行污水处理的目的。

SBR 法的工艺设备是由曝气装置、上清液排出装置（滗水器），以及其他附属设备组成的反应器。SBR 对有机物的去除机理为：在反应器内预先培养驯化一定量的活性微生物（活性污泥），当废水进入反应器与活性污泥混合接触并有氧存在时，微生物利用废水中的有机物进行新陈代谢，将有机污染物转化为 $CO_2$ 及 $H_2O$ 等无机物；同时，微生物细胞增殖，最后将微生物细胞物质（活性污泥）与水沉淀分离，废水得到处理。SBR 法的工艺流程见图 3-7。

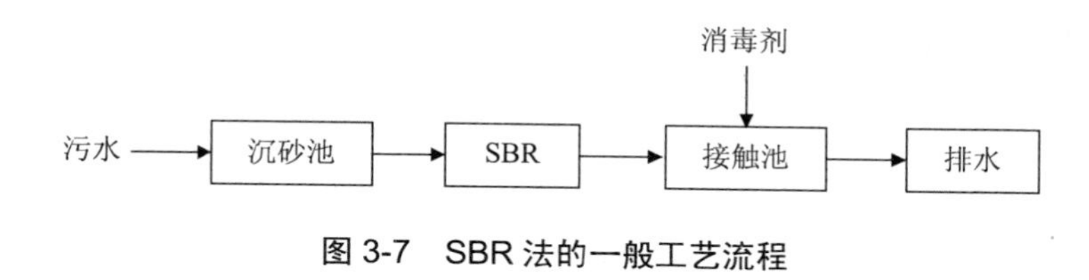


图 3-7　SBR 法的一般工艺流程

（2）SBR 法工艺特点

① 可省去初沉池、二沉池和污泥回流设备等，与标准活性污泥法比较，设备构成简单，布置紧凑，基建和运行费用低，维护管理方便。

② 泥水分离沉淀是在静止状态或在近静止状态下进行的，固液分离稳定。

③ 不易产生污泥膨胀。

④ 在反应器的一个运行周期中，能够设立厌氧、好氧条件，实现生物脱氮、除磷的目的。

【工程实例】某市第三污水处理厂于 1998 年投产运行。污水处理规模 15 万 t/d。处理工艺采用 ICEAS 工艺（图 3-8）。其服务人口 42.67 万人，占地面积 12.13 $hm^2$。目前主要处理污河道所收集的混合污水，在旱季可处理主城西区产生的污水。

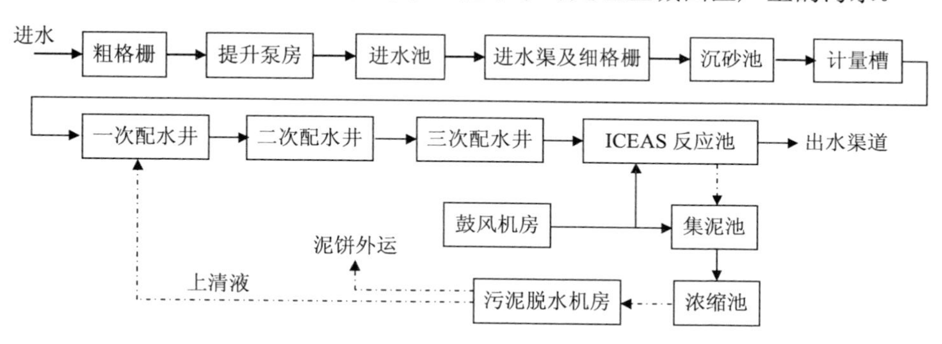


图 3-8　ICEAS 工艺流程

### 6．生物膜法

（1）原理及工艺流程

生物膜法是利用附着生长于某些固体物表面的微生物（即生物膜）进行有机污水处理的方法。生物膜是由高度密集的好氧菌、厌氧菌、兼性菌、真菌、原生动物以及藻类等组成的生态系统，其附着的固体介质称为滤料或载体。生物膜自滤料向外可分为厌氧层、好氧层、附着水层、运动水层。废水和生物膜接触时，污染物从水中转移到膜上，从而得到处理。

生物膜法的原理是：生物膜首先吸附水层有机物，由好氧层的好氧微生物将其分解，再进入厌氧层进行厌氧分解，流动水层则将老化的生物膜冲掉以生长新的生物膜，如此往复以达到净化污水的目的。生物膜法工艺流程与常规活性污泥法基本相同，生物反应器（池）功能相当于常规活性污泥法中的曝气池。

生物膜法的生物反应器（池）可以是生物滤池、生物转盘、曝气生物滤池或厌氧生物滤池，生物反应器（池）结合缺氧池和厌氧池共同建设，可以达到脱氮除磷的效果。

（2）工艺特点

以曝气生物滤池法为例，这种方法的主要设备是生物接触氧化滤池。在曝气池中装有焦炭、砾石、塑料蜂窝等填料，填料被水浸没，用鼓风机在填料底部曝气充氧，这种方式称为鼓风曝气；空气能自下而上，夹带待处理的废水，自由通过滤料部分到达表面，空气逸走后，废水则在滤料间格自上向下返回池底。活性污泥附在填料表面，不随水流动，因生物膜直接受到上升气流的强烈搅动，不断更新，从而提高了净化效果。曝气生物滤池法具有处理时间短、体积小、净化效果好、出水水质好而稳定、污泥不需回流也不膨胀、耗电小等优点。

### 7．污水深度处理

二级强化处理后的污水通常含有难以生物降解的有机物、矿物质、病原体等，需要经过深度处理才能去除。深度处理工艺流程见图 3-9。

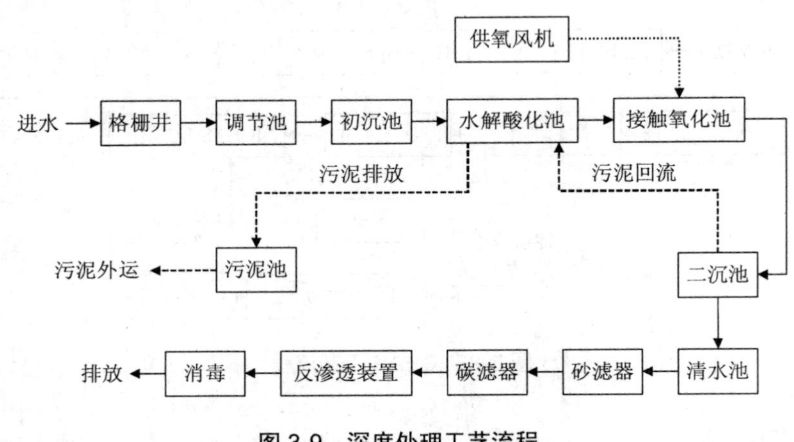


图 3-9 深度处理工艺流程

（1）除难降解有机物

活性炭能有效地除去二级处理出水中的大部分有机污染物。一些三级污水处理厂的粉末活性炭接触吸附装置去除 COD 和总有机碳的效率为 70%～80%，每千克活性炭吸附容量为 0.25～0.87 kgCOD，具体吸附容量是由进水的有机物浓度和所要求的出水有机物浓度决定的。

臭氧氧化法和活性炭吸附法配合使用，往往能更有效地去除有机物并可延长活性炭的使用寿命。臭氧能将有机物氧化降解，减轻活性炭的负荷，还能将一些难以生物降解的大分子有机物分解为易于生物降解的小分子有机物，而便于被活性炭吸附。

（2）除矿物质

活性炭装置对污水中的矿物质具有一定的吸附作用，另外经常采用的方法有：离子交换、电渗析和反渗透。在污水三级处理中用反渗透法脱除矿物质和有机物最受重视。

使用高效反渗透装置的结果证明，污水中总溶解性总固体可去除 90%～95%，磷酸盐可去除 95%～99%，氨氮可去除 80%～90%，硝酸盐氮可去除 50%～85%，悬浮物可去除 99%～100%。可见，反渗透法能有效地去除多种污染物。但是设备造价和运转费用都高。另外，反渗透膜容易被污染物堵塞，需要清洗。

（3）除病原体

臭氧可以杀灭污水中的病原体，臭氧在水中灭菌有两种方式：一种是臭氧直接作用于细菌的细胞壁，将其破坏并导致细菌死亡；另一种是臭氧在水中分解时释放出自由基态氧，自由基态氧具有强氧化能力，可以穿透细胞壁，氧化分解细菌内部的蛋白质，导致其死亡。

一般污水中存在着较高的污染物如有机物、色度、悬浮物等，这些物质都会消耗臭氧，降低臭氧的杀菌能力。臭氧消毒之前需要对污水进行预处理，以保证臭氧的消毒效果。

### （三）污水处理工艺比选实例分析

某污水处理厂位于长江南岸，污水处理后首先进入支渠河道，而后于长江大桥上游 50 m 处汇入长江。在处理工艺的选择方面立足于先进性、实用性和经济性等综合平衡。污水排放中 N、P 两项指标已越来越受到重视，因此试图选择一种既能除 COD、$BOD_5$、SS，又能对脱氮除磷有一定作用的工艺。报告书对 AB 法、三沟式氧化沟法、SBR 法、$A^2/O$ 法、一体化活性污泥法等优缺点进行了全面分析。

#### 1. AB 法

由德国 Bohuke 教授首先开发。该工艺对曝气池按高、低负荷分二级供氧，A 级负荷高，曝气时间短，产生污泥量大；B 级负荷低，污泥龄较长。A 级与 B 级间设中间沉淀池。二级池 $F/M$（污泥量与微生物量之比）不同，形成不同的微生物群体。AB 法可通过改变 B 级工艺来提高脱氮除磷的效果，并有节能的优点，但不适合进水水质浓度较低的情况。

#### 2. 三沟式氧化沟工艺

比较成熟的工艺，处理效果稳定。该工艺集曝气、沉淀、污泥回流等功能于一体，简化了处理流程，并可形成厌氧、缺氧、好氧的环境，以去除氮、磷等营养物质。该工艺的缺点是占地面积大，设备装机功率大，利用率低。

3．SBR 法

工艺简单，进水、曝气、沉淀、出水在一座池内完成，常由 3 个或 4 个池体构成一组，轮流运转，一池一池地间歇运行，故称序批式活性污泥法。现在又开发出一些连续进水连续出水的改良性 SBR 工艺，如 ICEAS 法、CASS 法、IDEA 法等。由于只有一个反应池，不需二沉池、回流污泥及设备，一般情况下不设调节池，多数情况下可省去初沉池，故节省占地和投资。该工艺耐冲击负荷且运行方式灵活，可以从时间上安排好氧、缺氧和厌氧的不同状态，实现除磷脱氮的目的。但因每个池子都需要设曝气和输配水系统，采用滗水器及控制系统，间歇排水水头损失大，池容利用率不理想。因此，一般来说不太适用于大规模的城市污水处理厂。

4．$A^2/O$ 法

利用生物处理法脱氮除磷，可获得优质出水。同步脱氮除磷机制由两部分组成：一是除磷，污水中的磷在厌氧状态下（DO＜0.2 mg/L），释放出聚磷菌，在好氧状况下又将其更多吸收，以剩余污泥的形式排出系统；二是脱氮，缺氧段要控制 DO＜0.7 mg/L，由于兼氧脱氮菌的作用，利用水中的 BOD 作为氢供给体（有机碳源），将来自好氧池混合液中的硝酸盐及亚硝酸盐还原成氮气送入大气，达到脱氮的目的。该工艺较为成熟，广泛应用于有脱氮除磷要求的城市污水处理厂。

5．一体化活性污泥法

一体化活性污泥法和 TCBS 工艺、MSBR 工艺一样，都是 SBR 法新的变形和发展。它集“序批法”“普通曝气法”及“三沟式氧化沟法”的优点，克服了“序批法”间歇进水、“三沟式氧化沟法”占地面积大、“普气法”设备多的缺点。典型的一体化活性污泥法是三个水池，三池之间水力连通，每池都设有曝气系统，外侧的两池设有出水堰及污泥排放口，它们交替作为曝气池和沉淀池。污水可以进入三池中的任意一个，采用连续进水、周期交替运行。在自动控制下使各池处在好氧、缺氧及厌氧状态，以完成有机物和氮、磷的去除。

上述几种污水处理工艺比较分析的优缺点见表 3-6。

表 3-6　方案优缺点比较

| 处理工艺 | 优　点 | 缺　点 |
| --- | --- | --- |
| AB 法 | 成熟的脱氮除磷技术，运行经验较多 | 不适合低浓度进水要求；产泥量大 |
| 三沟式氧化沟法 | 工艺较成熟，处理流程简单 | 占地面积大，设备装机功率大，利用率低；臭气收集较困难、处理成本高 |
| SBR 法 | 节省占地和投资<br>耐冲击负荷且运行方式灵活 | 每个池子均需曝气和输配水系统。采用滗水器及控制系统，间歇排水水头损失大；池容利用率不理想 |

| 处理工艺 | 优　点 | 缺　点 |
|---|---|---|
| $A^2/O$ 法 | 常规的脱氮除磷工艺，有一定运行经验；对曝气池、二沉池、污泥回流泵房等，管理人员比较熟悉，管理维修方便 | 处理构筑物多，占地面积大，地基处理费用高；机械设备多，维修养护麻烦；回流污泥和混合液回流量大，耗电多；臭气收集较困难，处理成本高 |
| 一体化活性污泥法 | 具有 SBR 法的优点，便于管理，可调节厌氧、缺氧时间，适应水质变化，脱氮除磷效果好；系统在恒水位运行，水力负荷稳定、容积利用率高；几组池合并在一起，共用底板，占地省；地基处理费用少。不用内回流和污泥回流，不用滗水器，无刮泥机械，维修量少；投资省，运行费用少，处理成本低；流程简单，构筑物少，废气收集容易 | 运行管理经验尚需积累；对自控要求较高 |

根据上述方案工艺比较分析后，重点选择 $A^2/O$ 工艺和一体化活性污泥法工艺从设计参数、主要构筑物和技术经济指标等进行全面比较。见表 3-7。

**表 3-7　$A^2/O$ 工艺和一体化活性污泥法工艺对比情况**

| 方案 | | $A^2/O$ 工艺 | 一体化活性污泥法 |
|---|---|---|---|
| 设计参数 | 细格栅 | 格栅净距：5 mm<br>过栅流速：0.6 m/s | 格栅净距：5 mm<br>过栅流速：0.6 m/s |
| | 旋流沉砂池 | 最大流量时停留时间：36 s | 最大流量时停留时间：36 s |
| | 曝气池 | 污泥负荷（$BOD_5$/MLSS）：0.12 kg/（kg·d）<br>污泥浓度：3 g/L<br>污泥产率（$BOD_5$）：0.85 kg/kg<br>污泥泥龄：10.5 d<br>水力停留时间：7 h | 污泥负荷（$BOD_5$/MLSS）：0.12 kg/（kg·d）<br>污泥浓度：3 g/L<br>污泥产率（$BOD_5$）：0.85 kg/kg<br>污泥泥龄：10.5 d<br>水力停留时间：11 h（含沉淀） |
| | 二沉池 | 水力负荷：1 $m^3$/（$m^2$·h）<br>最大 2 $m^3$/（$m^2$·h）<br>有效水深：3.5 m<br>停留时间：3.5 h | 水力负荷：1.81 $m^3$/（$m^2$·h）（加斜板）<br>最大 3.6 $m^3$/（$m^2$·h）（加斜板）<br>停留时间：3.6 h |
| | 污泥回流 | 50%～100% | 无 |
| | 消毒接触池 | 加氯量：5～10 mg/L<br>接触时间：30 min | 加氯量：5～10 mg/L<br>接触时间：30 min |
| 主要构筑物 | 旋流沉砂池 | 细格栅 2 台，B = 2 m<br>叶片式搅拌器 2 台<br>空气提升泵 2 台<br>砂水分离器 2 台<br>空压机 2 台<br>栅渣压缩机 1 台 | 细格栅 2 台，B = 2 m<br>叶片式搅拌器 2 台<br>空气提升泵 2 台<br>砂水分离器 2 台<br>空压机 2 台<br>栅渣压缩机 1 台 |

| 方案 | | $A^2/O$ 工艺 | 一体化活性污泥法 |
|---|---|---|---|
| 主要构筑物 | 曝气池 | 二座，每座平面尺寸 130 m × 60 m，水深 6.5 m，每座设循环泵 4 台，每台 75 kW，每座设污泥回流泵 3 台，55 kW/台（2 用） | 无 |
| | 二沉池 | 平流沉淀池 2 座，每座平面尺寸 60 m × 105 m，每座 10 格，每格设链板刮泥机 1 套，功率 6.5 kW | 无 |
| | 一体化反应池 | 无 | 2 座，每座 6 组，每组 3 格，每格平面尺寸 24 m × 24 m，有效水深 6.5 m，每组二边格设斜板，每格设水下搅拌器 2 台，11 kW/台 |
| | 鼓风机房 | | 平面尺寸：54 m × 12 m，440 kW 离心风机 6 台（5 用 1 备） |
| | 接触池 | 总容积：6 500 $m^3$；<br>有效水深：6.5 m | 总容积：6 500 $m^3$；<br>有效水深：6.5 m |
| | 加氯间 | 平面尺寸：30 m × 9 m | 平面尺寸：30 m × 9 m |
| 技术经济指标 | 装机功率/kW | 6 000 | 5 200 |
| | 运转功率/kW | 4 900 | 3 950 |
| | 电耗/（kW·h/$m^3$） | 0.38 | 0.32 |
| | 水头损失/m | 2.5 | 2.0 |
| | 总投资/万元 | 58 081 | 55 892 |
| | 处理成本/（元/t） | 0.83 | 0.75 |
| | 运营成本/（元/t） | 0.54 | 0.47 |

注：处理成本和运营成本是当时的，只适用于本案例。

通过上述两方案各自的优缺点、设计参数、主要构筑物和技术经济比较，可以看出：$A^2/O$ 工艺虽有成熟经验，但构筑物较多，废气收集处理成本高；一体化活性污泥法占地面积最小，废气易收集，处理成本低。综合考虑各方面因素，一体化活性污泥法工艺优于其他处理工艺，更加符合要求。

## 三、工程污染源分析

### （一）恶臭

#### 1．恶臭来源

城市污水处理厂的恶臭污染源主要来自格栅及进水泵房、沉砂池、生化反应池、储泥池、污泥浓缩等装置，恶臭的主要成分为硫化氢、氨、挥发酸、硫醇类等。

污水处理厂的恶臭物质逸出量受污水量、污泥量、污水中溶解氧量、污泥稳定程度、污泥堆存方式及数量、日照、气温、湿度、风速等多种因素影响。恶臭物质扩散有两种形式的衰减，一种是物理衰减，另一种是恶臭物质在日照、紫外线等作用下的化学衰减。恶臭的排放形式与污水处理厂的设计有关，可以是无组织排放，也可以是有组织排放。

在污水处理厂中，恶臭浓度最高处为污泥处置工段，恶臭逸出量最大的工段是好氧曝气池，在曝气过程中恶臭物质逸入空气。

### 2．恶臭浓度监测与污染源强确定

目前多数是按《空气和废气监测分析方法（第四版）》中规定的恶臭监测方法，三点比较式臭袋法。该方法是通过人的鼻子（标准鼻子用标准臭袋检查）嗅臭。恶臭浓度的单位是指恶臭气体（包括异味）用无臭空气进行稀释，稀释到刚好无臭时所需的稀释倍数。按照臭气浓度分为六级：零级（无臭味）；一级（勉强感到气味）；二级（感觉到较弱的气味）；三级（感觉到的明显气味）；四级（较强烈的气味）；五级（强烈的气味）。

恶臭污染物浓度通常采用化学分析法测定。按不同物质选用相应的取样方法和化学分析方法进行实测，其中苯乙烯、三甲胺用气相色谱法（FID）检测，硫化物用GC/FPD法检测，$NH_3$和$H_2S$、$CS_2$也可用采样吸收显色，用分光光度仪完成测定。

污水处理厂恶臭污染源强可根据实测到的恶臭浓度或恶臭污染物浓度来确定。无组织排放源强可用“通量法”和“反推法”计算确定，并辅以现场恶臭监测人员用鼻子嗅闻到的直观感觉进行验证。

## （二）噪声

污水处理厂的噪声源主要为污水泵房、鼓风机房、污泥泵房、污泥脱水机房等噪声源，某城市污水处理厂噪声源的源强见表3-8。

**表3-8　污水处理厂噪声源分析**

| 工艺单元 | 设备名称 | 噪声源强/dB（A） | 工作状况 |
|---|---|---|---|
| 粗格栅 | 栅渣输送机 | 75～85 | 间断 |
| 进水泵房 | 水泵 | 90～110 | 连续 |
| 细格栅 | 栅渣输送机 | 75～85 | 间断 |
| 沉砂池 | 吸砂泵<br>砂水分离器 | 95～105<br>75～85 | 间断 |
| 初沉池 | 刮泥机 | 80～90 | 连续 |
| A/O池（含鼓风机房） | 鼓风机<br>搅拌器 | 110～130<br>80～90 | 连续 |
| 二沉池、污泥泵房 | 污泥回流泵<br>剩余污泥泵<br>刮泥机 | 90～110<br>80～90<br>80～90 | 连续<br>间断<br>间断 |

| 工艺单元 | 设备名称 | 噪声源强/dB（A） | 工作状况 |
| --- | --- | --- | --- |
| 前、后污泥浓缩池 | 浓缩机 | 80～90 | 连续 |
| 污泥消化池 | 污泥沼气搅拌器 | 80～90 | 连续 |
| 污泥控制室 | 投泥泵<br>污泥循环泵 | 90～100 | 连续 |
| 脱水机房 | 污泥脱水机 | 90～105 | 间断 |
|  | 污泥泵 | 90～100 | 间断 |
|  | 污泥输送机 | 75～85 | 间断 |
| 沼气锅炉房 | 沼气锅炉 | 90～105 | 间断 |

对噪声源的降噪措施主要是根据噪声源具体情况分别采取隔声、消声、隔振与阻尼、吸声和个人防护等措施。

(三) 固体废物

1．固体废物分类

根据一般污水处理厂的工艺流程分析，污水处理厂运行期产生的固体废物除工作人员生活垃圾外主要有以下三类：

① 截留物。它是指通过物理和机械手段，从废水中分离出来的固体废物，如格栅拦截下来的粗垃圾、漂浮物；气浮池分离出来的浮渣；沉砂池中由砂水分离器中分离出的沉砂和初沉池污泥。其中前三种物质产生量相对不大，易于处置；后一种初沉池污泥数量较大，一般为有机物，易腐化并散发出难闻的气味，还可能含有寄生虫卵和病原体，所以需要重点处理和处置。

② 化学沉淀物（亦称化学污泥）。它是指混凝沉淀工艺中形成的污泥，其性质取决于采用的混凝剂种类。当采用铁盐混凝剂时，可能略显暗红色。一般来说，化学污泥气味较小，且极易浓缩或脱水。由于其中有机物含量不高，所以一般不需要消化处理。

③ 生物污泥（亦称剩余活性污泥）。它是指二次沉淀池中产生的剩余活性污泥，基本上是生物的残体，极易发臭，含水率较高，脱水后成为脱水污泥，需要进行处置和综合利用。

2．污泥产生量计算方法

由于污水处理厂通过格栅拦截的垃圾、漂浮物、栅渣中浮渣和沉砂的量比较少，因此固体废物产生量的计算只介绍污泥量的计算方法。

① 初沉池污泥量。可根据污水中 SS 浓度、流量、SS 去除率和污泥含水率计算：

$$V=\frac{Q_{\max}(c_1-c_2)T}{K_z\gamma(1-P)} \tag{3-2}$$

式中：$V$——初沉污泥体积，$m^3$；

$Q_{max}$ —— 最大设计流量，$m^3/d$；

$c_1$ —— 进水 SS 浓度，$t/m^3$；

$c_2$ —— 出水 SS 浓度，$t/m^3$；

$K_z$ —— 总变化系数；

$\gamma$ —— 污泥密度，$t/m^3$，一般为 1.0；

$P$ —— 污泥含水率，%；

$T$ —— 两次排泥时间间隔，d。

初沉池污泥量也可按下列公式计算：

$$V = \frac{Q_{平}(c_1 - c_2)\eta_{SS}}{X_0} \tag{3-3}$$

式中：$Q_{平}$ —— 初沉池污泥量，$m^3$；

$\eta_{SS}$ —— 初沉池 SS 去除率，%，一般为 40%～60%；

$X_0$ —— 初沉池浓度，$t/m^3$，一般为 0.02～0.05 $t/m^3$。

② 二沉池污泥量。可根据生物反应器系统内每日增加生物量计算，即

$$\Delta X_V = aQL_r - bVX_V \tag{3-4}$$

式中：$\Delta X_V$ —— 二沉池每日排泥量，kg/d；

$a$ —— 污泥增殖系数，一般为 0.5～0.7；

$b$ —— 污泥自身氧化率，即衰减系数，1/d，一般为 0.04～0.10；

$Q$ —— 平均日污水量，$m^3/d$；

$L_r$ —— 去除的 $BOD_5$ 浓度，$kg/m^3$；

$V$ —— 曝气池容积，$m^3$；

$X_V$ —— MLVSS 浓度，$kg/m^3$。

也可按下式计算，即

$$\Delta X = Y_{ob}QL_r \text{或} \Delta X = \frac{Q_{平}L_r}{1 + K_d Q_c} \tag{3-5}$$

式中：$Y_{ob}$ —— 污泥净产率，kg（MLSS）/kg（$BOD_5$）；

$K_d$ —— 衰减系数，1/d，一般为 0.05～0.1；

$Q_c$ —— 污泥龄，d。

③ 固体物料平衡计算。各设施的污泥固体物料回收率见表 3-9。

**表 3-9　各设施的污泥固体物料回收率**

| 设　施 | 混合污泥/% | 仅为剩余活性污泥/% |
|---|---|---|
| 重力浓缩池 | 80 | 90 |
| 污泥脱水设备 | 90～95 | 90～95 |

设有初沉池工艺的污泥固体物料平衡（接触氧化法等工艺），见图 3-10。

固体物料平衡计算顺序见表 3-10。

无初沉池工艺的污泥固体物料平衡（氧化沟等工艺），见图 3-11。

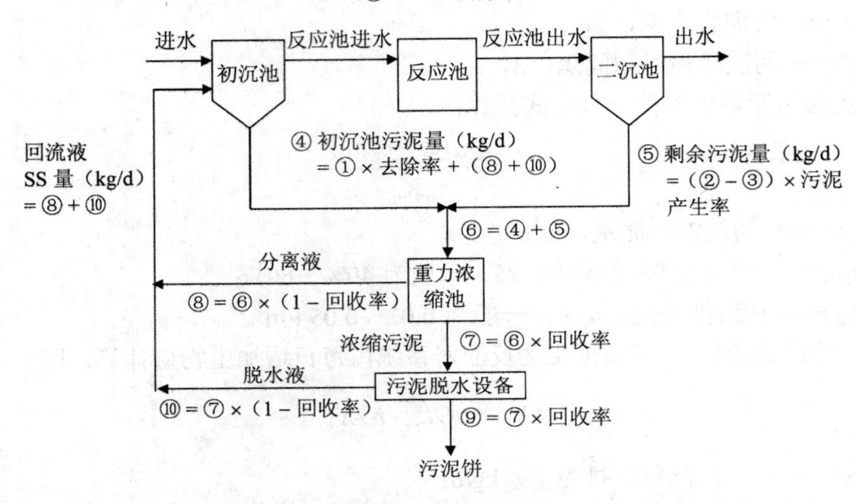


图 3-10　设有初沉池工艺的污泥固体物料平衡（接触氧化法等工艺）

表 3-10　固体物料平衡计算顺序

| 项　目 | | 计　算　式 | |
|---|---|---|---|
| | | 有初沉池 | 无初沉池 |
| 计算顺序 | （1）污泥饼 | ⑨=污泥干质量 | |
| | （2）浓缩污泥 | ⑦=⑨÷脱水工艺回收率 | |
| | （3）脱水液 | ⑩=⑦－⑨ | |
| 计算顺序 | （4）浓缩池进泥 | ⑥=⑦÷浓缩工艺回收率 | |
| | （5）浓缩池分离液 | ⑧=⑥－⑦ | |
| | （6）回流液 SS 量 | ⑧+⑩ | |
| | （7）反应池进入 SS 量 | ②=①×（1－初沉池 SS 去除率） | |
| | （8）出水 SS 量 | ③=SS | |
| | （9）初沉池污泥量 | ④=①×去除率+（⑧+⑩） | |
| | （10）剩余污泥量 | ⑤=（②－③）×污泥产生率 | ⑥ |

注：表中○内数字与图 3-10、图 3-11 对应一致。

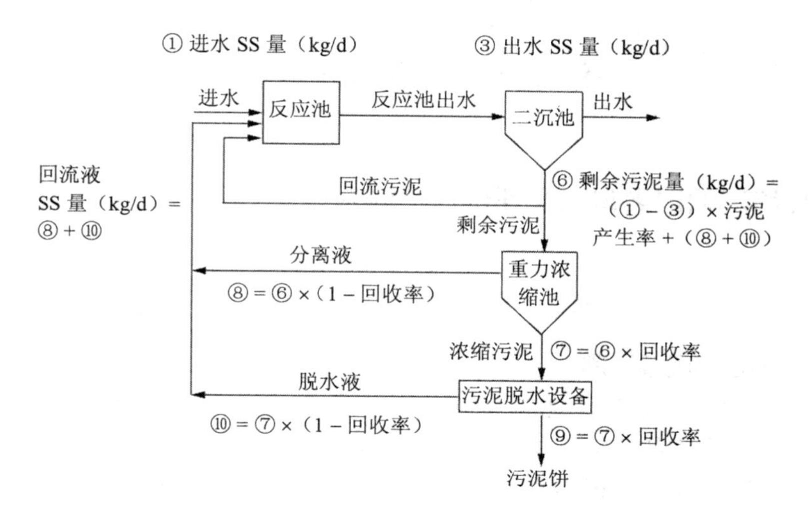


图 3-11　无初沉池工艺的污泥固体物料平衡（氧化沟等工艺）

## （四）污水处理厂排污节点分析实例

某城市污水处理厂污水处理工艺为 A/O 法。其主要污染物为恶臭、噪声、固体废物、厂区生活污水及生活垃圾。

该污水处理厂恶臭排放源主要为进水泵房、格栅井、沉砂池、初沉池、曝气池、二沉池、污泥预浓缩池、污泥后浓缩池、污泥脱水机房等；噪声主要来源于进水泵、除砂机、污泥泵、鼓风机、污泥脱水泵以及厂区内外来往车辆；固体废物主要包括栅渣、沉砂以及从二沉池中排出的剩余污泥经浓缩及脱水后产生的泥饼。工艺流程及排污节点见图 3-12。

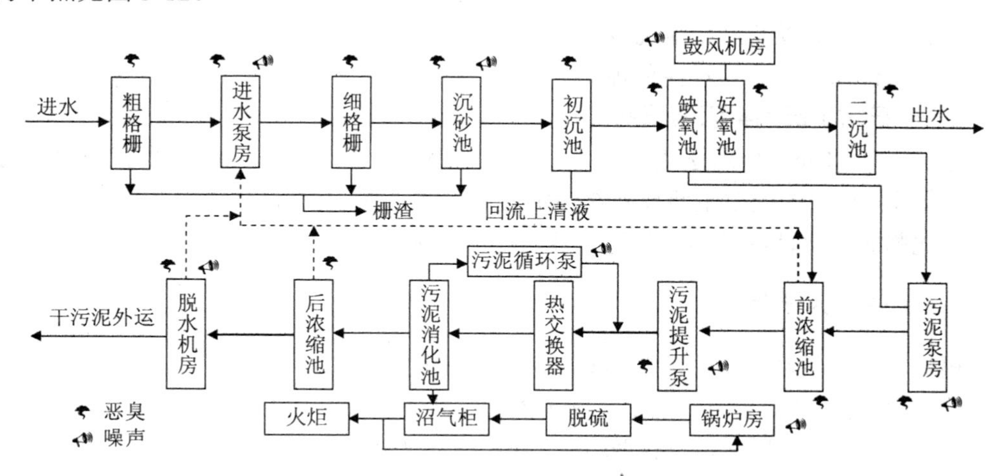


图 3-12　某城市污水处理厂污染源

# 第二节　环境影响分析

## 一、环境影响因素识别及评价因子筛选

### （一）环境影响因素识别

#### 1．施工期污染因素识别

工程建设必然压占施工场地的土地和植被，局部生态环境受到破坏，加之在施工期平整场地、开挖地基、地下构筑物空间所清理出的土石方及施工残渣、施工粉尘、机动车尾气、施工机械噪声及施工人员生活污水等将对周围环境产生一定的影响。

#### 2．运营期污染因素识别

污水处理厂运营期主要污染源为恶臭、厂区生活污水及生产废水、固体废物（包括剩余污泥、栅渣、沉砂）、噪声等。

① 废气。营运期产生的废气主要是恶臭物质，主要来源是格栅及进水泵房、沉砂池、生物反应池、污泥处理等工序中伴随微生物、原生动物等新陈代谢过程产生的 $H_2S$、$NH_3$、$CH_4$ 等复合臭气，排放方式多为无组织排放。

② 废水。污水处理厂在运营期间本身也会产生一些废水，包括厂区生活污水、各处理构筑物排放的废水等。

③ 噪声。污水处理厂主要噪声源为鼓风机、空压机、各种泵类和沼气发电机等。

④ 固体废物。污水处理厂产生的固体废物主要为格栅渣、沉砂和污泥。其中粗格栅渣、细格栅渣以及沉淀池沉砂等产生量较小，主要的固体废物为从二沉池中排出的剩余污泥经浓缩脱水后产生的泥饼。

#### 3．非正常工况污染因素识别

通过对污水处理厂所选用的污水处理工艺及整个污水处理系统中所建设施的分析，风险污染事故的类型主要反映在污水处理厂非正常运行状况可能发生的原污水排放、污泥膨胀、氯泄漏及恶臭物质排放引起的环境问题。

### （二）评价因子筛选

根据工程分析和环境影响因素识别筛选评价因子为：

① 施工期：施工噪声、扬尘、施工人员生活废水以及建筑垃圾和生活垃圾。

② 运行期：恶臭气体、机械噪声、废水以及污泥。

## 二、恶臭环境影响分析

### （一）环境影响预测

恶臭环境影响分析是污水处理厂环境影响评价的重点，对其影响预测一般有模型计算和类比调查两种方法。

模型计算是根据工程污染源分析结果或用类比实测数据，所得出具有代表性的恶臭污染物（如 $H_2S$、$NH_3$）源强或以臭气浓度表示的臭气强度（见表 3-11，表 3-12），利用选定的污染气象参数和大气扩散模型计算出不同方位、不同距离、不同气象条件下的臭气浓度和恶臭污染物浓度。根据多个污水处理厂评价报告，人为恶臭污染物的模式预测计算结果常常优于臭气浓度评价结果。换句话说即恶臭污染物计算值虽然远远低于评价标准，但是人们的反映却是臭味明显或难以接受。其主要原因是臭气浓度是各种恶臭污染物和异味的综合反映，而恶臭污染物浓度预测结果只是单一污染物的反映，因此，目前环评工作者对恶臭环境影响评价时，还常常需要用现场嗅闻方法对恶臭污染物浓度的计算预测结果进行必要的补充说明。

**表 3-11 恶臭强度分级**

| 强度 | 指 标 |
|---|---|
| 0 | 无气味 |
| 1 | 勉强能感觉到气味（感觉阈值） |
| 2 | 气味很弱，但能分辨其性质（识别阈值） |
| 3 | 很容易感觉到气味 |
| 4 | 强烈的气味 |
| 5 | 无法忍受的极强的气味 |

注：臭气强度分级按照日本恶臭强度分级法。

**表 3-12 恶臭污染物浓度与臭气强度对照**

| 恶臭污染物 | 恶臭强度（级别） | | | | | | |
|---|---|---|---|---|---|---|---|
| | 1 | 2 | 2.5 | 3 | 3.5 | 4 | 5 |
| $c_{NH_3}$/（mg/m$^3$） | 0.1 | 0.6 | 1 | 2 | 5 | 10 | 40 |
| $c_{H_2S}$/（mg/m$^3$） | 0.000 5 | 0.006 | 0.02 | 0.06 | 0.2 | 0.7 | 3 |

注：《工业企业设计卫生标准》GBZ 1—2010 规定的污染物浓度限值标准一般相当于恶臭强度 2.5～3.5 级，高于此强度范围即认为发生恶臭污染。

现场调查嗅闻方法通常选择不吸烟、不喝酒、20 岁左右的女青年（7～15 人）对同类处理规模和工艺流程的污水处理厂在不同风向、不同距离下对臭味的不同感觉进行统计分析或直接对厂区周边居民进行调查访问，了解他们在什么季节、什么风速、风向条件下多远距离内能嗅到臭味。

综上所述，采用模型预测计算和现场调查嗅闻相结合的方法是目前恶臭预测较为适用的方法，它能有效地为建设单位和设计单位提供科学依据。

### （二）实例分析

以北方某城市污水处理厂扩建工程为例，说明污水处理厂臭气影响范围和防护距离的计算。

该污水处理厂扩建工程恶臭主要排放源有：格栅间、沉砂池、A/O 生物反应池、污泥浓缩池和脱水间等，排放方式为无组织排放。评价采用两种方法预测恶臭污染对环境的影响及应设置的防护距离。一是类比实测恶臭污染物浓度；二是类比恶臭嗅闻调查，分析恶臭污染源对下风向的影响距离和影响程度，并推算防护距离。

#### 1. 恶臭污染物类比监测与防护距离计算

类比对象：该污水处理厂采用普曝法工艺，处理水量 26 万 $m^3/d$。

监测地点：初沉池边、初沉池下风向 50 m、100 m、150 m 处共 4 个监测点。

监测项目：$NH_3$、$H_2S$。

监测结果：见表 3-13。

表 3-13 恶臭污染物监测结果 单位：$mg/m^3$

| | | $NH_3$ | $H_2S$ |
|---|---|---|---|
| 初沉池边 | | 0.30 | 0.019 |
| 下风向 50 m | | 0.66 | 0.30 |
| 下风向 100 m | | 0.56 | 0.07 |
| 下风向 150 m | | 0.42 | 0.05 |
| 推算面源源强值 | mg/s | 24 | 4.3 |
| | kg/h | 0.086 | 0.016 |

该污水处理厂扩建工程运行后，距北厂界 30 m 以内有污泥脱水机房和新建的进水格栅站，距东厂界约 50 m 有新建的二沉池，距南厂界 15～50 m 范围内有新建的初沉池、A/O 生物池和二沉池，距西厂界 15～30 m 范围内有污泥脱水泵房和新建的初沉池，它们所释放的恶臭污染物均会对厂界产生影响。

根据《制定地方大气污染物排放标准的技术方法》计算得出卫生防护距离。在实际工作中还需根据类比源强分别模拟、计算确定上述距离是否需要设置、分别多少、卫生防护距离是否需要提级。

#### 2. 恶臭嗅闻类比调查

选用 10 名 20 岁左右无烟酒嗜好的未婚女青年分别在下风向设 5 m、30 m、50 m、

70 m、100 m、200 m、300 m 等距离嗅闻，并以上风向作为对照嗅闻点。记录调查当天的风向、风速、气温等。

防护距离最终根据计算结果和嗅闻调查结果综合确定。

## 三、噪声环境影响分析

污水处理厂噪声主要来自鼓风机、空压机、各种泵类和沼气发电机等设备噪声。影响预测应按《环境影响评价技术导则—声环境》中规定的方法进行。通过采取调整平面布局、设置噪声防护距离等措施，确保厂界、敏感点声环境质量达标。

## 四、地表水环境影响分析

### （一）尾水排放影响分析

根据污水处理厂项目实施前后污水排放量、排放水质、排放口位置及对应的河道、湖泊、水库的水量、水质等水文参数的变化值预测对应受纳水体水质，并用实测现状水质进行比较，评价该项目对环境产生的正、负面影响。其主要步骤：

① 明确评价水体、预测范围，选取预测水质指标（一般可选取 COD、$BOD_5$、$NH_3$-N、DO）。

② 按《环境影响评价技术导则—地面水环境》，对河道、污染源排放口进行简化、选取适当预测方法、预测模式，根据模式计算需要，明确预测水文期的水文参数。

③ 分析评价预测计算结果。

### （二）尾水利用可行性分析

从目前国内的尾水利用情况看，主要有以下几个方面：① 景观建设方面：通过建设调蓄池、引水进入市内河道，形成湖面及河道景观水体；② 综合利用方面：首先可通过泵站加压解决城市绿化、冲洗车辆、浇洒道路等用水；③ 工业生产方面：可在工业冷却、洗涤、锅炉等许多方面使用。目前城市污水处理厂排水已在电力、石化、冶金、轻工等行业得到广泛应用。

评价应从水质、水量、配套再生水管网三个方面分析尾水利用的可行性。

## 五、固体废物环境影响分析

城市污水处理厂产生的固体废物根据其来源可分为生活垃圾和污水处理工艺产生的栅渣、沉砂和污泥等，污泥是重点评价对象，其对环境的影响主要发生在堆存、转运、处置等环节。污泥应按照《关于加强城镇污水处理厂污泥污染防治工作的通知》（环办[2010]157号）的要求进行处置。

污泥作为农肥使用，有利和不利因素并存。有利的一面是可以充分利用污泥中的营养元素，利于农业增产；不利的一面是污泥中污染物容易对土壤和地下水造成污染，其影响程度和影响过程是一个错综复杂、难以说清的问题，因此我国对污泥用于农田一直持慎重态度，并采取了一系列控制措施：

- 污泥污染物含量符合国家农用污泥污染物控制标准。
- 区域地下水已受到污染的区域，农田或土壤不宜使用污泥。
- 严格控制污泥施用量，一般不超过每年2 t/亩。
- 酸性土壤不宜使用污泥肥料，中性、弱碱性土壤中可使用污泥肥料；水文地质条件较差的区域、农田、土壤禁止使用污泥。
- 种植水稻、蔬菜、瓜果等农田不宜使用污泥。

城市污水处理厂污泥除可作为农肥外，还可以采取填埋、焚烧的方式处理。进入生活垃圾填埋场填埋时，污泥含水率须低于60%，并且单独分区填埋。污泥焚烧利用焚烧炉将脱水污泥加温干燥，再用高温氧化污泥中的有机物，使污泥成为少量灰烬。焚烧法可将污泥中水分和有机质完全去除，并杀灭病原体。焚烧后余灰可作为资源重复利用，如果仍含有重金属离子等有毒物质，还须做最终处理，固化深埋。焚烧法是污泥后处理的一种减量化、稳定化、无害化处理方法，但投资较高。污泥焚烧前需要进行干化，使污泥含水率满足焚烧要求。

污泥也可直接作为原料制造建筑材料，经烧结的最终产物可以用于建筑工程的材料或制品。建材利用的主要方式有：制作水泥添加料、制陶粒、制路基材料等。

## 六、生态环境影响分析

城市污水处理项目实属环境改善工程。生态影响分析应按照导则有关要求进行。运营期重点分析因受纳水体流量、水质改变后引起水生生态在空间、时间维度上恢复和改善情况，这里讲的空间包括污水处理厂排水受纳河道和污水处理厂收水区原有污水受纳河道；施工期应重点分析占地、水土流失等生态影响。

## 七、厂址选址合理性分析

工程选址主要从以下几方面进行考虑：

① 是否符合城市总体发展规划和土地利用规划；

② 在城市水系的下游，其位置应符合供水水源防护要求；

③ 在城市夏季主导风向的下风向；

④ 与城市现有和规划居住区、学校、医院等公共设施保持一定的防护距离；

⑤ 靠近污水、污泥的排放和利用地段；

⑥ 应有方便的交通、运输和水电条件；

⑦ 征占土地的利用性质，是否有拆迁、动迁等移民安置问题。

在对厂址选择进行评价的过程中，首先应抓住主要矛盾。当风向要求与河流下游条件有矛盾时，应先满足河流下游条件，再采取加强厂区卫生管理和适当加大防护距离等措施来解决因风向造成污染的问题。另外城市污水处理厂与规划居住区、公共设施建筑之间的防护距离影响因素很多，除与污水处理厂在河流上、下游和城市夏季主导风向有关外，还与污水处理采用的工艺、厂址是规划新址还是在污水处理厂内进行改扩建有关，在进行厂址评价时也要充分考虑这些因素。

## 第三节 污染防治措施

### 一、恶臭污染防治措施

#### （一）合理布局

将恶臭主要发生源（污泥处理车间、曝气池、二沉池、初沉池和沉砂池等构筑物）尽可能布置在远离拟建厂址附近的居住区等敏感点，以保证环境敏感点在防护距离之外而不受到影响。

#### （二）控制恶臭散发

常用的除臭方法有离子除臭法、生物除臭法和化学除臭法等。

#### （三）加强绿化

在厂区的污水、污泥生产区周围设置绿化隔离带，选择种植不同系列的树种，组成防止恶臭的多层防护隔离带，尽量降低恶臭污染的影响。

#### （四）加强管理

污泥浓缩控制发酵，污泥脱水后要及时清运，减少污泥堆存；在各种池体停产修理时，池底积泥会裸露出来散发臭气，应采取及时清除积泥的措施来防止臭气的影响。

#### （五）防护距离

根据《制定地方大气污染物排放标准的技术方法》和《环境影响评价技术导则—

大气环境》（HJ 2.2—2008）的计算结果和嗅闻调查结果综合确定防护距离，防护距离内不应有长期居住的居民等敏感点。

## 二、噪声治理措施

### （一）鼓风机噪声及其控制

鼓风机噪声高达 90～120 dB（A），频谱呈宽带特性，一般由空气动力性噪声和机械噪声组成，以空气动力性噪声为主。空气动力性噪声由旋转噪声和涡流噪声组成，主要从进气口和排气口辐射出来，机械噪声主要从电动机及机壳和管壁辐射出来，通过基础振动还会辐射出固体噪声。鼓风机噪声控制主要采用消声器和隔声及隔振技术。

安装消声器：在进气和排气管道上安装合适的消声器，消声器类型可选择阻性片式、折板式、蜂窝式以及阻抗复合式等。合适的消声器可使整个风机噪声降低 10 dB（A）以上。

设置隔声罩：将鼓风机组封闭在密闭的隔声罩内，并在罩座下加装隔振器，使从风机机壳、管道、机座以及电动机等处辐射出的噪声被隔绝。隔声罩可采取自然通风的形式，如不能满足要求，可采取机械通风方式强制通风散热。

管道包扎：为减弱从风机风管辐射出来的噪声，可以用矿渣等材料对管道进行包扎，隔绝噪声由此传播的途径。

### （二）空压机噪声及其控制

空压机在压缩过程中产生的噪声主要来自三个方面：进气排气噪声、机械噪声和电机噪声。进气噪声是空压机的主要噪声，一般呈明显的低频特性；机械噪声由各种金属部件间的冲击而产生，频谱很宽；电机噪声主要由电机冷却风扇的气流噪声、电磁噪声以及滚珠轴承高速旋转产生的机械噪声组成。空压机噪声的控制方法主要采用消声器、消声坑道和隔声技术，具体情况如下：

① 设置消声器。在空压机进气、排气口设置消声器。进气消声器一般选用抗性结构或以抗性为主的阻抗复合式结构，以适应其低频特性；排气消声器通常选用小孔消声器，以适应其压力大、气流速度高的特点。

② 设置消声坑道。采用地下或半地下式的坑道，将空压机进气管与消声坑道连接起来，使空气通过消声坑道后进入空压机，可使进气噪声大大降低。

③ 设置隔声罩。隔离空压机机械噪声和电机噪声的传播途径。

④ 悬挂空间吸声体。机房内分散地悬挂吸声体，可使机房内混响声降低 3～10 dB（A），有利于操作人员的身心健康。

（三）泵类噪声及其控制

污水处理厂有大量的水泵、污泥泵等泵类设备。泵的噪声主要来自液力系统和机械部件。液力噪声是由液体中的空穴和液体排出时的压力、流量的周期性脉动而产生的；机械噪声是由转动部件不平衡、轴承和部件共振产生的。一般情况下，液力噪声是泵噪声的主要成分。泵噪声频谱一般呈宽带性质，且含有离散的音调。

泵类噪声的防治一般以选用低噪声泵为首选。必要时考虑隔振、吸声等辅助措施。

（四）沼气发电机噪声及其控制

沼气发电机噪声一般通过设置排气消声器、进气消声百叶窗、管道软性连接等方式加以控制。

对于污水处理厂使用的除砂机、脱水机产生的噪声以及水流冲击产生的噪声，限于目前的技术水平，尚无有效的防治措施。

## 三、固体废物处置措施

（一）污泥处置方法

污泥处置包括污泥浓缩、污泥消化、污泥脱水和污泥消纳。

整个流程包括四个处理或处置阶段：第一阶段为污泥浓缩，主要目的是使污泥初步减容，缩小后续处理构筑物的容积或设备容量；第二阶段为污泥消化，使污泥中的有机物分解；第三阶段为污泥脱水，使污泥进一步减容；第四阶段采用某种途径将最终的污泥予以消纳。典型的污泥处理工艺流程见图 3-13。以上各阶段产生的上清液或滤液中仍含有大量的污染物质，应送回到污水处理系统中加以处理。

污泥的最终处置和利用途径有填埋、焚烧、堆肥和工业利用。

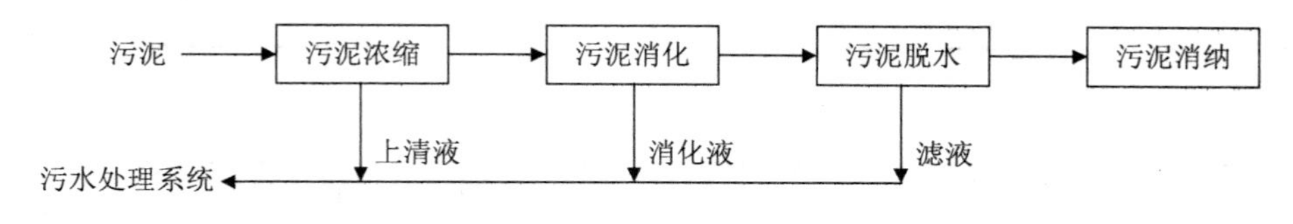


图 3-13　污泥处置工艺流程

（二）污泥处置的基本要求

① 城市污水处理厂污泥应本着综合利用，化害为利，保护环境，造福人民的原则进行妥善处置。

② 城市污水处理厂污泥应因地制宜采取经济合理的方法进行稳定处置。

③ 在厂内经稳定处置后的污泥宜进行脱水处理，可通过采用加热干燥、加生石灰等污泥干化工艺，将污泥含水率降至60%以下后，将污泥送至生活垃圾填埋场填埋处置。当收水中包括一定的生产废水比例时，还应对污泥进行危险废物鉴别，若属危险废物，则应按相关要求进行处置。

④ 处理后的城市污水处理厂污泥用于农业时，应符合《农用污泥中污染物控制标准》（GB 4284—84）和《城镇污水处理厂污泥处置 农用泥质》（CJ/T 309）的规定；用于其他方面时，应符合相应的现行规定。

⑤ 城市污水处理厂污泥不得任意弃置。禁止向一切地面水体及其沿岸、山谷、洼地、溶洞以及划定的污泥堆放场以外的任何区域排放城市污水处理厂污泥。

（三）国内外处置状况

国内外污泥处理及处置状况见表 3-14 和表 3-15。

表 3-14 国外采用各种污泥处置的比例

| 国家名称 | 农业利用/% | 填埋/% | 焚烧/% | 投弃海洋/% | 其他/% |
|---|---|---|---|---|---|
| 比利时 | 27 | 50 | 22 | 0 | 0 |
| 丹麦 | 45 | 45 | 10 | 0 | 0 |
| 法国 | 27 | 53 | 20 | 0 | 0 |
| 德国 | 32 | 59 | 9 | 0 | 0 |
| 希腊 | 3 | 97 | 0 | 0 | 0 |
| 爱尔兰 | 29 | 24 | 0 | 46 | 1 |
| 意大利 | 34 | 55 | 11 | 0 | 0 |
| 卢森堡 | 81 | 18 | 0 | 0 | 1 |
| 荷兰 | 63 | 27 | 3 | 6 | 1 |
| 西班牙 | 62 | 10 | 0 | 28 | 0 |
| 英国 | 45 | 21 | 1 | 30 | 1 |
| 日本 | 8.4 | 35.2 | 54.6 | 16 | 0.2 |

表 3-15 国内污泥处置状况

| 污泥处置工艺流程 | 城市污水处理厂名称 |
|---|---|
| 污泥浓缩→消化池→湿污泥→农田 | 上海闵行等三家厂，约占总数的 4.8% |
| 消化污泥→干化→农田 | 北京酒仙桥、首都机场、太原北郊、呼和浩特、鞍山南郊、珠海、兰州七里河等污水处理厂，约占总数的 9.6% |
| 浓缩→消化→浓缩→农田 | 长沙马场 |
| 浓缩→消化→机械脱水→农田 | 天津纪庄子、唐山西郊、武汉东湖、深圳、大连春柳河、太原杨家堡、西安市、宝鸡、上海松江、曲阳、元山、秦皇岛污水处理厂等，约占总数的 29% |

| 污泥处置工艺流程 | 城市污水处理厂名称 |
|---|---|
| 浓缩→消化→浓缩→机械脱水→填埋 | 兰州陈宝营、秦皇岛、杭州四堡等污水处理厂，约占总数的0.2% |
| 湿污泥→农肥 | 上海北区、营阳、彭浦新屯、东昌、安亭、兰花，新疆喀什、昌吉，杭州翠苑小区，奉化市，常州清潭新林、北区、东区，福州东区、马尾开发区等污水处理厂，约占总数的30.6% |
| 湿污泥→干化→农肥 | 上海东区、西区、龙华，北京高碑店，铜州市，太原殷家堡，大同东，包头东角，威海市，鞍山北郊，长春市，郑州北、郑州西、郑州南，开封市，石家庄市等污水处理厂，约占总数的25.8% |

## 四、事故风险防范措施

### （一）污水处理系统

污水处理系统必须在设计时考虑上述因素并在日常运行中加强维护管理，以减少此类事故的发生。

### （二）机械故障或停电

一般可以通过设置双路电源，主电源一旦停电立即切入备用电源，确保污水处理厂的正常运转。污水处理厂应预留易损设备的备品备件，若出现机械故障，应立即抢修。同时应设置专用事故水池或事故水调节池，以储存事故状态下的污水，池体容积应根据污水处理厂处理规模和具体事故时间分析确定。

### （三）氯泄漏

氯泄漏风险防范措施参见第二章相关内容。

### （四）污泥消化系统

对于有污泥消化间的应考虑消化过程中产生的沼气所引起的风险及其防范措施。

# 第四章　城市固体废物处置项目

## 第一节　工程概况与工程污染源分析

### 一、工程概况

所谓固体废物，是指在生产、生活和其他活动中产生的丧失原有利用价值或者虽未丧失利用价值但被抛弃或者放弃的固态、半固态和置于容器中的气态的物品、物质以及法律、行政法规规定纳入固体废物管理的物品、物质。包括工业固体废物、生活垃圾和危险废物。

（一）城市固体废物的来源和分类

本章所指的城市固体废物主要为城市生活垃圾。根据《城市生活垃圾分类及其评价标准》（CJJ/T 102—2004）规定，城市生活垃圾按表 4-1 进行分类。

表 4-1　城市生活垃圾分类

| 分类 | 分类类别 | 内容 |
| --- | --- | --- |
| 一 | 可回收物 | 包括下列适宜回收循环使用和资源利用的废物：<br>1．纸类　未严重玷污的文字用纸、包装用纸和其他纸制品等；<br>2．塑料　废容器塑料、包装塑料等塑料制品；<br>3．金属　各种类别的废金属物品；<br>4．玻璃　有色和无色废玻璃制品；<br>5．织物　旧纺织衣物和纺织制品 |
| 二 | 大件垃圾 | 体积较大、整体性强，需要拆分再处理的废弃物品。<br>包括废家用电器和家具等 |
| 三 | 可堆肥垃圾 | 垃圾中适宜于利用微生物发酵处理并制成肥料的物质。<br>包括剩余饭菜等易腐食物类厨余垃圾，树枝花草等可堆沤植物类垃圾等 |
| 四 | 可燃垃圾 | 可以燃烧的垃圾。<br>包括植物类垃圾，不适宜回收的废纸类、废塑料橡胶、旧织物用品、废木等 |
| 五 | 有害垃圾 | 垃圾中对人体健康或自然环境造成直接或潜在危害的物质。<br>包括废日用小电子产品、废油漆、废灯管、废日用化学品和过期药品等 |
| 六 | 其他垃圾 | 在垃圾分类中，按要求进行分类以外的所有垃圾 |

根据表4-1以及产生来源，城市固体废物又可分为一般生活垃圾，电子废物以及医疗垃圾。

城市固体废物的特点主要是：

① 数量巨大、种类繁多、成分复杂，已成为我国环境保护领域的突出问题。大量的固体废物首先必然会侵占土地，继而污染土壤、水体和空气，并造成其他危害。在城市垃圾中几乎包含了所有日常生活可以接触到的物质，成分相当复杂。

② 具有资源和废物的相对性。固体废物在特定的范围、时间和技术条件下，固体废物在丢弃或最终处置前有可能成为其他产品的资源或被其他消费者进行利用，具有废物利用的价值。

③ 危害具有潜在性和长期性。固体废物在产生、排放、收集、贮存、运输利用、处理和处置过程的任何一个或多个环节都可能对环境造成污染。固体废物的扩散性小，对环境的影响主要通过水、气和土壤进行。

### （二）城市固体废物的组成

#### 1. 一般生活垃圾

一般生活垃圾的组成（主要指结构成分）很复杂，受到多种因素的影响，如自然环境、气候条件、城市发展规模、居民生活习性（食品结构）、家用燃料（能源结构）以及经济发展水平等。各国、各城市甚至各地区产生的城市垃圾组成都有所不同。下面列出北京市和某城市生活垃圾组分及有关数据（表4-2、表4-3、表4-4），供参考。

表4-2　2009年北京市城八区生活垃圾物理成分年均值　单位：%（湿基）

| 物理成分 | | | | | | | | | | 含水率 | 低位热值/（kJ/kg） |
|---|---|---|---|---|---|---|---|---|---|---|---|
| 厨余 | 灰土 | 砖瓦 | 纸类 | 橡塑 | 织物 | 玻璃 | 金属 | 木竹 | 其他 | | |
| 63.21 | 3.15 | 0.55 | 12.57 | 15.30 | 1.21 | 0.52 | 0.25 | 3.21 | 0.03 | 62.21 | 4267 |

注：摘自《北京市朝阳生活垃圾综合处理厂焚烧中心环境影响报告书》，2011年10月。

表4-3　某城市生活垃圾组分和对应的热值数据

| 生活垃圾 | 质量分数/% | | | | 热值/（kJ/kg） | | |
|---|---|---|---|---|---|---|---|
| | 水分 | 挥发分 | 固定碳 | 不可燃的 | 收集时 | 干的 | 无水分和灰分 |
| 食物类 | | | | | | | |
| 脂肪 | 2.0 | 95.3 | 2.5 | 0.2 | 37 530 | 38 296 | 38 374 |
| 食品废物（混合） | 70.0 | 21.3 | 3.6 | 5.0 | 4 175 | 13 917 | 16 700 |
| 水果废物 | 78.7 | 16.6 | 4.0 | 0.7 | 3 970 | 18 638 | 19 271 |
| 肉类废物 | 38.8 | 56.4 | 1.8 | 3.1 | 17 730 | 28 970 | 30 516 |

| 生活垃圾 | 质量分数/% | | | | 热值/（kJ/kg） | | |
|---|---|---|---|---|---|---|---|
| | 水分 | 挥发分 | 固定碳 | 不可燃的 | 收集时 | 干的 | 无水分和灰分 |
| 纸制品类 | | | | | | | |
| 卡片纸板 | 5.2 | 77.5 | 12.3 | 5.0 | 16 380 | 17 278 | 18 240 |
| 杂志 | 4.1 | 66.4 | 7.0 | 22.5 | 12 220 | 12 742 | 16 648 |
| 白报纸 | 6.0 | 81.1 | 11.5 | 1.3 | 18 550 | 19 734 | 20 032 |
| 纸（混合的） | 10.2 | 75.9 | 8.4 | 5.4 | 15 810 | 17 611 | 18 738 |
| 浸蜡纸板箱 | 3.4 | 90.9 | 4.5 | 1.2 | 26 345 | 27 272 | 27 615 |
| 塑料类 | | | | | | | |
| 塑料（混合的） | 0.2 | 95.8 | 2.0 | 2.0 | 32 000 | 32 064 | 32 720 |
| 聚乙烯 | 0.2 | 98.5 | ＜0.1 | 1.2 | 43 465 | 43 552 | 44 082 |
| 聚苯乙烯 | 0.2 | 98.7 | 0.7 | 0.5 | 38 190 | 38 266 | 38 216 |
| 多脲乙烷 | 0.2 | 87.1 | 8.3 | 4.4 | 26 060 | 26 112 | 27 316 |
| 聚乙烯氯乙烷 | 0.2 | 86.9 | 10.8 | 2.1 | 22 690 | 22 735 | 23 224 |
| 木材、树等 | | | | | | | |
| 花园修剪垃圾 | 60.0 | 30 | 9.5 | 0.5 | 6 050 | 15 125 | 15 316 |
| 木材 | 50.0 | 42.3 | 7.3 | 0.4 | 4 885 | 9 770 | 9 848 |
| 坚硬木材 | 12.0 | 75.1 | 12.4 | 0.5 | 17 100 | 19 432 | 19 542 |
| 木材（混合的） | 20.0 | 67.9 | 11.3 | 0.8 | 15 444 | 19 344 | 19 500 |
| 皮革、橡胶、衣物等 | | | | | | | |
| 皮革（混合的） | 10 | 68.5 | 12.5 | 9.0 | 18 515 | 20 572 | 22 858 |
| 橡胶（混合的） | 1.2 | 83.9 | 4.9 | 9.9 | 25 330 | 25 638 | 28 493 |
| 衣物（混合的） | 10 | 66.0 | 17.5 | 6.5 | 17 445 | 19 383 | 20 892 |
| 玻璃、金属等 | | | | | | | |
| 玻璃和矿石 | 2 | — | — | 96～99 | 196 | 200 | 200 |
| 金属、罐头听 | 5 | — | — | 94～99 | 1 425 | 1 500 | 1 500 |
| 黑色金属 | 2 | — | — | 96～99 | — | — | — |
| 有色金属 | 2 | — | — | 94～99 | — | — | — |
| 其他 | | | | | | | |
| 办公室清扫垃圾 | 3.2 | 20.5 | 6.3 | 70 | 8 535 | 8 817 | 31 847 |

**表 4-4　某城市生活垃圾的化学元素分析数据**

| 生活垃圾 | 质量分数/% | | | | | |
|---|---|---|---|---|---|---|
| | 碳 | 氢 | 氧 | 氮 | 硫 | 灰分 |
| 食物 | | | | | | |
| 脂肪 | 73.0 | 11.5 | 14.8 | 0.4 | 0.1 | 0.2 |
| 食品废物（混合的） | 48.0 | 6.4 | 37.6 | 2.6 | 0.4 | 5.0 |
| 水果废物 | 48.5 | 6.2 | 39.5 | 1.3 | 0.2 | 4.2 |
| 肉类废物 | 59.6 | 9.4 | 24.7 | 1.2 | 0.2 | 4.9 |

| 生活垃圾 | 质量分数/% | | | | | |
|---|---|---|---|---|---|---|
| | 碳 | 氢 | 氧 | 氮 | 硫 | 灰分 |
| 纸制品 | | | | | | |
| 卡片纸板 | 43.0 | 5.9 | 44.8 | 0.3 | 0.2 | 5.0 |
| 杂志 | 32.9 | 5.0 | 38.6 | 0.1 | 0.1 | 23.3 |
| 白报纸 | 49.1 | 6.1 | 43.0 | <0.1 | 0.2 | 23.3 |
| 纸（混合的） | 43.4 | 5.8 | 44.3 | 0.3 | 0.2 | 6.0 |
| 浸蜡纸板箱 | 59.2 | 9.3 | 30.1 | 0.1 | 0.1 | 1.2 |
| 塑料 | | | | | | |
| 塑料（混合的） | 60.0 | 7.2 | 22.8 | — | — | 10.0 |
| 聚乙烯 | 85.2 | 14.2 | — | <0.1 | <0.1 | 0.4 |
| 聚苯乙烯 | 87.1 | 8.4 | 4.0 | 0.2 | — | 0.3 |
| 聚氨酯 | 63.3 | 6.3 | 17.6 | 6.0 | <0.1 | 4.3 |
| 聚乙烯氯化物 | 45.2 | 5.6 | 1.6 | 0.1 | 0.1 | 2.0 |
| 木材、树等 | | | | | | |
| 花园修剪垃圾 | 46.0 | 6.0 | 38.0 | 3.4 | 0.3 | 6.3 |
| 木材 | 50.1 | 6.4 | 42.3 | 0.1 | 0.1 | 1.0 |
| 坚硬木材 | 49.6 | 6.1 | 43.2 | 0.1 | <0.1 | 0.9 |
| 木材（混合的） | 49.6 | 6.0 | 42.7 | 0.2 | <0.1 | 1.5 |
| 木屑（混合的） | 49.5 | 5.8 | 45.5 | 0.1 | <0.1 | 0.4 |
| 玻璃、金属等 | | | | | | |
| 玻璃和矿石 | 0.5 | 0.1 | 0.4 | <0.1 | — | 98.9 |
| 金属（混合的） | 4.5 | 0.6 | 4.3 | <0.1 | — | 90.5 |
| 皮革、橡胶、衣物等 | | | | | | |
| 皮革（混合的） | 60.0 | 8.0 | 11.6 | 10.0 | 0.4 | 10.0 |
| 橡胶（混合的） | 69.7 | 8.7 | — | — | 1.6 | 20.0 |
| 衣物（混合的） | 48.0 | 6.4 | 40.0 | 2.2 | 0.2 | 3.2 |
| 其他 | | | | | | |
| 办公室清扫垃圾 | 24.3 | 3.0 | 4.0 | 0.5 | 0.2 | 68.0 |
| 油、涂料 | 66.9 | 9.6 | 5.2 | 2.0 | — | 16.9 |
| 用垃圾生产的燃料（RDF） | 44.7 | 6.2 | 38.4 | 0.7 | <0.1 | 9.9 |

### 2. 电子废物

随着中国社会消费水平的不断提高，电子废物作为城市固体废物之一迅速增长并引发不可忽视的环境污染问题。电子废物俗称电子垃圾，是指废弃的电子电器产品，包括各种废旧电视机、冰箱、洗衣机、空调、电脑、手机及其他通信设备、精密电子仪器仪表和零部件等。随着电子产品消费日增，产品生命周期日减，电子废物的产量逐渐增加，且增长速度逐年加快。

电子废物种类繁多，大致可分为两类：一类是所含材料比较简单，对环境危害较轻的废旧电子产品，如电冰箱、洗衣机、空调机等家用电器以及医疗、科研电器等，这类产品的拆解和处理相对比较简单；另一类是所含材料比较复杂，对环境危害比较大的废旧电子产品，如电脑、电视机显像管内的铅，电脑元件中含有的砷、汞和其他有害物质，手机的原材料中的砷、镉、铅以及其他多种持久性和生物累积性的有毒物质等。

电子废物组成及环境污染途径见表 4-5。

表 4-5 电子废物主要来源、危险组成及其环境污染途径

| 序号 | 材料类别 | 主要来源 | 主要成分 | 主要污染途径 |
|---|---|---|---|---|
| 1 | 电路板 | 电子设备中的集成电路板 | 铅、镉、锡等重金属 | 土壤、地下水 |
| 2 | 金属部件 | 金属壳座、紧固件、支架、漆面等 | 铅、铁、苯系物 | 土壤、地下水、大气环境 |
| 3 | 塑料 | 显示器壳座、音响设备外壳等 | 高分子聚合物等 | 土壤、大气环境 |
| 4 | 玻璃/陶瓷 | CRT 管、荧光屏、灯管 | 铅、汞等 | 土壤、地下水 |
| 5 | 电池/电容 | 各种电池、变压器 | 铅、汞、镉等重金属以及多氯联苯等 | 土壤、地下水、大气环境 |
| 6 | 其他 | 冰箱残留制冷剂、液晶显示器中的有机物 | 氟利昂、小分子有机单体聚合物等 | 大气环境 |

3．医疗废物

根据《医疗废物分类目录》，医疗废物包括感染性废物、病理性废物、损伤性废物、药物性废物和化学性废物。

### （三）城市固体废物的收集、运输及贮存

城市垃圾的收运工作通常包括三个阶段：第一阶段是搬运与贮存，是指由垃圾产生者（住户或单位）或环卫系统收集工人从垃圾产生源头将垃圾送至贮存容器或集装点的运输过程；第二阶段是收集与清运，通常指垃圾的近距离运输，一般用清运车辆沿一定路线收集清除容器或其他贮存设施中的垃圾，并运至垃圾中转站的操作，有时也可就近直接送至垃圾处置场；第三阶段为转运，特指垃圾的远途运输，即在中转站将垃圾转载至大容量运输工具上，运往远处的处置场。

垃圾收运路线需考虑以下几点：① 每个工作日每条路线限制在一个地区，尽可能紧凑，没有断续或重复的路线；② 平衡工作量，使每个作业、每条路线的收集和运输时间大致相等；③ 收集路线的选择要考虑交通繁忙和单行街道的因素；④ 在交通拥挤时间段，避免在繁忙的街道上收集垃圾。

在大、中城市通常设置多个垃圾中转站。每个中转站须根据需要配置必要的机械设备和辅助设备，如铲车、卸料装置、挤压设备和称量用地磅等。垃圾中转站设置应根据《城镇环境卫生设施标准》（CJJ 27—2005）的要求进行设置。

### （四）垃圾处置方式与工程内容

目前国内外处置城市生活垃圾的方法多种多样，其中卫生填埋、焚烧和堆肥（又称生物转化技术）是技术成熟、应用最广的生活垃圾处置方法。

卫生填埋是从传统的堆放和填地处置发展起来的一种城市生活垃圾无害化最终处置方式。它不仅可以处置垃圾中的全部组成成分，而且可以处置其他处置方法如焚烧、生物转化技术（对传统堆肥技术的改进）等产生的二次废弃物。

焚烧是生活垃圾中的有机可燃物在高温条件下（800～1 000℃）经过燃烧反应，可燃成分充分氧化，最终成为无害稳定灰渣的过程。燃烧气可作为热能回收利用，性质稳定的残渣可直接填埋。

堆肥是利用微生物促进生活垃圾中可生物降解的有机物向腐殖质转化的生物化学过程。

焚烧法具有占地小、场地选择容易、减量化显著、运行稳定可靠、无害化比较彻底以及可回收利用焚烧余热等优点，因此，采用焚烧工艺处置垃圾能以最快速度实现无害化、稳定化、资源化和减量化的最终目标。堆肥建设投资、运行费用、占地面积居于焚烧与填埋之间，堆肥使垃圾中有机成分得到充分利用，有比较明显的减量化和资源化效果。卫生填埋与其他方法相比具有建设投资小、运行费用低、对垃圾组分无特殊要求、消纳量大、技术要求不高且成熟、管理较方便等优点，因此目前卫生填埋仍是国内普遍采用的、处置量最大的一种生活垃圾处置方式。

#### 1. 填埋

（1）填埋场的分类

① 依其填埋区所利用自然地形条件的不同，填埋场可大致分为以下 3 种类型：山谷型填埋场、坑洼型填埋场、平地型填埋场。

A. 山谷型填埋场通常地处丘陵山地。垃圾填埋区一般是三面环山、一面开口、地势较为开阔的良好的山谷地形，山谷比降大约在10%以下。此类填埋场填埋区库容量大，单位用地处置垃圾量最多，通常可达 25 $m^3/m^2$ 以上，经济效益、环境效益较好，资源化效果明显，符合国家卫生填埋场建设地总目标要求。典型山谷型填埋场有杭州市天子岭垃圾卫生填埋场、深圳市下坪垃圾卫生填埋场等。山谷型填埋场的填埋区工程设施由垃圾坝、库区防渗系统、渗滤液收集系统、防排洪系统、覆土备料场、活动房和分层作业道路支线等组成。垃圾填埋采用斜坡作业法，由低往高按单元进行垃圾填埋、分层压实、单元覆土、中间覆土和终场覆土。

B. 坑洼型填埋场一般地处低丘洼地，利用自然或人工坑洼地改造成垃圾填埋区。填埋区工程设施由引流、防渗、导气等系统组成。垃圾填埋通常采用坑填作业法，按单元进行垃圾填埋，分层压实、单元覆土、终场覆土。此类填埋场库容量不太大，单位用地处置垃圾量居中，场地排水、导渗不易解决，较多用于降雨量较少的地区。

C. 平地型填埋场将废地辟建为填埋场填埋区。填埋区工程设施由排水、防渗、导气、覆土场等组成。垃圾填埋通常采用平面作业法，按单元填埋垃圾，分层夯、单元覆土。此类填埋场填埋区库容量较大，土地复垦效果明显，经济效益、环境效益较好。

② 根据填埋场的垃圾降解机理，卫生填埋场可分为好氧、准好氧、厌氧三种类型。

A. 好氧填埋场是在垃圾体内布设通风管网，用鼓风机向垃圾体内送入空气。垃圾有充足的氧气，使好氧分解加速，垃圾性质较快稳定，堆体迅速沉降，反应过程中产生较高温度（60℃左右），使垃圾中大肠杆菌等得以消灭。由于通风加大了垃圾体的蒸发量，可部分甚至完全消除垃圾渗滤液。好氧填埋适用于干旱少雨地区的中小型城市，适用于填埋有机物含量高、含水率低的生活垃圾。

B. 准好氧填埋场类似好氧填埋，仅相对氧量较少，其机理、结构、特点等与好氧填埋类似。

C. 厌氧填埋场在垃圾填埋体内无须供氧，基本上处于厌氧分解状态。我国上海老港、杭州天子岭、广州大田山、北京阿苏卫、深圳下坪等填埋场属于该类型。

（2）工程内容

卫生填埋场主要包括垃圾填埋区、垃圾渗滤液处理区（又称污水处理区）和生活管理区三部分，随着填埋场资源化建设总目标的实现，它将包括综合回收区。卫生填埋场的建设项目可分为填埋场主体工程与装备、配套设施、生活服务设施三大部分。

① 填埋场主体工程与装备包括：厂区道路、场地平整、水土保持、防渗工程、坝体工程、洪雨水及地下水导排、渗滤液收集、处理和排放、填埋气体导出及收集利用、计量设施、绿化隔离带、防飞散物设施、封场工程、监测井、填埋场压实设备、推铺设施、挖运土设备等。

② 配套设施包括进场道路（码头）、机械维修、供配电、给排水、消防、通讯、监测化验、加油、冲洗、洒水等设施。

③ 生产、生活服务设施包括办公、宿舍、食堂、浴室、交通、绿化等。

2. 焚烧

（1）焚烧炉的类型

随着我国经济的迅速发展，城市垃圾中的可燃物比例不断增加，生活垃圾已具备了焚烧法处置的条件。目前具有代表性的生活垃圾焚烧炉有机械炉排、沸腾式流化床、回转窑等。

① 机械炉排焚烧炉。炉排焚烧炉采用活动式炉排，在城市生活垃圾的焚烧处置中应用比较广泛。机械炉排焚烧炉的工艺流程可简单描述为：垃圾经给料装置进入燃烧室，在炉排的运动下，垃圾随炉排运动，分别经过炉床干燥段、燃烧段、燃尽段。垃圾燃烧过程主要受到炉排结构及燃烧空气系统的影响，应合理选择炉排运动速度，确保垃圾移动到炉排末端时已完全燃尽成灰渣。燃尽的灰渣从炉排末端落下，降温冷却后排出，焚烧产生的烟气流经余热锅炉受热面进行热交换。焚烧过程产生的灰渣收

集后填埋或深化处置，废水及废气经处理达标后排放。

② 沸腾式流化床焚烧炉。沸腾式流化床焚烧炉是借助不起反应的惰性介质（如石英砂）的均匀传热和蓄热效果，使生活垃圾达到完全燃烧。沸腾式流化床焚烧炉的工艺流程可简单描述为：垃圾经适当的预处置后，由给料系统送入沸腾床燃烧室，调节进入燃烧室的一次风（燃烧空气多由底部送入），使其处于流化燃烧状态，由于沸腾床中的介质处于悬浮状态，气、固相间可充分混合接触，整个炉床燃烧段的温度相对较均匀，细小物料由烟气携带进入高温分离器，收集后返回燃烧室，烟气经尾部烟道进入净化装置净化后排入大气。如果在进料时同时加入石灰粉末，则在焚烧过程中可以去除部分酸性气体。

③ 回转窑焚烧炉。回转窑是一个不停旋转的空心圆筒，旋转时保持适当的倾斜度。其内壁衬以耐火材料，一般窑体较长。生活垃圾从前端送入窑中进行焚烧，同时窑体旋转，对窑中的垃圾起到搅拌混合的作用。

根据各国垃圾焚烧炉的使用情况，机械炉排焚烧炉应用最广且技术比较成熟，其单台日处置量的范围也最大（50～700 t/d），是国内外生活垃圾焚烧厂的主流炉型。

（2）焚烧厂的主要设备

垃圾焚烧厂的设备主要包括垃圾接收设备、供料设备、燃烧设备、烟气冷却设备、烟气处理设备、通风设备、余热利用设备、废水处理设备、供水设备、自动控制设备等。垃圾焚烧设备系统组成见图 4-1。

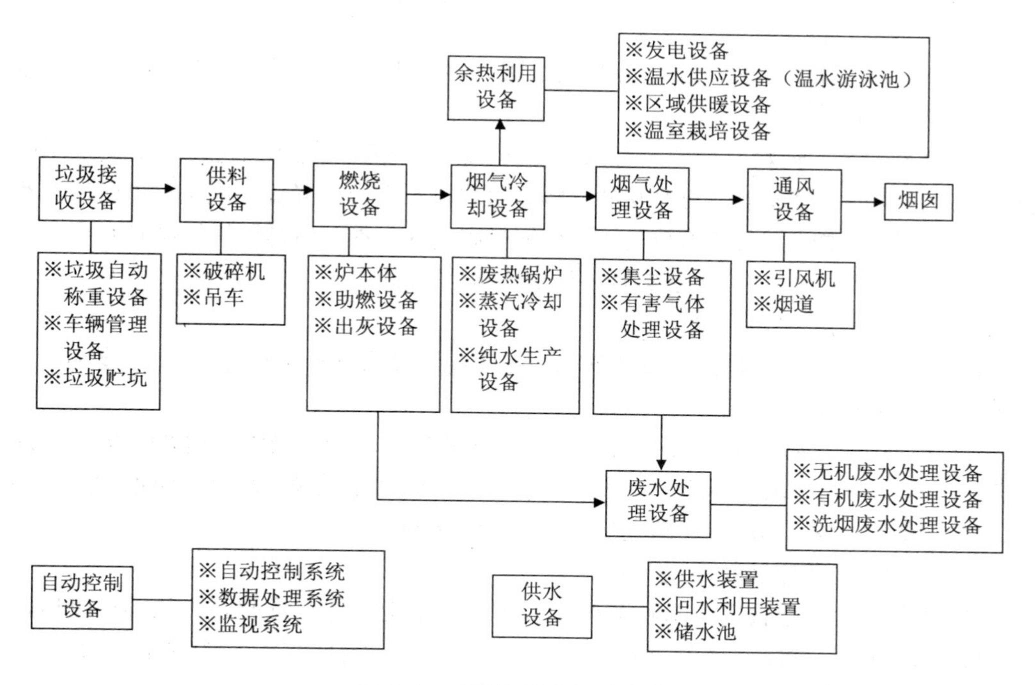


图 4-1　垃圾焚烧设备系统组成

（3）余热利用的主要形式

① 直接热能利用。典型的直接热能利用系统是将垃圾焚烧产生的烟气余热转换为蒸汽、热水和热空气，通过布置在垃圾焚烧炉之后的余热锅炉或其他热交换器，将烟气热量转换成一定压力和温度的热水、蒸汽以及一定温度的助燃空气，向外界直接提供。

② 余热发电和热电联供。随垃圾量和垃圾发热值提高，直接热能利用受到设备本身和热用户需求量的限制，为了充分利用余热，将其转化为电能是最有效的途径之一。可建立余热发电或热电联供系统。

### 3. 堆肥

堆肥化就是在特定控制条件下，利用自然界广泛分布的细菌、放线菌、真菌等微生物，促进来源于生物的有机废物发生生物稳定作用，使可被生物降解的有机物转化为稳定的腐殖质的生物化学过程。

（1）堆肥化的分类

由于分类依据的角度不同，按照目前堆肥工艺的特点可分为如下五种基本类型。

1）按微生物对氧的需求分类

① 好氧堆肥。依赖专性或兼性好氧细菌的作用使有机物得以降解的生化过程。好氧堆肥具有对有机物分解速度快、降解彻底、堆肥周期短的特点。一般一次发酵在4～12 d，二次发酵在10～30 d便可完成。由于好氧堆肥的环境条件好，不会产生难闻的臭气。

目前采用的堆肥工艺一般均为好氧堆肥。但由于好氧堆肥必须维持一定的氧浓度，因此运转费用较高。

② 厌氧堆肥。依赖专性或兼性厌氧细菌的作用降解有机物的过程。厌氧堆肥的特点是工艺简单。通过堆肥自然发酵分解有机物，不必由外界提供能量，因而运转费用低。若对所产生的甲烷处理得当，还有加以利用的可能。但是厌氧堆肥具有周期长（一般需3～6个月）、易产生恶臭且占地面积大等缺点。

2）按要求的温度范围分类

① 中温堆肥。一般系指中温好氧堆肥，所需温度为15～45℃。由于温度不高，不能有效地杀灭病原菌。

② 高温堆肥。好氧堆肥所产生的高温一般在50～65℃，极限可达80～90℃，能有效地杀灭病菌，且温度越高，令人讨厌的臭气产生就会减少，因此高温堆肥已为各国公认，采用较多。高温堆肥最适宜温度为55～60℃。

3）按堆肥过程中物料运动形式分类

① 静态堆肥。把收集的新鲜有机废物一批一批地堆置。堆肥物一旦堆积以后，不再添加新的有机废物和翻倒，待其在微生物生化反应完成之后，成为腐殖土后运出。静态堆肥适合于中、小城市厨余垃圾、下水污泥的处置。

② 动态（连续或间歇式）堆肥。采用连续或间歇式进、出料的动态机械堆肥装置，具有堆肥周期短（3～7 d），物料混合均匀，供氧均匀充足，机械化程度高，便于大规模机械化连续操作运行等特点。因此，动态堆肥适用于大中城市固体有机废物的处置。

4）按堆肥堆置方式分类

① 露天式堆肥。即露天堆积，物料在开放的场地上堆成条垛或条堆进行发酵。通过自然通风、翻堆或强制通风方式，以供给有机物降解所需的氧气。

② 装置式堆肥。也称为封闭式堆肥或密闭型堆肥，是将堆肥物密闭在堆肥发酵设备中，如发酵塔、发酵筒、发酵仓等，通过风机强制通风，提供氧源，或不通风厌氧堆肥。

5）按发酵历程分类

① 一次发酵。好氧堆肥的中温与高温两个阶段的微生物代谢过程称为一次发酵或主发酵。它是指从发酵初期开始，经中温，到达高温然后下降的整个过程，一般需10～12 d，高温阶段持续时间较长。

② 二次发酵。经过一次发酵后，堆肥物料中的大部分易降解的有机物质已经被微生物降解了，但还有一部分易降解和大量难降解的有机物存在，需将其送到后发酵仓进行二次发酵，也称后发酵，使其腐熟。在此阶段温度持续下降，当温度稳定在40℃左右时即达到腐熟，一般需 20～30 d。

（2）堆肥的原料

堆肥的原料有城市生活垃圾、纸浆厂、食品厂等排水处理设施排出的污泥和下水污泥、粪尿消化污泥、家畜粪尿、树皮、锯末、糠壳、秸秆等。

（3）堆肥设备及辅助机械

堆肥设备及辅助机械一般包括：计量装置、存料区与贮料池、给料装置、运输与传送装置、铁金属和其他可回收物资的分选设备、堆肥发酵装置及辅助设备、筛选设备、破碎设备、后处置设备、产品细加工设备等。

① 计量装置。通常情况下，计量装置采用地磅秤。

② 存料区。一般日处置量在 20 t 规模以上的堆肥厂，都必须设置存料区。存料区的容积一般要求能容纳日计划最大处置量的 2 倍。存料区必须建立在一个封闭的仓内，它由垃圾车卸料地台、封闭门、滑槽、垃圾储存坑等组成。垃圾储存坑一般设置在地下或半地下，一般用钢筋混凝土制造，要求耐压防水并能够承受起重机抓斗的冲击。垃圾储存坑底部必须有一定的坡度和集水沟，使垃圾堆积过程中产生的渗滤液能顺利排出。为了防止火灾和扬尘，必须配置洒水、喷雾装置，并配有通风装置以排除臭气以及保证在必要时工作人员可进入仓内清理或排除故障等的需要。

③ 贮料池。日处置 20 t 以下的堆肥厂一般设置贮料池。贮料池是一个底部设有垃圾传送设备的垃圾储料设施，其功能和垃圾存料区相同。它由地坑、垃圾输送设备、

雨棚等组成。地坑一般设置在地下，容积为 10～20 m$^3$。

④ 给料装置。比较常用的给料装置有起重机抓斗、板式给料机、前端斗式装载机。

⑤ 运输与传送装置。常用的运输传动装置有起重机械、链板输送机、皮带输送机、斗式提升机、螺旋输送机等。

⑥ 铁金属和其他可回收物资的分选设备。对于铁金属，一般采用磁力分选；对于其他可回收的物资，通常采用手选和风力分选设备两种。

⑦ 筛选设备。常用的筛选设备有振动格筛、滚筒筛、振动筛、弛张筛等。其中前两种设备是用来进行垃圾预分选的，为垃圾的发酵做好准备；而后两种则用于精分选，堆肥经充分发酵腐熟后必须经过精分选设备的分选，才能制备成符合国家垃圾农用标准的产品。

⑧ 破碎设备。破碎设备中最主要的是破碎机。

⑨ 堆肥发酵装置。堆肥发酵装置通常是指堆肥物料进行生化反应的反应器装置，是堆肥系统的主要组成部分。它的类型有立式堆肥发酵塔、卧式堆肥发酵滚筒、筒仓式堆肥发酵仓和箱式堆肥发酵池等。

⑩ 熟化设备。熟化设备有各种类型，如露天堆积式、多段池式、犁翻倒式、翻转式和筒仓式等。

⑪ 后处置设备。后处置设备的组成可大致如下：分选装置、选择性破碎分选装置、重力分选机、磁选机、风选机、弹性分选机、静电分选机、轧碎机等。

### （五）我国城市固体废物处置技术存在的问题和技术比较

#### 1. 固体废物处置技术比较

我国已建有若干个具有示范作用的垃圾卫生填埋场、高温堆肥场和焚烧厂。目前以上三种处置技术已经取得了比较大的进展。具体情况汇总如表 4-6 所示。

表 4-6 我国生活垃圾处置技术比较

| 比较项目 | 卫生填埋 | 焚 烧 | 堆 肥 |
| --- | --- | --- | --- |
| 技术可靠性 | 可靠，属传统处置方法 | 较可靠，国外属成熟技术 | 较可靠，在我国有实践经验 |
| 工程规模 | 取决于作业场地和使用年限，一般均较大 | 单台炉规格常用 150～500 t/d，焚烧厂一般安装 2～4 台焚烧炉 | 动态间歇式堆肥厂和动态连续式堆肥厂常为 100～200 t/d |
| 选址难易度 | 较困难 | 有一定困难 | 有一定困难 |
| 占地面积 | 500～900 m$^2$/t | 60～100 m$^2$/t | 110～150 m$^2$/t |
| 建设工期 | 9～12 个月 | 30～36 个月 | 12～18 个月 |
| 适用条件 | 对垃圾成分无严格要求，但对含水率过高不适宜 | 要求垃圾低位热值大于 3 767 kJ/kg | 要求垃圾中可生物降解有机物含量大于 40% |

| 比较项目 | 卫生填埋 | 焚 烧 | 堆 肥 |
|---|---|---|---|
| 操作安全性 | 较好，沼气导排要通畅 | 较好，严格按照规范操作 | 较好 |
| 管理水平 | 一般 | 很高 | 较高 |
| 产品市场 | 有沼气回收的卫生填埋场，沼气可用作发电 | 热能或电能可为社会使用，需有政策支持 | 落实堆肥市场有一定困难，须采用多种措施 |
| 主要环保问题 | 渗滤水处理难度大 | 烟气与飞灰处理难度大 | 好氧堆肥时恶臭治理较难 |
| 能源化意义 | 沼气收集后用于发电 | 焚烧余热可发电 | 采用厌氧发酵工艺，沼气收集后可用以发电 |
| 资源利用 | 封场后恢复土地利用或再生土地资源 | 垃圾分选可回收部分物质，焚烧残渣可综合利用 | 堆肥用于农业种植和园林绿化，并回收部分物资 |
| 稳定化时间 | 20～50年 | 2 h左右 | 15～60 d |
| 最终处置 | 填埋本身是一种最终处置方法 | 焚烧残渣须作处置，占进炉垃圾量的10%～30% | 不可堆肥物须作处置，占进厂量的30%～40% |
| 地表水污染 | 应有完善的渗滤液处理设备，但不易达标 | 残渣填埋时与垃圾填埋方式相仿，但含水量较少 | 可能性较少，污水应经处理后排入城市管网 |
| 地下水污染 | 需有防渗措施，但可能渗漏，人工衬层投资大 | 可能性较少 | 可能性较少 |
| 大气污染 | 有轻微污染，可用导气、覆盖、建隔离带等措施 | 应加强对酸性气体和二噁英的控制和治理 | 有轻微气味，应设除臭装置和隔离带 |
| 土壤污染 | 限于填埋场区域 | 无 | 须控制堆肥中的重金属含量和pH值 |
| 主要环保措施 | 场底防渗、每天覆盖、填埋气体导排、渗滤水处理 | 烟气治理、噪声治理、残渣处置、恶臭防治等 | 恶臭防治、飞尘控制、污染治理、残渣处置等 |
| 投资（不计征地费）/（万元/t） | 18～27（单层合成衬底，压实机引进） | 50～70（余热发电上网，国产化率50%） | 23～32（制有机复合肥，国产化率60%） |
| 处置成本（计折旧不计运费）/（元/t） | 35～55 | 80～140 | 50～80 |
| 处置成本（不计折旧及运费）/（元/t） | 22～31 | 30～60 | 25～45 |
| 技术特点 | 操作简便，工程投资和运行成本低 | 占地面积小，运行稳定可靠，减量化效果好 | 技术成熟，减量化、资源化效果好 |
| 主要风险 | 沼气聚集引起爆炸，场底渗漏或渗滤液处理不达标 | 垃圾燃烧不稳定，烟气治理不达标 | 因生产成本过高或堆肥质量不佳而影响产品质量 |

注：摘自赵由才等《实用环境工程手册—固体废物污染控制与资源化》（2002年第一版）。

### 2. 固体废物处置技术的发展趋势

（1）填埋

填埋将逐步向残渣填埋、高维填埋、生态填埋的方向发展。卫生填埋场的监测系统将更加完善、全面。

① 残渣填埋：原生垃圾直接填埋的比例在生活垃圾总量的比例将逐步降低。卫生填埋场处置对象将逐步实现以残渣填埋为主。

② 高维填埋：采用技术手段解决深挖、提高基础承载力、地下水排水问题。将外延型填埋场转变为集中式填埋场，以土方工程为主的投资结构转变为以科技含量较高的环保型投资结构。达到提高土地利用率，提高填埋场的空间效率。

③ 生态填埋：在卫生填埋场控制温室气体排放，实现能源转换；创建生态安全的自然景观，挖掘土地生产力；最小风险的防渗措施；稳定、安全的渗滤液处理；全方位环境保护；科学的营运管理；提高设计的科技含量和建设的技术成本；有效地开展生态修复措施，加快填埋场的稳定化。

④ 监测系统：填埋场的稳定时间较长，为了能有效地观测填埋场对周边环境的影响，从填埋场建设开始，到填埋场封场，直至填埋场最终稳定，需建立完善的监测系统，全面地观测填埋场及周边的环境质量变化。

⑤ 评估系统：填埋场的管理将逐步转变为全过程管理，对整个填埋过程和封场后的环境评估系统将逐步建立。

（2）焚烧

焚烧技术在国外应用多年，已逐步成熟，焚烧技术应用的关键是将国外技术与国内垃圾性质有效结合、充分吸收和发展。

① 焚烧炉将由小型焚烧炉向大型焚烧炉的方向发展。多数小型焚烧厂和部分大型焚烧厂存在焚烧烟气排放控制没有严格落实、焚烧产生的飞灰等危险废物未进行安全填埋等问题。从图 4-2 可以看出采用炉排炉焚烧处置工艺的处置量约占 60%，是垃圾焚烧的主导工艺。

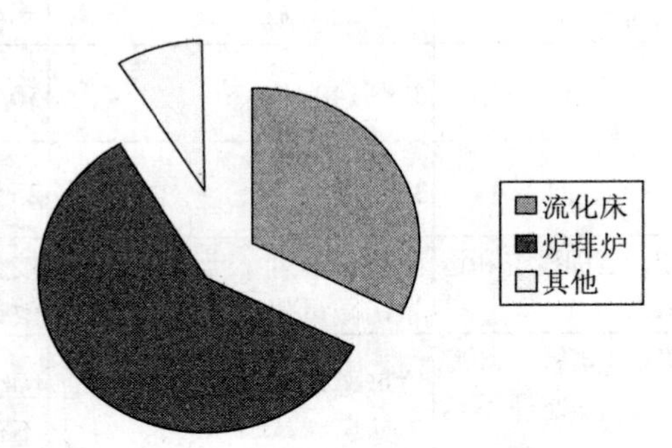


图 4-2　国内各种焚烧处置工艺占可处置垃圾量的比例

② 加强焚烧技术的研究。垃圾焚烧技术在消化、吸收国外生活垃圾焚烧技术基础上，结合我国生活垃圾特性开展研究，开发出适合我国国情的焚烧技术。

③ 焚烧烟气处理系统、飞灰处理系统、渗滤液处理系统将不断完善，其相关的配套建设系统也将不断完善。

④ 焚烧残渣的资源化利用将充分得到重视。

⑤ 焚烧厂运行评估系统的建立。对焚烧厂运行全过程建立评估系统，实现营运全过程的管理，并对运行发现的问题及时处置。

（3）堆肥

堆肥应用的关键也是如何将国外技术与国内垃圾性质有效结合、充分吸收和发展。

① 分选效益提高。由于源头分类收集效果不尽如人意，现有分选机械很难彻底分离杂质，造成了堆肥产品质量较差。需吸收引进国外技术，促进分选设备能力的提高，有效提高堆肥产品质量。

② 产品多元化。生物转化后产品的出路是制约该技术产业化的最大"瓶颈"。促进能源再生，产品多元化的技术将日益得到人们的关注与重视。国外一些生物处置技术能产生沼气和肥料等产品，这些技术目前国内也正在研究和实施过程中。上海市目前正在建设分别采用干法厌氧消化和湿法厌氧消化的生活垃圾综合处置厂。

③ 环保设施的完善。生物综合处置厂的环保问题也是人们关注的一个焦点，生物转化技术过程产生的臭气，污水的处置水平也将得到不断提高。

④ 评估系统建立。对生物综合处置厂的运行建立全过程评估系统，实现全过程管理。

（4）多种处置技术的结合

垃圾性质复杂多样，采用单一的处置技术难以适应垃圾性质的变化，加上自然资源和能源的危机，城市生活垃圾的资源化、回收利用，采用多种处置技术相结合的综合处置技术将日益得到应用和发展。如：废电器，以拆分回收为主；医疗废物，以集中焚烧为主，不具备条件的地区，可先消毒，再毁形填埋。

## 二、工程污染源分析

### （一）工艺流程

#### 1．填埋

根据《生活垃圾填埋场污染控制标准》（GB 16889—2008），生活垃圾填埋场应包括下列主要设施：防渗衬层系统、渗滤液导排系统、渗滤液处理设施、雨污分流系统、地下水导排系统、地下水监测设施、填埋气体导排系统、覆盖和封场系统。

生活垃圾填埋场应根据填埋区天然基础层的地质情况以及环境影响评价的结论，并经当地地方环境保护行政主管部门批准，选择天然黏土防渗衬层、单层人工合成材料防渗衬层或双层人工合成材料防渗衬层作为生活垃圾填埋场填埋区和其他渗滤液流经或储留设施的防渗衬层。

如果天然基础层饱和渗透系数小于 $1.0\times10^{-7}$ cm/s，且厚度不小于 2 m，可采用天然黏土防渗衬层。采用天然黏土防渗衬层应满足以下基本条件：

① 压实后的黏土防渗衬层饱和渗透系数应小于 $1.0\times10^{-7}$ cm/s；

② 黏土防渗衬层的厚度应不小于 2 m。

如果天然基础层饱和渗透系数小于 $1.0\times10^{-5}$ cm/s，且厚度不小于 2 m，可采用单层人工合成材料防渗衬层。人工合成材料衬层下应具有厚度不小于 0.75 m，且其被压实后的饱和渗透系数小于 $1.0\times10^{-7}$ cm/s 的天然黏土防渗衬层，或具有同等以上隔水效力的其他材料防渗衬层。

人工合成材料防渗衬层应采用满足 CJ/T 234 中规定技术要求的高密度聚乙烯或者其他具有同等效力的人工合成材料。

如果天然基础层饱和渗透系数不小于 $1.0\times10^{-5}$ cm/s，或者天然基础层厚度小于 2 m，应采用双层人工合成材料防渗衬层。下层人工合成材料防渗衬层下应具有厚度不小于 0.75 m，且其被压实后的饱和渗透系数小于 $1.0\times10^{-7}$ cm/s 的天然黏土衬层，或具有同等以上隔水效力的其他材料衬层；两层人工合成材料衬层之间应布设导水层及渗漏检测层。

垃圾的填埋工艺总体上应服从“三化”（即减量化、无害化、资源化）的要求。垃圾填埋首先由汽车运输运进填埋场，经地衡称重计量，再按规定的速度、路线运至填埋作业单元，进行卸料、推平、压实并覆盖，最终完成填埋作业。其中推铺由推土机操作，压实由垃圾压实机完成。每天填埋作业完成后，应及时进行覆盖操作，填埋场单元操作结束后及时进行终场覆盖，以利于填埋场的生态恢复和终场利用。此外，根据填埋场的具体情况，有时还需要对垃圾进行破碎和喷洒药液。典型的工艺如图 4-3 所示。

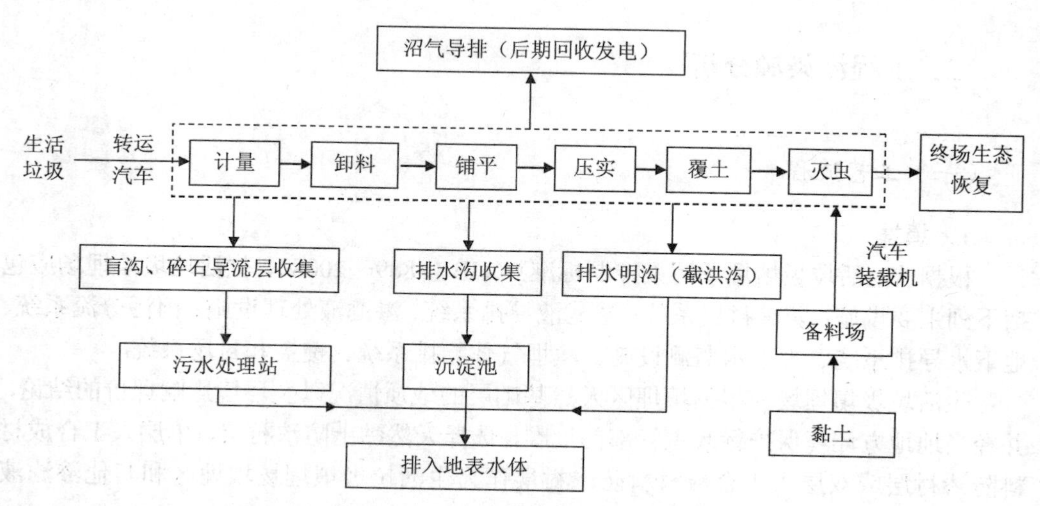


图 4-3 生活垃圾卫生填埋典型工艺流程

由于填埋区的结构不同，不同填埋场采用的具体填埋方法也不同。比如在地下水位较高的平原地区一般采用平面堆积法填埋；在山谷型的填埋场可采用倾斜面堆积法；在地下水位较低的平原地区可采用掘埋法；在沟壑、坑洼地带的填埋场可采用填坑法填埋垃圾。实际上无论何种填埋方法均由卸料、推铺、压实和覆土四个步骤构成。

① 卸料。采用填坑作业法卸料时，往往设置过渡平台和卸料平台。而采用倾斜面作业法时，则可直接卸料。

② 推铺。卸下的垃圾的推铺由推土机完成，一般每次垃圾推铺厚度达到 30～60 cm，进行压实。

③ 压实。压实是填埋作业中一道重要工序，填埋垃圾的压实能有效地增加填埋场的容量，延长填埋场的使用年限，节约土地资源；能增加填埋场强度，防止坍塌，并能阻止填埋场的不均匀性沉降；能减少垃圾空隙率，有利于形成厌氧环境，减少渗入垃圾层中的降水量及蝇、蛆的孳生；也有利于填埋机械在垃圾层上的移动。

垃圾压实的机械主要为压实机和推土机，国内垃圾填埋场也正在逐步采用垃圾压实机和推土机相结合来实施压实工艺。根据具体要求可采用不同的压实设备，以取得不同的压实效果，国内外典型填埋地的压实工艺参数见表 4-7。

**表 4-7　国内外主要填埋场压实工艺及参数**

| 填埋场名称 | 压实机械与压实作业 | 垃圾压实密度 | 分层厚度 | 备　注 |
|---|---|---|---|---|
| 英国伯明翰（山地） | 钢轮压实机，在向前推进中完成铺平、压实作业 | 1.2 t/m³ | 2 m 或＞2 m | 装有重型切削刀压实机，可把垃圾轧碎 |
| 杭州天子岭（山地） | 垃圾层厚度达 0.7 m 时由上海 120 A 推土机压实 | ＞0.6 t/m³ | 2.5 m | — |
| 广州李坑（山地） | 垃圾层厚度达 0.6～0.7 m 时，由 TA120 推土机压实 | — | 2.0～2.5 m | — |
| 西安江村沟（山地） | 堆至分层厚度，由工程压路机压实 | — | 2.5～3.0 m | — |
| 成都长安（山地） | 堆至分层厚度，由工程压路机压实 3～4 次 | 0.7～0.8 t/m³ | 3～4 m | — |
| 广州大田山（山地） | 垃圾层厚度达 0.8 m 时，由工程压路机压实 | 0.8 t/m³ | 2.0～2.5 m | — |
| 北京阿苏卫（平原） | 推平、压实由宝马 BC601RB 压实机同时完成 | ＞0.65 t/m³ | — | — |
| 上海老港（滩涂） | 推铺 0.4 m，由上海 120A、TS140 推土机完成，压实 3 次 | ＞0.65 t/m³ | 4 m | 分层压实厚度 0.9～1.2 m |
| 国外综合资料 | 垃圾厚度不超过 0.6 m，由钢轮压实机压实 3～5 次 | 0.6～1.0 t/m³ | — | 压实机带有羊角齿以提高剪切力 |

注：摘自赵由才等《实用环境工程手册—固体废物污染控制与资源化》（2002 年第一版）。

④ 覆盖。卫生填埋场与露天垃圾堆放的根本区别之一就是卫生填埋场的垃圾除了每日覆盖以外，还要进行中间覆盖和终场覆盖。日覆盖、中间覆盖和终场覆盖的功能各异，各自对覆盖材料的要求也不相同。

日覆盖的作用有：a. 改善道路交通；b. 改进景观；c. 减少恶臭；d. 减少风沙和碎片（如纸、塑料等）；e. 减少疾病通过媒介（如鸟类、昆虫和鼠类等）传播的危险；f. 减少火灾危险等。日覆盖要求确保填埋层的稳定并且不阻碍垃圾的生物分解，因而要求覆盖材料具有良好的通气性能。一般选用沙质土等进行日覆盖，覆盖厚度为15 cm左右。

中间覆盖常用于填埋场的部分区域需要长期维持开放（2年以上）的特殊情况。它的作用：a. 可以防止填埋气体的无序排放；b. 防止雨水下渗；c. 将层面上的降雨排出填埋场外等。中间覆盖要求覆盖材料的渗透性能较差。一般选用黏土等进行中间覆盖，覆盖厚度为30 cm左右。

终场覆盖是填埋场运行的最后阶段，也是最关键的阶段。其功能包括：a. 减少雨水和其他外来水渗入填埋场内；b. 控制填埋场气体从填埋场上部释放；c. 抑制病原菌的繁殖；d. 避免地表径流水的污染，避免垃圾的扩散；e. 避免垃圾与人和动物的直接接触；f. 提供一个可以进行景观美化的表面；g. 便于填埋场土地的再利用等。

日覆盖、中间覆盖和最终覆盖的时间和厚度见表4-8。

**表4-8 覆盖时间及层厚度**

| 填埋层 | 各层最小厚度/cm | 填埋时间/d |
|---|---|---|
| 日覆盖层 | 15 | 0～7 |
| 中间覆盖层 | 30 | 7～365 |
| 终场覆盖层 | 60 | ＞365 |

注：摘自赵由才等《实用环境工程手册—固体废物污染控制与资源化》（2002年）。

卫生填埋场的终场覆盖系统由多层组成，主要分为两部分：第一部分是土地恢复层，即为表层；第二部分是密封工程系统，从上至下由保护层、排水层、防渗层和排气层组成。

表层的设计取决于填埋场封场后的土地利用规划，通常要能生长植物。表层土壤层的厚度要保证植物根系不造成下部密封工程系统的破坏，此外，在冻结区表层土壤层的厚度必须保证防渗层位于霜冻带以下。表层的最小厚度不应小于50 cm。在干旱区可以使用鹅卵石替代植被层，鹅卵石层的厚度为10～30 cm。

保护层的功能是防止上部植物根系以及挖洞动物对下层的破坏，保护防渗层不受干燥收缩、冻结解冻等的破坏，防止排水层的堵塞，维持稳定等。

排水层的功能是排泄通过保护层入渗进来的地表水等，降低入渗水对下部防渗层的水压力。该层并不是必须有的层，只有当通过保护层入渗的水量（来自雨水、融化雪水、地表水和渗滤液回灌等）较多或者对防渗的渗透压力较大时才是必要的。排水层中还可以有排水管道系统等设施。其最小透水率为 $10^{-2}$ cm/s，倾斜度一般≥3%。

防渗层是终场覆盖系统中最为重要的部分。其主要功能是防止入渗水进入填埋废物中，防止填埋场气体逃离填埋场。防渗材料有压实黏土、柔性膜、人工改性防渗材料和复合材料等。防渗层的渗透系数要求 $K \leqslant 10^{-7}$ cm/s，铺设坡度≥2%。

排气层用于控制填埋场气体，将其导入填埋气体收集设施进行处理或者利用。它并不是终场覆盖系统的必备结构，只有当填埋废气降解产生较大量填埋气体时才需要。

覆盖材料的用量与垃圾填埋量的关系为1∶4或1∶3。覆盖材料包括自然土、工业渣土、建筑渣土等。自然土是常用的覆盖材料，它的渗透系数小，能有效地阻止渗滤液和填埋气体的扩散，但除了掘埋法外，其他类型的填埋场都存在着大量取土而导致的占地和破坏植被问题。工业渣土和建筑渣土作为覆盖，不仅能解决自然取土问题，而且能为废弃渣土的处置提供出路。

当填埋场温度条件适宜时，幼虫在垃圾层被覆盖之前就能孵出，以致在倾倒区附近出现一群群的苍蝇。当出现这种情况时，通过在填埋场操作区喷洒杀虫药剂可以控制这个问题。

2．焚烧

城市垃圾焚烧处置的一般工艺流程如下：垃圾以垃圾车载入厂区，经地磅称量，进入倾斜平台，将垃圾倾入垃圾贮坑，由吊车操作员操纵抓斗，将垃圾抓入进料斗。垃圾由滑槽进入炉内，从进料器推入炉床。由于炉排的机械运动，使垃圾在炉床上移动并翻搅，提高燃烧效果。垃圾首先被炉壁的辐射热干燥及汽化，再被高温引燃，最后烧成灰渣，落入冷却设备，通过输送带经磁选回收废铁后，送入灰渣贮坑，再送往填埋场。燃烧所用空气分为一次及二次空气，一次空气以蒸汽预热，自炉床下贯穿垃圾层助燃；二次空气由炉体颈部送入，以充分氧化废气，并控制炉温不致过高，以避免炉体损坏及氮氧化物的产生。根据《生活垃圾焚烧污染控制标准》（GB 18485—2001）、《生活垃圾焚烧处理工程技术规范》（CJJ 90—2009），烟囱出口温度须控制在850℃以上，停留时间≥2 s，或烟囱出口温度控制在 1 000℃以上，停留时间≥1 s。焚烧炉渣热灼减率≤5%，焚烧炉出口烟气中氧含量为6%～12%。

炉内温度一般控制在850℃以上，以防未燃尽的气态有机物自烟囱逸出而造成臭味，垃圾低位发热量低时，需喷油助燃。经锅炉冷却后的高温废气，用引风机送入酸性气体去除设备，去除酸性气体后的烟气进入布袋集尘器，除尘后自烟囱排入大气扩散。锅炉产生的蒸汽经汽轮发电机发电后，进入凝结器，凝结水经除气及加入补充水后，返送锅炉；蒸汽产生量如有过剩，则直接经过减压器再送入凝结器。

一座大型的生活垃圾焚烧厂工艺一般包括下述八个系统：

（1）垃圾接收、储存与输送

垃圾接收、储存与输送系统包括：垃圾称量设施、垃圾卸料平台、垃圾卸料门、垃圾池、垃圾抓斗起重机、除臭设施和渗滤液导排等垃圾池内的其他必要设施。

垃圾池有效容积宜按 5～7 天额定垃圾焚烧量确定。垃圾池净宽度不应小于抓斗最大张角直径的 2.5 倍。

垃圾池应处于负压封闭状态，并应设照明、消防、事故排烟及停炉时的通风除臭装置。与垃圾接触的垃圾池内壁和池底，应有防渗、防腐蚀措施，应平滑耐磨、抗冲击。垃圾池底宜有不小于 1%的渗滤液导排坡度。垃圾池应设置垃圾渗滤液收集设施。垃圾渗滤液收集、储存和输送设施应采取防渗、防腐措施，并应配备检修人员放毒设施。

（2）垃圾焚烧系统

垃圾焚烧系统应包括垃圾进料装置、焚烧装置、驱动装置、出渣装置、燃烧空气装置、辅助燃烧装置及其他辅助装置。

采用垃圾连续焚烧方式，焚烧线年可利用小时数不应小于 8 000。

应在对生活垃圾成分和热值的合理预测基础上确定焚烧炉设计垃圾低位热值以及保证正常运行的焚烧炉下限垃圾低位热值和焚烧炉上限垃圾低位热值。

正常运行期间，炉内应处于负压燃烧状态。

二次燃烧室内的烟气在不低于 850℃的条件下滞留时间不小于 2 s；

垃圾在焚烧炉内应得到充分燃烧，燃烧后的炉渣热灼减率应控制在 5%以内。

采用连续焚烧方式的垃圾焚烧炉可设置垃圾渗滤液喷入装置。

（3）余热锅炉

余热锅炉的额定出力应根据合理确定的额定垃圾处理量、设计垃圾低位热值和余热锅炉设计热效率等因素来确定。对于采用汽轮机发电的焚烧厂，余热锅炉蒸汽参数不宜低于 400℃，4 MPa，鼓励采用 450℃，6 MPa 及以上的蒸汽参数。对于配置余热锅炉的热能利用方式，应选用自然循环余热锅炉，并应充分考虑烟气对余热锅炉的高温和低温腐蚀。

（4）烟气处理系统

烟气处理系统主要是去除烟气中的固体颗粒、硫氧化物、氮氧化物、氯化氢、氟化氢、二噁英等有害物质，达到排放标准，减少环境污染。

主要工艺有：半干法工艺、干法工艺、湿法工艺。

烟气净化系统必须设置袋式除尘器。

垃圾焚烧过程应采取下列控制二噁英的措施：垃圾应完全焚烧，并严格控制燃烧室内焚烧烟气的温度、停留时间与气流扰动工况；减少烟气在 200～400℃温度区的滞留时间；应设置吸附剂喷入装置，对烟气中的二噁英和重金属进行去除。

（5）灰渣处置系统

炉渣处理系统应包括除渣冷却、输送、储存、除铁等设施。垃圾焚烧过程产生的炉渣与飞灰应分别收集、输送、储存和处理。

焚烧炉渣按一般固体废物处理，焚烧飞灰应按危险废物处理。生活垃圾焚烧飞灰经处理后满足下列条件，可以进入生活垃圾填埋场填埋处置。

① 含水率小于 30%；② 二噁英含量（或等效毒性量）低于 3 μg/kg；③ 按照 HJ/T 300 制备的浸出液中危害成分质量浓度低于 GB 16889—2008 表 1 规定的限值。

（6）助燃空气系统

助燃空气系统是垃圾焚烧厂中的一个非常重要的部分。它为垃圾的正常燃烧提供了必需的氧气，所供应的送风温度和风量直接影响到垃圾的燃烧是否充分、炉膛温度是否合理、烟气中的有害物质是否能够减少。同时，根据垃圾的发热值及炉型不同，补充必要的燃料。一般可使用的燃料有重油、煤油及柴油等液体燃料及液化石油气、天然气等气体燃料。

（7）废水处理系统

垃圾焚烧厂中废水的主要来源有：垃圾渗滤水、洗车废水、垃圾卸料平台地面清洗水、灰渣处置设备废水、锅炉排污水、洗烟废水等。其中，垃圾渗滤水 COD 浓度较高，而且量比较少，一般可直接喷入炉内燃烧。

废水的处理方法很多，比较常用的废水的处理工艺见图 4-4。

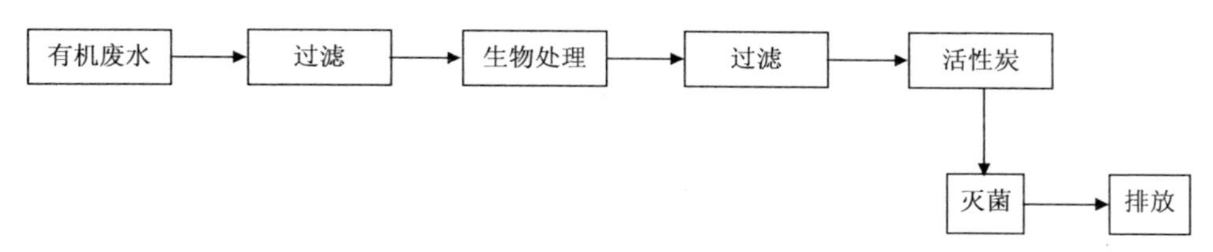


**图 4-4　生产废水处理工艺流程**

（8）自动控制系统

垃圾焚烧系统自动化的范围，大致有以下三个方面：① 设施运行管理必需的数据处理自动化；② 垃圾运输车及灰渣运输车的车辆管理自动化；③ 设备机器运行操作的自动化。

垃圾焚烧场各系统的关系见图 4-5。

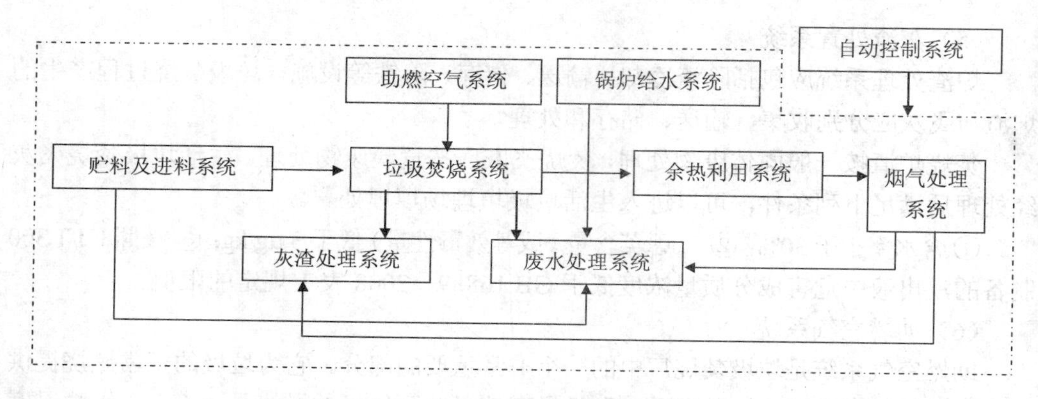


图 4-5 垃圾焚烧厂各系统关系

垃圾焚烧厂处置工艺流程车间剖面见图 4-6。

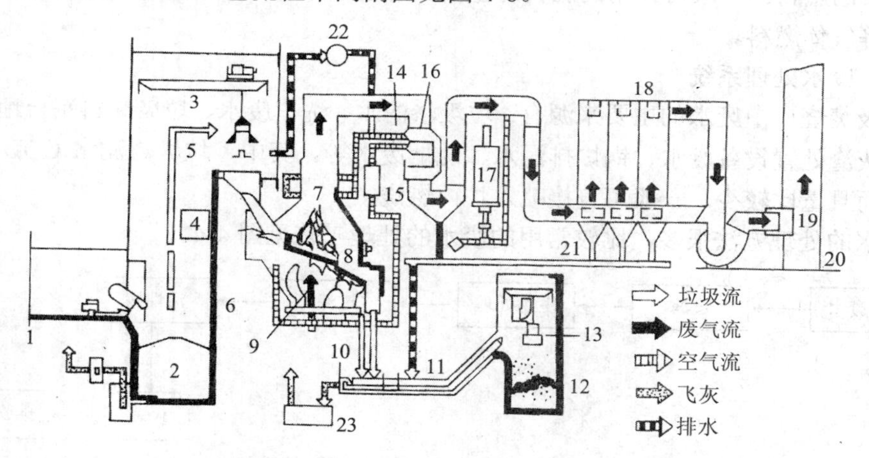


1．倾卸平台；2．垃圾贮坑；3．抓斗；4．操作室；5．进料口；6．炉床；7．燃烧炉床；8．后燃烧炉床；9．燃烧机；10．灰渣；11．出灰输送带；12．灰渣贮坑；13．出灰抓斗；14．废气冷却室；15．暖房用热交换器；16．空气预热器；17．酸性气体去除设备；18．布袋除尘器；19．诱引风扇；20．烟囱；21．飞灰输送带；22．抽风机；23．废水处理设备

图 4-6 城市垃圾焚烧厂处置工艺流程车间剖面

3．堆肥

（1）好氧堆肥

① 基本工艺程序。目前现代化的堆肥生产一般采用好氧堆肥工艺，其基本工序通常都由前处理、主发酵（一次发酵）、后发酵（二次发酵）、后处理及贮藏等工序组成。

A. 前处理　在以家畜粪便、污泥等为堆肥原料时，前处理的主要任务是调整水分和碳氮比，或者添加菌种和酶制剂。但在以城市生活垃圾为堆肥原料时，由于垃圾中往往含有粗大垃圾和不能堆肥的物质，这些物质的存在会影响垃圾处理机械的正常运行，且大量非堆肥物质的存在会增加堆肥发酵仓的容积和影响其处理的合理性，因此前处理往往包括破碎、分选、筛分等工序。

B. 主发酵（一次发酵）　主发酵可在露天或发酵装置内进行，通过翻堆或强制通风向堆积层或发酵装置内堆肥物料供给氧气。物料在微生物的作用下开始发酵。发酵初期物质的分解作用是靠嗜温菌（30～40℃为最适宜生长温度）进行的，随着堆温上升，最适宜温度（45～65℃）的嗜热菌取代了嗜温菌，堆肥从中温阶段进入高温阶段。经过一段时间后，大部分有机物已经降解，各种病原菌均被杀灭，堆层温度开始下降。

C. 后发酵（二次发酵）　经过主发酵的半成品堆肥被送到后发酵工序，将主发酵工序尚未分解的易分解和较难分解的有机物进一步分解，使之变成腐殖酸、氨基酸等比较稳定的有机物，得到完全成熟的堆肥制品。通常，把物料堆积到 1～2 m 高的堆层，通过自然通风和间歇性翻堆，进行后发酵，并应防止雨水流入。后发酵的时间通常在 20～30 d。

D. 后处置　经过二次发酵后，有机物已基本细碎和变形，数量也有所减少，成为粗堆肥。经过分选工序后，去除塑料、玻璃、陶瓷、金属、小石块等杂物。如生产精致堆肥等，则应进行再破碎过程。

E. 脱臭　在堆肥过程中，由于堆肥物料局部或某段时间内的厌氧发酵会导致臭气产生，污染工作环境，因此，必须进行堆肥排气的脱臭处理。去除臭气的方法主要有化学除臭剂除臭、碱水和水溶液过滤、熟堆肥或活性炭、沸石等吸附剂过滤。较为常用的除臭装置是堆肥过滤器，当臭气通过该装置时，恶臭成分被熟化后的堆肥吸附，进而被其中好氧微生物分解而脱臭。若条件许可，也可采用热力法，将堆肥排气（含氧量约为 18%）作为焚烧炉或工业锅炉的助燃空气，利用炉内高温，热力降解臭味分子，消除臭味。

F. 贮存　堆肥一般在春秋两季使用，夏冬两季生产的堆肥只能贮存，所以要建立可贮存 6 个月生产量的库房。贮存方式可直接堆存在二次发酵仓中或装入袋中，这种贮存的要求是干燥而透气的室内环境，如果是在密闭和受潮的情况下，则会影响制品的质量。

② 典型的工艺流程。《城市生活垃圾好氧静态堆肥处理技术规程》（CJJ/T 52—93）明确提出好氧静态堆肥标准。好氧堆肥工艺类型分为一次性发酵和二次性发酵，其工艺流程示意图见图 4-7 和图 4-8。

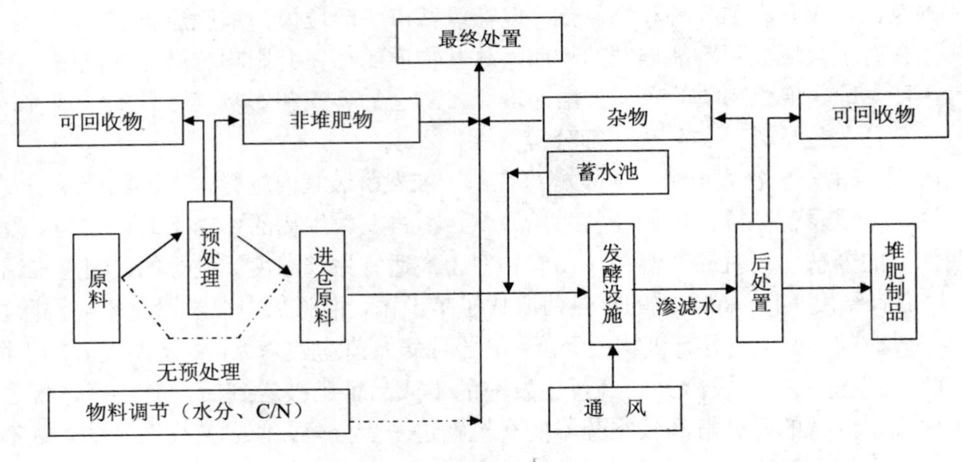


图 4-7 一次性发酵工艺流程

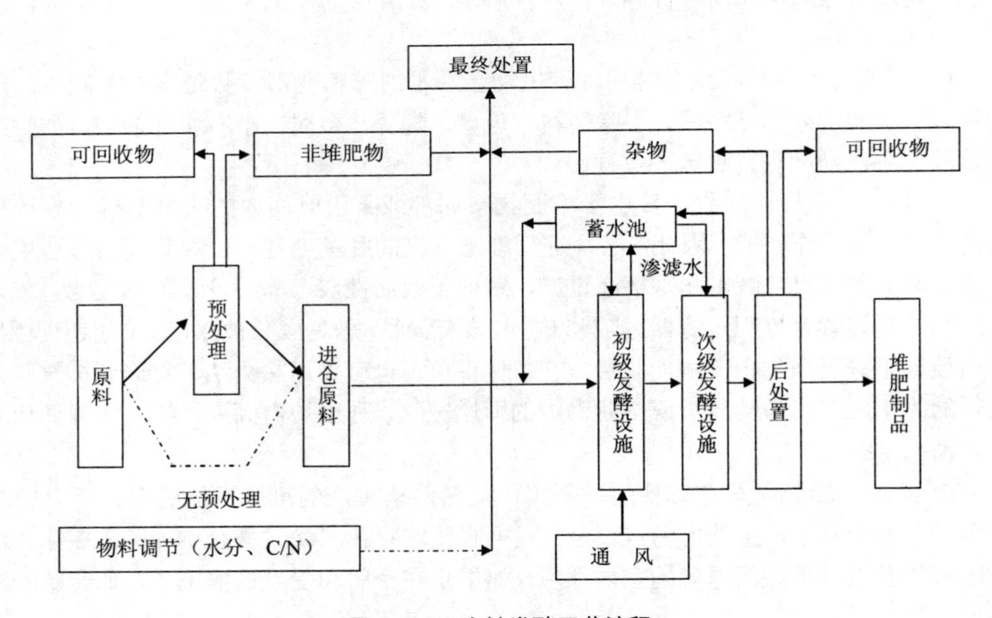


图 4-8 二次性发酵工艺流程

我国高温堆肥大多采用一次性发酵方式，周期长达 30 d 以上，目前推广的是二次性发酵方式，周期一般需 20 d。控制生活垃圾一次性发酵和二次性发酵的主要参数见表 4-9。

表 4-9　两次发酵的主要参数

| 主要参数 | 一次性发酵 | 二次性发酵 |
| --- | --- | --- |
| 总含水率/% | 40～50 | ＜20 |
| 碳氮比 | 25∶1～35∶1 | ＜20∶1 |
| 通风量（堆层）/（$m^3/m^3$） | 0.1～0.2 | 0.1～0.2 |
| $t$/℃ | 50～70（维持 7～10 d） | ≤40 |
| pH 值 | 7.5 | 7.5～8.5 |
| 发酵时间/d | 10 | 10～20 |

（2）厌氧堆肥

目前国外采用厌氧堆肥主要处理剩余垃圾或分选后的垃圾。各种工艺方式的不同主要在于发酵容器或反应器。

所谓剩余垃圾是指经过生物物质垃圾箱、有用物质垃圾箱、玻璃收集箱等容器分类收集后剩余的家庭垃圾。经试验证实，这种垃圾中所含可生物处理成分占 30%～50%，其余部分是塑料、惰性物及纺织物等成分。

剩余垃圾发酵工艺主要由机械干燥预处理、生物处理和最终处置等步骤组成。

机械干燥预处理是必须采取的处理手段，其目的是保持剩余垃圾原料内有机物质的高含量，并减少进入生物处理设备的物料量。现代机械化的厌氧堆肥工艺中，一般先将垃圾全部粉碎，再用筛选、磁选和水选等手段将垃圾中不适合做肥料的废物分拣出来。

生物处理由分选后的剩余垃圾的调节处理、发酵工艺、最终处理三步组成。在剩余垃圾发酵之前，应根据发酵工艺要求调节原料的含水率，同时为提高生物处理的效率，还应根据处理工艺要求投放添加物。在发酵阶段，可生物处理的有机物质在缺氧条件下分解，同时产生生物气体——沼气，其主要成分由 $CH_4$（占 50%～70%）和 CO（占 25%～35%）组成，可作能源利用。厌氧发酵的时间一般在 5～20 d。发酵剩余物质中还存留有不溶于水的水解余物，这类物质在填埋前通过二次处理清除掉。其第三步的最终处理就是将发酵剩余物质进行脱水和二次消化，二次消化是为了使发酵剩余物质中有机物部分在此进行分解。

最终处置就是将厌氧发酵处理的残余物进行填埋，或作为肥料运出或出售。也可对肥料进行深加工，制成有机颗粒肥料或复合肥料。

剩余垃圾的整个厌氧处置过程示意图见图 4-9。

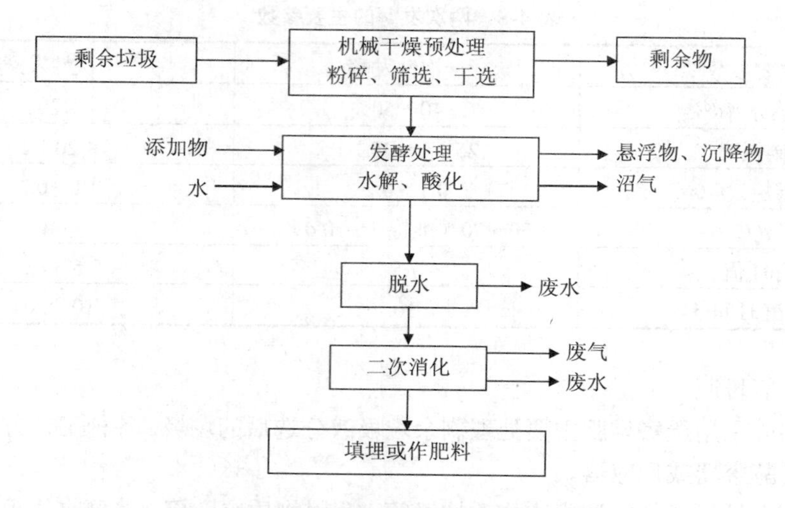


图 4-9　剩余垃圾发酵处置过程

（二）产污环节与污染源源强计算

## 1. 填埋

（1）渗滤液

① 渗滤液的来源及影响因素。垃圾渗滤液又称浸出液，是指垃圾在填埋过程中由于发酵、雨水的淋浴和冲刷以及地表水和地下水的浸泡而滤出来的污水。垃圾渗滤液有 6 个来源：A. 垃圾自身含水；B. 降水；C. 地表径流；D. 地下水浸入；E. 灌溉水；F. 垃圾生化反应产生的水。渗滤液的来源及影响因素可用图 4-10 表示，垃圾生化反应产生的水比较少，主要来源是降水和垃圾本身内含水。

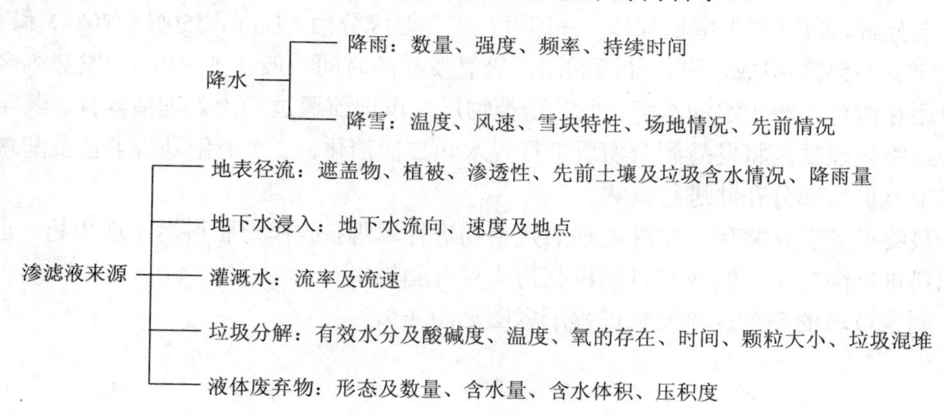


图 4-10　渗滤液来源汇总

② 渗滤液的产生量预测。渗滤液产生量计算方法通常有两种。

A. 水平衡法

从理论上分析，垃圾填埋场的渗滤液产生量可由下式表示：

$$L = P + W + Q_1 + Q_2 - E_1 - E_2 - Q_3 - H \tag{4-1}$$

式中：$L$—— 渗滤液产生量；

$P$—— 降水量；

$W$—— 垃圾中含水量；

$Q_1$—— 外部渗入的水；

$Q_2$—— 从外部地表流入的水；

$Q_3$—— 从填埋场地表流失的水；

$E_1$—— 从填埋场地表蒸发的水；

$E_2$—— 从填埋场植物叶面蒸发的水；

$H$—— 场持水。

上述各项指标中，降水量和蒸发量可以从当地气象部门获得；外部渗入的水和从填埋场地表流失的水可通过径流系数来计算，具体见表 4-10；填埋场的持水能力见表 4-11。

**表 4-10 有草皮土壤的径流系数**

| 地表状况 | 径流系数 | 地表状况 | 径流系数 |
|---|---|---|---|
| 砂土，平坦～2%坡度 | 0.05～0.10 | 黏重土壤，平坦～2%坡度 | 0.13～0.17 |
| 砂土，2%～7%坡度 | 0.10～0.15 | 黏重土壤，2%～7%坡度 | 0.18～0.22 |
| 砂土，7%以上坡度 | 0.15～0.20 | 黏重土壤，7%以上坡度 | 0.25～0.35 |

注：摘自赵由才等《实用环境工程手册—固体废物污染控制与资源化》（2002 年第一版）。

**表 4-11 各种土壤持水量**

| 土壤 | 持水量（水/土）/（mm/m） |
|---|---|
| 田砂土 | 120 |
| 矿壤土 | 200 |
| 松砂壤土 | 300 |
| 黏壤土 | 375 |
| 黏土 | 450 |

由于降水量与蒸发量是影响渗滤液产量的决定性因素，对于操作单元，其表面径流很小，所以上式可简化为：

$$L = P - E \tag{4-2}$$

在填埋场的实际使用中，由于不同单元的表面覆盖情况不一样（日覆盖、中间覆盖、最终覆盖），直接影响到该地段的地表径流和降水的下渗情况，因而渗滤液的产生量也不相同，应分开加以计算，即

$$L=\sum C_i A_i \tag{4-3}$$

式中，$A_i$、$C_i$分别为不同覆盖状况的单元面积及其产水系数。

B．经验公式

日本的田中等人在对大量渗滤液产量作分析后提出以下经验公式：

当表面透水性能较好时，

$$U_{\max}=0.25[1+(C+1)\lg(1.4R^{0.3})]W_{\max}/R^{0.6} \tag{4-4}$$

当表面透水性能较差时，

$$U_{\max}=0.25CW_{\max}/R^{0.6} \tag{4-5}$$

式中：$U_{\max}$ —— 最大渗滤液发生量，mm/d；

$W_{\max}$ —— 最大月间降水量，mm/月；

$C$ —— 流出系数；

$R$ —— 渗滤液浸出延时时间。

$R$值取决于填埋垃圾下层的空隙率及垃圾的透水性系数，压实填埋的$R$值一般是10 d左右；流出系数$C$则取决于填埋场表面的覆土情况，对最终填埋，$C$值一般在0.6～0.75。

③ 渗滤液水质特征及变化规律。

A. 渗滤液的水质特征　垃圾填埋场渗滤液的水质和水量随垃圾组分、当地气候、水文地质、填埋时间和填埋方式等因素的影响而有显著不同。总体来说，渗滤液具有以下的特征。

有机污染物浓度高、种类多　实验研究表明，渗滤液中主要有机物为芳烃、烷烃烯烃类、酸类、酯类、醇酚类、酮醛类、酰胺类等。这些有机物中有可疑致癌致畸物质、辅致癌物质等。

一般而言，垃圾渗滤液中的有机物可分为三类，即：低分子量的脂肪酸类；腐殖质类高分子的碳水化合物；中等分子量的灰黄霉酸类物质。

对相对不稳定的填埋过程而言，大约有90%的可溶性有机碳是短链的可挥发性脂肪酸，其次是灰黄霉酸类；而相对稳定的填埋过程，易降解的挥发性脂肪酸随垃圾的填埋时间增加而减少，难生物降解的灰黄霉酸类的比重则增加。

氨氮含量较高　“中老期”填埋场渗滤液中较高氨氮含量是导致其处理难度较大的一个重要原因。由于目前多采用厌氧填埋，氨氮在垃圾进入产甲烷阶段后不断上升，

达到峰值后延续很长时间并直至最后封场。有研究表明：渗滤液中氨氮占总氮含量的85%～90%。氨氮含量过高要求进行脱氮处理，但过低的C/N不但对常规生物过程有较强的抑制作用，而且由于有机碳的缺乏难以进行有效的反硝化。

磷含量偏低　垃圾渗滤液中的含磷量通常较低，尤其是溶解性的磷酸盐浓度更低。

金属离子含量较高　渗滤液中含有多种金属离子，其浓度与所填埋的垃圾组分及时间密切相关。对生活垃圾与工业垃圾混合的填埋场来说，重金属离子的溶出量会明显增加。

溶解性固体通常随填埋时间的延长而变化　在0.5～2.5年达到高峰值，同时含有高浓度的$Na^+$、$K^+$、$Cl^-$、$SO_4^{2-}$等无机类溶解性盐和铁、镁等，此后，随填埋时间的增加浓度逐渐下降，直至达到最终稳定。

色度较高　渗滤液具有较高的色度，其外观多呈淡茶色、深褐色或黑色，有极重的垃圾腐败臭味。

水质随填埋时间的增加变化较大　填埋时间在5年以下的渗滤液pH值较低，$BOD_5$及COD浓度较高，且$BOD_5$/COD的比值较高，同时各类重金属离子的浓度也较高。填埋时间5年以上的渗滤液pH值接近中性，$BOD_5$及COD浓度下降，$BOD_5$/COD的比值较低，而$NH_3$-N浓度较高，重金属离子的浓度则下降。

B. 渗滤液的变化规律　垃圾渗滤液的性质随着填埋场的使用年限不同而发生变化，大体上分为五个阶段。

最初的调节　水分在固体垃圾中积累，为微生物的生存、活动提供条件，无垃圾渗滤液产生。

转化　垃圾中水分超过其持水能力，开始渗滤，同时由于大量微生物的活动，系统从有氧状态转化为无氧状态。

酸性发酵阶段　此阶段碳氢化合物分解成有机酸，有机酸分解成低级脂肪酸，低级脂肪酸占主要地位，垃圾渗滤液pH值随之下降。

填埋气体产生　在酸化段中，由于产氨细菌的活动，使氨态氮浓度增高，氧化还原电位降低，pH值上升，形成产甲烷菌活动的适宜条件，专性产甲烷菌将酸化段代谢产物分解成以甲烷和二氧化碳为主的填埋气体。

稳定化　垃圾及渗滤液中有机物得到稳定，氧化还原电位上升，系统缓慢转为有氧状态。研究表明：渗滤液污染物浓度随填埋场使用年限的增长而呈下降趋势。

渗滤液的产量受多种因素的影响。国内部分填埋场垃圾渗滤液在不同填埋时间的主要水质指标见表4-12。

表 4-12 渗滤液主要指标随填埋时间变化情况

| 项 目 | 深 圳 | | 上 海 | |
|---|---|---|---|---|
| | 前 5 年 | 5 年后 | 前 5 年 | 5 年后 |
| COD/（g/L） | 20～60 | 3～20 | 10～32 | 0.5～1.5 |
| $BOD_5$/（g/L） | 10～36 | 1～10 | 3～16 | 0.1～0.2 |
| $NH_3$-N/（mg/L） | 400～1 500 | 500～1 000 | 400～2 000 | 700～2 200 |
| TP/（mg/L） | 10～70 | 10～30 | — | — |
| SS/（mg/L） | 1 000～6 000 | 100～3 000 | 750～3 500 | 150～2 000 |
| pH | 5.6～7 | 6.5～7.5 | 6.8～7.7 | 7.3～8.2 |
| $BOD_5$/COD（典型值之比） | 0.43 | 0.04 | 0.40 | 0.15 |

注：摘自赵由才等《实用环境工程手册—固体废物污染控制与资源化》（2002 年第一版）。

综合考虑国内部分垃圾填埋场渗滤液典型浓度及所评价地区的未来垃圾成分的变化趋势，预测垃圾渗滤液中各主要污染因子浓度的变化。

（2）填埋废气

① 填埋气体生成机理和组分。在垃圾填埋的最初几周，垃圾体中的氧气被好氧微生物消耗掉，形成了厌氧环境。垃圾中有机物在厌氧生物分解作用下产生了以 $CH_4$ 和 $CO_2$ 为主，含有少量 $N_2$、$H_2S$、$NH_3$、VOCs、CFCs（氯氟烃）、乙醛、甲苯、苯甲吲哚类、硫醇、硫化甲酯的气体，通称为填埋气体（LFG）。填埋气体的典型成分如表 4-13 所示。当然，根据垃圾填埋场的条件、垃圾的特性、压实程度和填埋温度不同，所产生的填埋气体的各成分含量也会不同。

表 4-13 填埋气体的典型成分

| 成分 | 体积分数/% | 成分 | 体积分数/% | 成分 | 体积分数/% |
|---|---|---|---|---|---|
| 甲烷 | 63.8 | 氢气 | 0.05 | 乙醛 | 0.005 |
| 二氧化碳 | 33.6 | 一氧化碳 | 0.001 | 丙烷 | 0.002 |
| 氧气 | 0.16 | 乙烷 | 0.005 | 硫化氢 | 0～1 |
| 氮气 | 2.4 | 乙烯 | 0.018 | | |

注：摘自赵由才等《实用环境工程手册—固体废物污染控制与资源化》（2002 年第一版）。

② 影响产气量的因素及变化规律。产气量是随垃圾组分、填埋区容积、填埋深度、填埋场密封程度、集气设施、垃圾含水量、垃圾体温度和大气温度而变化的。一般来说，垃圾组分中的有机物含量越多、填埋区容积越大、填埋深度越深、填埋场密封程度越好、集气设施设计越合理，产气量越高；当垃圾含水量略超过垃圾干基重量时，产气量越高；垃圾体的温度在 30℃以上时，产气量较大；大气温度可以影响垃圾体温度，从而影响产气量。

国外研究表明，填埋初期，第一和第二阶段（历时 1 年左右），主要成分是二氧化碳、氮气、少量氢气、一氧化碳和氧气；第三阶段（历时 2 年左右）是甲烷发酵的不稳定时期，主要成分是二氧化碳和甲烷，产生量也较少；第四阶段为稳定的气体产生期，主要成分是甲烷（历时 20～30 年）；一般第 15～16 年为产气高峰，本阶段属于气体回收利用期。

③ 产气量计算。《生活垃圾填埋场填埋气体收集处理及利用工程技术规范》（CJJ 133—2009）介绍了填埋气体产气量估算模式，如下：

对某一时刻填入填埋场的生活垃圾，其填埋气体产生量宜按下式计算：

$$G = ML_0(1-\mathrm{e}^{-kt}) \tag{4-6}$$

式中：$G$ —— 从垃圾填埋开始到第 $t$ 年的填埋气体产生总量，$m^3$；

$M$ —— 所填埋垃圾的重量，t；

$L_0$ —— 单位重量垃圾的填埋气体最大产气量，$m^3/t$；

$k$ —— 垃圾的产气速率常数，1/a；

$t$ —— 从垃圾进入填埋场时算起的时间，a。

对某一时刻填入填埋场的生活垃圾，其填埋气体产气速率宜按下式计算：

$$Q_t = ML_0 k\mathrm{e}^{-kt} \tag{4-7}$$

式中：$Q_t$ —— 所填垃圾在时间 $t$ 时刻（第 $t$ 年）的产气速率，$m^3/a$。

垃圾填埋场填埋气体理论产气速率宜按下式逐年叠加计算：

$$G_n = \begin{cases} \sum_{t=1}^{n-1} M_t L_0 k\mathrm{e}^{-k(n-t)} & (n \leqslant f) \\ \sum_{t=1}^{f} M_t L_0 k\mathrm{e}^{-k(n-t)} & (n > f) \end{cases} \tag{4-8}$$

式中：$G_n$ —— 填埋场在投运后第 $n$ 年的填埋气体产气速率，$m^3/a$；

$n$ —— 自填埋场投运年至计算年的年数，a；

$M_t$ —— 填埋场在第 $t$ 年填埋的垃圾量，t；

$f$ —— 填埋场封场的填埋年数，a。

填埋场单位重量垃圾的填埋气体最大产气量（$L_0$）宜根据垃圾中可降解有机碳含量按下式估算：

$$L_0 = 1.867C_0\varphi \tag{4-9}$$

式中：$C_0$ —— 垃圾中的有机碳含量，%；

$\varphi$ —— 有机碳降解率。

垃圾产气速率常数（$k$）的取值应考虑垃圾成分、当地气候、填埋场内的垃圾含水率等因素；有条件的可通过试验确定产气速率常数（$k$）值。

④ 废气排放源强。垃圾填埋产生的气体是混合气体，作为综合利用主要考虑 $CH_4$ 浓度和总量，在环境影响评价时，则主要考虑 $NH_3$、$H_2S$ 恶臭污染物，也可用臭气浓度形式表达的综合指标，并计算垃圾填埋场产气高峰时它们的排放量。废气源强的计

算方法可根据上述方法分别算出，或用大气环境实测浓度反推法、通量法计算，并根据垃圾填埋场的实际情况，核算出比较接近实际的排放量。

（3）噪声

填埋场主要噪声为垃圾运输车辆进出填埋场的交通运输噪声、作业区工程机械噪声和污水处理站的机械运转噪声等。

2．焚烧

（1）废气污染物

① 废气污染物的种类。焚烧尾气污染物质的产生和组分与燃烧废物的成分、燃烧速率、炉型、燃烧条件、进料方式有密切的关系，主要污染物种类有以下几种：

A. 不完全燃烧产物　碳氢化合物燃烧后主要的产物为无害的水蒸气及二氧化碳，可以直接排入大气之中。不完全燃烧物（PIC）是燃烧不良而产生的副产品，包括一氧化碳、炭黑、烷、烯、酮、醇、有机酸及聚合物等。

B. 粉尘　废物中的惰性金属盐类、金属氧化物或不完全燃烧物质等。

C. 酸性气体　包括氯化氢（HCl）、卤化氢（HF、HBr、HI 等）、硫氧化物（$SO_2$、$SO_3$）、氮氧化物（$NO_x$）以及磷酸（$H_3PO_4$）。

D. 重金属污染物　包括铅、汞、铬、镉、砷等的元素态、氧化态及氯化物等。

E. 有机污染物　二噁英（PCDDs/PCDFs）。

F. 恶臭　主要来自进厂的生活垃圾，垃圾运输车在卸料过程中及垃圾在垃圾储坑内存放过程中会散发出恶臭，恶臭的主要成分是 $NH_3$、$H_2S$、RSH（硫醇）等。

G. 助燃燃料燃烧产生的废气及备用的发电机组尾气　主要包含 $SO_2$、$NO_x$、CO 等污染物。

② 焚烧废气污染物特性。烟囱部位的烟气成分含量与垃圾组成、燃烧方式、烟气处理设备有关，垃圾焚烧产生的烟气与其他燃料燃烧所产生的烟气在组成上相差较大。同其他烟气相比，垃圾焚烧烟气的特点是 HCl 和 $H_2O$ 浓度特别高，粉尘中的盐分（氯化物和硫酸盐）特别高，表 4-14 为城市生活垃圾与其他燃料燃烧产生的烟气组成对比。

**表 4-14　垃圾与其他燃料燃烧产生的烟气组成对比**

| 燃　料 | | 颗粒物/（$mg/m^3$） | $NO_x$/（$mg/m^3$） | $SO_2$/（$mg/m^3$） | HCl/（$mg/m^3$） | $H_2O$/（$mg/m^3$） | 温度/℃ |
|---|---|---|---|---|---|---|---|
| LNG、LPG | | 约 10 | 50～100 | 0 | 0 | 5～10 | 250～400 |
| 低硫黄重油/原油 | | 50～100 | 约 100 | 100～300 | 0 | 5～10 | 270～400 |
| 高硫黄重油 | | 100～500 | 100～500 | 500～1 500 | 0 | 5～10 | 270～400 |
| 炭 | | 100～25 000 | 100～1 000 | 500～3 000 | 约 30 | 5～10 | 270～400 |
| 城市垃圾 | 除尘器前 | 2 000～5 000 | 90～150 | 20～80 | 200～800 | 15～30 | 250～400 |
| | 除尘器后 | 2～100 | | | | | 200～250 |

注：摘自赵由才等《实用环境工程手册—固体废物污染控制与资源化》（2002 年）。

焚烧过程中一些物质会产生有害气体，有害气体也会和粉尘反应，成为粉尘的一部分。垃圾中挥发性氯元素转化为HCl的转化率为100%，燃烧性硫转化为$SO_x$的转化率为100%，氮元素转化为$NO_x$的转化率为10%。

800℃以上时，NO和$SO_2$是稳定的化学形态；300℃以下时，$NO_2$、$SO_3$或$H_2SO_4$是稳定的化学形态。但是，300℃以下的烟气实测数据显示，$SO_x$和$NO_x$的95%以上为$SO_2$和NO。在高温条件下，通过平衡计算的结果和实测值比较接近；而低温条件下由于停留时间短，计算结果与实测值差异较大。300℃以下，$HgCl_2$是稳定的化学状态。大型焚烧炉的烟气温度在300℃以下，气体中的汞几乎都以$HgCl_2$形式存在，90%是水溶性的。

烟气中HCl来源于含氯的塑料，$SO_x$来源于纸张和厨房垃圾，$NO_x$来源于厨房垃圾。烟气中HCl与粉尘中的碱性成分易发生反应，$SO_x$易与粉尘中的碱性成分和氯化物发生反应。烟气中的汞（Hg）的化学形态在炉内基本上是汞蒸汽，经燃烧室、布袋除尘器后基本上转变为氯化汞（$HgCl_2$）。重金属、盐分在高温炉内部分汽化，但在烟气冷却过程中凝聚，成为粉尘。表4-15为烟气中污染物的来源、产生原因及存在形态。

**表4-15　烟气中污染物来源、产生原因及存在形态**

| 污染物 | | 来源 | 产生原因 | 存在形态 |
| --- | --- | --- | --- | --- |
| 酸性气体 | HCl | PVC、其他氯代碳氢化合物、氟代碳氢化合物、橡胶及其他含硫组分、火焰延缓剂、丙烯腈、胺 | — | 气态 |
| | HF | | — | 气态 |
| | $SO_2$ | | — | 气态 |
| | HBr | | — | 气态 |
| | $NO_x$ | | 热$NO_x$ | 气态 |
| CO与碳氢化合物 | CO | — | 不完全燃烧 | 气态 |
| | 燃烧的碳氢化合物、 | 溶剂 | 不完全燃烧 | 气、固态 |
| | 二噁英呋喃 | 多种来源 | 化合物的离解及重新合成 | 气、固态 |
| 颗粒物 | | 粉末、沙 | 挥发性物质凝结 | 固态 |
| 重金属 | Hg | 温度计、电子元件、电池 | — | 气态 |
| | Cd | 涂料、电池、稳定剂/软化剂 | — | 气、固态 |
| | Pb | 多种来源 | — | 气、固态 |
| | Zn | 镀锌原料 | — | 固态 |
| | Cr | 不锈钢 | — | 固态 |
| | Ni | 不锈钢Ni-Cd电池 | — | 固态 |
| | 其他 | — | — | 气、固态 |

注：摘自赵由才等《实用环境工程手册—固体废物污染控制与资源化》（2002年）。

③ 废气污染物排放源强。

A. 烟气的产生量　垃圾中的有机物元素组成主要为C、H、O、N、S、A（灰分）和W（水分）。其可燃成分完全燃烧后生成烟气的主要成分是$CO_2$、$SO_2$、$H_2O$（蒸汽）、$N_2$和$O_2$，而其他成分所占容积比例很小，量级在$10^{-2}$以下，故计算烟气量时不考虑。

理论空气量$V^0$　理论空气量是指废物完全燃烧时，所需要的最低空气量。理论空气量计算公式为：

$$V^0 = \frac{1}{0.21} \times [1.867 \times y_C + 5.6 \times (y_H - y_O / 8) + 0.7 \times y_S] \tag{4-10}$$

理论烟气容积$V_y^0$　对应理论空气量下的完全燃烧产物量为：

$$V_y^0 = V_{CO_2} + V_{SO_2} + V_{N_2}^0 + V_{H_2O}^0 \tag{4-11}$$

式中，$V_{CO_2}$、$V_{SO_2}$、$V_{N_2}^0$、$V_{H_2O}^0$分别为理论完全燃烧状态下$CO_2$、$SO_2$、$N_2$、$H_2O$的容积，单位为$m^3$。

由C、H、S元素完全燃烧的化学反应方程式可得，焚烧1 kg垃圾标准状态下$CO_2$、$SO_2$、$N_2$、$H_2O$的理论量分别为：

$$V_{CO_2} = 0.018\,66 y_C \tag{4-12}$$

$$V_{SO_2} = 0.007 y_S \tag{4-13}$$

$$V_{N_2}^0 = 0.79 V_0 + 0.008 y_N \tag{4-14}$$

$$V_{H_2O}^0 = 0.111 y_H + 0.012\,4 y_W + 0.016\,1 V_0 \tag{4-15}$$

式中，$V_{N_2}^0$包括了两个部分，一部分为理论空气量中的氮$0.79V^0$，一部分为垃圾自身所含有的氮；$V_{H_2O}^0$包括了3个部分，一是氢的完全燃烧产物$0.111y_H$，二是垃圾自身含水量以汽态形式表示$0.012\,4y_W$，三是理论空气量（干态）所含的水分，即空气含湿量形成的蒸汽[$\frac{1.293V^0 d_k}{0.804 \times 1\,000}$=$0.0161V^0$，0.804是标准状态下水蒸气的密度（$mg/m^3$），$d_k$为每千克干空气的含湿量，我国锅炉热力计算取值（干空气）为10 g/kg]。

故1 kg垃圾完全燃烧时，其理论烟气容积（$m^3$）为：

$$V_y^0 = 0.0186\,6 y_C + 0.007 y_S + 0.008 y_N + 0.111 y_H + 0.012\,4 y_W + 0.806\,1 V^0 \tag{4-16}$$

实际烟气容积$V_y$　实际烟气容积是对应于实际燃烧过程$\alpha > 1$的情况下完全燃烧

时产生的烟气容积。与理论烟气容积相比，它还包括过剩空气量$(\alpha-1)V^0$及由此过剩空气带入的水蒸气$0.016\,1(\alpha-1)V^0$。故

$$V_y=V_y^0+(a-1)V^0+0.016\,1(\alpha-1)V^0 \tag{4-17}$$

即

$$V_y^0=0.001\,866y_{\mathrm{C}}+0.007y_{\mathrm{S}}+0.008y_{\mathrm{N}}+0.111y_{\mathrm{H}}+0.124y_{\mathrm{W}}+(1.016\,1\alpha-0.21)V^0 \tag{4-18}$$

B. 各气态污染物的产生量

垃圾焚烧气态污染物的产生量　经济发达国家对运行中的垃圾焚烧炉进行了长期的监测和统计，得出了原始浓度的正常波动范围和可能出现的最大波动范围。表 4-16 中的数据是在正常条件下得出的主要污染物的原始浓度波动范围；表 4-17 中的数据是在生活垃圾成分变化较大和操作不良等条件下得出的最大可能波动范围。

助燃燃料及备用发电机组尾气中气态污染物产生量　根据助燃燃料的成分及备用发电机组燃料的成分计算各污染物的排放量。

**表 4-16　焚烧烟气中主要污染物原始质量浓度正常波动范围**

| 序号 | 污染物名称或种类 | 原始质量浓度正常波动范围（标态）/（$mg/m^3$） |
|---|---|---|
| 1 | 烟尘 | 1 000～5 000 |
| 2 | HCl | 600～1 200 |
| 3 | $SO_x$ | 100～600 |
| 4 | $NO_x$ | 200～600 |
| 5 | Hg | 0.1～0.6 |
| 6 | 其他重金属 | 5～30 |
| 7 | 总有机物 | 200～1 200 |

资料来源：赵由才等《实用环境工程手册—固体废物污染控制与资源化》（2002 年）。

**表 4-17　焚烧烟气中污染物原始质量浓度最大波动范围**

| 序号 | 污染物名称或种类 | 原始质量浓度最大波动范围（标态）/（$mg/m^3$） |
|---|---|---|
| 1 | 烟尘 | 1 000～10 000 |
| 2 | HCl | 100～3 300 |
| 3 | $SO_x$ | 50～2 900 |
| 4 | HF | 0.5～4.5 |
| 5 | $NO_x$ | 100～1 000 |
| 6 | CO | 10～200 |
| 7 | Hg | 0.1～5 |
| 8 | Pb | 1～50 |

| 序号 | 污染物名称或种类 | 原始质量浓度最大波动范围（标态）/（$mg/m^3$） |
|---|---|---|
| 9 | Cd | 0.05～2.5 |
| 10 | Cr | 0.5～2.5 |
| 11 | Cu | 0.5～2.5 |
| 12 | Ni | 5～30 |

资料来源：赵由才等《实用环境工程手册—固体废物污染控制与资源化》（2002 年）。

$SO_2$产生量$G_{SO_2}$

$$G_{SO_2}=2BS \tag{4-19}$$

式中：$B$—— 燃料用量，kg/h；

$S$—— 硫质量分数，%。

$NO_x$产生量$G_{NO_x}$

$$G_{NO_x}=1.63B(\beta n+10^{-6}V_y c_{NO_x}) \tag{4-20}$$

式中：$\beta$—— 燃料氨向燃料型 NO 的转变率，%；

$n$—— 燃料中氨的质量分数，%；

$V_y$—— 千克燃料生成的烟气量；

$c_{NO_x}$—— 燃烧时生成的温度型 NO 的质量浓度，通常取 93.8 $mg/m^3$。

（2）固体废物

① 固体废物的来源。城市垃圾焚烧厂的固体废物主要是前处理系统的垃圾筛上物和焚烧灰渣。

焚烧灰渣是从垃圾焚烧炉的炉排和烟气除尘器、余热锅炉等收集下来的排出物，主要是不可燃的无机物及部分未燃尽的可燃有机物。灰渣的主要成分是金属或非金属的氧化物，即俗称的矿物质，$SiO_2$为 35%～40%，$Al_2O_3$ 10%～20%，$Fe_2O_3$ 5%～10%，CaO 10%～20%，MgO、$Na_2O$、$K_2O$ 各占 1%～5%，以及少量的 Zn、Cu、Pb、Cr 等金属及盐类。

焚烧灰渣是城市垃圾焚烧过程中一种必然的副产物。根据垃圾组成及焚烧工艺的不同，灰渣的数量一般为垃圾焚烧前总重量的 5%～30%。

垃圾焚烧产生的灰渣可分为下列四种。

A. 底灰　底灰系焚烧后由炉床尾端排出的残余物，主要含有焚烧后的灰分及不完全燃烧的残余物（如铁丝、玻璃、水泥块等），一般经水冷却后再送出。

B. 细渣　细渣由炉床上炉条间的细缝落下，经集灰斗槽收集，一般可并入底灰，其成分有玻璃碎片、熔融的铝锭和其他金属。

C. 飞灰　飞灰是指由空气污染控制设备所收集的细微颗粒，一般系经旋风除尘器、静电除尘器或布袋除尘器所收集的中和反应产物（如 $CaCl_2$、$CaSO_4$ 等）及未完全反应的碱剂（如 $Ca(OH)_2$）。

D. 锅炉灰　锅炉灰是废气中悬浮颗粒被锅炉管阻挡而掉落于集灰斗中，亦有沾于炉管上再被吹灰器吹落的，可单独收集，或并入飞灰一起收集。

《生活垃圾焚烧污染控制标准》（GB 18485—2001）中对垃圾焚烧灰渣的处置要求是：焚烧炉渣与除尘设备收集的焚烧飞灰应分别收集、贮存和运输；焚烧炉渣按一般固体废物处置，焚烧飞灰应按危险废物处置，其他尾气净化装置排放的固体废物按 GB 5085.3 危险废物鉴别标准判断是否属于危险废物，如属于危险废物，则按危险废物处置。

② 炉渣、飞灰的特性。

A. 焚烧过程产生的灰渣（包括炉渣和飞灰）一般为无机物质，它们主要是金属的氧化物、氢氧化钠和碳酸盐、磷酸盐以及硅酸盐。大量的灰渣特别是其中含有重金属化合物的灰渣，对环境会造成很大危害。

垃圾焚烧设施灰渣的产量，与垃圾种类、焚烧炉型式、焚烧条件有关。一般焚烧 1 t 垃圾会产生 100～150 kg 炉渣，除尘器飞灰为 10 kg 左右，余热锅炉室飞灰的量与除尘器飞灰差不多。

**表 4-18　炉渣、飞灰的产生机制和特性**

| 项目 | 产生机制与性状 | 产生量（干重） | 重金属质量分数（质量比） | 溶出特性 |
| --- | --- | --- | --- | --- |
| 炉渣 | Cd、Hg 等低沸点金属都成为粉尘，其他金属、碱性成分也有一部分汽化，冷却凝结成为炉渣。炉渣由不燃物、可燃物灰分和未燃成分组成 | 混合收集时湿垃圾量的 10%～15%；不可燃物分类收集时湿垃圾量的 5%～10% | 除尘器飞灰浓度的 1/2～1/100 | 分类收集或燃烧不充分时，Pb、$Cr^{6+}$ 可能会溶出 |
| 除尘器飞灰 | 除尘器飞灰以钠盐、钾盐、磷酸盐、重金属为多 | 湿垃圾质量的 0.5%～1% | Pb、Zn：0.3%～3%<br>Cd：20～40 mg/kg<br>Cr：200～500 mg/kg<br>Hg：110 mg/kg | Pb、Zn、Cd 挥发性重金属含量高。pH 高时，Pb 溶出；中性时，Cd 溶出 |
| 锅炉飞灰 | 锅炉飞灰的粒径比较大（主要是砂土），锅炉室内用重力或惯性力可以去除 | 与除尘器飞灰量相当 | 浓度介于炉渣与除尘器飞灰之间 | |

资料来源：赵由才等《实用环境工程手册—固体废物污染控制与资源化》（2002 年）。

B. 飞灰中重金属含量与垃圾中重金属含量的关系　生活垃圾中重金属含量是决定飞灰中的重金属含量的主要因素。由于垃圾的化学元素分析测定非常繁琐，一般城市环卫系统很少进行这项工作，现将瑞士 St.Gallen 焚烧炉处理的生活垃圾和北京环卫科研所对北京市生活垃圾的元素测定数据列于表 4-19、表 4-20、表 4-21。由表可见，各元素在生活垃圾中的含量多少基本上与飞灰中的含量次序相符。

表 4-19 典型底灰中金属的质量分数

单位：mg/kg

| 金属名称 | 熔融金属含量 | | | 灰分金属含量 | | |
|---|---|---|---|---|---|---|
| | 第一次测值 | 第二次测值 | 平均值 | 第一次测值 | 第二次测值 | 平均值 |
| Zn | 1 464 | 1 337 | 1 401 | 4 882 | 5 210 | 5 046 |
| Cu | 12.3 | 14.3 | 13.3 | 314 | 423 | 368 |
| Pb | 61.3 | 58.4 | 59.9 | 370 | 414 | 392 |
| Cd | 2.34 | 2.31 | 2.32 | 5.62 | 5.64 | 5.63 |
| Ni | 34.3 | 34.7 | 34.5 | 44.2 | 42.5 | 43.4 |
| Cr | 46.5 | 43.0 | 44.8 | 111.5 | 107.3 | 109.4 |
| As | 1.08 | 1.21 | 1.15 | 2.54 | 2.77 | 2.66 |
| Na | 2 515 | 2 499 | 2 507 | 3 385 | 3 204 | 3 295 |
| Mg | 2 535 | 2 643 | 2 589 | 3 044 | 2 905 | 2 975 |
| Ca | 14 359 | 14 247 | 14 303 | 15 421 | 15 503 | 15 462 |
| Fe | 27 140 | 26 961 | 27 051 | 29 634 | 29 115 | 29 375 |

资料来源：赵由才等《实用环境工程手册—固体废物污染控制与资源化》（2002 年）。

表 4-20 飞灰中的重金属的质量分数

单位：mg/kg

| 项目 | Hg | Zn | Cu | Pb | Cd | Ni | Cr | Fe |
|---|---|---|---|---|---|---|---|---|
| 第一次 | 49 | 4 382 | 296 | 1 480 | 24.6 | 60.1 | 115 | 25 742 |
| 第二次 | 55 | 4 389 | 330 | 1 512 | 26.4 | 61.5 | 121 | 25 812 |
| 平均值 | 52 | 4 386 | 313 | 1 496 | 25.5 | 60.8 | 118 | 25 777 |

资料来源：赵由才等《实用环境工程手册—固体废物污染控制与资源化》（2002 年）。

表 4-21 垃圾中各化学元素的含量

| 元素名称 | 中国/（mg/L） | 瑞士/（g/kg） | 元素名称 | 中国/（mg/L） | 瑞士/（g/kg） |
|---|---|---|---|---|---|
| Ni | 12.9 | — | C | 12～38 | 37±4 |
| Cu | 37.09 | 0.7±0.2 | S | — | 1.3±0.2 |
| Zn | 86.72 | 1.4±0.2 | P | 0.14～0.2 | 0.73±0.16 |
| Al | 3.5 | 11±2 | Cl | — | 6.9±1.0 |
| Be | $102.7\times10^{-3}$ | — | K | 0.6～2.0 | 2.5±0.4 |
| Pb | 14.51 | 0.7±0.1 | Na | 0.65 | 5.7±1.4 |
| Hg | 0.026 2 | 0.003±0.001 | Ca | 0.57 | 27±5 |
| Cr | 52.47 | — | Si | 19.9 | 39±8 |
| Cd | 0.004 42 | 0.011±0.002 | Mn | 350.6 | — |
| As | 10.21 | — | Fe | 2.57 | 29±5 |

资料来源：赵由才等《实用环境工程手册—固体废物污染控制与资源化》（2002 年）。

C. 二噁英类是 PCDDs 和 PSDFs 二类化学构造上类似的化学物质总称。二噁英有多种产生途径，均与人类生产活动密切相关，垃圾焚烧是来源之一。采用垃圾焚烧技术应注意二噁英的处理，以防止二噁英的环境污染和对人体健康的影响。

在 250～400℃时，残碳和有机氯或无机氯在飞灰表面进行催化并通过有机前提物质（如多氯联苯）合成，而前提物质可能是气相中通过不完全燃烧和飞灰表面异相催化反应产生，特别以飞灰表面催化是二噁英类生成的主要机理。烟气中二噁英类以固态存在，大多吸附在微小颗粒物上。从垃圾焚烧炉和烟囱之间二噁英在飞灰颗粒物上形成发现，在 200℃二噁英类浓度没有变化，300℃时二噁英浓度增加 10 倍。在 600℃的条件下，二噁英降低在检测的水平之下，说明 300℃是二噁英形成的危险温度。为有效降低垃圾焚烧排出的二噁英浓度，应同时考虑以下措施：

保证垃圾焚烧炉炉膛的“3T”工况；

避免或减少烟气在 200～400℃的时间段；

采用有效的吸附剂对烟气的二噁英进行吸附；

采用高效除尘器对烟气中亚微米以上粒径的飞灰进行有效去除。

（3）废水污染物

① 废水来源。焚烧厂的废水主要来自垃圾车卸料后的冲洗水、磅站冲洗水、卸料平台冲洗水、垃圾储坑中的垃圾渗出水、出渣机排放的废水、炉渣产生的废水、余热锅炉排放的废水、灰渣区冲洗水、厂内工作人员生活污水。

② 废水的产生量及性质。

A. 垃圾渗滤水的产生量及水质

a. 垃圾渗滤水的产生量　垃圾渗滤水主要产生于垃圾储坑，产生量受进厂垃圾的成分、水分和贮存天数的影响，其中厨余和果皮类垃圾含量是影响渗滤水的质和量的主要因素。由于地域的差异，国内各地的垃圾成分和含水率差别较大，垃圾渗滤水产生量一般为垃圾量的 0～10%，北方由于天气干旱而偏低，在南方瓜果使用高峰季节，渗滤水的产生量可达到 15%。

b. 垃圾渗滤水的水质　垃圾渗滤水的特点是强臭味，有机污染物浓度高，氨氮含量高，高浓度的垃圾渗滤水主要是在酸性发酵阶段产生，其水质情况如下：pH 为 4～8；$BOD_5$ 为 10 000～50 000 mg/L；COD 为 20 000～80 000 mg/L；SS 为 500～10 000 mg/L；此外还含有较多重金属如 Fe、Mn、Zn 等。

某地垃圾渗滤水水质的典型指标见表 4-22。

垃圾渗滤水 $BOD_5$ 与 COD 比值为 0.4～0.6，由于渗滤水中含有较多难降解有机物，一般在生化处理后，COD 质量浓度仍在 500～2 000 mg/L。

表 4-22　某地垃圾渗滤水水质的典型指标

| 项目 | pH | $BOD_5$ | COD | SS | $Cl^-$ | VFA | TN | $NH_4^+$-N |
|---|---|---|---|---|---|---|---|---|
| 浓度 | 8.01 | 22 379 | 54 932 | 9 098 | 3 369 | 6 060 | 2 511 | 764 |
| 项目 | $NO_3^-$-N | T-P | $PO_4^{3-}$ | As/（μg/L） | Hg/（μg/L） | Pb | Cr | Cd |
| 浓度 | 235.9 | 77.22 | 49.04 | 16.80 | 8.31 | 2.43 | 0.73 | 0.25 |
| 项目 | Fe | Zn | Ni | Cu | Ag | $SO_4^{2-}$ | | |
| 浓度 | 170.9 | 12.46 | 1.92 | 0.41 | 0.85 | 1 726 | | |

注：单位除 pH 和标明的外，皆为 mg/L。

B. 生产和生活污废水的产生量及水质

a. 生产废水的种类和产生量　生产废水主要包括以下几方面：

洗车废水　垃圾运输车冲洗时产生的废水，废水产生量与洗车方法、洗车装置及垃圾性质有关，一般为 10～500 L/辆。

垃圾卸料场地冲洗废水　垃圾运输车倾倒平台的冲洗时产生的废水，一般为 33 L/t 处理垃圾，具体要根据洗涤次数、平台面积来定。

出灰废水　垃圾焚烧灰渣消火、冷却时产生的废水，一般为 5～10 $m^3$/（h·炉）。

喷水废水　燃烧烟气冷却喷水而产生的废水，与喷射量、喷射方法有关，一般间歇式燃烧为 1.2 $m^3$/t 垃圾，半连续式燃烧为 0.5 $m^3$/t，连续式燃烧为 0.12～0.19 $m^3$/t。

灰储槽废水　经喷水冷却后的灰储槽内产生的废水，连续燃烧时废水产量比间歇燃烧多，一般为 0.1～0.15 $m^3$/t。

洗烟废水　洗烟设备为去除烟气中有害气体成分而产生的废水，占洗烟用水量的 15%，为 0.5～1.3 $m^3$/t。

锅炉废水　为调整锅炉水质，防止锅炉底部结垢所需排放的废水。与给水水质、锅炉压力、型式有关，一般为锅炉给水量的 10%。

纯水装置废水　纯水装置的离子交换树脂再生时产生的废水，与软水装置 30 min 出水量相当。

实验室废水　污染物排放测定时产生的废水。

b. 生产废水的水质　各种生产废水的特点和主要污染物如下：

洗车废水　主要污染物质为有机物，车辆是否进行内部清洗对水质有影响，一般 pH 5.1～8，$BOD_5$ 100～800 mg/L，COD 200～1 300 mg/L，SS 95～1 000 mg/L，油分 10～60 mg/L。

垃圾卸料场地冲洗废水　pH 6～8，$BOD_5$≤200 mg/L，COD≤450 mg/L，SS≤300 mg/L。

出灰废水　pH 9～12，SS 300～1 100 mg/L，COD 150～300 mg/L，此外还含有多种金属离子，其中 Cd 0.13～0.27 mg/L，Pb 3.8～15.6 mg/L，Zn 5.8～15.6 mg/L。

喷水废水　pH 1～3，$BOD_5$ 23～500 mg/L，COD100～550 mg/L，SS 54～

7 800 mg/L。

灰储槽废水　盐浓度高，一般可达 0.5%～3.5%，其余指标 pH 6～13，$BOD_5$ 20～500 mg/L，COD 80～1 800 mg/L，SS 200～300 mg/L，Cd 0.004～1 mg/L，Fe≤100 mg/L，Mn≤20 mg/L，Zn≤60 mg/L，Hg≤0.16 mg/L，Pb 0.1～30 mg/L。

洗烟废水　采用氢氧化钠溶液洗烟后，其废水含盐量较高，可达到 1%～20%，$BOD_5$ 15～400 mg/L，COD 20～500 mg/L，Fe≤3 600 mg/L，Zn 30～1 050 mg/L，Hg 0.002～30 mg/L，其中汞的处理比较重要。

锅炉废水　锅炉废水含有较多铁分，可达 100 mg/L，其余指标 pH 10～11，$BOD_5$ 30 mg/L，SS 50 mg/L。

纯水装置废水　$BOD_5$≤30 mg/L，COD≤100 mg/L，SS≤30 mg/L。

实验室废水　根据实验项目不同，所含有害物质也不同。

c. 生活污水的产生量和水质　职工生活形成的污水，按 85～95 L/（人·班）计算，或根据处理规模按 0.1～0.15 $m^3$/（d·t）计。

生活污水 pH 呈中性，$BOD_5$ 100～200 mg/L，COD 300～500 mg/L。

（4）噪声

垃圾焚烧厂的主要噪声源包括余热锅炉蒸汽排空管、高压蒸汽吹管、汽轮发电机组、风机（送风机和引风机）、空压机、水泵、管路系统和垃圾运输车辆；还有吊车、大件垃圾破碎机、给水处理设备、烟气净化器、振动筛等噪声源。由于垃圾焚烧厂是一种连续生产过程，大多数噪声为固定式稳态噪声，但也有随生产负荷变化而变化的排气放空间歇噪声、定期清洗管道的高压吹管间歇噪声以及运输车辆的流动噪声。垃圾焚烧厂噪声的频谱一般集中分布在 125～4 000 Hz 的频率范围内。各类噪声源噪声的 A 声级范围、主要噪声类别和频谱特性见表 4-23。

**表 4-23　垃圾焚烧厂噪声级（A 声级）**

| 主要噪声源 | 一般声级/dB（A） | 主要噪声类别 | 频谱特性 |
| --- | --- | --- | --- |
| 锅炉蒸汽排空 | 100～150 | 空气动力 | 高频 |
| 风机（引风、送风） | 85～120 | 空气动力、机械 | 低频、中频、高频 |
| 备用柴油发电机 | 112～113 | 空气动力、机械、电磁 | 低频、中频、高频 |
| 汽轮机发电机组 | 90～100 | 空气动力、机械、电磁 | 低频、中频、高频 |
| 空压机 | 90～100 | 空气动力、机械 | 低频 |
| 水泵 | 85～100 | 机械、电磁 | 中频 |
| 管道、阀门 | 85～95 | 空气动力 | 低频、高频 |
| 垃圾运输车 | 85～90 | 空气动力、机械 | 低频、中频 |

### 3. 堆肥

（1）堆肥过程的物料和能量平衡分析

由于高温堆肥可以最大限度地杀灭病原菌，同时对有机质的分解速度快，目前，大多数采用高温好氧堆肥，在好氧堆肥过程中伴随厌氧分解过程，故本教材对堆肥过程的物料和能量平衡分析以厌氧堆肥为例。

在厌氧堆肥过程中，处置 1 000 kg 废物的物料平衡如表 4-24 所示；堆肥过程中产生的沼气经过净化处理后，可直接作为燃料，也可用于燃烧发电，所产生的热量除满足工艺的需求外，还可供热能，处置 1 000 kg 干固体的能量平衡如表 4-25 所示，一般可腐有机物经过厌氧发酵可产生腐殖质（含水率 55%）约 0.4 t，沼气为 100～130 $m^3$，这些沼气如果转换为电能约为 200 kW·h。

表 4-24 处置 1 000 kg 废物的物料平衡

单位：kg

| 种　类 | 可腐有机物 | 淤泥 |
| --- | --- | --- |
| 生物气 | 105 | 60 |
| 腐殖质（45%） | 430 | 400 |
| 废水 | 405 | 540 |

表 4-25 处置 1 000 kg 干固体的能量平衡

| 能　量 | 可腐有机质 | 淤泥 |
| --- | --- | --- |
| 沼气燃烧/（kW·h） | 1 960 | 1 730 |
| 气体发动机热能/（kW·h） | 900 | 850 |
| 工艺用热所占百分比/% | 30 | 50 |
| 气体发动机电能/（kW·h） | 700 | 620 |
| 工艺用电所占百分比/% | 13 | 13 |

（2）污染源强计算

① 废气污染物。据好氧堆肥有关资料，在产生的气体中二氧化碳（$CO_2$）和水蒸气（$H_2O$）各约占 40%，其余 20%为厌氧发酵产生的废气。厌氧分解产生的废气污染物为 $CH_4$、$H_2S$、$NH_3$，其中 $CH_4$ 占厌氧分解产气量的 40%～60%，$CH_4$、$NH_3$、$H_2S$ 的质量百分比为：$CH_4$∶$NH_3$∶$H_2S$ 为 26.84∶3.2∶1，$CH_4$ 的产生量可参照生活垃圾填埋处理工艺中 $CH_4$ 的产生量的计算方法，据此可计算出 $CH_4$、$NH_3$、$H_2S$ 的排放量。

② 废水污染物。垃圾堆肥处理过程中渗滤液的变化规律及产生量计算参照填埋处理初期渗滤液的计算。

③ 噪声。根据堆肥过程中使用的机械装置实测或者利用类比资料进行分析。

# 第二节 环境影响预测

## 一、环境影响因素识别

### （一）卫生填埋

水环境影响因素：主要来源于渗滤液和职工生活污水。主要影响因子：COD、$BOD_5$、$NH_3$-N 和 SS。

① 垃圾渗滤液。垃圾渗滤液主要产生于垃圾贮坑，由垃圾在贮坑内发酵过程中沥出的垃圾组成间隙水，有机质腐烂生成的水和部分解吸吸附水组成。垃圾渗滤液量主要受进厂垃圾的成分、水分、贮存时间及天气的影响，其中厨余和果皮类垃圾含量是影响渗滤液的主要因素。

② 生活污水。本项目生活污水主要来自于职工日常生活的盥洗、餐饮以及冲厕废水。

环境空气影响因素：主要来源于填埋场渗滤液产生的恶臭、备料工序产生的粉尘、填埋机械作业时排放的尾气。主要影响因子：恶臭、$NO_x$、$NH_3$、$H_2S$、粉尘。

城市生活垃圾是重要的恶臭源，进厂垃圾在垃圾贮坑内堆放过程中，垃圾中的有机物将发生氧化，产生出多种致臭物质，如氨气、硫化氢、甲硫醇、甲基硫、丙烯醛、乙醛、吲哚类、脂肪酸等，且臭气的强度随着堆放时间的延长而增加。

噪声影响因素：主要来源填埋机械、运输车辆产生的噪声。

### （二）垃圾焚烧

水环境影响因素：垃圾焚烧厂废水中垃圾渗滤液和生活污水，另外焚烧过程中还会产生部分生产废水。主要影响因子：COD、$BOD_5$、$NH_3$-N 和 SS。

垃圾焚烧生产废水主要有垃圾卸料场地地面冲洗水、灰渣池废水、除灰废水、锅炉排水、车间厂房地面冲洗水、洗车水、水处理设备废水及实验分析室废水等。

环境空气影响因素：垃圾在贮存和投料过程中产生的恶臭，焚烧炉排放的燃烧尾气。主要影响因子：烟尘、酸性气体（HCl 和 HF、$NO_x$、$SO_2$）和二噁英、重金属。

#### 1．烟尘

烟尘是焚烧过程中与废气同时排出的烟（粒径 1μm 以下）和粉尘（粒径 1～200 μm）的总称。根据同类垃圾焚烧处理厂的数据类比可知，烟尘中约有 35%的粒子直径小于 15μm，这些烟尘粒子被人体吸入后可能存留在肺部，称之为可吸入微粒。较大的颗粒物通常在呼吸中即被排除。小于 3μm 的颗粒物对人体健康威胁最大，它能透过肺泡渗入血液中，其中以Pb、Cd微粒为主要部分，Cr较少。与垃圾燃烧有关的对人体有严重影响的金属有Pb、Ni、Cd、Hg、$Cr^{6+}$。

### 2．酸性气体

氯化氢（HCl） 垃圾焚烧烟气中HCl的来源有：① 垃圾中的有机氯化物如PVC塑料、橡胶、皮革等燃烧生成HCl；② 垃圾中的无机氯化物如厨余中NaCl、纸、布等在焚烧过程中与其他物质反应生成HCl。HCl的排放量与有机酸盐的存在有关，有机氯几乎全部转化成HCl。

① 氟化物（HF）。主要来源于垃圾中氟碳化物的燃烧，但HF的产生量较HCl少很多。

② 硫氧化物（$SO_x$）。硫氧化物主要由垃圾中的有机物燃烧氧化而成，其他部分由垃圾中无机硫化物分解还原而成。燃烧时，空气过剩系数低于1.0时，有机硫将被分解，除$SO_2$外，还产生$H_2S$、S、SO等；空气过剩系数高于1.0时，将全部燃烧生成$SO_2$；在完全燃烧条件下，生成$SO_2$的同时，有0.5%～2.0%的$SO_2$将进一步氧化而成$SO_3$。

燃烧过程中产生的含硫化合物主要是$SO_2$。$SO_3$的量通常占总$SO_x$量的2%～3%。硫通常以有机化合物形式存在于废物中，也可以硫酸盐或硫化物形式存在。在燃烧过程中，从有机物和硫化物向$SO_2$的转化反应很快。但在通常燃烧温度下，硫酸盐可以长时间稳定，主要存在于底灰中。

③ 一氧化碳（CO）。CO是燃烧不完全的产物。控制足够高的燃烧温度和相当的空气过剩量，可以降低CO的产生水平。烟气中的CO的质量浓度与燃烧温度成反比，在空气过剩状态下，温度达到850～900℃时，烟气中CO的质量浓度低于10 $mg/m^3$，远低于《城市生活垃圾焚烧污染控制标准》中规定的排放标准（150 $mg/m^3$）。

④ 氮氧化物（$NO_x$）。在高温条件下，氮氧化物（$NO_x$）主要来源于生活垃圾焚烧过程中与焚烧工况导致的空气中的$N_2$和$O_2$的氧化反应，另外，含氮有机物的焚烧也可以生成$NO_x$。氮氧化物中主要成分为NO，占95%，$NO_2$仅占很少一部分，少部分的NO也会进一步氧化为$NO_2$。有关资料显示，可燃性含氮化合物向$NO_x$的转换率在温度700±100℃的范围内最高，而超过900℃时急剧降低，具有中温生成特性。另一个影响燃烧型$NO_x$量的重要方面是炉膛内的过剩空气系数的大小。$NO_x$的产生机制为：

$$2N_2 + 3O_2 \longrightarrow 2NO\uparrow + 2NO_2\uparrow$$

$$C_xH_yO_zN_w + O_2 \longrightarrow CO_2\uparrow + H_2O\uparrow + NO\uparrow + NO_2\uparrow + \text{不完全燃烧物}$$

### 3．二噁英类物质

二噁英属有机物，是多二苯并-P-二噁英（PCDDs）和多二苯并呋喃（PCDFs）等一类物质的总称。生活垃圾焚烧过程中二噁英的生成机制非常复杂，至今尚无完全彻底的解释，已知生成途径有以下几种：

① 垃圾自身污染：垃圾本身中含有微量二噁英，由于二噁英有弱稳定性，在炉内温度不是足够高的情况下会有相当部分的二噁英不会分解而随烟气排放出来；

② 高温合成：即高温气相生成 PCDD。在垃圾进入焚烧炉内初期干燥阶段，除水分外含碳氢成分的低沸点有机物挥发后与空气中的氧反应生成水和二氧化碳，形成暂时缺氧状况，使部分有机物同 HCl 反应，生成 PCDD。

③ 低温重合成：在低温（250～350℃）条件下大分子碳与飞灰基质中的有机氯或无机氯生成 PCDD。

④ 前驱物合成：不完全燃烧物及飞灰表面的不均匀催化反应可形成多种有机气相前驱物，如多氯苯酚和二苯醚，再由这些前驱物生成 PCDD。

焚烧炉内，影响二噁英生成的条件主要有：垃圾成分、焚烧后的生成物成分、炉内温度和焚烧炉运行工况等因素。

**4．重金属**

重金属类污染物源于焚烧过程中生活垃圾所含重金属及其化合物的蒸发。这部分物质在高温下由固态变为气态，一部分以气相的形式存在于烟气中，另有相当一部分重金属进入烟气后被氧化，并凝结成很细的颗粒物。这些重金属来源于垃圾中油漆、电池、灯管、化学溶剂、废油、油墨等。例如垃圾中含有的汞（来自红塑料、霓虹灯管、朱红印泥等）、Cd（来自印刷、墨水、纤维、搪瓷、玻璃、涂料、着色陶瓷等）、Pb（来自黄色聚乙烯、铅制自来水管、防锈涂料等）微量有害元素。

噪声影响因素：主要为垃圾焚烧厂余热锅炉蒸汽排空管、高压蒸汽吹管、汽轮发电机组、风机、空压机、水泵、垃圾运输车辆。还有吊车、大件垃圾破碎机、给水处理设备、烟气净化器、鼓风机等次要噪声源。

固体废物影响因素：主要为前处理系统的垃圾筛上物、焚烧炉产生的炉渣、除尘器收集的飞灰、中和反应生成物以及污水处理站排出的污泥。

① 焚烧炉渣。指自炉膛尾端排出的不可燃物，一般为无机物质，主要是金属氧化物、氢氧化物、碳酸盐以及硅酸盐。垃圾焚烧厂的炉渣产量与垃圾的种类、焚烧工业设备条件有关。

② 飞灰。指除尘器等捕集的烟气中的颗粒物质，主要成分为垃圾燃烧后产生的无机物和重金属等。由于飞灰中含有大量的重金属和二噁英类物质，均作为危险废物进行处理。

③ 反应生成物。在烟气中喷入的石灰浆（$Ca(OH)_2$）与烟气中的酸性污染物 HCl、HF 和 $SO_2$ 发生中和反应，反应生成物主要为盐类，如 $CaCl_2$、$CaF_2$、$CaSO_3$、$CaSO_4$ 等。在反应期间液态的混合浆被蒸发形成粉末状的反应生成物，该类物质属一般固体废物。

④ 废水处理产生的污泥。生产废水和生活污水经污水处理站处理后产生少量污泥，其含水率比较高，约 98%，经脱水后其含水率约为 80%。

### （三）堆肥（生物转化技术）

① 水环境影响因素：主要为渗滤液；影响因子：COD、BOD、$NH_3$-N、$H_2S$。
② 环境空气影响因素：堆肥场产生的恶臭。
③ 噪声影响来源：各种机械噪声。

## 二、大气环境影响预测

### （一）评价对象

① 卫生填埋场产生的填埋废气（LFG）、渗滤集水坑散发的恶臭气体。
② 焚烧炉燃烧废气、垃圾贮坑和汽车运输沿途散发的臭气。
③ 堆肥（生物转化技术）在微生物发酵过程产生的废气。

### （二）预测评价方法

填埋废气、渗滤液等散发的恶臭气体按《环境影响评价技术导则—大气环境》中面源模式预测评价；焚烧炉烟气按点源模式预测评价。

对于以面源为主的恶臭气体排放时，在依据《制定地方大气污染物排放标准的技术方法》计算卫生防护距离的同时，也须按《环境影响评价技术导则—大气环境》要求，计算大气环境防护距离。另外，当烟气净化系统出现故障时，也应考虑事故状态下，各废气污染物对区域最大地面小时浓度和环境敏感点的贡献值。

表 4-26 列举了某垃圾焚烧项目大气预测的情景方案。

表 4-26　某垃圾焚烧项目大气预测方案情景组合一览

<table>
<tr><th>序号</th><th>预测因子</th><th>污染源类型</th><th>气象条件</th><th>计算点</th><th>常规预测内容</th></tr>
<tr><td>1</td><td>$SO_2$、$NO_2$、HF、HCl、CO、Cd</td><td>点源</td><td rowspan="5">全年逐时气象条件</td><td rowspan="3">环境空气保护目标、网格点及区域最大地面浓度点</td><td>小时浓度</td></tr>
<tr><td>2</td><td>$SO_2$、$NO_2$、$PM_{10}$、CO、HF、HCl、Cd、Hg、Pb</td><td>点源</td><td>日均浓度</td></tr>
<tr><td>3</td><td>$SO_2$、$NO_2$、$PM_{10}$、Pb</td><td>点源</td><td>年均浓度</td></tr>
<tr><td>4</td><td>$SO_2$、HCl、HF</td><td>点源</td><td>环境空气保护目标、区域最大地面浓度点</td><td>小时浓度</td></tr>
<tr><td>5</td><td>二噁英</td><td>点源</td><td>环境空气保护目标、区域最大地面浓度点</td><td>年均浓度</td></tr>
<tr><td>6</td><td>重金属、二噁英</td><td>点源</td><td>全年逐时气象条件</td><td colspan="2">累积影响</td></tr>
<tr><td>7</td><td>恶臭（$NH_3$、$H_2S$、甲硫醇）</td><td>面源</td><td>考虑所有气象组合</td><td colspan="2">大气环境防护距离<br>卫生防护距离</td></tr>
</table>

## 三、水环境影响预测

### （一）评价对象

填埋场渗滤液、焚烧炉垃圾贮坑渗滤液、生产废水以及生活污水等。

### （二）预测评价方法

如果渗滤液、生产废水和生活污水经厂内处理后排入城市污水处理厂，则需从水量、水质以及配套排水管网等三方面分析污水处理厂接纳的可行性。

如果渗滤液、生产废水和生活污水经厂内处理后排入地表水体，则按《环境影响评价技术导则—地面水环境》的相关要求、方法进行预测评价。

渗滤液经处理后可用于水质要求较低的除渣机冷却水、炉渣综合利用用水、飞灰用水等环节；生活污水和生产废水经处理后出水达到《城市污水再生利用—城市杂用水水质》（GB/T 18920—2002）相关标准要求，可回用于绿化、道路浇洒、汽车冲洗等。

针对渗滤液对地下水的环境影响，需根据《环境影响评价技术导则—地下水环境》，重点分析渗滤液污染途径、影响时间以及影响的程度。

## 四、声环境影响预测

### （一）评价对象

填埋、堆肥等机械噪声，焚烧炉等引风机、送风机噪声，运输车辆交通噪声。各类给水泵、污水泵以及消防水泵噪声。

### （二）预测评价方法

按《环境影响评价技术导则—声环境》中规定的方法、要求进行评价。

## 五、固体废物影响分析

### （一）评价对象

焚烧炉炉渣、焚烧飞灰、污水处理站污泥以及生活垃圾等。

### （二）分析方法

焚烧飞灰属危险废物，一般交由有危险废物处置资质单位进行运输和处理。评价应分析危险废物处置单位是否有处置飞灰的资质和能力，分析飞灰运输的环境合理性。

焚烧炉渣属一般工业固体废物，可综合利用于建筑材料生产、筑路等工程或送至一般固体废物填埋场进行安全填埋。评价应重点分析炉渣成分是否满足建筑材料生产需要以及填埋场是否满足 GB 18599—2001 及修改单的要求及其接纳的可行性。

污水处理站污泥可进入焚烧炉进行焚烧，或根据危废鉴别名录确定是否属危险废物后，按相关要求进行合理处置。

# 第三节　环境保护措施

## 一、填埋

### （一）选址

根据《生活垃圾填埋场污染控制标准》（GB 16889—2008），生活垃圾填埋场的选址应符合区域性环境规划、环境卫生设施建设规划和当地的城市规划。

生活垃圾填埋场场址不应选在城市工农业发展规划区、农业保护区、自然保护区、风景名胜区、文物（考古）保护区、生活饮用水水源保护区、供水远景规划区、矿产资源储备区、军事要地、国家保密地区和其他需要特别保护的区域内。

生活垃圾填埋场选址的标高应位于重现期不小于 50 年一遇的洪水位之上，并建设在长远规划中的水库等人工蓄水设施的淹没区和保护区之外。拟建有可靠防洪设施的山谷型填埋场，并经过环境影响评价证明洪水对生活垃圾填埋场的环境风险在可接受范围内，前款规定的选址标准可以适当降低。

生活垃圾填埋场场址的选择应避开下列区域：破坏性地震及活动构造区；活动中的坍塌、滑坡和隆起地带；活动中的断裂带；石灰岩溶洞发育带；废弃矿区的活动塌陷区；活动沙丘区；海啸及涌浪影响区；湿地；尚未稳定的冲积扇及冲沟地区；泥炭以及其他可能危及填埋场安全的区域。

### （二）渗滤液

根据《生活垃圾填埋场污染控制标准》（GB 16889—2008）和《生活垃圾填埋场渗滤液处理工程技术规范（试行）》（HJ 564—2010），控制渗滤液的主要措施如下。

1．工艺选择原则

选择处理工艺之前，应了解填埋场的使用年限、填埋作业方式、当地经济条件等影响水质的因素。选择渗滤液处理工艺时，应以稳定连续达标排放为前提，综合考虑垃圾填埋场的填埋年限和渗滤液的水质、水量以及处理工艺的经济性、合理性、可操作性，经技术、经济比选后确定。

2．调节池

调节池容积应与填埋工艺、停留时间、渗滤液产生量及配套污水处理设施规模等相匹配，并符合 CJJ 17 的有关规定。

3．工艺流程

生活垃圾填埋场渗滤液处理工艺可分为预处理、生物处理和深度处理三种。应根据渗滤液的进水水质、水量及排放要求综合选取适宜的工艺组合方式，推荐选用“预处理＋生物处理＋深度处理”组合工艺，也可采用组合工艺：① 预处理＋深度处理；② 生物处理＋深度处理。其中，预处理工艺可采用生物法、物理法和化学法，主要去除氨氮或无机杂质，或改善渗滤液的可生化性。生物处理工艺可采用厌氧生物处理法和好氧生物处理法，处理对象主要是渗滤液中的有机污染物和氮、磷等。深度处理工艺可采用纳滤、反渗透、吸附过滤等方法，处理对象主要是渗滤液中的悬浮物、溶解物和胶体等。深度处理宜以纳滤和反渗透为主，并根据处理要求合理选择。

4．截洪沟的设置

对于山沟式填埋场，需要设置截洪沟，以截留填埋区上游山区地表径流和部分潜水。由于截洪沟的深度有限，部分来自填埋场上游的地下潜水将进入填埋场，可能会形成大量的渗滤液，应引起足够重视。可以采取引流措施减少进入填埋场的潜水量。

5．填埋场底部防渗处理

按照《生活垃圾填埋场污染控制标准》（GB 16889—2008）中 5.4 节至 5.8 节相关要求执行。

6．填埋作业规范化

填埋作业应分区、分单元进行，不运行作业面应及时覆盖。不得同时进行多作业面填埋作业或者不分区全场敞开式作业。中间覆盖应形成一定的坡度。每天填埋作业结束后，应对作业面进行覆盖；特殊气象条件下应加强对作业面的覆盖。

填埋作业应采取雨污分流措施，减少渗滤液的产生量。生活垃圾填埋场运行期内，应定期检测防渗衬层系统的完整性。当发现防渗衬层系统发生渗漏时，应及时采取补救措施。生活垃圾填埋场运行期内，应定期检测渗滤液导排系统的有效性，保证正常运行。当衬层上的渗滤液深度大于 30 cm 时，应及时采取有效疏导措施排除积存在填埋场内的渗滤液。生活垃圾填埋场运行期内，应定期检测地下水水质。当发现地下水水质有被污染的迹象时，应及时查找原因，发现渗漏位置并采取补救措施，防止污染扩散。

### （三）填埋气体

生活垃圾填埋场应采取甲烷减排措施；当通过导气管道直接排放填埋气体时，导气管排放口的甲烷的体积分数不大于 5%。

#### 1．填埋气体的综合利用

填埋气体收集、处理、利用应符合《生活垃圾填埋场填埋气体收集处理及利用工程技术规范》（CJJ 133—2009）的有关规定。

填埋气体（LFG）的主要用途有三种：① 不净化处理 LFG 可利用其中低热值，用作燃料供锅炉及工业窑炉使用；② 进行脱 $CO_2$ 初步净化后的气体，$CH_4$ 含量达到 80%以上，可作为高热值燃料，与天然气混合作发电燃料，用于发电、供烧锅炉及工业窑炉；③ 经过脱 $CO_2$ 和 $H_2S$ 的净化处理，达到或接近天然气标准，再经压缩，作汽车清洁燃料。

#### 2．常用的填埋气体净化方法

主要有以下几种方法：

① 化学吸收法。采用有机胺作 $CO_2$ 吸收剂，再经吹脱，去除 $CO_2$ 和 $H_2S$。

② 吸附解吸法。一般采用变压吸附法，即在加压下用吸附剂吸附，再在减压下解吸，以去除 $CO_2$ 和 $H_2S$，得到较高纯度的甲烷气体（即天然气）。

③ 膜分离法。利用不同气体对渗透膜的选择性渗透性能，从而将 $CO_2$ 与 $CH_4$ 等分离。即在加压下（5～20 MPa）$CO_2$ 不能通过渗透膜，而 $CH_4$ 能通过渗透膜，从而将 $CO_2$ 与 $CH_4$ 等分离，提纯沼气，使其 $CH_4$ 含量达到 96%左右。

## 二、焚烧

### （一）焚烧烟气

#### 1．粒状污染物控制措施

焚烧烟气中主要成分为惰性无机物质，如灰分、无机盐类、可凝结的气体污染物质及有害的重金属，其含量为 450～22 500 mg/m$^3$，视运转、废物种类及焚烧炉型式而异。一般来说，固体废物中灰分含量高时所产生的粉尘量多，颗粒大小的分布亦广，液体焚烧炉产生的粉尘较少。

控制粒状污染物的设备主要有文氏洗涤器、静电除尘器和布袋除尘器，但根据《生活垃圾焚烧污染控制标准》（GB 18485—2001）中规定，生活垃圾焚烧炉除尘装置必须采用袋式除尘器。

### 2. 酸性气体控制措施

用于控制焚烧厂酸性气体的技术有湿式、半干式及干式洗气三种方法。湿式洗气塔效率可达 90%以上，干式洗气塔效率约为 50%，半干式洗气塔效率为 80%以下。目前，半干式洗气塔和袋式除尘器组合工艺是垃圾焚烧厂中尾气污染控制的常用方法。

① 湿式洗气法。焚烧烟气处理系统中最常用的湿式洗气塔是对流操作的填料吸收塔，经布袋除尘器去除颗粒物的烟气由填料塔下部进入，首先喷入足量的液体使烟气降到饱和温度，再与向下流动的碱性溶液不断地在填料空隙及表面接触及反应，使烟气中的污染气体有效地被吸收。

碱性药剂有 NaOH 溶液（15%～20%，质量分数）或 $Ca(OH)_2$ 溶液（10%～30%，质量分数）。石灰溶液洗气时，其化学方程式为：

$$2S + 2CaCO_3 + 4H_2O + 2O_2 \longrightarrow 2CaSO_4 \cdot 2H_2O + 2CO_2$$

其中 $2CaSO_4 \cdot 2H_2O$ 可以回收利用。湿式洗气法产生的含重金属和高浓度氯盐的废水需要进行处理。

② 干式洗气法。干式洗气法是用压缩空气将碱性固体粉末（消石灰或碳酸氢钠）直接喷入烟管或烟管上某段反应器内，使碱性消石灰粉与酸性废气充分接触和反应，从而达到中和废气中的酸性气体并加以去除的目的。

干式洗气塔中发生的一系列化学反应如下：

石灰粉与 $SO_2$ 及 HCl 进行中和反应：

$$CaO + SO_2 \longrightarrow CaSO_3$$

$$CaO + 2HCl \longrightarrow CaCl_2 + H_2O$$

$SO_2$ 可以减少 $HgCl_2$ 转化为气态的 Hg。

$$SO_2 + 2HgCl_2 + H_2O \longrightarrow SO_3 + Hg_2Cl_2 + 2HCl$$

$$Hg_2Cl_2 \longrightarrow HgCl_2 + Hg$$

活性炭吸附现象将形成硫酸，而硫酸与气态汞可反应。

$$SO_{2,\text{气}} \longrightarrow SO_{2,\text{吸附}}$$

$$SO_{2,\text{吸附}} + 1/2O_{2,\text{吸附}} \longrightarrow SO_{3,\text{吸附}}$$

$$SO_{3,\text{吸附}} + H_2O \longrightarrow H_2SO_{4,\text{吸附}}$$

$$2Hg + 2H_2SO_{4,\text{吸附}} \longrightarrow Hg_2SO_{4,\text{吸附}} + 2H_2O + SO_2$$

或

$$Hg_2SO_{4,\text{吸附}} + 2H_2SO_{4,\text{吸附}} \longrightarrow 2HgSO_{4,\text{吸附}} + 2H_2O + SO_2$$

因此，当石灰粉末去除 $SO_2$ 时，会影响 Hg 的吸附，故须加入一些含硫的物质（如 $Na_2S$）。

③ 半干式洗气法。半干式洗气法实际上是一个喷雾干燥系统，利用高效雾化器将消石灰泥浆从塔底向上或从塔顶向下喷入干燥吸收塔中。烟气与喷入泥浆可以同向流或逆向流的方式充分接触并产生中和作用。由于雾化效果佳（液滴的直径可低至 30 μm 左右），气、液接触面积大，不仅可以有效降低气体的温度，中和气体中的酸气，并且喷入的消石灰泥浆中水分在喷雾干燥塔内完全蒸发，不产生废水。其化学方程式为：

$$CaO + H_2O \longrightarrow Ca(OH)_2$$

$$Ca(OH)_2 + SO_2 \longrightarrow CaSO_3 + H_2O$$

$$Ca(OH)_2 + 2HCl \longrightarrow CaCl_2 + 2H_2O$$

或

$$SO_2 + CaO + 1/2H_2O \longrightarrow CaSO_3 \cdot 1/2H_2O$$

### 3. 重金属控制措施

焚烧厂排放尾气中所含重金属量的多少，与废物组成、性质、重金属存在形式、焚烧炉的操作及空气污染控制方式有密切关系。去除尾气中重金属污染物的机制有以下 4 点：

① 重金属降温达到饱和，凝结成粒状物后被除尘设备收集去除；

② 饱和温度较低的重金属元素无法凝结，但飞灰表面的催化作用会形成饱和温度较高且较易凝结的氧化物或氯化物，而易被除尘设备收集去除；

③ 仍以气态存在的重金属物质，因吸附于飞灰上或喷入的活性炭粉末上而被除尘设备一并收集去除；

④ 部分重金属的氯化物为水溶性，即使无法在上述的凝结及吸附作用中去除，也可利用其溶于水的特性，由湿式洗气塔的洗涤液自尾气中吸收下来。

布袋除尘器与干式洗气塔或半干式洗气塔并用时，重金属除汞外去除效果均十分优良，且进入除尘器的尾气温度愈低，去除效果愈好。但为维持布袋除尘器的正常操作，废气温度不得降至露点以下，以免引起酸雾凝结，造成滤袋腐蚀，或因水汽凝结而使整个滤袋阻塞。汞金属由于其饱和蒸气压较高，不易凝结，只能靠布袋上的飞灰层对气态汞金属的吸附作用而被去除，其效果与尾气中飞灰含量及布袋中飞灰层厚度有直接关系。

为降低重金属汞的排放浓度，在干法处理流程中，可在布袋除尘器前喷入活性炭或于尾气处理流程尾端使用活性炭滤床加强对汞金属的吸附作用，或在布袋除尘器前喷入能与汞金属反应生成不溶物的化学药剂。如喷入 $Na_2S$ 药剂，使其与汞作用生成 HgS 颗粒而被除尘系统去除；喷入抗高温液体螯合剂可达到 50%～70%的去除效果。在湿式处理流程中，在洗气塔的洗涤液内添加催化剂（如 $CuCl_2$），促使更多水溶性的 $HgCl_2$ 生成，再以螯合剂固定已吸收汞的循环液，确保吸收效果。

### 4. 二噁英控制措施

控制焚烧厂产生 PCDDs/PCDFs，可从控制来源、减少炉内形成、避免炉外低温区再合成及去除四方面着手：

① 通过废物分类收集，加强资源回收，避免含 PCDDs/PCDFs 物质及含氯成分高的物质（如 PVC 塑料等）进入垃圾。

② 焚烧炉燃烧室应保持足够的燃烧温度（不低于 850℃）及气体停留时间（不少于 2 s），确保废气中具有适当的氧含量（6%～12%），以分解破坏垃圾内含有的 PCDDs/PCDFs，避免产生氯苯及氯酚等物质。

③ PCDDs/PCDFs 炉外再合成现象，多发生在锅炉内（尤其在节热器的部位）或在粒状污染物控制设备前。有些研究表明，主要的生成机制为铜或铁的化合物在悬浮微粒的表面催化了二噁英的先驱物质生产，因此应缩短烟气在处理和排放过程中处于 200～400℃温度阈的时间，减少二噁英的生成。

④ 近年来，工程上普遍采用半干式洗气塔与布袋除尘器搭配的方式，并尽可能控制除尘器入口处的烟气温度低于 200℃；在干式处理流程中，最简单的方法为喷入活性炭粉或焦炭粉，以吸附及去除烟气中的 PCDDs/PCDFs。

另外，在垃圾焚烧电厂试运行前，需在厂址全年主导风向下风向最近敏感点及污染物最大落地浓度点附近各设 1 个监测点进行大气中二噁英监测；在厂址区域主导风向的上、下风向各设 1 个土壤中二噁英监测点，下风向推荐选择在污染物浓度最大落地带附近的种植土壤。

### 5. 恶臭的控制措施

为减少恶臭，在卸料与存放过程中，采取以下措施：

① 垃圾运输车辆采用封闭式运输车。

② 在主厂房垃圾卸料平台的进出口处设置风幕门。

③ 在垃圾贮坑上方抽气作为一次助燃空气，使垃圾贮坑内形成负压，以防止恶臭外逸。

④ 定期排空垃圾贮坑中残剩的垃圾。

⑤ 设置封闭性能好的自动卸料门。

⑥ 在厂界周围设置绿化隔离带，控制恶臭扩散。

## （二）固体废物

### 1. 焚烧飞灰的处置措施

垃圾焚烧产生的飞灰因其含有较高浸出浓度的铅和镉等重金属而属于危险废物，在对其进行最终处置之前必须先经固化/稳定化处理。图 4-11 显示了几种可以用来处理或利用飞灰的方法。

稳定化/固化技术主要包括以下几种：水泥固化、石灰固化、塑性材料固化、熔融固化和自胶结固化。各种固化/稳定化技术的适用对象和优缺点见表4-27。

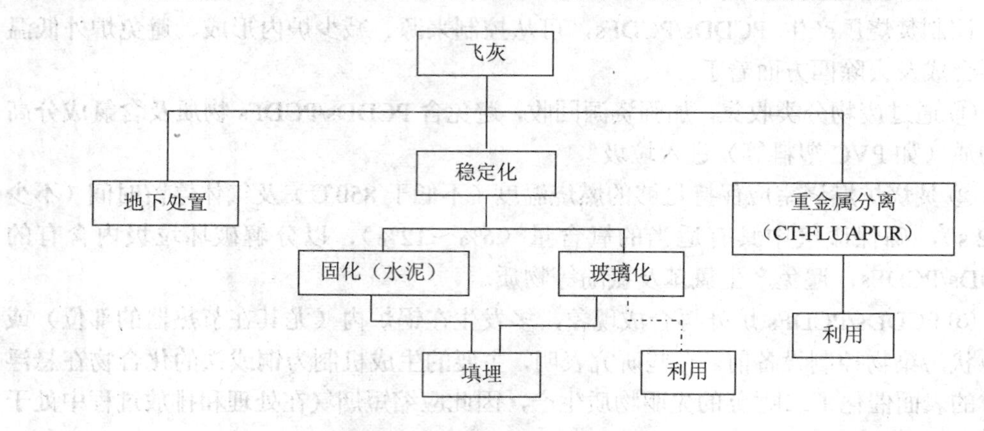


图4-11　飞灰处置和利用的方法

表4-27　各种固化/稳定化技术的适用对象和优缺点

| 技术 | 适用对象 | 优　点 | 缺　点 |
|---|---|---|---|
| 水泥固化法 | 重金属、氧化物、废酸 | 1. 水泥搅拌，处理技术已相当成熟<br>2. 对废物中化学性质的变动具有相当的承受力<br>3. 可由水泥与废物的比例来控制固化体的结构缺点与不透水性<br>4. 无须特殊的设备，处理成本低<br>5. 废物可直接处理，无须前处理 | 1. 废物中若含有特殊的盐类，会造成固化体破裂<br>2. 有机物的分解造成裂隙，增加渗透性，降低结构强度<br>3. 大量水泥的使用增加固化体的体积和质量 |
| 石灰固化法 | 重金属、氧化物、废酸 | 1. 所用物料价格便宜，容易购得<br>2. 操作不需特殊设备及技术<br>3. 在适当的处置环境，可维持波索来反应的持续进行 | 1. 固化体的强度较低，且需较长的养护时间<br>2. 有较大的体积膨胀，增加清运和处置困难 |
| 塑性固化法 | 部分非极性有机物、氧化物、废酸 | 1. 固化体的渗透性较其他固化法低<br>2. 对水溶液有良好的阻隔性 | 1. 需要特殊的设备和专业的操作人员<br>2. 废物中若含氧化剂或挥发性物质，加热时可能会着火或逸散<br>3. 废物须先干燥，破碎后才能进行操作 |
| 熔融固化法 | 不挥发的高危险性废物，核能废料 | 1. 玻璃体的高稳定化，可确保固体化的长期稳定<br>2. 可利用废玻璃屑作为固化材料<br>3. 对核能废料的处理已有相当成功的技术 | 1. 对可燃或具挥发性的废物并不适用<br>2. 高温热融需消耗大量能源<br>3. 需要特殊的设备及专业人员 |
| 自胶结固化 | 含有大量硫酸钙和亚硫酸钙 | 1. 烧结体的性质稳定，结构强度高<br>2. 烧结体不具生物反应性及着火性 | 1. 应用面较为狭窄<br>2. 需要特殊的设备及专业人员 |

资料来源：赵由才等《实用环境工程手册—固体废物污染控制与资源化》（2002年）。

### 2．筛上物与焚烧残渣的处置措施

根据焚烧的温度不同，可将焚烧炉排出的底灰分为两种：一种是 1 000℃以下焚烧炉排出的普通的焚烧残渣，另一种是 1 500℃高温焚烧炉排出的熔融状态的残渣，称为烧结残渣。烧结残渣是密度很高的块粒状物质，由于玻璃化作用，使其具有强度高、重金属浸出量少等特点，可用作建筑材料、混凝土骨料、筑路基材等。普通的焚烧残渣和筛上物送往垃圾填埋场作填埋处置。

## （三）废水处理

目前常用的废水处理工艺组合有以下几种：

① 混凝沉淀 + 生物处理法。先通过混凝沉淀去除废水中重金属等对微生物有害的物质，再与其他污水一道进行生物处理，使生物处理效果更好。此流程一般针对灰冷却水和洗烟废水等排入水体时采用。

② 分段混凝沉淀法。重金属用碱性混凝沉淀时，不同的重金属离子在不同的 pH 条件下才能达到最佳处理效果，因此需要分几段进行混凝处理。通常这种情况比较少见，一般做法是选择一种条件能同时去除多种重金属离子，可以提高运行效率，此时即等同于上一方法的前段。此流程一般用于灰冷却水和洗烟废水等排入下水道前的预处理。

③ 膜处理 + 生物处理法。通过膜处理去除悬浮物质和大分子难生物降解的有机物，降低后一级生物处理的负荷和难降解成分，使排放水质达标。该工艺可应用于排放要求较高的垃圾渗滤水处理。

④ 活性污泥法 + 接触氧化法。该工艺适用于废水排放要求相对严格的地区。

⑤ 生物处理法 + 活性炭处理法或生物处理法 + 混凝沉淀 + 过滤。在生物处理段，生物将可以分解的有机物处理；后段通过活性炭吸附或滤料截留去除残留的污染物。该工艺用于废水必须再利用的深度处理。

近年来，随着办公自动化程度的提高，垃圾中纸张类废物量增加，垃圾品质有了变化，垃圾贮槽内废水量减少，炉内喷雾燃烧法逐渐被采用。该方法是将废水喷入垃圾焚烧炉内，废水中的有机物在燃烧过程中被去除。该方法能够去除有机废水，适用于高浓度有机废水，垃圾焚烧厂中垃圾贮槽废水可以用该方法处理。

国内某垃圾焚烧厂垃圾渗滤水及综合污水处理工艺流程见图 4-12。

## （四）噪声

垃圾焚烧厂噪声控制应遵循以下五个原则：① 选用符合国家噪声标准规定的设备，从声源上控制噪声。② 合理布置规划总平面，尽量集中布置高噪声的设备，并利用建筑物和绿化减弱噪声的影响。③ 合理布置通风、通气和通水管道，采用正确的结构，防止产生振动和噪声。④ 对于声源上无法根治的生产噪声，分别按不同情况采取消声、隔振、隔声、吸声等措施，并着重控制声级高的噪声源。⑤ 减少交通噪声，垃圾运输车辆进出厂区时，降低车速，少鸣或不鸣喇叭。

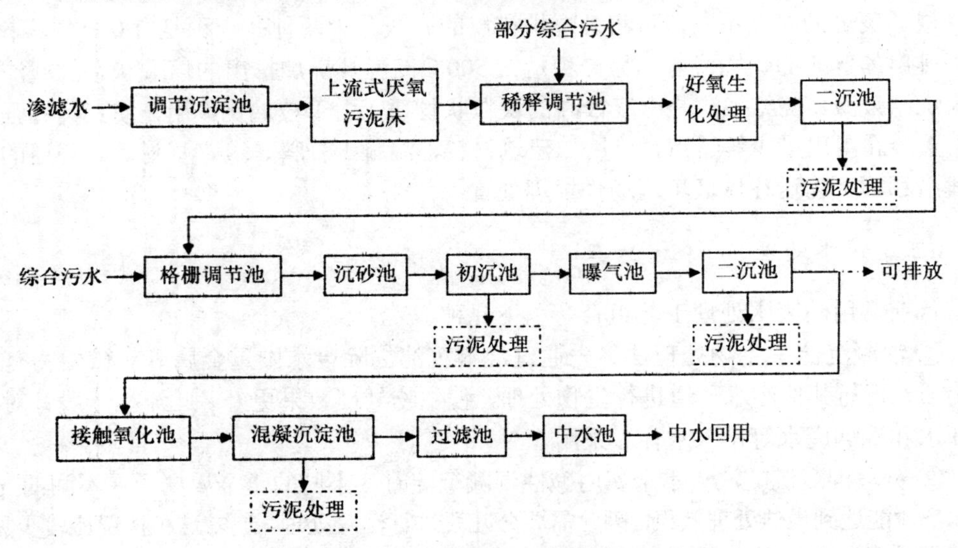


**图 4-12 生活垃圾渗滤液（水）处理工艺流程**

## 三、堆肥

### （一）废气污染物

控制生活垃圾堆肥场恶臭常用的措施有：① 采用封闭式的垃圾运输车。② 在垃圾堆肥场贮料仓卸料平台进出口设置风幕门。③ 在垃圾贮料仓上方抽气作为发酵供氧或焚烧供气，使贮料坑区域形成负压，以防臭气外逸。④ 定期清理贮料坑中的陈腐垃圾。⑤ 设置自动卸料门，使垃圾贮料处理设施密闭化。当抽气量不足以使垃圾处理构筑物形成设计要求的负压，或垃圾堆肥对恶臭控制与防治有特殊要求时，应对臭气进行处理。

除臭的方法主要有吸附、吸收、生物分解、化学氧化、燃烧方法等，按治理方式可分成物理、化学、生物三类，堆肥场常用的除臭方法是化学法和生物法。其中化学法包括直接燃烧法、催化燃烧法、$O_3$氧化法、催化氧化法、其他氧化法、水吸收法、酸吸收法、碱吸收法、活性炭吸附法和生化处理法等。

### （二）渗滤液

垃圾堆肥处理过程中渗滤液的变化规律与填埋处理初期渗滤液的变化规律类似，渗滤液的治理措施可参照垃圾填埋处理渗滤液的治理措施。

# 第五章　房地产项目

房地产开发项目已经成为我国目前经济发展中非常突出的一个热点，它对城市经济社会的发展具有积极的意义。对于城市结构来说，它改变了原来刻板、陈旧的城市硬件，改变了城市面貌；从经济上讲，房地产业形成了崭新的大经济发展门类，提供了经济发展的动力，创造了大量的就业机会，刺激了建材业和其他相关行业的发展。房地产还是大众投资的重要渠道。

房地产开发项目类型多种多样，主要包括住宅、写字楼、酒店、公寓、商业、金融等建筑工程，以及与之配套的给水、排水、供热、供气、通讯、交通、园林绿化等市政公用工程。不同类型的房地产开发项目虽然使用功能各不相同，但是从其对环境的影响而言，均具有双重性。一方面它们在建设过程中和建成后有自身产生的废水、废气、噪声等给外环境带来的不利影响，是一个环境污染源；另一方面这类建设项目自身是居住、休闲、工作的场所，需要一个舒适、安静的环境，又属于被保护的对象。因此，在环境影响评价时不但要评价它们对外环境产生的影响，同时还要评价周边环境对它们建设的适宜条件和制约因素，并提出相应的保护措施。因此对房地产开发项目的环境影响评价应综合考虑上述两方面的问题。

## 第一节　工程概况及工程污染源分析

### 一、工程概况

#### （一）项目概况

**1．项目组成**

项目组成应对主体工程（住宅楼、写字楼、办公楼、公寓、酒店等）和附属工程（幼儿园、健身房、游泳池、停车场、商场、锅炉房、配电室等）以列表形式分类叙述。

**2．主要经济技术指标**

项目经济技术指标包括总征地面积、总占地面积、总建筑面积、建筑高度、建筑密度、容积率、绿地率等控制指标及交通出入口方位、停车泊位、建筑后退红线距离、建筑间距离等。

3．项目总征地面积

总征地面积包括开发项目用地和代征地（含代征绿化用地和道路市政等用地）。

4．总占地面积

总占地面积由主体工程、公共设施、道路、公共绿化地等几个部分的占地面积构成。根据《城市居住区规划设计规范》[（GB 50180—93（2002 年版）]，居住用地平衡控制指标见表 5-1，人均居住用地控制指标见表 5-2。

表 5-1 居住区用地平衡控制指标

| 用地构成 | 居住区/% | 小区/% | 组团/% |
|---|---|---|---|
| 1．住宅用地（R01） | 50～60 | 55～65 | 70～80 |
| 2．公建用地（R02） | 15～25 | 12～22 | 6～12 |
| 3．道路用地（R03） | 10～18 | 9～17 | 7～15 |
| 4．公共绿地（R04） | 7.5～18 | 5～15 | 3～6 |
| 居住区用地（R） | 100 | 100 | 100 |

注：居住区，居住人口规模 30 000～50 000 人；居住小区，居住人口规模 10 000～15 000 人；组团，居住人口规模 1 000～3 000 人。

表 5-2 人均居住区用地控制指标　　单位：$m^2$/人

| 居住规模 | 层 数 | 建筑气候区划 | | |
|---|---|---|---|---|
| | | Ⅰ、Ⅱ、Ⅵ、Ⅶ | Ⅲ、Ⅴ | Ⅳ |
| 居住区 | 低层 | 33～47 | 30～43 | 28～40 |
| | 多层 | 20～28 | 19～27 | 18～25 |
| | 多层、高层 | 17～26 | 17～26 | 17～26 |
| 小区 | 低层 | 30～43 | 28～40 | 26～37 |
| | 多层 | 20～28 | 19～26 | 18～25 |
| | 中高层 | 17～24 | 15～22 | 14～20 |
| | 高层 | 10～15 | 10～15 | 10～15 |
| 组团 | 低层 | 25～35 | 23～32 | 21～30 |
| | 多层 | 16～23 | 15～22 | 14～20 |
| | 中高层 | 14～20 | 13～18 | 12～16 |
| | 高层 | 8～11 | 8～11 | 8～11 |

5．总建筑面积

- 居住建筑面积（包括地上、地下面积）
- 工业建筑面积（包括地上、地下面积）
- 办公、写字楼建筑面积（包括地上、地下面积）
- 公共服务设施建筑面积（包括地上、地下面积）
- 停车场面积（包括地上、地下面积）、车位数建筑气候区划见《城市居住区规划设计规范》的相关规定。

### 6．开发项目人口

- 居住户数、人口
- 常住人口、流动人口
- 酒店、公寓入住人口
- 办公、写字楼入住人口

为了表述清晰，上述几项指标可列表表述。例如北京××项目（集办公、酒店、公寓和商店等多种功能于一体的综合建筑群）主要经济技术指标见表 5-3。

表 5-3　××项目主要经济技术指标

<table>
<tr><th rowspan="2">序号</th><th rowspan="2" colspan="2">项目名称</th><th rowspan="2">单位</th><th colspan="3">数　据</th><th rowspan="2">总　计</th><th rowspan="2">备　注</th></tr>
<tr><th>一期</th><th>二期</th><th>三期</th></tr>
<tr><td>1</td><td colspan="2">项目总征地面积</td><td>$m^2$</td><td colspan="3">72 519.3</td><td>72 519.3</td><td>—</td></tr>
<tr><td rowspan="5">2</td><td colspan="2" rowspan="2">（1）项目总征地面积（红线）</td><td rowspan="2">$m^2$</td><td rowspan="2">28 082.3</td><td>30 548.0</td><td>13 889.0</td><td rowspan="2">72 519.3</td><td rowspan="2">—</td></tr>
<tr><td colspan="2">二期及三期 44 437.0</td></tr>
<tr><td rowspan="3">其中</td><td>（2）代征城区绿地面积</td><td>$m^2$</td><td>7 668.2</td><td>—</td><td>4 771.0</td><td>12 439.2</td><td>—</td></tr>
<tr><td rowspan="2">（3）建设用地净面积</td><td rowspan="2">$m^2$</td><td rowspan="2">16 906.4</td><td>21 123.0</td><td>4 500.0</td><td rowspan="2">42 529.4</td><td rowspan="2">建筑后退红线内面积</td></tr>
<tr><td colspan="2">二期及三期 25 623.0</td></tr>
<tr><td>3</td><td colspan="2">工程建筑占地面积（首层）</td><td>$m^2$</td><td>9 230.0</td><td>17 640.0</td><td>—</td><td>26 870.0</td><td>—</td></tr>
<tr><td>4</td><td colspan="2">工程建筑密度 3/[2（1）]</td><td>%</td><td>32.87</td><td>57.75</td><td>—</td><td>37.05</td><td>—</td></tr>
<tr><td>5</td><td colspan="2">工程总建筑面积[6（1）]＋[6（2）]</td><td>$m^2$</td><td>2 464 340</td><td>299 325.0</td><td>—</td><td>545 759.0</td><td>建筑规模指标＝72 700</td></tr>
<tr><td rowspan="2">6</td><td rowspan="2">其中</td><td>（1）地上</td><td>$m^2$</td><td>180 809.0</td><td>192 682.0</td><td>—</td><td>373 491.0</td><td>—</td></tr>
<tr><td>（2）地下</td><td>$m^2$</td><td>65 625.0</td><td>106 643.0</td><td>—</td><td>172 268.0</td><td>—</td></tr>
<tr><td>7</td><td colspan="2">容积率[6（1）]/[2（1）]</td><td>%</td><td>6.43</td><td>6.31</td><td>—</td><td>5.15</td><td>指标为 8，4</td></tr>
<tr><td>8</td><td colspan="2">道路广场面积[2（1）]－（3）－（9）</td><td>$m^2$</td><td>10 782.30</td><td colspan="2">9 381.8*</td><td>20 164.1</td><td>*并未删减三期建筑占地面积（首层）</td></tr>
<tr><td>9</td><td colspan="2">绿化面积</td><td>$m^2$</td><td>8 070.0</td><td colspan="2">17 415.20</td><td>25 485.2（包括三期）</td><td>指标为 25 282 $m^2$</td></tr>
<tr><td>10</td><td colspan="2">绿地率（9）/[2（1）]</td><td>%</td><td>28.73</td><td colspan="2">39.19</td><td>35.14（包括一期、二期、三期）</td><td>绿化率指标 35%</td></tr>
<tr><td>11</td><td colspan="2">最高建筑高度</td><td>m</td><td>151.95</td><td>189.15</td><td>—</td><td>189.15</td><td>—</td></tr>
<tr><td>12</td><td colspan="2">机动车停车数量（货车/汽车）</td><td>辆</td><td>27/1 196</td><td>11/1 798</td><td>—</td><td>38/2 994</td><td>交通顾问建议二期、三期车位总数为 2 288，二期货车位有 11 个</td></tr>
<tr><td>13</td><td colspan="2">自行车停车数量（地下）</td><td>辆</td><td>200</td><td>600</td><td>—</td><td>800</td><td>—</td></tr>
</table>

## （二）设计方案与总图布局

### 1．设计基本原则

人类对于居住环境和办公环境的需求是多方面和复杂的。根据社会发展的不同阶段，人类的需求重点也有所转变，普遍由低层向高层发展，从硬件环境到软件环境两方面。包括最基本的生理需求、安全需求、交往需求，然后向高级的自我需求发展。

硬环境是指物质设施的综合，是有形的环境。它包括自然因素、人口因素和空间因素。具体体现在居住、办公建筑、公共配套设施、道路、广场、停车场、绿地、娱乐设施和自然环境（含环境质量）等。

软环境是指非物质事物的总和，是无形的环境。包括生活、工作的方便性、品味和情调、舒适水平、信息、交通、安全水平和归属性等，是社会性、社区性、邻里性的集中组合。

规划设计应遵循的基本原则：

符合城市总体规划的要求；

符合统一规划、合理布局、因地制宜、综合开发、配套建设的原则；

综合考虑所在城市的性质、气候、民族、习俗和传统风貌等地方特点和规划用地周围的环境条件，充分利用规划用地内现有保留价值的河湖水域、地形地貌、植被、道路、建筑物与构筑物等，并将其纳入规划；

适应居民的活动规律，综合考虑日照、采光、通风、防灾、配套设施及管理要求，创造方便、舒适、安全、优美的居住生活环境；

为老年人、残疾人的生活和社会活动提供方便条件；

建筑应体现地方风俗民情、突出个性，群体建筑与空间层次应在协调中求变化；

合理设计公共服务设施，避免烟、气（味）、尘及噪声对居民的污染和干扰；

注重景观和空间的完整性，市政公用站点、停车库等小建筑宜与住宅或公建结合安排；

供电、电讯、路灯杆管线宜地下埋设；

公共活动空间的环境设计，应处理好建筑、道路、广场、院落、绿地和建筑小品之间及其与人的活动之间的相互关系。

### 2．建筑设计考虑的重点要素

① 住宅、办公建筑的实用性；

② 公共设施的完善性和方便性；

③ 道路系统畅通；

④ 居住安全和小区域划分；

⑤ 环境清洁和安静性因素；

⑥ 人员交流；

⑦ 景观设计；

⑧ 住宅的经济因素；

⑨ 建筑节能。

### 3．总图布局与主要图件

根据上述居住、办公开发项目规划设计考虑的主要因素和设计原则，提出项目组成的各主体建筑和辅助建筑，如幼儿园、文体场所、餐厅等总平面布置图，以及道路交通、停车场、绿化，上下水、供热、供气、供电、暖通等专项平面布置图。

综合考虑与周边环境和自身内部协调的效果图。

## （三）公用工程

### 1．给水

房地产项目给水工程应与城市总体规划范围一致，并绘出给水管网图。供水来源有：城市自来水、自备水源以及城市污水处理厂出水深度处理后再利用水。用水定额可参照《建筑给水排水设计规范》（GB 50015—2009），具体见表 5-4 和表 5-5。

### 2．排水

工程项目排水去向应与城市总体规划一致，并绘出排水管网图和排水去向。工程排水水质应根据城市总体规划、环境保护要求、当地自然条件（地理位置、地形及气候）和废水受纳水体功能等因素确定。当项目所在地未纳入城市污水处理厂汇水范围时，排水应进行单独处理达到相应标准后排放。对大、中型房地产开发项目应考虑设置中水回用系统。

**表 5-4　住宅最高日生活用水定额及小时变化系数**

| 住宅类别 | 卫生器具设置标准 | 用水定额/[L/（人·d）] | 小时变化系数 |
|---|---|---|---|
| 普通住宅 | 有大便器、洗涤盆 | 85～150 | 3.0～2.5 |
| | 有大便器、洗脸盆、洗涤盆、洗衣机、热水器和沐浴设备 | 130～300 | 2.8～2.3 |
| | 有大便器、洗脸盆、洗涤盆、洗衣机、集中热水供应（或家用热水机组）和沐浴设备 | 180～320 | 2.5～2.0 |
| 别墅 | 有大便器、洗脸盆、洗涤盆、洗衣机、洒水栓，家用热水机组和沐浴设备 | 200～350 | 2.3～1.8 |

表 5-5 宿舍、旅馆和公共建筑生活用水定额及小时变化系数

| 序号 | 建筑物名称 | 单位 | 最高日生活用水定额/L | 小时变化系数 |
|---|---|---|---|---|
| 1 | 宿舍 | | | |
| | Ⅰ类、Ⅱ类 | 每人每日 | 150～200 | 3.0～2.5 |
| | Ⅲ类、Ⅳ类 | 每人每日 | 100～150 | 3.5～3.0 |
| 2 | 招待所、培训中心、普通旅馆 | | | 3.0～2.5 |
| | 设公用盥洗室 | 每人每日 | 50～100 | |
| | 设公用盥洗室、淋浴室 | 每人每日 | 80～130 | |
| | 设公用盥洗室、淋浴室、洗衣室 | 每人每日 | 100～150 | |
| | 设单独卫生间、公用洗衣室 | 每人每日 | 120～200 | |
| 3 | 酒店式公寓 | 每人每日 | 200～300 | 2.5～2.0 |
| 4 | 宾馆客房 | | | 2.5～2.0 |
| | 旅客 | 每床位每日 | 250～400 | |
| | 员工 | 每人每日 | 80～100 | |
| 5 | 医院住院部 | | | |
| | 设公用盥洗室 | 每床位每日 | 100～200 | 2.5～2.0 |
| | 设公用盥洗室、淋浴室 | 每床位每日 | 150～250 | 2.5～2.0 |
| | 设单独卫生间 | 每床位每日 | 250～400 | 2.5～2.0 |
| | 医务人员 | 每人每班 | 150～250 | 2.0～1.5 |
| | 门诊部、诊疗所 | 每病人每次 | 10～15 | 1.5～1.2 |
| | 疗养院、休养所住房部 | 每床位每日 | 200～300 | 2.0～1.5 |
| 6 | 养老院、托老所 | | | |
| | 全托 | 每人每日 | 100～150 | 2.5～2.0 |
| | 日托 | 每人每日 | 50～80 | 2.0 |
| 7 | 幼儿园、托儿所 | | | |
| | 有住宿 | 每儿童每日 | 50～100 | 3.0～2.5 |
| | 无住宿 | 每儿童每日 | 30～50 | 2.0 |
| 8 | 公共浴室 | | | 2.0～1.5 |
| | 淋浴 | 每顾客每次 | 100 | |
| | 浴盆、淋浴 | 每顾客每次 | 120～150 | |
| | 桑拿浴（淋浴、按摩池） | 每顾客每次 | 150～200 | |
| 9 | 理发室、美容院 | 每顾客每次 | 40～100 | 2.0～1.5 |
| 10 | 洗衣房 | 每千克干衣 | 40～80 | 1.5～1.2 |
| 11 | 餐饮业 | | | 1.5～1.2 |
| | 中餐酒楼 | 每顾客每次 | 40～60 | |
| | 快餐店、职工及学生食堂 | 每顾客每次 | 20～25 | |
| | 酒吧、咖啡馆、茶座、卡拉 OK 房 | 每顾客每次 | 5～15 | |
| 12 | 商场<br>员工及顾客 | 每平方米营业厅面积每日 | 5～8 | 1.5～1.2 |

| 序号 | 建筑物名称 | 单位 | 最高日生活用水定额/L | 小时变化系数 |
|---|---|---|---|---|
| 13 | 图书馆 | 每人每次<br>员工 | 5～10<br>50 | 15～1.2<br>15～1.2 |
| 14 | 书店 | 员工每人每班<br>每平方米营业厅 | 30～50<br>3～6 | 1.5～1.2<br>1.5～1.2 |
| 15 | 办公楼 | 每人每班 | 30～50 | 1.5～1.2 |
| 16 | 教学、实验楼<br>中小学校<br>高等院校 | 每学生每日<br>每学生每日 | 20～40<br>40～50 | 1.5～1.2<br>1.5～1.2 |
| 17 | 电影院、剧院 | 每观众每场 | 3～5 | 1.5～1.2 |
| 18 | 会展中心（博物馆、展览馆） | 员工每人每班<br>每平方米展厅每日 | 30～50<br>3～6 | 1.5～1.2 |
| 19 | 健身中心 | 每人每次 | 30～50 | 1.5～1.2 |
| 20 | 体育场（馆）<br>运动员淋浴<br>观众 | 每人每次<br>每人每场 | 30～40<br>3 | 3.0～2.0<br>1.2 |
| 21 | 会议厅 | 每座位每次 | 6～8 | 1.5～1.2 |
| 22 | 航站楼、客运站旅客，展览中心观众 | 每人次 | 3～6 | 1.5～1.2 |
| 23 | 菜市场地面冲洗及保鲜用水 | 每平方米每日 | 10～20 | 2.5～2.0 |
| 24 | 停车库地面冲洗水 | 每平方米每次 | 2～3 | 1.0 |

注：① 除养老院、托儿所、幼儿园的用水定额中含食堂用水，其他均不含食堂用水。
② 除注明外，均不含员工生活用水，员工用水定额为每人每班 40～60 L。
③ 医疗建筑用水中已含医疗用水。
④ 空调用水应另计。
⑤ 宿舍分类按国家现行标准《宿舍建筑设计规范》（JGJ 36—2005）进行分类：
Ⅰ类——博士研究生、教师和企业科技人员，每居室 1 人，有单独卫生间；
Ⅱ类——高等院校的硕士研究生，每居室 2 人，有单独卫生间；
Ⅲ类——高等院校的本、专科学生，每居室（3～4）人，有相对集中卫生间；
Ⅳ类——中等院校的学生和工厂企业的职工，每居室（6～8）人，集中盥洗卫生间。

房地产开发项目污水排放量一般不设计量装置，其排水量常用给水量乘以城市污水排放系数（表 5-6）确定。

**表 5-6　城市分类污水排放系数**

| 城市污水分类 | 污水排放系数 |
|---|---|
| 城市污水 | 0.70～0.80 |
| 城市综合生活污水 | 0.80～0.90 |
| 城市工业污水 | 0.70～0.90 |

3．供热工程

供热工程应包括下列内容：

- 供热指标
- 供热面积
- 供热来源
- 供热方式
- 燃料种类
- 燃料用量
- 燃烧方式
- 锅炉型号
- 空调制冷系统

上述部分指标数值可参见表 5-7 至表 5-9。

**表 5-7 采暖热指标推荐值**

| 建筑物类型 | 住宅 | 居住区综合 | 学校办公 | 医院托幼 | 旅馆 | 商店 | 食堂餐厅 | 影剧院展览馆 | 大礼堂体育馆 |
|---|---|---|---|---|---|---|---|---|---|
| 热指标/（$W/m^2$） | 58～64 | 60～67 | 60～80 | 65～80 | 60～70 | 65～80 | 115～140 | 95～115 | 115～165 |

注：热指标中已包括约 5%的管网热损失在内。

**表 5-8 居住区采暖期生活热水热指标**

| 用水设备情况 | 热指标/（$W/m^2$） |
|---|---|
| 住宅无生活热水设备，只对公共建筑供热水时 | 2.5～3 |
| 全部住宅有浴盆并供给生活热水时 | 15～20 |

注：冷水温度较高时采用较小值，冷水温度较低时采用较大值；热指标中已包括约 10%的管网热损失在内。

**表 5-9 全国主要城镇采暖期有关参数及建筑物耗热量、采暖耗煤量指标**

| 地名 | 计算用采暖期参数 | | | 耗热量指标 $q_H$/（$W/m^2$） | 耗煤量指标 $q_c$/（$kg/m^2$） |
|---|---|---|---|---|---|
| | 天数/d | 室外平均温度 $t_e$/℃ | 度日数 $D_{di}$/（℃·d） | | |
| 北京市 | 125 | −1.6 | 2 450 | 20.6 | 12.4 |
| 天津市 | 119 | −1.2 | 2 285 | 20.5 | 11.8 |
| 河北省 | | | | | |
| 石家庄 | 112 | −0.6 | 2 083 | 20.3 | 11.0 |
| 张家口 | 153 | −4.8 | 3 488 | 21.1 | 15.3 |
| 秦皇岛 | 135 | −2.4 | 2 754 | 20.8 | 13.5 |
| 保定 | 119 | −1.2 | 2 285 | 20.5 | 11.8 |

| 地名 | 计算用采暖期参数 | | | 耗热量指标 $q_H$/（W/m$^2$） | 耗煤量指标 $q_c$/（kg/m$^2$） |
|---|---|---|---|---|---|
| | 天数/d | 室外平均温度 $t_e$/℃ | 度日数 $D_{di}$/（℃·d） | | |
| 邯郸 | 108 | 0.1 | 1 933 | 20.3 | 10.6 |
| 唐山 | 127 | –2.9 | 2 654 | 20.8 | 12.8 |
| 承德 | 144 | –4.5 | 3 240 | 21.0 | 14.6 |
| 丰宁 | 163 | –5.6 | 3 847 | 21.2 | 16.6 |
| 山西省 | | | | | |
| 太原 | 135 | –2.7 | 2 795 | 20.8 | 13.5 |
| 大同 | 162 | –5.2 | 3 758 | 21.1 | 16.5 |
| 长治 | 135 | –2.7 | 2 795 | 20.8 | 13.5 |
| 阳泉 | 124 | –1.3 | 2 393 | 20.5 | 12.2 |
| 临汾 | 113 | –1.1 | 2 158 | 20.4 | 11.1 |
| 晋城 | 121 | –0.9 | 2 287 | 20.4 | 11.9 |
| 运城 | 102 | 0.0 | 1 936 | 20.3 | 10.0 |
| 新疆维吾尔自治区 | | | | | |
| 乌鲁木齐 | 162 | –8.5 | 4 293 | 21.8 | 17.0 |
| 塔城 | 163 | –6.5 | 3 994 | 21.4 | 16.8 |
| 哈密 | 137 | –5.9 | 3 274 | 21.3 | 14.1 |
| 伊宁 | 139 | –4.8 | 3 169 | 21.1 | 14.1 |
| 喀什 | 118 | –2.7 | 2 443 | 20.7 | 11.8 |
| 富蕴 | 178 | –12.6 | 5 447 | 22.4 | 19.2 |
| 克拉玛依 | 146 | –9.2 | 3 971 | 21.8 | 15.3 |
| 吐鲁番 | 117 | –5.0 | 2 691 | 21.1 | 11.9 |
| 库车 | 123 | –3.6 | 2 657 | 20.9 | 12.4 |
| 和田 | 112 | –2.1 | 2 251 | 20.7 | 11.2 |
| 内蒙古自治区 | | | | | |
| 呼和浩特 | 166 | –6.2 | 4 017 | 21.3 | 17.0 |
| 锡林浩特 | 190 | –10.5 | 5 415 | 22.0 | 20.1 |
| 海拉尔 | 209 | –14.3 | 6 751 | 22.6 | 22.8 |
| 通辽 | 165 | –7.4 | 4 191 | 21.6 | 17.2 |
| 赤峰 | 160 | –6.0 | 3 840 | 21.3 | 16.4 |
| 满洲里 | 211 | –12.8 | 6 499 | 22.4 | 22.8 |
| 博克图 | 210 | –11.3 | 6 153 | 22.2 | 22.5 |
| 二连浩特 | 180 | –9.9 | 5 022 | 21.9 | 19.0 |
| 多伦 | 192 | –9.2 | 5 222 | 21.8 | 20.2 |
| 白云鄂博 | 191 | –8.2 | 5 004 | 21.6 | 19.9 |
| 辽宁省 | | | | | |
| 沈阳 | 152 | –5.7 | 3 602 | 21.2 | 15.5 |
| 丹东 | 144 | –3.5 | 3 096 | 20.9 | 14.5 |

| 地名 | 计算用采暖期参数 | | | 耗热量指标 $q_H$/（W/m²） | 耗煤量指标 $q_c$/（kg/m²） |
|---|---|---|---|---|---|
| | 天数/d | 室外平均温度 $t_e$/℃ | 度日数 $D_{di}$/（℃·d） | | |
| 大连 | 131 | −1.6 | 2 568 | 20.6 | 13.0 |
| 阜新 | 156 | −6.0 | 3 744 | 21.3 | 16.0 |
| 抚顺 | 162 | −6.6 | 3 985 | 21.4 | 16.7 |
| 朝阳 | 148 | −5.2 | 3 434 | 21.1 | 15.0 |
| 本溪 | 151 | −5.7 | 3 579 | 21.2 | 15.4 |
| 锦州 | 144 | −4.1 | 3 182 | 21.0 | 14.6 |
| 鞍山 | 144 | −4.8 | 3 283 | 21.1 | 14.6 |
| 锦西 | 143 | −4.2 | 3 175 | 21.0 | 14.5 |
| 吉林省 | | | | | |
| 长春 | 170 | −8.3 | 4 471 | 21.7 | 17.8 |
| 吉林 | 171 | −9.0 | 4 617 | 21.8 | 18.0 |
| 延吉 | 170 | −7.1 | 4 267 | 21.5 | 17.6 |
| 通化 | 168 | −7.7 | 4 318 | 21.6 | 17.5 |
| 双辽 | 167 | −7.8 | 4 309 | 21.6 | 17.4 |
| 四平 | 163 | −7.4 | 4 140 | 21.5 | 16.9 |
| 白城 | 175 | −9.0 | 4 725 | 21.8 | 18.4 |
| 黑龙江省 | | | | | |
| 哈尔滨 | 176 | −10.0 | 4 928 | 21.9 | 18.6 |
| 嫩江 | 197 | −13.5 | 6 206 | 22.5 | 21.4 |
| 齐齐哈尔 | 182 | −10.2 | 5 132 | 21.9 | 19.2 |
| 富锦 | 184 | −10.6 | 5 262 | 22.0 | 19.5 |
| 牡丹江 | 178 | −9.4 | 4 877 | 21.8 | 18.7 |
| 呼玛 | 210 | −14.5 | 6 825 | 22.7 | 23.0 |
| 佳木斯 | 180 | −10.3 | 5 094 | 21.9 | 19.0 |
| 安达 | 180 | −10.4 | 5 112 | 22.0 | 19.1 |
| 伊春 | 193 | −12.4 | 5 867 | 22.4 | 20.8 |
| 克山 | 191 | −12.1 | 5 749 | 22.3 | 20.5 |
| 江苏省 | | | | | |
| 徐州 | 94 | 1.4 | 1 560 | 20.0 | 9.1 |
| 连云港 | 96 | 1.4 | 1 594 | 20.0 | 9.2 |
| 宿迁 | 94 | 1.4 | 1 560 | 20.0 | 9.1 |
| 淮阴 | 95 | 1.7 | 1 549 | 20.0 | 9.2 |
| 盐城 | 90 | 2.1 | 1 431 | 20.0 | 8.7 |
| 山东省 | | | | | |
| 济南 | 101 | 0.6 | 1 757 | 20.2 | 9.8 |
| 青岛 | 110 | 0.9 | 1 881 | 20.2 | 10.7 |
| 烟台 | 111 | 0.5 | 1 943 | 20.2 | 10.8 |

| 地名 | 计算用采暖期参数 | | | 耗热量指标 $q_H$/（W/m²） | 耗煤量指标 $q_c$/（kg/m²） |
|---|---|---|---|---|---|
| | 天数/d | 室外平均温度 $t_e$/℃ | 度日数 $D_{di}$/（℃·d） | | |
| 德州 | 113 | –0.8 | 2 124 | 20.5 | 11.2 |
| 淄博 | 111 | –0.5 | 2 054 | 20.4 | 10.9 |
| 兖州 | 106 | –0.4 | 1 950 | 20.4 | 10.4 |
| 潍坊 | 114 | –0.7 | 2 132 | 20.4 | 11.2 |
| 河南省 | | | | | |
| 郑州 | 98 | 1.4 | 1 627 | 20.0 | 9.4 |
| 安阳 | 105 | 0.3 | 1 859 | 20.3 | 10.3 |
| 濮阳 | 107 | 0.2 | 1 905 | 20.3 | 10.5 |
| 新乡 | 100 | 1.2 | 1 680 | 20.1 | 9.7 |
| 洛阳 | 91 | 1.8 | 1 474 | 20.0 | 8.8 |
| 商丘 | 101 | 1.1 | 1 707 | 20.1 | 9.8 |
| 开封 | 102 | 1.3 | 1 703 | 20.1 | 9.9 |
| 四川省 | | | | | |
| 阿坝 | 189 | –2.8 | 3 931 | 20.8 | 18.9 |
| 甘孜 | 165 | –0.9 | 3 119 | 20.5 | 16.3 |
| 康定 | 139 | 0.2 | 2 474 | 20.3 | 18.5 |
| 西藏自治区 | | | | | |
| 拉萨 | 142 | 0.5 | 2 485 | 20.2 | 13.8 |
| 噶尔 | 240 | –5.5 | 5 640 | 21.2 | 24.5 |
| 日喀则 | 158 | –0.5 | 2 923 | 20.4 | 15.5 |
| 陕西省 | | | | | |
| 西安 | 100 | 0.9 | 1 710 | 20.2 | 9.7 |
| 榆林 | 148 | –4.4 | 3 315 | 21.0 | 14.8 |
| 延安 | 130 | –2.6 | 2 678 | 20.7 | 13.0 |
| 宝鸡 | 101 | 1.1 | 1 707 | 20.1 | 9.8 |
| 甘肃省 | | | | | |
| 兰州 | 132 | –2.8 | 2 746 | 20.8 | 13.2 |
| 酒泉 | 155 | –4.4 | 3 472 | 21.0 | 15.7 |
| 敦煌 | 138 | –4.1 | 3 053 | 21.0 | 14.0 |
| 张掖 | 156 | –4.5 | 3 510 | 21.0 | 15.8 |
| 山丹 | 165 | –5.1 | 3 812 | 21.1 | 16.8 |
| 平凉 | 137 | –1.7 | 2 699 | 20.6 | 13.6 |
| 天水 | 116 | –0.3 | 2 123 | 20.3 | 11.3 |
| 青海省 | | | | | |
| 西宁 | 162 | –3.3 | 3 451 | 20.9 | 16.3 |
| 玛多 | 384 | –7.2 | 7 159 | 21.5 | 29.4 |
| 大柴旦 | 205 | –6.8 | 5 084 | 21.4 | 21.1 |

| 地名 | 计算用采暖期参数 | | | 耗热量指标 $q_H$/（$W/m^2$） | 耗煤量指标 $q_c$/（$kg/m^2$） |
|---|---|---|---|---|---|
| | 天数/d | 室外平均温度 $t_e$/℃ | 度日数 $D_{di}$/（℃·d） | | |
| 共和 | 182 | −4.9 | 4 168 | 21.1 | 18.5 |
| 格尔木 | 179 | −5.0 | 4 117 | 21.1 | 18.2 |
| 玉树 | 194 | −3.1 | 4 093 | 20.8 | 19.4 |
| 宁夏回族自治区 | | | | | |
| 银川 | 145 | −3.8 | 3 161 | 21.0 | 14.7 |
| 中宁 | 137 | −3.1 | 2 891 | 20.8 | 13.7 |
| 固原 | 162 | −3.3 | 3 451 | 20.9 | 16.3 |
| 石嘴山 | 149 | −4.1 | 3 293 | 21.0 | 15.1 |

#### 4. 供气工程

- 供气来源
- 用气部位或用气对象
- 用气量定额与用气量

#### 5. 电力、通信

- 用电负荷、用电量
- 配电方式
- 变电、配电站规模及位置

#### 6. 道路交通

- 建筑单体或小区的交通出入口
- 停车场位置和停车位
- 停车场汽车尾气排放系统和进、出气口位置和高度

#### 7. 生活垃圾处置系统

- 垃圾收集、储运系统

## 二、工程污染源强分析

### （一）废气污染源

房地产项目废气污染物主要来源于采暖、热水、供气等所用锅炉、茶浴炉的燃料燃烧废气；地下车库集中排放的汽车尾气以及餐饮炊事燃烧废气和烹调油烟等。

#### 1. 锅炉燃烧废气

蒸汽锅炉、热水锅炉由于炉型、燃料种类和燃烧方式多种多样，负荷末端处理措施各不相同，因此污染物的排放源强也有差异。有关燃煤燃油产污量、排污量的计算方法已在很多资料中有叙述，建议参照《生活源产排污系数及使用说明》（2010 年修

订）和《第一次全国污染源普查—工业污染源产排污系数手册》中的污染物排放系数及核算方法。

中国燃煤硫分含量见表 5-10 和表 5-11，各省生活燃煤煤质（含硫量、灰分、挥发分含量）可参见《第一次全国污染源普查—城镇生活源产排污系数手册》中的附表 2。各种不同类型锅炉排污系数可详见《第一次全国污染源普查—工业污染源产排污系数手册》（2010 年修订）下册中的 4 430 热力生产和供应行业（包括工业锅炉）。

**表 5-10 中国商品煤平均含硫量**

| 煤种（或分区） | 全国 | 东北 | 华北 | 华东 | 中南 | 西南 | 西北 |
|---|---|---|---|---|---|---|---|
| 平均硫含量/% | 1.08 | 0.54 | 0.92 | 1.12 | 1.18 | 2.13 | 1.42 |

**表 5-11 中国各地区燃煤硫分含量分布**

| 地区 | 含硫量/% | 地区 | 含硫量/% |
|---|---|---|---|
| 北京 | 0.66 | 河南 | 0.94 |
| 天津 | 0.75 | 湖北 | 0.87 |
| 河北 | 0.85 | 湖南 | 0.77 |
| 山西 | 0.87 | 广东 | 0.95 |
| 内蒙古 | 1.27 | 广西 | 1.94 |
| 辽宁 | 0.66 | 海南 | |
| 吉林 | 0.51 | 四川 | 2.79 |
| 黑龙江 | 0.55 | 贵州 | 2.58 |
| 上海 | 0.91 | 云南 | 2.7 |
| 江苏 | 1.57 | 陕西 | 2.38 |
| 浙江 | 0.95 | 甘肃 | 0.86 |
| 安徽 | 0.9 | 青海 | 0.61 |
| 福建 | 1.1 | 宁夏 | 1.7 |
| 江西 | 1.21 | 新疆 | 0.87 |
| 山东 | 1.72 | | |

资料来源：中国能源战略研究（2000—2050 年）有关环境的分报告。

### 2. 茶浴炉燃烧废气

茶浴炉是在常压情况下使用的饮水茶炉和洗澡用浴炉或者对管路系统作特殊设计后，既能作茶炉、浴炉又能作其他用途的多用锅炉。这些炉子的每小时产热量为几万至几十万大卡/小时（1 大卡＝1 千卡≈4 185.851 焦耳）。茶浴炉型较多的是人工加煤的双层炉排（LCS 系列）茶浴炉。这种茶浴炉在正常操作运行时，锅炉热效率能达到 60%左右。

### 3. 餐饮废气

餐饮废气污染物排放来源于两部分：一部分是炉灶所使用的燃料，另一部分是来自炊事使用的食用油。一般炉灶绝大部分使用清洁燃料，少数灶使用低硫煤，燃料燃烧所产生的污染物排放因子见表 5-12。

表 5-12　油、气燃料的污染物排放因子

| 燃料种类 | TSP | $PM_{10}$ | $SO_2$ | $NO_x$ | CO | $C_mH_n$ |
|---|---|---|---|---|---|---|
| 重油/（kg/t） | 3.94 | 1.60 | 2.75 | 6.03 | 0.86 | 3.34 |
| 柴油/（kg/t） | 0.31 | 0.31 | 2.24 | 2.92 | 0.78 | 2.13 |
| 液化石油气/（$kg/km^3$） | 0.22 | 0.22 | 0.18 | 2.10 | 0.42 | 0.34 |
| 天然气/（$kg/km^3$） | 0.14 | 0.14 | 0.18 | 1.76 | 0.35 | — |
| 焦炉煤气/（$kg/km^3$） | 0.24 | 0.24 | 0.08 | 0.80 | 0.16 | — |

食用油在加热过程中产生的油烟和气溶胶污染大气，同时油在高温下还会裂解氧化成醛、烯等对人体有害的物质。通过对城区大量餐馆、宾馆、学校、商场、机关、研究院等食堂的调研和测试，得到已装油烟净化器和未装油烟净化器的公服灶油烟等污染物排放因子列于表 5-13。

表 5-13　餐饮炉灶和居民炊事油烟等污染物排放因子（以油计）　　单位：kg/t

| 使用分类 | | 油烟 | TSP | $PM_{10}$ | $PM_{2.5}$ |
|---|---|---|---|---|---|
| 餐饮炉灶 | 未装油烟净化器 | 3.815 | 4.829 | 4.778 | 4.196 |
| | 已装油烟净化器 | 0.543 | 0.654 | 0.646 | 0.544 |
| 居民炊事 | | 1.035 | 1.278 | 1.180 | 0.701 |

### 4．民用小煤炉燃烧废气

民用小煤炉对现在民用住宅等建筑物来说已很少使用。但有些建设项目有时涉及“以新带老”要求淘汰原有小煤炉，需要核算原有小煤炉燃煤排放的污染源强。为此这里也列举了有关小煤炉等的燃煤设施产排污系数表，见表 5-14。

表 5-14　城镇居民生活源燃煤设施产排污系数

| 燃料名称 | 燃具名称 | 用途及规模① | 污染物指标 | 单位 | 产污系数 |
|---|---|---|---|---|---|
| 蜂窝煤 | 蜂窝煤炉 | 炊事、采暖 | 烟气量（标态） | $m^3$/t-煤⑤ | 7 500 |
| | | | 烟尘② | kg/t-煤 | $1.04V_{daf}-14.4$（$V_{daf}>19\%$） |
| | | | | | 1.23（$V_{daf}\leqslant 19\%$） |
| | | | $SO_2$③ | kg/t-煤 | $5.44S_{t,daf}$ |
| | | | $NO_x$ | kg/t-煤 | 1.60（炊事） |
| | | | | | 1.70（采暖） |
| | | | 炉渣④ | t/t-煤 | $0.000\,7A_{ad}^2-0.03A_{ad}+1.47$ |

| 燃料名称 | 燃具名称 | 用途及规模① | 污染物指标 | 单位 | 产污系数 |
|---|---|---|---|---|---|
| 散煤 | 散煤炉 | 取暖面积≤100 $m^2$ | 烟气量（标态） | $m^3$/t -煤 | 8 600 |
| | | | 烟尘 | kg/t-煤 | $0.28V_{daf}$ |
| | | | $SO_2$ | kg/t-煤 | $7.95S_{t,\ daf}$（取暖面积≤60 $m^2$） |
| | | | | | $8.00S_{t,\ daf}$（60 $m^2$＜取暖面积≤100 $m^2$） |
| | | | $NO_x$ | kg/t-煤 | 2.50（取暖面积≤20 $m^2$） |
| | | | | | 2.60（20 $m^2$＜取暖面积≤60 $m^2$） |
| | | | | | 2.80（60 $m^2$＜取暖面积≤100 $m^2$） |
| | | | 炉渣 | t/t-煤 | $0.000\,6A_{ad}^2-0.02A_{ad}+0.06$ |

注：① 本表仅适用于产热量在 0.7 kW 以下的炉型，大于 0.7 kW 的应按工业源计算。

② 烟尘的产污系数是以燃料的干燥无灰基挥发分百分含量（$V_{daf}$）形式表示，例如当煤中的空气干燥基挥发分含量（$V_{daf}$）为 10%时，则其产污系数表中 $V_{daf}$ 取 10，蜂窝煤炉烟尘的产污系数为 0.062 × 10 + 0.94 = 1.56 kg/t-煤。

③ 二氧化硫的产污系数是以含硫量（$S_{t,\ daf}$）的形式表示的，其中含硫量（$S_{t,\ daf}$）是指煤的干燥无灰基全硫分含量。例如燃料中含硫量（$S_{t,\ daf}$）为 1.25%时，则产排污系数表中 $S_{t,\ daf}$ 就取 1.25，对于非采暖蜂窝煤炉二氧化硫的产污系数为 7.95 × 1.25 = 9.93 kg/t-煤。

④ 炉渣的产污系数以煤的空气干燥基灰分百分含量（$A_{ad}$）形式表示。如当煤的空气干燥基灰分含量为 10% 时，则系数表达式中 $A_{ad}$ 取 10。

⑤ 蜂窝煤产污系数表中“t-煤”指的是将所燃烧蜂窝煤的污染物折算为原煤的产排污系数。

### 5．停车场废气

（1）地下停车场汽车尾气排放

地下停车场废气中 $i$ 污染物排放量可根据下式计算：

$$Q_i = S \times H \times M \times c_i \times 10^{-6} \qquad (5\text{-}1)$$

式中：$Q_i$——停车场废气中 $i$ 污染物排放量，kg/h；

$S$——停车场面积，$m^2$；

$H$——停车场高度，m；

$M$——换气频次，次/h；

$c_i$——停车场 $i$ 污染物早晚高峰质量浓度，$mg/m^3$。

停车场某污染物全天或全年排放量可根据酒店、公寓、写字楼等公建停车场和居民住宅楼停车场每天车辆进出停车场时间规律和停车场车位利用率计算。再结合停车场的使用情况，即可估算出停车场在某时间段内某种污染物的排放量。

汽车尾气污染物排放系数可参照《轻型汽车（点燃式）污染物排放限值及测量方法（北京Ⅴ阶段）》（DB 11/946—2013）、《轻型汽车污染物排放限值及测量方法（中国Ⅲ、Ⅳ阶段）》（GB 18352.3—2005）中的相关规定，分别见表 5-15 和表 5-16。

表 5-15 排气污染物排放限值（DB 11/946—2013）

| 车辆类别 | 级别 | 基准质量（RM）/kg | 限值/（g/km） | | | | |
|---|---|---|---|---|---|---|---|
| | | | CO | THC | NMHC | $NO_x$ | 颗粒物 |
| 第一类车 | — | 全部 | 1.00 | 0.100 | 0.068 | 0.060 | 0.004 5 |
| 第二类车 | Ⅰ | RM≤1 305 | 1.00 | 0.100 | 0.068 | 0.060 | 0.004 5 |
| | Ⅱ | 1 305＜RM≤1 760 | 1.81 | 0.130 | 0.090 | 0.075 | 0.004 5 |
| | Ⅲ | 1 760＜RM | 2.27 | 0.160 | 0.108 | 0.082 | 0.004 5 |

表 5-16 排气污染物排放限值（GB 18352.3—2005）

| 阶段 | 车辆类别 | 级别 | 基准质量（RM）/kg | 限值/（g/km） | | | | | | | | |
|---|---|---|---|---|---|---|---|---|---|---|---|---|
| | | | | CO | | HC | | $NO_x$ | | $HC+NO_x$ | | 颗粒物 |
| | | | | 汽油 | 柴油 | 汽油 | 柴油 | 汽油 | 柴油 | 汽油 | 柴油 | 柴油 |
| Ⅲ | 第一类车 | — | 全部 | 2.3 | 0.64 | 0.2 | — | 0.15 | 0.5 | — | 0.56 | 0.05 |
| | 第二类车 | Ⅰ | RM≤1 305 | 2.3 | 0.64 | 0.2 | — | 0.15 | 0.5 | — | 0.56 | 0.05 |
| | | Ⅱ | 1 305＜RM≤1 760 | 4.17 | 0.8 | 0.25 | — | 0.18 | 0.65 | — | 0.72 | 0.07 |
| | | Ⅲ | 1 760＜RM | 5.22 | 0.95 | 0.29 | — | 0.21 | 0.78 | — | 0.86 | 0.1 |
| Ⅲ | 第一类车 | — | 全部 | 1 | 0.5 | 0.1 | — | 0.08 | 0.25 | — | 0.3 | 0.025 |
| | 第二类车 | Ⅰ | RM≤1 305 | 1 | 0.5 | 0.1 | — | 0.08 | 0.25 | — | 0.3 | 0.025 |
| | | Ⅱ | 1 305＜RM≤1 760 | 1.81 | 0.63 | 0.13 | — | 0.1 | 0.33 | — | 0.39 | 0.04 |
| | | Ⅲ | 1 760＜RM | 2.27 | 0.74 | 0.16 | — | 0.11 | 0.39 | — | 0.46 | 0.06 |

（2）地面停车场汽车尾气排放

地面停车场污染废气排放量可根据停车场车辆的类型和排放因子，进行汽车尾气污染计算。它通常采用综合排放因子描述特定行车条件下汽车尾气污染物的平均排放源强，然后根据出入停车场的车流量和车辆类型计算汽车尾气污染源强。

$$Q=\sum_{i}^{n} C_i \times N_i \times K_i \tag{5-2}$$

式中：$Q$—— 汽车尾气污染源强，g/h；

$n$—— 汽车类型数目；

$C_i$—— $i$ 类型汽车尾气污染物的平均排放因子（可参见表 5-16），g/km；

$N_i$—— $i$ 类型汽车的车流量，辆/h；

$K_i$—— $i$ 类型汽车行驶距离，km。

## （二）废水污染源

居住、办公、酒店等房地产开发项目的废水主要来自洗浴、冲厕、餐饮等生活污水，各类建筑物分项用水定额及其所占比例见表 5-17，排水水量可用给水量乘以城市各类污水的排放系数（表 5-6）估算。分项排水水质参见表 5-18。

表 5-17 各类建筑物各用水设施生活用水量及其所占比例

| 类别 | 住宅 | | 宾馆、饭店 | | 办公楼 | | 附注 |
|---|---|---|---|---|---|---|---|
| | 水量/[L/（人·d）] | 比例/% | 水量/[L/（人·d）] | 比例/% | 水量/[L/（人·d）] | 比例/% | |
| 厕所 | 40～60 | 31～32 | 50～80 | 13～19 | 15～20 | 60～66 | — |
| 厨房 | 30～40 | 23～21 | — | — | — | — | — |
| 沐浴 | 40～60 | 31～32 | 300 | 79～71 | — | — | 盆浴及沐浴 |
| 盥洗 | 20～30 | 15 | 30～40 | 8～10 | 20 | 40～34 | — |
| 总计 | 130～190 | 100 | 380～420 | 100 | 25～30 | 100 | — |

表 5-18 各类建筑物各种用水设施排水污染物质量浓度 单位：mg/L

| 类别 | 住宅 | | | 宾馆、饭店 | | | 办公楼 | | |
|---|---|---|---|---|---|---|---|---|---|
| | $BOD_5$ | COD | SS | $BOD_5$ | COD | SS | $BOD_5$ | COD | SS |
| 厕所 | 200～260 | 300～360 | 250 | 250 | 300～360 | 200 | 300 | 360～480 | 250 |
| 厨房 | 500～800 | 900～1 350 | 250 | — | — | — | — | — | — |
| 沐浴 | 50～60 | 120～135 | 100 | 40～50 | 120～150 | 80 | — | — | — |
| 盥洗 | 60～70 | 90～120 | 200 | 70 | 150～180 | 150 | 70～80 | 120～150 | 200 |

中国不同区域城镇居民人均消费水平、生活方式不同，用、排水量也有所差别，因此，若要有针对性地准确估算某项目的生活污水产排污情况，可参见《第一次全国污染源普查—城镇生活源产排污系数手册》中“系数表单”中的“表 1 至表 5”。

（三）噪声污染源

居住、写字楼、酒店、公寓等房地产项目噪声主要是来自开发项目内、外的交通噪声和空调、冷却塔、风机、水泵等设备噪声以及人群各种活动的社会噪声。由于各类噪声源的位置不同，噪声影响具有方向性、时间性很强的特点，因此对噪声源和噪声影响必须根据不同对象、不同时段进行具体分析。

（四）固体废物污染源

居住、写字楼、酒店、公寓等房地产项目固体废物主要是居民生活垃圾和办公垃圾，其组成和人均产生量与各地区生活方式、生活习惯以及经济水平有关。我国目前城市人均生活垃圾为 0.8～1.5 kg/（人·d），办公垃圾为 0.5～1.0 kg/（人·d），具体项目生活垃圾产排污系数可参见《第一次全国污染源普查—城镇生活源产排污系数手册》中“系数表单”中的“表 1 至表 5”。

# 第二节　环境影响分析

## 一、环境影响因素识别

房地产项目主要建设在人口密集的城市区域，属于非工业类项目，此类项目环境影响具有双重性，一方面在建设和投入运行后可能会对周边环境产生一定影响，同时其本身也需要得到保护，对周边环境有一定要求，具体分述如下：

### （一）影响因素

影响因素即拟建项目影响外环境的污染源。废气主要来自采暖供热和其他需要热源的燃烧设备排放的燃烧废气；停车场和地下车库汽车尾气；餐饮炊事燃烧废气和烹调油烟；备用柴油发电机燃油废气等。废水主要来自生活污水。噪声主要来自空调冷却塔、各种泵类和送排引风机等。固体废物主要来自生活垃圾、办公垃圾、餐厨垃圾及厨余垃圾。

### （二）制约因素

制约因素即周边（外）环境对拟建项目造成影响的污染源。目前房地产项目受影响的群众投诉比例表明，对声环境、大气环境以及电磁辐射环境问题的反映比较突出。噪声主要来自道路交通噪声、工业企业噪声和社会噪声；废气主要来自各类工业企业及其他设备废气（其中臭气最为敏感）、餐饮炊事废气和周边环境（如河道、垃圾填埋场等）散发的臭气；电磁环境反映突出的有高压线和微波发射塔。

## 二、环境影响因素评价

环境影响因素评价指拟建项目对外环境的影响。

### （一）大气环境

评价对象：采暖供热设备（集中供热锅炉房、分户式供热设备等）和需要热能的其他燃烧设备燃烧废气；地面停车场、地下车库机动车尾气；餐饮油烟废气和其他废气等。

预测评价方法：可参照《环境影响评价技术导则—大气环境》中点源和面源模式。

### （二）噪声环境

评价对象：冷却塔、各类泵体及排引风机和社会噪声等；

预测评价方法：参照《环境影响评价技术导则—声环境》中预测计算方法和有关参数的选取。

### （三）水环境

评价对象：居民、办公人员及其他人员生活污水，洗衣房排水、餐饮废水等；

预测评价方法：① 受纳对象为城市污水处理厂，则进行市政污水管道和城市污水处理厂的接纳可行性分析，包括拟建项目运营时周边市政污水管道是否可配套完善、项目出水是否满足城市污水处理厂进水水质要求、城市污水处理厂的剩余处理能力能否满足拟建项目的排水需求等；② 受纳对象为地表水体，则进行拟建项目自身需配套建设的污水处理设施的达标可行性论证，并按《环境影响评价技术导则—地面水环境》中规定的方法，预测对受纳水体的环境影响。

### （四）生态景观

景观环境现状描述：① 开发建设项目原有用地建筑景观描述（包括文字和图片）；② 评价区域现状景观描述（包括文字和图片）。

协调性分析：从建筑高度、建筑造型、建筑色彩等诸方面与周边建筑的协调性，分析评价项目建设对城市景观的有利和不利影响。

## 三、环境制约因素评价

### （一）评价对象

环境制约因素评价指外环境的人为活动所产生的污染对拟建项目的影响和干扰。近年来房地产项目反映出的问题，主要表现在噪声，特别是交通噪声的影响；周边工业污染源（含污水处理厂、固体废物处置场等），特别是带有异味、恶臭气体的影响；周边城市排污河道的影响；历史遗留问题（工业场地污染）的影响。

### （二）评价方法

外界工业废气对拟建项目的影响可按《环境影响评价技术导则—大气环境》规定的方法和模式进行预测分析，外界噪声对拟建项目的影响可按《环境影响评价技术导则—声环境》规定的方法和模式进行预测分析，若外环境项目已建成运营，还可采取现场监测方式判断实际造成的影响；对受污染河水等产生的臭气影响预测除按不同季节、气温、水温、气象条件进行模式计算外，还可通过实地调查、走访，根据群众所反映的污染影响距离，评价其对拟建项目的制约影响和相应对策。

### （三）建设项目场地环境评价

随着经济、社会的发展，调整城市布局、土地使用性质的变更越来越频繁。一些原有工业用地由于污染等原因，已不适合在原地发展和生存，搬迁后留下污染的场地用作房地产开发，特别是居住用地时需要做好环境影响评价，以防止对未来入住居民产生不良影响。原国家环境保护总局办公厅 2004 年 6 月 1 日正式发布“关于切实做好企业搬迁过程中环境污染防治工作的通知”，明确要求所有产生危险废物的工业企业、实验室和生产经营危险废物的单位，在结束原有生产经营活动，改变原土地使用性质时，必须经具有省级以上质量认证资格的环境监测部门对原址土地进行监测分析，报送省级以上环境保护行政主管部门审查，并依据监测评价报告确定土壤功能修复实施方案。

场地评价可参照《场地环境评价导则》（DB11/T 656—2009）开展工作，场地环境评价工作程序可分为逐级递进的三个阶段：

① 第一阶段为污染识别阶段。主要工作为通过文件审核、现场调查、人员访谈等形式，对场地过去和现在的使用情况，特别是污染活动有关信息进行收集与分析，以此来识别和判断场地环境污染的可能性；

② 第二阶段为采样分析阶段。主要工作为通过在疑似污染地块上进行采样分析，确认场地是否存在污染；如果确定场地存在污染，则需通过进一步采样，并开展第三阶段场地评估；

③ 第三阶段为风险评价阶段。主要工作为根据采样结果进行健康风险分析评价，提出修复目标和修复范围。

## 第三节　环境保护措施

### 一、大气污染防治措施

#### （一）锅炉烟气

主要采用清洁燃料（天然气或轻柴油），若采用燃煤锅炉，则需配套脱硫、除尘装置。

#### （二）地下车库

① 排气口应尽量设置在远离人群活动的地方；② 合理调度停车场车辆的停放，

减少发动机工作的时间和在停车场行驶的距离，减少污染物的排放；③ 为防止地下车库污染物的溢出，车库内保持微负压（–50 Pa 左右）；④ 保证车库送排风系统正常运行，保证换气率和通风量；⑤ 加强管理，合理设计汽车通道、减少汽车在车库内怠速行驶时间，增大进出口和通风口面积，尽量增加通风量。

其排口污染物浓度一般都可达标，但排口的排放速率常不达标，故需计算排放口数量与高度的合理配置，具体见第二篇有关内容。

#### （三）厨房油烟

① 安装符合《饮食业油烟排放标准》相应规定的油烟净化器；② 要求油烟风机排口背向高于与其邻近楼房，油烟排放口与周边环境敏感目标的距离满足《饮食业环境保护技术规范》（HJ 554—2010）要求；③ 加大厨房通风量，保证厨房内的适当负压，防止污染物外逸；④ 厨房内采用局部空调送风方式：在夏季利用空调向工作点送凉风，冬季则直接向工作点送室外风；⑤ 定期对油烟净化器进行维护。

## 二、废水污染防治措施

一般餐饮废水经隔油池处理与其他生活污水通过化粪池进行简单处理后经市政污水管道进入城市污水处理厂。

对于较清洁的盥洗和洗浴废水可通过中水处理工艺进行处理回用于绿化、洗车和冲厕等。

## 三、噪声治理措施

① 设备选型。选用符合国家标准的低噪声设备。

② 隔声、消声措施。地下车库的排风口进行消声处理，如安装消声百叶等；冷却塔和油烟风机安装隔声罩或加装消声装置；邻路第一排建筑安装双层隔声窗；道路两侧进行绿化等措施。

③ 规划布局。优化项目平面布局，合理布置噪声源，控制噪声源影响范围。

## 四、污染土壤治理技术

污染土壤治理技术归纳起来可以分三大类：第一类为限制土壤污染物的扩散，如覆盖、设置垂直和水平隔离层等；第二类为降低土壤中污染物的活性，如稳定和固化；第三类为土壤中污染物的分离、提取和最终处理。上述各类治理技术的治理效果和成本各有不同，下面对此进行分析比较：

### （一）第一类治理技术——限制土壤污染物迁移

限制土壤污染物迁移的技术有垂直与水平隔离层和表层覆盖。垂直隔离层是采用挖沟设置隔离墙或者采用注射灌浆技术形成的隔离层。水平隔离层则是在被污染土壤下方采用注射灌浆技术。水平灌浆技术要求相对较高。建立垂直和水平隔离层的目的是限制土壤中污染物向周围和深层土壤迁移。表层覆盖是在土壤污染范围上部加填一定厚度的黏土层压实或用混凝土硬化防止雨水下渗污染地下水。

限制土壤污染物迁移技术应用最为广泛，成本也相对较低。特别是表层覆盖和设置垂直隔离层，由于成本低，可以应用于较大面积的土壤污染区治理，同时也可以结合景观的建设来进行。但此类方法的缺点是未能从根本上对污染土壤进行治理，隔离层也可能被侵蚀，需要定期监测和维护。

### （二）第二类治理技术——固化或稳定

该技术主要用于潮湿土壤，主要是将有关固化剂拌入土壤或采用水泥等固化污染的土壤等。

### （三）第三类治理技术——土壤中污染物分离、提取和处置技术

① 水洗：水洗方法需将土壤挖出、碾碎后，用水或其他溶剂将土壤中污染物淋溶，然后对淋溶液进行处理。

② 土壤冲刷：用水或溶剂喷入土壤或注入土壤，使土壤中污染物溶入水中或乳化，然后通过井或沟重新收集已溶解土壤污染物的污水，进行处理后循环使用或处理后排入污水系统。该方法无须将污染土壤挖出。另外，为了防治土壤中污水向四周扩散，该方法通常与设置隔离层方法结合使用。

水洗和土壤冲刷对于处理大面积土壤污染来说费用十分高昂。

根据对以上技术的分析，并结合场区内土壤污染的状况，在开发建设中应结合该地区未来土地利用开发和规划布局，采用表层覆盖、清挖污染土壤或与景观改造相结合的方法。如用作道路建设时，可结合道路建设用水泥覆盖；用于地下空间建设时，可将挖出的污染土壤清运处理。这些土壤也可用于在小区内填埋造景，污染土壤的上部和下部均应进行防渗处理，并在上部种植草皮，作为小区绿色景观的一部分，或者选择某一合适的绿化隔离带进行填埋，并采取必要的防渗措施。该方法既可控制土壤污染对人体健康及地下水的影响，同时成本也相对较低。

## 五、绿色建筑方案

根据《国务院办公厅关于转发发展改革委住房城乡建设部绿色建筑行动方案的通

知》（国办发[2013]1 号），开展绿色建筑行动，以绿色、循环、低碳理念指导城乡建设，严格执行建筑节能强制性标准。在房地产项目环评中，应关注以下内容：

可再生能源建筑应用、节水与水资源综合利用、绿色建材、废弃物资源化、环境质量控制、提高建筑物耐久性等。

# 第六章　城市综合整治工程

城市综合整治工程涉及面很广，项目建设的目的是改善城市整体环境，提升城市整体形象。此类工程包括城市环境空气质量改善工程，城市污水、河道整治工程，城市交通路网改造工程，城市园林绿化景观建设工程、城市安全建设工程及市容改造工程等。每一项工程又分为几个子项工程，见表 6-1。

表 6-1　城市综合整治工程一览

| 综合整治项目名称 | 子项目名称 |
| --- | --- |
| 城市环境空气质量改善工程 | 能源结构调整 |
| | 集中供热工程 |
| 城市污水、河道整治工程 | 污水管道工程 |
| | 雨水管道工程 |
| | 城市污水处理工程 |
| | 城市中水回用工程 |
| | 河道清淤整治工程 |
| 城市公共交通改造工程 | 城市停车场工程 |
| | 城市交通综合换乘枢纽 |
| | 城市交通广场 |
| 市容改造工程 | 旧屋区改造、城中村搬迁改造 |
| | 工业用地置换 |
| | 管网入地改造 |
| | 餐厨垃圾处置中心 |

城市综合整治工程均为环境改善项目，在环评中既要考虑项目建设、营运对环境所产生的负面影响，同时也要考虑项目建成后对城市或区域环境质量改善的正面影响。

## 第一节　城市综合整治工程内容和组成

城市综合整治工程通常由几个子项目组成，每个子项目又由几个具体项目组成，具体项目又可分为拆除项目、新建项目和改扩建项目。现就城市综合整治工程的不同类型项目分别加以说明。

## 一、城市环境空气质量改善工程

城市环境空气质量改善工程一般由能源结构调整和集中供热工程两个子项目组成。

### （一）能源结构调整

能源可以分为一次能源（煤、石油、天然气、核能、风能、太阳能等）和二次能源（电能、煤制气等）。能源结构调整主要为一次能源结构的调整，如煤改气工程。

### （二）集中供热工程

城市环境空气质量改善工程中的集中供热工程指的是替代原有的分散的小锅炉、煤炉、茶浴炉等而建立的集中供热工程。

工程内容见表 6-2。

表 6-2 环境空气质量改善工程

| 项 目 | 工 程 内 容 |
|---|---|
| 能源结构调整工程 | 根据城市规划、区域环境空气质量要求，确定并调整能源结构，明确调整前后能源种类、用途、用量、供应对象。主体工程包括锅炉和炊具等设备改造和配套的储存输送设施的建设 |
| 集中供热工程 | 根据城市供热规划，确定集中供热锅炉房的数量、位置、供热范围、供热面积，明确替代锅炉的型号、数量、出力、除尘方式、烟气排放情况。主要工程包括拆除一些锅炉、改扩建一些锅炉、新建一些锅炉；拆除部分供热管网、与改扩建、新建锅炉配套新建相应的供热管网 |

## 二、城市污水、河道整治工程

城市污水、河道整治工程一般由污水管网工程、雨水管网工程、城市污水处理工程、城市中水回用工程、河道清淤整治工程中的几个或全部组成。每个子项目又由一个或多个具体项目组成，详见表 6-3。

表6-3　城市污水、河道整治工程

| 项　目 | 工　程　内　容 |
| --- | --- |
| 污水管网工程 | 根据城市规划、所在区域的位置、地形、污水量，确定污水收集管道的布置及位置，可设一条或多条污水收集管网 |
| 雨水管网工程 | 根据城市规划，对区域原有雨污合流区域进行改造，实施雨污分流，或在新开发区域实施雨污分流，结合区域地形、河网，铺设雨水管网 |
| 城市污水处理工程 | 根据城市规划、所在区域污水量、污水水质和污水收集管网的布置，确定城市一个或多个污水处理项目，每个污水处理项目的规模、处理技术。或根据受纳水体要求，对原有污水处理厂工艺进行改造（详见第三章） |
| 城市再生水利用工程 | 根据城市总体规划、可以利用中水的企业所在位置、城市其他用水（能用中水）需求，如绿化、洗车用水等，确定城市中水回用的管道布置 |
| 河道清淤整治工程 | 根据城市总体规划、现有河道纳污及污染情况，确定对城市一条或多条河道进行清淤、河道拓宽 |

### 三、城市公共交通改造工程

城市公共交通改造工程可由城市停车场、城市交通综合换乘枢纽和城市交通广场组成。每个一级子项工程可由一个或多个二级子项目工程组成，每个二级子项目由具体项目构成。

### 四、市容改造建设工程

随着城市的发展，市容环境改造建设工程由城市中心旧屋区改造、城中村搬迁改造、工业用地置换、管网入地、餐厨垃圾处置中心等一系列工程构成。

## 第二节　项目环境影响分析和预测评价要点

### 一、环境影响评价考虑的主要因素

与单个工程相比，城市环境综合整治工程是从区域宏观角度出发，综合考虑多方面的因素或原因而实施的一项系统整治工程。不仅考虑单个工程的治理效果，更着重考虑各个工程的累积叠加影响，发挥各工程的协同效应，达到更有效的整治效果。

城市综合整治工程出发点是通过实施一系列工程改善环境，因此既要考虑对环境的不利影响，又要考虑对环境的有利影响。既要考虑单个工程的影响，又要深化分析各单项工程同时实施的累积环境影响。

城市综合整治工程的实施有利于城市环境质量的改善，但如果整治方案不合理，就可能会造成生态系统的破坏，因此整治方案的环境合理性分析是环评关注的重点之一。

## 二、环境影响因素识别与筛选

城市综合整治工程项目的环境影响因素识别与筛选，应从对环境的正面影响和负面影响两个方面进行考虑。正面影响主要考虑项目建成营运后对区域污染物的削减和环境改善情况；负面影响主要考虑项目在施工期、营运期对项目所在地周边环境的负面影响。环境影响因素识别与筛选既要从整体项目进行分析，又要针对具体项目进行评价，详见表 6-4。

**表 6-4 环境影响因素识别与筛选**

| 项目 | 子项目 | 整体项目效益 | | 分项环境要素效益 | | | | | |
|---|---|---|---|---|---|---|---|---|---|
| | | 污染物削减 | 环境质量改善 | 项目阶段 | 大气影响 | 水环境影响 | 声环境影响 | 固废影响 | 生态影响 |
| 环境空气质量改善 | 能源结构调整 | +3 | +3 | 施工期 | -1 | -1 | -2 | | -1 |
| | | | | 营运期 | +3 | | -2 | +2 | |
| | 集中供热及管网 | | | 施工期 | -1 | -1 | -1 | | -1 |
| | | | | 营运期 | -1（新建） | | -1 | -1（新建） | |
| 城市污水、河道整治工程 | 污水管道截污河道清淤整治工程 | | +3 | 施工期 | -1 | -1 | -1 | -1 | -1 |
| | | | | 营运期 | 0 | +3 | | 0 | +2 |
| | 城市污水处理工程 | +3 | +3 | 施工期 | -1 | -1 | -1 | -1 | -1 |
| | | | | 营运期 | -2 | +3 | -1 | -1 | |
| | 城市中水回用工程 | +3 | +3 | 施工期 | -1 | -1 | -2 | -1 | -1 |
| | | | | 运营期 | -1 | +2 | -1 | -1 | +2 |
| 城市公共交通改造工程 | 城市汽车停车场 | -1 | -1 | 施工期 | -1 | -1 | -1 | -1 | |
| | | | | 营运期 | -1 | -1 | -1 | | |
| | 交通枢纽 | +1 | +1 | 施工期 | -1 | | -2 | -1 | -1 |
| | | | | 营运期 | +2 | | -2 | | |
| | 交通广场 | +1 | +1 | 施工期 | -1 | | -2 | -1 | -1 |
| | | | | 营运期 | +2 | | -2 | | |

注："+"表示正面影响，"-"表示负面影响，"3"表示影响程度大，"2"表示影响程度中等，"1"表示影响程度小。

由表 6-4 可以看出：城市综合整治工程对周围环境的不利影响主要体现在施工期，运营期整体来讲是环境改善项目。

不同类型综合整治工程的侧重点不同，对环境改善的着重点也不同，如城市环境空气改善项目主要改善城市大气环境质量，削减大气污染物；城市污水、河道整治工程主要是改善城市水环境质量，削减水污染物；城市园林绿化景观建设工程主要改善城市生态环境。但从各个具体项目来讲，项目的建设在施工期对项目所在地周围部分环境要素或多或少造成不良的影响。

## 三、环境影响评价要点

根据城市综合整治工程的特点，环境影响评价的重点如下。

### （一）城市综合整治环境现状调查与分析

城市综合整治工程环境现状是评价城市综合整治工程实施改善效果的基础，充分识别城市综合整治现状的环境问题，调查获取区域污染源的第一手资料，识别城市综合整治工程所在区域的生态敏感区，同时通过系统、全面的环境质量现状监测，为评价提供翔实的背景资料。

### （二）施工期环境影响分析与评价

城市综合整治工程一般在市区内进行，周边敏感点较多，对于施工期对周围环境的不利影响应重点分析。

根据项目排污特征，结合周边敏感点的分布，对施工期扬尘、恶臭（河道清淤）、噪声、施工垃圾、施工废水对周围环境的影响进行分析，提出可行的预防性措施和管理建议；对施工运输车辆对区域交通造成的短期不利影响提出合理的建议。

需要特别关注的是：城市内河清淤疏浚整治工程施工期除上述环境影响外，河道疏浚淤泥的处置及环境影响评价应进行重点分析，根据河道底泥的成分及含量提出合理可行的处置措施与建议，避免底泥堆放造成二次污染。

### （三）运营期环境影响预测要点

城市综合整治工程是由一级子项目、二级子项目和二级子项目中各个具体项目所组成，对每个具体项目的环境影响预测分析可按建设项目的类型、规模、污染物排放特征以及项目所在位置的环境条件确定其环境影响预测分析的侧重点、评价方法及评价内容。

#### 1. 环境空气改善工程

环境空气改善工程一方面通过能源结构的转变，减少大气污染物的排放；另一方面采取集中供热，提高了能源使用效率，有利于采取污染治理措施，减少污染物的排放。以煤改气工程为例，评价工作重点如下：

➢ 原有工程污染源分析及存在的环境问题；

- 供热负荷调查；
- 改造工程实施后环境影响预测分析与评价；
- “以新带老”三本账。

2．污水处理工程

- 污水处理厂恶臭对周围环境的影响分析；
- 污水处理厂设备噪声对周围环境的影响分析；
- 污水处理厂污泥的处置措施与合理性分析；
- 污水处理厂排水对地表水体的影响分析。

3．城市内河清淤整治工程

- 运营期内河水质改善的正面影响及整治目标的可达性分析；
- 运营期河道整治方案对生态环境的影响分析。

4．市容改造建设工程

- 旧屋改造、城中村搬迁改造工程参考本书“房地产项目”一章；
- 餐厨垃圾处置中心项目：大气环境影响分析、水环境影响分析、固体废物环境影响分析。

（四）累积影响分析

城市综合整治工程的环境影响分析一方面要分析单个项目局部的环境影响，同时应从宏观角度，综合考虑城市综合整治工程各子项目的实施带来的累积环境影响，对项目实施后各种污染物的总量削减情况进行定性、定量分析、预测城市环境质量及改善的程度。

（五）整治方案的符合性分析

根据国家相关法律法规标准、地方法规、城市总体规划、规划环评及环境影响评价结果，对整治方案进行分析，既要看到工程实施的正面影响，也要关注其负面影响，要针对项目设计中不利于环境保护的方案提出合理可行的调整建议，预防项目实施后造成的不良影响。

（六）新建工程和改扩建工程选址的可行性分析

根据城市总体规划和供排水规划等及环境影响评价结果，对新建工程的选址可行性进行分析。

# 第七章　某房地产项目案例

本篇选取在已建地铁车辆段上建设房地产项目（地铁“上盖”）作为案例进行点评分析。

地铁“上盖”是指与地铁出入口直接相连的建筑物形式，能将地铁站出入口、通道、集散厅、风亭等地铁功能性设施和地上建筑有机结合起来，建筑类别多为商业、写字建筑物、住宅等。纽约、巴黎、香港、东京等国际知名的繁华之都，地铁是这些城市的生命线及活力的源泉，而建于地铁之上的大型上盖建筑综合体，更是城市繁华与活力的中心。地铁上盖的住宅类产品，不仅有着与轨道交通“零距离”的便捷优势，更有着享受地铁商业的全方位生活配套。

本案例除房地产常规影响因素外，主要问题是地铁车辆段噪声、振动对上盖建筑的环境影响。环评主要任务是分析这些影响的途径、强度，并提出减缓措施，为设计提供依据，使居住环境能够达到相应环境标准的要求。

## 一、总论

### （一）编制依据（略）

### （二）评价的目的和内容（略）

### （三）评价等级和范围

#### 1．大气评价工作等级和范围

根据《环境影响评价技术导则—大气环境》（HJ 2.2—2008）的规定，确定大气环境评价工作等级为三级，评价范围为以燃气锅炉烟囱为中心，长 × 宽 = 5 km × 5 km 的区域。

#### 2．地表水环境评价工作等级

根据《环境影响评价技术导则—地面水环境》（HJ/T 2.3—93），确定地表水环境评价等级为三级。

#### 3．地下水评价工作等级

根据《环境影响评价技术导则—地下水环境》（HJ 610—2011），确定地下水评价工作等级为三级。

4．噪声评价工作等级及范围

鉴于本项目的特殊性，噪声影响评价分为本项目对外环境的噪声影响和外环境对本项目的噪声影响。

本项目对外环境的噪声影响评价范围为项目拟建地及其边缘向外延伸 200 m 的区域；外环境对本项目的噪声影响评价范围为本项目拟建的敏感建筑物。根据《环境影响评价技术导则—声环境》（HJ 2.4—2009）和《环境影响评价技术导则—城市轨道交通》（HJ 453—2008），确定本次噪声评价工作等级为一级。

5．振动评价工作等级及范围

根据《环境影响评价技术导则—城市轨道交通》（HJ 453—2008），确定本次振动评价工作等级为一级，评价范围为本项目拟建的敏感建筑物。

### （四）评价重点

本案例为地铁上盖类的房地产开发项目，评价重点为自身敏感建筑受到的外环境噪声和振动影响。此外，大气部分评价重点为燃气锅炉房废气、地下车库废气；水环境评价重点为项目建成后的生活污水达标排放的可行性分析。在此基础上提出减少环境污染的环保治理措施及其他相关环保建议。

### （五）评价原则（略）

### （六）评价标准

区域环境振动标准执行《城市区域环境振动标准》（GB 10070—88），评价量为“铅垂向 Z 振级”，振动的频率范围为 1～80 Hz；建筑物室内振动限值执行《城市轨道交通引起建筑物振动与二次辐射噪声限值和测量方法标准》（JGJ/T 170—2009），评价量为“分频最大振级”，振动的频率范围为 4～200 Hz；二次结构噪声执行《城市轨道交通引起建筑物振动与二次辐射噪声限值和测量方法标准》（JGJ/T 170—2009），评价量为“等效连续 A 声压级”，二次辐射噪声的频率范围为 16～200 Hz。

### （七）环境保护目标

本项目位于地铁车辆段，外环境保护目标主要为项目周边的现状居住区和规划居住区，本项目自身的保护目标主要为项目内部的商品住宅和公租房。

**点评**

本案例重点突出了项目特点及主要环境问题，环境保护目标同时考虑到外环境保护目标和本项目保护目标。在此类项目中除现状保护目标外，还应重视规划保护目标。

## 二、工程概况及工程分析

### （一）工程概况

工程总投资 78.5 亿元，基本情况见表 7-1。

表 7-1 基本情况

| 项目 | 内 容 |
|---|---|
| 项目性质 | 新建 |
| 占地及建筑规模 | 本次项目建设用地面积 14.69 万 $m^2$。项目区规划总建筑面积 677 030.5 $m^2$，其中地上建筑面积 545 670 $m^2$，地下建筑面积 131 360.5 万 $m^2$ |
| 建设内容 | 夹层车库 2.25 万 $m^2$，商品房 16.727 8 万 $m^2$，公租房 23.86 万 $m^2$，商业 4.6 万 $m^2$，地上办公 6.603 6 万 $m^2$，0.36 万 $m^2$ 幼儿园，其他配套 0.161 万 $m^2$ |
| 主要功能 | 商品房、公租房、商业、写字楼、幼儿园及配套 |

本项目拟建 10 栋商品住宅楼，其中 4 栋坐落于运用库上盖区，4 栋位于运用库南侧的落地区域，2 栋位于试车线北侧的落地区域；拟建 2 栋办公楼，位于运用库西侧的落地区域；拟建 14 栋公租房，1 所幼儿园，1 所托老所，4 栋配套公建，均为落地区域开发（图 7-1）。

图 7-1 周边环境关系

## （二）项目建设内容及规模（略）

## （三）污染源分析

工程建成后，污染源主要为锅炉废气、地下车库废气、餐饮厨房油烟，地下车库风亭、泵房、冷却塔和锅炉房的噪声，生活污水和生活垃圾等。

### 1．大气污染源

项目大气污染源主要为燃气锅炉废气、地下停车场排放汽车尾气、餐饮油烟废气（表 7-2）。

**表 7-2　拟建项目大气污染物年排放总量**　　单位：t/a

| 污染物 | $SO_2$ | $NO_x$ | CO | THC | 油烟 |
|---|---|---|---|---|---|
| 锅炉废气 | 0.056 | 17.11 | 3.40 | — | — |
| 汽车尾气 | — | 0.79 | 16.18 | 2.42 | — |
| 居民炊事 | 0.014 | 4.314 | 0.858 | — | — |
| 餐饮油烟废气 | 0.000 68 | 0.209 | 0.042 | — | 0.228 |
| 合计 | 0.014 68 | 22.423 | 20.48 | 2.42 | 0.228 |

（1）锅炉废气

拟建项目冬季采暖利用自建燃气锅炉，锅炉房位于地块东部。锅炉房内采用 3 台锅炉，其中 1 台 14 MW、2 台 10.5 MW 锅炉。锅炉房总热负荷为 35 MW。设计小时用天然气量为 4 000 $m^3$/h。按每天使用 18 h，每年使用 135 d 计算（采暖季），每年天然气用量为 9 720 000 $m^3$/a。

天然气是一种相对清洁的燃料，在完全燃烧条件下，几乎不产生烟尘，烟气中的主要污染物为 $NO_x$、CO 和少量 $SO_2$。其中 $NO_x$、CO 的产生量参照《北京市大气污染控制对策研究》课题中确定的排放因子，即燃烧 1 000 $m^3$ 天然气 $NO_x$ 的排放量为 1.76 kg，CO 排放量为 0.35 kg。$SO_2$ 的排放系数根据含硫率可求得，即燃烧 1 000 $m^3$ 天然气 $SO_2$ 的排放量约为 $5.71 \times 10^{-3}$ kg。大气污染物排放总量为：$NO_x$：17.11 t/a；CO：3.40 t/a；$SO_2$：0.056 t/a。

（2）餐饮废气

项目在三座办公楼的首层、二层及地下一层设置餐饮，幼儿园设置食堂。预计就餐人数约 2 500 人次/d（其中幼儿园预计每天 600 人次，商业餐饮每天约 1 900 人次），消耗热量按照 5.2 MJ/（餐·人）计算，消耗热量 13 000 MJ/d。厨房炊事采用天然气，折合成天然气 325 $m^3$/d，118 625 $m^3$/a。参照天然气的用量和污染物排放因子，大气污染物排放总量为：$NO_x$：0.209 t/a；CO：0.042 t/a；$SO_2$：0.68 kg/a。

（3）油烟

经类比调查，每人每天耗食用油量约 50 g/d，则本项目餐饮食用油消耗量为 125 kg/d；烹饪过程中油的挥发量与炒作工况有关，一般在 2%～5%，按 5%计算，则油烟的产生量为 6.25 kg/d（即 2.28 t/a）。

（4）汽车尾气

汽车尾气计算公式及参数详见第五章有关内容。

### 2．水污染源

拟建项目日最大用水总量为 3 091 $m^3$/d，年用水总量为 969 233 $m^3$/a。其中新鲜水用水量 2 394 $m^3$/d，每年 731 543 $m^3$/a；中水用水量 697 $m^3$/d，每年 237 690 $m^3$/a。污水量 1 695.55 $m^3$/a，生活污水经过化粪池，食堂餐饮废水经过隔油池，排入市政规划污水管道及现状污水管道，最终进入城市污水处理厂（图 7-2）。本项目水污染物排放量 COD 221.7 t/a，$BOD_5$ 147.8 t/a，SS 147.8 t/a，油脂 33.2 t/a，$NH_3$-N 29.6 t/a。

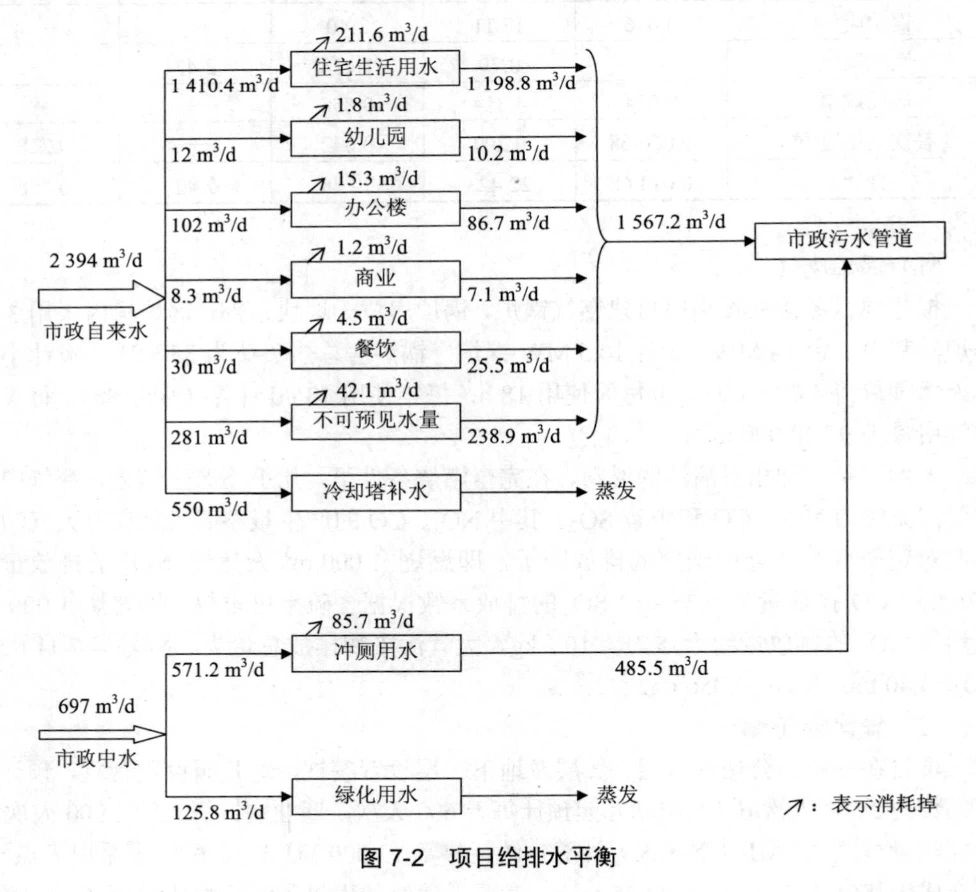


图 7-2 项目给排水平衡

### 3. 噪声污染源

拟建项目建成后的噪声源主要是设备运行噪声，包括制冷系统噪声、通风系统噪声、水泵设备噪声、锅炉房设备噪声等（表 7-3）。

表 7-3 主要噪声污染源一览 单位：dB（A）

| 类别 | 污染源名称 | 位置 | 源强 |
|---|---|---|---|
| 地下车库通风 | 风机 | 地下车库、通风口 | 85 dB（A）左右 |
| | 通风口 | | 65 dB（A）左右 |
| 给水、排水泵 | 生活供水泵 | 某楼地下 3 层，东部地块地下 2 层 | 75 dB（A）左右 |
| | 污水泵 | 某楼地下 3 层，东部地块地下 2 层 | 85 dB（A）左右 |
| | 中水泵房 | 某楼地下 3 层，东部地块地下 2 层 | 75 dB（A）左右 |
| 锅炉房 | 锅炉房噪声 | 东部中间地块地上 | 80～90 dB（A） |
| 制冷系统 | 冷却塔 | 办公楼楼顶 | 70.5 dB（A） |
| | 冷冻机组 | 地下 1 层 | 90 dB（A） |

### 4. 固体废物

本项目固体废物为住宅、幼儿园、办公楼、商业的生活垃圾，餐厅产生的厨余垃圾。各种生活垃圾产生量为 13 016 kg/d，年产生活垃圾量约 4 627 t/a。这些生活垃圾将集中收集，及时由环卫部门清运。

### 5. 拟建项目污染物排放情况（略）

## （四）外环境制约因素分析

地铁车辆段位于本项目用地范围内，地铁的振动和噪声是主要制约因素。

项目西侧为某地铁线路正线，西北角区域为地铁车站，运用库西侧为某地铁线折返线；项目北侧为试车线；运用库东侧是咽喉区，出入段线在咽喉区东南，紧接咽喉区。工程与车辆段位置关系见图 7-1。

在车辆段实际建设阶段，设计结合土地上市环评要求，对车辆段的减振降噪措施进行了优化，具体为：

① 车辆段北侧试车线采用部分全封闭声屏障和部分半封闭声屏障结合的方式，东南侧咽喉区往东的出入段线采用全封闭声屏障，西侧运用库东边采用 30 m 挑檐屏障。目前，车辆段声屏障均尚未实施，但都已预留安装条件。

② 北侧试车线使用减振道砟垫，咽喉区及出入段线使用减振道砟垫，U 型槽整体道床部分使用弹性短轨枕。目前，车辆段减振措施均已按照设计方案实施。

本项目拟建设的商品房、公租房、幼儿园及写字楼等建筑物将会受到车辆段列车运行的噪声和振动影响。根据初步设计，各建筑物与车辆段各线路之间的关系见表 7-4。

表 7-4　建筑物信息

| 线路名称 | 线路状况 | 最近水平距离 | 埋深 | 设计车速 | 建筑物业态 | 建筑物高度 | 建筑物基础 |
|---|---|---|---|---|---|---|---|
| 西侧地铁正线 | 地下线 | 12 m | 21 m | 60 km/h | 商业、办公 | 18 层 | 待定 |
| 运用库线 | 库内线 | 0 m | 0 m | 5～15 km/h | 住宅 | 18 层 | 桩基 |
| 试车线 | 地面线 | 14 m | 0 m | 50 km/h | 住宅 | 24 层 | 筏基 |
| 出入段线 | 地面线 | 17 m | 0 m | 15～25 km/h | 住宅 | 29 层 | 筏基 |

注：建筑物与线路距离均为与线路轨道中心线距离。

**点评**

本案例分析了房地产类项目常规污染物排放情况，并侧重介绍了外环境主要制约因素——轨道交通噪声和振动。工程概况详细介绍了本项目与车辆段的关系，现有地铁线及车辆段与本项目有关的环评结论及环保措施落实情况，为环境影响预测提供了必要条件。在房地产类项目工程分析中，应结合项目交通评价或周围路网规划，介绍项目周边市政道路规划建设情况。

## 三、环境现状

### （一）自然环境概况（略）

### （二）社会环境现状（略）

### （三）环境质量状况

#### 1．大气环境质量现状

根据区内主导风向（SW 风）和敏感点的分布，在评价中共布设 2 个大气监测点，监测项目为 $SO_2$、$NO_2$、CO、$PM_{10}$、TSP 共 5 项。

监测结果表明：2 个监测点的 $SO_2$、$NO_2$、CO 的小时值及日均值，TSP、$PM_{10}$ 的日均浓度值均低于《环境空气质量标准》（GB 3095—1996）及其修改单的二级标准，项目所在地环境空气质量状况良好。

#### 2．水环境质量现状（略）

#### 3．声环境质量现状

根据周围功能区状况，共布设 4 个厂界环境噪声监测点；在项目东侧主干道边 1 m 设置一个交通噪声监测点，测 24 h 连续噪声。

监测结果表明：东厂界、北厂界昼间和夜间噪声均满足《声环境质量标准》（GB 3096—2008）中 4a 类标准；西厂界昼间噪声满足《声环境质量标准》（GB 3096—2008）中 1 类标准，夜间监测值超标 1.0 dB（A）；南厂界昼间噪声满足《声环境质量标准》（GB 3096—2008）中 1 类标准，夜间监测值超标 1.3 dB（A）；项目东侧主干道交通噪声的昼间等效声级 $L_d$ 为 68.1 dB（A）、夜间等效声级 $L_n$ 为 53.7 dB（A），满足 4a 类标准。

4．电磁辐射环境现状（略）

## 四、施工期环境影响分析（略）

## 五、噪声环境影响分析

### （一）外环境影响分析

#### 1．地铁噪声环境现状分析与评价

（1）地铁现状环境噪声源分析（略）

（2）现状监测点布设（略）

（3）监测结果及分析

1）厂界噪声监测结果及分析

对车辆段噪声的监测结果表明：四个监测点的昼间、夜间噪声均满足《工业企业厂界环境噪声排放标准》（GB 12348—2008）的要求，也满足《声环境质量标准》（GB 3096—2008）中对应声环境功能区的标准限值。

2）单车通过时的噪声监测结果及分析

对评价区域内主要交通噪声源的监测结果表明，单车通过噪声（源强特征）影响较为突出，4 个测点列车通过噪声基本都在 50.1～69.6 dB（A），最大值在 66.0～78.2 dB（A）。计算后的小时等效声压级中库上测点和东南测点均超过相应区域夜间噪声限值的标准要求，超标量为 6.5 dB（A）和 0.1 dB（A），由于距离声源较近，库上测点超标最为严重。

（4）噪声现状评价小结（略）

#### 2．原设计方案实施后的敏感点噪声影响预测与评价

（1）车辆段及地铁正线设计、运行状态（略）

（2）噪声预测模型（略）

（3）本案例预测参数的选取（略）

（4）噪声预测敏感点

车辆段内实际轨道数量较大，不同位置轨道间噪声影响会在一定范围内波动，选择三种特征线路，分别表征对北侧、盖上和南侧建筑物噪声影响最为突出的情况，根据实际测试和预测经验，其他线路引起的噪声均小于上述三种情况。

（5）噪声预测结果及分析

预测结果表明：在采用原有地铁声屏障设计方案后，所有敏感建筑物中因为地铁运营造成噪声超标的只有靠近运用库东侧建筑，噪声直达声是造成高超量的主要原因，受距离和屏障的综合影响，中线和南线与北线噪声垂直分布有所不同；出库与入库的噪声影响情况略有不同，主要由于车辆运行工况不同，出库属车辆加速过程，速度逐渐增加，因此使得出库噪声较高，大于入库情况 1.6 dB（A）左右；采用优化声屏障方案后，车辆段运营噪声对周边敏感建筑物的影响大大降低，满足国家有关环境标准的要求。

3．周边道路交通噪声环境影响

（1）交通量及预测参数选择（略）

（2）噪声预测公式（略）

（3）周围交通噪声对本项目住宅的噪声影响分析

叠加道路交通噪声、地铁噪声、冷却塔噪声后的预测结果表明：上盖区域中间建筑昼间达标，夜间超标量 2.7～3.6 dB（A）；项目地块内东侧建筑和南侧建筑、试车线北侧建筑和上盖区域南侧建筑昼间达标，夜间超标量 0.3～3.8 dB（A）。

预测范围内居民楼邻街一侧居民住宅室内的噪声均不能满足《民用建筑隔声设计规范》（GB 50118—2010）中一级限值（卧室、书房噪声≤40 dB（A））的规定，均安装三级隔声窗，隔声量大于 30 dB（A），以确保上述住宅室内的声环境达标。

4．降噪措施方案设计及效果分析

（1）噪声治理原则（略）

（2）拟采取的降噪措施

经过比选之后提出的降噪措施为：在车辆段轨道上方采用全封闭式声屏障。

具体包括：

1）设置全封闭声屏障

车辆段现状已经预留了部分声屏障安装基础，在本项目实施时将预留的声屏障全部实施，此外，在运用库的咽喉区新增全封闭声屏障。

2）后期建筑物防护措施

在实施本案例时，可根据声屏障的实施效果对本项目拟建的建筑物采取进一步的噪声防治措施，例如对敏感建筑物安装隔声窗等。

（3）降噪措施效果分析及投资估算（略）

### （二）内环境影响分析

本案例的噪声污染源主要是设备运行噪声，包括制冷系统噪声、通风机系统噪声、水泵设备噪声、锅炉房设备噪声等。

1．噪声预测公式（略）

2．预测结果及分析

经预测，本项目冷却塔对外环境影响不大，可以满足相应的声环境质量标准。

3．采取的设备降噪措施（略）

**点评**

本案例按本项目对外环境影响和外环境对本项目影响分别做了声环境影响预测。对车辆段噪声治理方案进行深入分析，对原设计方案和改进方案实施后对敏感点噪声影响分别进行预测与评价。环境影响预测对设计方案的制定起到了指导作用。

## 六、地铁振动环境影响分析

### （一）振动环境现状分析与评价

1．现状监测方案（略）

2．现状监测结果及分析

监测结果表明：现状建设用地红线内三个测点的振动测试均超过《城市区域环境振动标准》（GB 10070—88）相应限值要求，只有一个测点不超标；4 个环境振动监测点中，对应线路振动最大值超标在 1.0～7.0 dB，超标最严重的测点是西侧正线，其次是出入段线，试车线不超标。

### （二）车辆段达到正常工况后的区域环境振动影响预测与评价

在实测数据的基础上进行速度修正，对车辆段达到正常工况后的情况进行预测，结果表明：在车辆段达到正常工况，地铁达到设计车速后，现状建设用地红线内区域环境振动值均能满足 GB 10070—88 中相应功能区标准要求。

### （三）车辆段达到正常运营工况后的敏感点室内振动影响预测与评价

1．典型敏感点选择（略）

2．经验模型法预测及结果分析

依据《环境影响评价技术导则—城市轨道交通》（HJ 453—2008）及相关规范中预测模型的车速修正及建筑物修正，结合类比测试，对典型敏感建筑物室内振动进行预测。预测结果表明，除个别敏感点略超标外，大部分敏感点均达标。

在典型敏感点预测的基础上，通过水平衰减修正和运行速度修正，对本项目所有敏感建筑物的室内振动值进行了预测，结果表明：在本项目敏感建筑中，只有 1 个敏感点室内振动预测值略超过 JGJ/T 170—2009 中相应标准值要求。

**3．数值仿真法预测及结果分析（略）**

将经验模型法和数值仿真法的预测结果进行对比分析，可以看出两个预测结果比较吻合，二者可以相互印证。最终预测结果采用两种方法中预测结果较严重的数值。

### （四）二次辐射噪声预测分析

**1．典型敏感点选择（略）**

**2．类比测试法**

采用类比测试的方式对库上建筑的二次辐射噪声进行预测。根据类比测试结果，库上建筑物类比对象二次辐射噪声为 22.9 dB，低于《城市轨道交通引起建筑物振动与二次辐射噪声限值和测量方法标准》（JGJ/T 170—2009）中相应的限值要求。

### （五）减振措施方案设计及效果分析

**1．振动治理原则（略）**

**2．车辆段拟采取的轨道减振措施**

针对地铁正线、运用库内线和出入段线分别提出了改造方案。每部分均按照钢轨、扣件、轨枕及道床三个部位进行改造。

（1）用地西侧地铁线正线

轨道减振改造方案分为：

1）钢轨改造方案

现状为无缝线路的正线，无需再进行改造；现状为有缝的线路，道岔内及其两端均采用普通接头（图 7-3）。

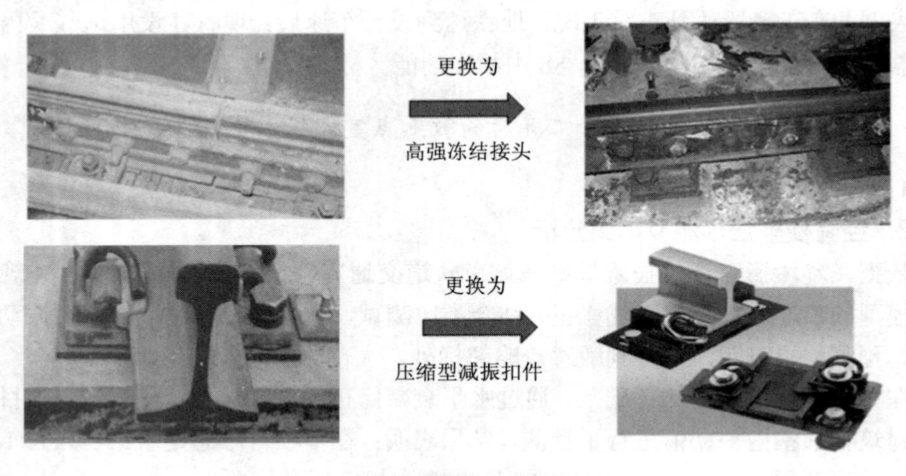


图 7-3 轨道减振措施

2）扣件改造方案

本工程推荐采用压缩型轨道减振器扣件，压缩型减振扣件采用分离式结构，由轨下橡胶垫板、上铁垫板、中间橡胶垫板、下铁垫板和自锁机构等组成，利用两层橡胶垫板的压缩变形实现减振，橡胶垫板与铁件分离，可实现单独更换。

此外，将扣件铁垫板下一般橡胶减振垫板更换为高弹聚酯减振垫板。

3）轨枕

根据目前振动预测超标结果，钢轨及扣件采取前述改造方案后，正线区域环境振动能够达标，故暂不对该区域的轨枕及道床进行改造。

（2）地铁运用库内线路（略）

（3）试车线区域（略）

（4）出入段线区域减振措施（略）

**3．轨道减振措施效果分析及投资估算（略）**

**4．采取轨道减振措施后的敏感建筑物振动预测**

在轨道采取减振措施后，对所有敏感建筑物的室内振动值进行了预测。

预测结果表明：在完成轨道减振措施方案的前提下，本项目的区域环境振动值能够满足《城市区域环境振动标准》（GB 10070—88）中相应功能区的标准要求；各敏感建筑物室内振动值均能满足《城市轨道交通引起建筑物振动与二次辐射噪声限值和测量方法标准》（JGJ/T 170—2009）中相应功能区的标准要求。

**5．建筑物自身减振措施**

重点针对南区建筑，对试车线区建筑采取自身减振措施。其他建筑根据工程可实施性，考虑采取必要的自身减振措施。

（1）建筑减振措施

1）地下室外墙构造隔振

建议在地下室外墙设置隔音毡，隔音毡一般是由高分子金属粉末、各类助剂配制反应，再经压延而制成的，是控制噪声在传递途径中声衰减措施的一种新型的隔声材料。

2）楼板隔振

在本案例中，主要隔绝从结构体中产生的振动噪声，采用楼板与结构体的构造措施，使用浮筑楼板的传声学特点来达到减少振动传声的效果。在必要的建筑采用结构体减振支座的方法，可以减少振动在结构体内部的传声，达到减振降噪的目的。

（2）结构减振措施

1）运用库区

运用库上方共有建筑物 6 栋，3 栋为落地开发，3 栋为框支转换结构。对库内框架柱周边进行改造，在柱四周设置宽约 20 mm 的隔振缝，在缝隙内填充沥青等阻尼材料，从而使库内柱子不与库内硬化地面进行刚性连接，有效防止振动通过库内硬化地面传至框架柱。

2）试车线区

为了减缓试车线对敏感建筑物的影响，对敏感建筑采用基础隔振的措施。通过在建筑物底部设置橡胶隔振支座，可同时隔绝由列车引起的振动及地震动（图 7-4）。

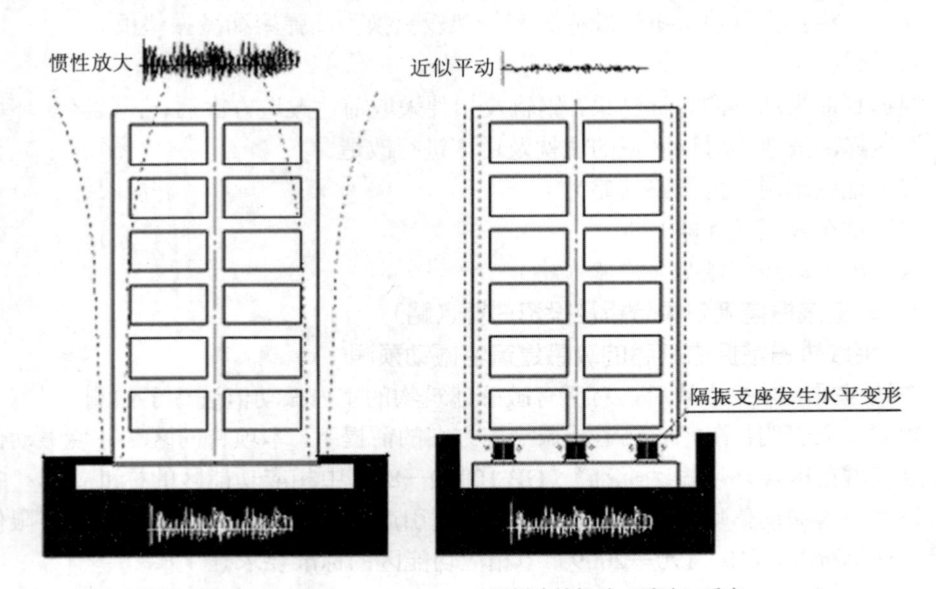


图 7-4 建筑物隔振示意

3）出入段线区

出入段线区采取减振墙、外包减振材料及刚性筏基的措施进行建筑物自身减振。轨道与建筑物之间设置隔振墙 + 减振材料。

**6. 减振措施小结**

减振设计方案首先对轨道采取措施，对部分建筑物采取自身减振措施，主要分为建筑减振措施和结构减振措施。采取措施后所有建筑必须达到相应功能区的标准。

**点评**

在敏感点预测的基础上，通过水平衰减修正和运行速度修正，对本项目所有敏感建筑物的室内振动值进行了预测，将经验模型法和数值仿真法的预测结果进行对比分析，两个预测结果相互印证，方法严谨。

减振措施方案设计及效果分析，分别从轨道减振措施、建筑物自身减振措施、传播途径减振措施进行论述，对减振措施实施后的效果进行预测，确保环境敏感点建筑物室内能够达到相应功能区标准限值要求。采取的措施针对性强，并就各项减振措施的技术参数、先进性、工程可行性进行分析，有较强的可操作性。

## 七、其他环境影响分析与评价

### （一）大气环境影响分析

拟建项目运营期对大气环境的影响主要为锅炉烟气、地下车库废气和餐饮油烟。

#### 1．锅炉烟气

预测结果表明：锅炉烟气的 $SO_2$ 在 612 m 处的地面浓度最大，为 0.000 027 mg/m$^3$，其最大地面浓度占标率 $P_i$ 为 0.005 4%；$NO_2$ 在 612 m 处的地面浓度最大，为 0.007 4 mg/m$^3$，其最大地面浓度占标率 $P_i$ 为 3.08%。项目产生的 $SO_2$、$NO_2$ 废气污染物浓度远低于相应标准的要求，同时废气经专门的烟气管道排放，烟囱口高度为 80 m，项目产生的 $SO_2$、$NO_2$ 大气污染物对周围环境的影响较小。

#### 2．地下车库废气

拟建项目设置 5 个地下车库，采用机械通风换气，每小时换风 6 次，地下车库排放口位于侧墙。根据各个车库排气口个数和高度进行计算，地下车库废气中污染物的浓度和排放速率均满足排放标准的要求，对周边环境影响不大。

#### 3．餐饮油烟

拟建项目在三座办公楼的首层、二层及地下一层设置餐饮，幼儿园设置食堂。各厨房排油烟机的进风口均加装高压静电型油烟净化器，能满足净化率 90%、排放浓度小于 2.0 mg/m$^3$ 的要求，排风口位于裙楼屋顶、高度约 20 m。油烟排放口距离周边住宅的最近距离为 41 m，并且油烟排放口朝向避开易受影响的建筑物，不会对居民楼造成影响。

### （二）地表水环境影响分析

#### 1．水污染物排放量

根据项目的性质、特点，参考同类项目的排水数据进行分析估算，预计拟建项目生活污水的综合水质为：pH：6.5～8.5；COD：300 mg/L；$BOD_5$：200 mg/L；SS：200 mg/L；油脂：40 mg/L；$NH_3$-N：40 mg/L。污染物排放量分别为 COD：221.7 t/a；$BOD_5$：147.8 t/a；SS：147.8 t/a；油脂：33.2 t/a；$NH_3$-N：29.6 t/a。

#### 2．污水达标排放可行性分析

（1）排放去向

本项目排水实行雨、污分流制。雨水经管道收集，接入规划雨水管道及现状雨水管道，直接排入附近河道。污水经项目内管道收集，分别经化粪池、隔油池预处理后排入规划及现状污水管道，最终进入城市污水处理厂。

（2）执行标准与达标情况

本项目所在地区属于城市污水处理厂汇水范围，其污水为一般的生活污水，餐饮废水经过隔油池，冲厕废水经过化粪池预处理后，排放污水水质为 COD：300 mg/L，$BOD_5$：200 mg/L，SS：200 mg/L，油脂：40 mg/L，满足排放标准要求。

（3）市政设施接纳项目排水的可行性

本项目所在地区污水干管过水能力较大，本项目排水完全可被污水管网接纳。从水量方面看，生活污水不会给市政管线造成不利影响。

### （三）地下水环境影响分析（略）

### （四）固体废物环境影响分析（略）

### （五）周边电磁环境对本项目的影响分析（略）

## 八、环境保护措施评述与建议

### （一）大气污染防治措施

#### 1．燃气锅炉房

锅炉房使用清洁燃料——天然气，锅炉房废气从楼顶排放，排气筒高度 80 m，排放烟气满足排放标准要求。

#### 2．餐饮油烟

本案例根据《饮食业油烟排放标准》（GB 18483—2001），对餐饮油烟治理提出如下要求：

排放油烟的饮食业必须安装油烟净化器，并在操作期间按要求运行。油烟的最高允许排放浓度 2.0 $mg/m^3$，拟建项目灶头总数大于 6 个，属于大型餐饮规模，油烟净化率至少应达到 85%。油烟排放口位于楼顶，并远离周围住宅楼。

本项目商业部分若设立饮食业经营场所，其炉灶必须使用燃气或电能等清洁燃料，且必须设置收集处理油烟、异味的装置，通过专门的烟囱达标排放。拟建项目内商业中设有餐饮服务，应另行进行环评审批。住宅楼内不得建设餐饮项目。

#### 3．地下车库尾气

地下车库排风口高度至少为 2.5 m，高于人的呼吸带，排风口数量、高度参考本案例的计算结果。排风口的位置避开人活动频繁区域。

管理措施：地下车库是人活动的场所，应尽量保持良好的空气质量。地下车库换气次数按 6 次/h 设计，在日常管理中应正常开启风机，使换气次数不低于 6 次/h。

## （二）水污染防治措施

### 1．地表水污染防治措施（略）

### 2．地下水污染防治措施

（1）施工期地下水污染防治措施

施工过程中产生的施工废水和生活污水，应该有必要的处理设施：

① 施工废水主要是含有沙粒的废水，可以建立一个临时沉砂池，沉淀后循环利用不外排；

② 工地上应设置移动式免冲环保厕所，保证环境卫生；

③ 施工人员生活污水进入已有的污水收集系统，保证施工废水和生活污水有组织排放。

（2）运营期地下水污染防治措施

通过对污水管网和化粪池等对地下水影响分析，提出地下水污染防治措施如下：

① 源头控制措施。建设项目应采用环保节水器具，减少生活用水量。

② 建设项目主要的污染源为生活污水管网、化粪池、隔油池。对于生活污水化粪池、隔油池应进行底部和四周防渗，采用 50 cm 厚黏土层加 2 mm 的 HDPE 土工膜进行人工防渗，防渗层的渗透系数应小于 $1.0\times10^{-7}$ cm/s，防止对地下水污染，并建立防渗设施的检漏系统。

③ 对项目的污水管线进行防渗。

## （三）噪声污染防治措施

### 1．内环境噪声防治对策

① 采取合理布局，增加建筑物隔声效果等措施，最大限度地减少对环境的影响。

② 各种设备工作时发出的噪声，主要来自风机、水泵、锅炉房、冷冻机组等。在建封闭式的机房、水泵房的同时，对风机、水泵等进行减振处理，设备本体进行消声和减噪处理。加强设备整体的隔声能力（包括侧墙、楼板、门窗等物件）和采取必要的减振措施（包括设备机座和管道）。同时，在设备选型上采用低噪声设备。

### 2．外部环境噪声防治对策

① 车辆段现状已经预留了部分声屏障安装基础，在本项目实施时将预留的声屏障全部实施，此外，在运用库的咽喉区新增全封闭声屏障。

② 本案例住宅楼、幼儿园、托老所都须安装隔声窗[隔声量大于 30 dB（A）]，以确保上述住宅室内的声环境符合《民用建筑隔声设计规范》（GB 50118—2010）中的有关规定。

③ 根据车辆段及建筑物的场地布局，设置景观围墙及配合绿化，加强对底层噪声的隔绝效果。

④ 建筑施工期间加强对管道设备等安装节点的质量监控，防止振动噪声的二次传播。

（四）振动污染防治措施（略）

（五）固体废物污染防治措施

① 本项目生活垃圾种类相对集中，应采取措施在排放前进行分类回收，对有一定利用价值的包装用品、纸张尽量回收，尽量减少垃圾排放。

② 建筑内设有封闭式垃圾间，垃圾收集后用垃圾车运走。本项目生活垃圾应加强收集、输送及管理，防止遗、洒二次污染。

## 九、项目适宜性分析（略）

## 十、总量控制（略）

## 十一、公众参与（略）

## 十二、环境经济损益分析（略）

## 十三、环境管理与竣工验收（略）

## 十四、结论与建议

（一）总体结论

本案例除房地产常规影响因素外，主要环境问题是地铁车辆段噪声、振动对上盖建筑的环境影响。环评主要任务是分析这些影响的途径、强度，并提出减缓措施，为设计提供依据，使居住环境能够达到相应环境标准的要求。

## （二）噪声环境影响评价结论

本案例从外环境影响和内环境影响两方面进行了噪声影响预测。

### 1．外环境影响分析

外环境影响因素主要是地铁车辆段、周边道路交通噪声，经过比选之后提出的降噪措施为：

1）设置全封闭声屏障

车辆段现状已经预留了部分声屏障安装基础，在本项目实施时将预留的声屏障全部实施，此外，在运用库的咽喉区新增全封闭声屏障。

2）后期建筑物防护措施

在实施本案例时，可根据声屏障的实施效果对本项目拟建的建筑物采取进一步的噪声防治措施，例如对敏感建筑物安装隔声窗等。

### 2．内环境影响分析

内环境影响因素主要是拟建项目设备运行噪声，包括制冷系统噪声、通风机系统噪声、水泵设备噪声、锅炉房设备噪声等。除冷却塔外，其余设备均位于室内，且位于地下，对外环境影响不大。经预测，本项目冷却塔对外环境影响不大，可以满足相应的声环境质量标准。

## （三）振动及二次辐射噪声预测分析

### 1．振动及二次辐射噪声预测结果

振动主要环境影响因素是车辆段地铁正线、运用库内线和出入段线产生的振动。预测结果表明，除个别敏感点略超标外，大部分敏感点均达标。

采用类比测试的方式对库上建筑的二次辐射噪声进行预测。根据类比测试结果，库上建筑物类比对象二次辐射噪声为 22.9 dB，低于《城市轨道交通引起建筑物振动与二次辐射噪声限值和测量方法标准》（JGJ/T 170—2009）中相应的限值要求。

### 2．振动治理措施

针对地铁正线、运用库内线和出入段线分别提出了改造方案。每部分均按照钢轨、扣件、轨枕及道床三个部位进行改造。另外还对建筑物自身采取减振措施。

在采取减振措施后，本项目的区域环境振动值能够满足《城市区域环境振动标准》（GB 10070—88）中相应功能区的标准要求；各敏感建筑物室内振动值均能满足《城市轨道交通引起建筑物振动与二次辐射噪声限值和测量方法标准》（JGJ/T 170—2009）中相应功能区的标准要求。

综上所述，在落实报告书提出的各项环保措施的基础上，从环境保护的角度，本项目建设可行。

## 点评

本案例除分析了房地产类项目常规污染因素外，对本项目主要环境问题——轨道交通噪声和振动对拟建项目的影响进行了深入分析。环境影响预测结论明确，环保措施针对性强，可作为设计依据。

本项目的特点是自身的敏感性，做此类项目的环境影响评价，不仅要考虑拟建项目对外环境的影响，更主要的是要考虑外环境对拟建项目的影响。

# 参考文献


[1] 高湘．给水工程技术及工程实例[M]．北京：化学工业出版社，2002.

[2] 姜湘山，李亚峰．建筑小区给水排水工艺[M]．北京：化学工业出版社，2003.

[3] 中华人民共和国国家标准．建筑给水排水设计规范（GB 50013—2009）.

[4] 洪觉民，等．杭州市九溪水厂设计介绍与建设体会[M]．给水排水，2001，27（6）.

[5] 许建华．自来水厂排泥水处理技术的若干问题探究[J]．给排水在线，2004，5（24）.

[6] 盛海洋．我国地下水开发利用中的水环境问题及其对策[J]．水信息网，2004，5（18）.

[7] 叶辉，等．自来水厂排泥水处理污泥量的确定方法[J]．给水排水，2002，28（4）.

[8] 水利部水环境监测评价研究中心．全国重点城市主要供水水源地水资源质量状况旬报．2002，2（119）.

[9] 张振克，等．中国湖泊水资源问题与优化调控战略．中国环境资源网.

[10] 国家环境保护总局科技标准司．城市污水处理及污染防治技术指南[M]．北京：中国环境科学出版社，2001.

[11] 李海，孙瑞征，陈振选，等．城市污水处理技术及工程实例[M]．北京：化学工业出版社，2002.

[12] 卜秋平，陆少鸣，曾科．城市污水处理厂的建设与管理[M]．北京：化学工业出版社，2002.

[13] 高俊发，王社平．污水处理厂工艺设计手册[M]．北京：化学工业出版社，2003.

[14] 北京水环境技术与设备研究中心．三废处理工程技术手册（废水卷）[M]．北京：化学工业出版社，2001.

[15] 王凯军，贾立敏．城市污水生物处理新技术开发与应用[M]．北京：化学工业出版社，2001.

[16] 李彦武，李小敏．城市污水处理项目分层次环境影响评价探讨[J]．环境科学研究，2003，16（4）：15-17.

[17] 赵由才，等．实用环境工程手册—固体废物污染控制与资源化[M]．北京：化学工业出版社，2002.

[18] 张益，赵由才．生活垃圾焚烧技术[M]．北京：化学工业出版社，2000.

[19] 栾智慧，王树国．垃圾卫生填埋实用技术[M]．北京：化学工业出版社，2004.

[20] 高吉喜，曹洪法，舒伶民，等．我国城市固体废物现状及其处置规划探讨[J]．环境污染与防治，1995，16（4）：30-33.

[21] 鱼红霞，等．城市生活垃圾填埋场恶臭污染与周边限建区划分探讨[J]．四川环境，2010，29（02）.

[22] 鱼红霞，等．房地产类环评新问题探讨[J]．云南环境科学，2006，25（增刊 1）.

[23] 姜林，王岩．场地环境评价指南[M]．北京：中国环境科学出版社，2004.

[24] 王受之．当代商业住宅区的规划与设计[M]．北京：中国建筑工业出版社，2001.

[25] 吴良镛．人居环境科学导论[M]．北京：中国建筑工业出版社，2001.

[26] 建筑工程常用数据系列手册编写组．暖通空调常用数据手册（第二版）[M]. 北京：中国建筑工业出版社，2001.

[27] 陈莉，吴小寅．城市内河环境综合整治工程环境影响评价探讨[J]．环境科学导刊，2007，26（2）：83-87.

[28] 郑章荣．城市综合整治工程环境影响评价要点分析[J]．中国外资，2009，9 月，总第 201 期.

[29] 韩忠锋．城市湖泊的作用及整治工程的环境影响[J]．China Academic Journal Electronic Publishing House.All rights reserved.

[30] 北京市质量技术监督局．北京市地方标准《场地土壤环境风险评价筛选值》（DB11/T 811—2011）.

[31] 北京市质量技术监督局．北京市地方标准《场地环境评价导则》（DB11/T 656—2009）.

# 第二篇　社会服务行业

社会服务行业主要包括九大类项目：卫生类、社会福利类、体育类、文化类、教育类、旅游类、娱乐类、餐饮类、商业类；划分成细项则共计 49 个。九大类项目都分别介绍了污染源分析、环境影响预测评价和污染防治措施等内容。

社会服务行业中九大类项目，虽然都是与居民生活联系密切的项目，但因其工程内容差别较大，故在污染源分析、预测评价和污染防治措施等方面的内容也不尽相同，甚至差别较大，这一点，希望读者在阅读和学习时能有清楚的认识。本篇在编写时尽量突出了各类项目的特点，并结合大量的有代表性的实例分析，力争使得本篇重点内容明确，实用性强。

# 第八章　社会服务行业概述

在社会服务行业建设项目环境影响评价工作中，应遵循环评工作的完整程序，从资料收集、现场调查、现场监测开始，一直到最后公众参与，环境监测、环境管理规划以及结论和建议等，都应包含在内。但在本教材中，仅在政策法规、工程分析、环境影响预测评价，防治措施等几部分进行论述，突出重点，其余不再涉及；在这些部分中，一些常规的公式，在普通环评教材中已学过的，这里尽量不再重复。

## 第一节　社会服务行业类别划分

根据《国民经济行业分类代码表》（GB/T 4754—2011），社会服务行业主要包括九大项：卫生类、社会福利类、体育类、文化类、教育类、旅游类、娱乐类、餐饮类、商业类。

为了环评工作的需要，参考《建设项目环境影响评价分类管理名录》（2008），对每一项进一步详细区分其服务范围，共有49个细项，见表8-1。

表8-1　社会服务行业项目

| 项目类别 | 项目名称 |
| --- | --- |
| 卫生 | ① 医院，② 专科防治所（站），③ 疾病控制中心，④ 卫生站（所），⑤ 血站，⑥ 急救中心，⑦ 临终关怀医院，⑧ 体检中心，⑨ 动物医院 |
| 社会福利 | ① 敬老院，② 福利院、疗养院，③ 救助站，④ 捐助中心 |
| 体育 | ① 大型综合性体育场馆，② 高尔夫球场，③ 水上运动、游泳场馆，④ 滑雪场，⑤ 射击场馆，⑥ 赛车场馆，⑦ 马术场馆或跑马场，⑧ 小型临时比赛的体育场馆，⑨ 狩猎场 |
| 文化 | ① 电影院、剧院、音乐厅，② 图书馆，③ 博物馆，④ 展览馆、纪念馆，⑤ 美术馆，⑥ 文化馆，⑦ 档案馆、书店，⑧ 影视基地，⑨ 影视拍摄、大型实景演出 |
| 教育、科研 | ① 学校（大、中、小学和幼儿园），② 少年宫，③ 汽车驾校培训，④ 厨师培训，⑤ 其他各类技术培训，⑥ 科研类（专业实验室、研发基地） |
| 旅游 | ① 新建旅游景点、各类公园、墓园陵园、大型游乐场所，② 海洋馆，③ 观光索道缆车，④ 度假村 |
| 娱乐 | ① 歌厅，② 网吧，③ 休闲健身中心 |
| 餐饮 | ① 使用明火的餐馆，② 不使用明火的餐馆 |
| 商业 | ① 大型综合商场，② 小型商业服务设施（换气站、加油站、加气站、汽车4S店、汽车修理店、洗车房、洗浴中心、美容美发店、冲扩店、洗染店、超市）③ 专项市场（农产品批发市场、汽车交易市场、建材市场） |

## 第二节　现状及存在的问题

### 一、社会服务行业环境影响的现状及特点

① 社会服务行业和工矿行业不同，环境影响的范围程度往往较小，且对环境影响的侧重点也不同，但其内容多而杂，涉及城市居民生活的各个领域，与群众生活密切相关。

② 社会服务行业的某些项目，本身也是环境敏感目标，需要保护，例如医院、敬老院、学校等，作为环境敏感点，对环境质量有特定的要求。

③ 其涉及的人口众多，无论是大型体育场馆、影剧院、展览馆，还是学校、医院、大型商场、超市，都是大量的人群在集中活动，由于本行业是直接为群众服务的，所以本行业和人口之间有大量的频繁的接触和交往，因此常常要更多地考虑到群众的利益。因此在环评中要以人为本，要注意保护人的健康和生命安全。

④ 内容交叉多，如地下停车场，因为是在城市中，故大多数项目都涉及地下停车场；再如游泳场，在体育项目内有，在娱乐项目的休闲健身中有，在教育项目中的学校中也有。

⑤ 社会服务类的建设项目与人们的生活息息相关，污染源主要体现在人们从事这类活动时燃料、能源、水资源、设备等。污染物的排放量一般不大，污染物质相对比较简单。项目建设地点一般位于人们活动频繁的地点，产生的污染物质对敏感环境的影响比较直接。

### 二、存在的问题

① 社会服务项目大多都建在居民区中或附近，距离相对较近，污染影响即使是小影响也往往会引发矛盾。

② 许多项目在达标的情况下，仍会引发矛盾，例如燃气锅炉排气筒的高度规定最低为 8 m，但如果设在居民区中，一般都低于周围楼房的高度，其排放的烟气仍会影响到居民。

③ 在这类环评中，不仅要关注许多污染影响因素，还要关注许多非污染影响因素。总的说来，污染影响因素没有工业项目那样复杂，但非污染影响因素却有一个较重要的地位。

④ 由于社会服务类分项较多，为了避免混淆，特别说明如下：

A．在卫生类项目中，不包括药品生产和器械制造（属工业项目）；

B．在商业项目中，不包括大型仓库（属工业仓储项目）；

C．大型宾馆、饭店、写字楼，属房地产类，另有篇章介绍；

D．电磁，辐射环评项目，另有篇章，在影响识别中仅需列出应进行此项目环评的具体项目；

E．恶臭影响，放入市政方面的环评教材（主要与污水处理厂和垃圾填埋场一并分析）；

F．垃圾（包括医疗垃圾）的处理和处置，放入市政方面的环评教材（主要与垃圾焚烧厂一并分析）；

G．科研不包括三级、四级生物安全实验室及转基因实验室；

H．公交枢纽、大型停车场放入城市基础设施，不在此篇。

## 第三节　环境保护相关法律法规、部门规章及标准

### 一、相关法律法规和部门规章

由于社会服务类所包含的内容很广，故适用的法律法规导则标准很多，此外，还有一些是专用于此类项目的，如医疗废物管理条例等，在这里把与本行业密切相关的并特别关注那些法律法规和部门规章，列出如下：

**1.《殡葬管理条例》相关条款**

1997 年 7 月 21 日国务院发布和实施《殡葬管理条例》（中华人民共和国国务院令第 225 号）。与社会服务行业相关的条款列出如下：

**第十条**　禁止在下列地区建造坟墓：

（一）耕地、林地；

（二）城市公园、风景名胜区和文物保护区；

（三）水库及河流堤坝附近和水源保护区；

（四）铁路、公路主干线两侧。

**第十二条**　殡葬服务单位应当加强对殡葬服务设施的管理，更新、改造陈旧的火化设备，防止污染环境。

**2.《医疗废物管理条例》相关条款**

2003 年 6 月 16 日国务院发布和实施《医疗废物管理条例》（2003 年国务院令第 380 号）。与社会服务行业相关的条款列出如下：

**第十六条**　医疗卫生机构应当及时收集本单位产生的医疗废物，并按照类别分置于防渗漏、防锐器穿透的专用包装物或者密闭的容器内。

医疗废物专用包装物、容器，应当有明显的警示标识和警示说明。

医疗废物专用包装物、容器的标准和警示标识的规定，由国务院卫生行政主管部门和环境保护行政主管部门共同制定。

**第十七条** 医疗卫生机构应当建立医疗废物的暂时贮存设施、设备，不得露天存放医疗废物；医疗废物暂时贮存的时间不得超过2天。

医疗废物的暂时贮存设施、设备，应当远离医疗区、食品加工区和人员活动区以及生活垃圾存放场所，并设置明显的警示标识和防渗漏、防鼠、防蚊蝇、防蟑螂、防盗以及预防儿童接触等安全措施。

医疗废物的暂时贮存设施、设备应当定期消毒和清洁。

**第十八条** 医疗卫生机构应当使用防渗漏、防遗撒的专用运送工具，按照本单位确定的内部医疗废物运送时间、路线，将医疗废物收集、运送至暂时贮存地点。

运送工具使用后应当在医疗卫生机构内指定的地点及时消毒和清洁。

**第十九条** 医疗卫生机构应当根据就近集中处置的原则，及时将医疗废物交由医疗废物集中处置单位处置。

医疗废物中病原体的培养基、标本和菌种、毒种保存液等高危险废物，在交医疗废物集中处置单位处置前应当就地消毒。

**第二十条** 医疗卫生机构产生的污水、传染病病人或者疑似传染病病人的排泄物，应当按照国家规定严格消毒；达到国家规定的排放标准后，方可排入污水处理系统。

**第二十一条** 不具备集中处置医疗废物条件的农村，医疗卫生机构应当按照县级人民政府卫生行政主管部门、环境保护行政主管部门的要求，自行就地处置其产生的医疗废物。自行处置医疗废物的，应当符合下列基本要求：

（一）使用后的一次性医疗器具和容易致人损伤的医疗废物，应当消毒并作毁形处理；

（二）能够焚烧的，应当及时焚烧；

（三）不能焚烧的，消毒后集中填埋。

**3.《医疗卫生机构医疗废物管理办法》相关条款**

2003年10月15日卫生部发布和实施《医疗卫生机构医疗废物管理办法》（2003年卫生部令）。与社会服务行业相关的条款列出如下：

**第十一条** 医疗卫生机构应当按照以下要求，及时分类收集医疗废物：

（一）根据医疗废物的类别，将医疗废物分置于符合《医疗废物专用包装物、容器的标准和警示标识的规定》的包装物或者容器内；

（二）在盛装医疗废物前，应当对医疗废物包装物或者容器进行认真检查，确保无破损、渗漏和其他缺陷；

（三）感染性废物、病理性废物、损伤性废物、药物性废物及化学性废物不能混合收集。少量的药物性废物可以混入感染性废物，但应当在标签上注明；

（四）废弃的麻醉、精神、放射性、毒性等药品及其相关的废物的管理，依照有关法律、行政法规和国家有关规定、标准执行；

（五）化学性废物中批量的废化学试剂、废消毒剂应当交由专门机构处置；

（六）批量的含有汞的体温计、血压计等医疗器具报废时，应当交由专门机构处置；

（七）医疗废物中病原体的培养基、标本和菌种、毒种保存液等高危险废物，应当首先在产生地点进行压力蒸汽灭菌或者化学消毒处理，然后按感染性废物收集处理；

（八）隔离的传染病病人或者疑似传染病病人产生的具有传染性的排泄物，应当按照国家规定严格消毒，达到国家规定的排放标准后方可排入污水处理系统；

（九）隔离的传染病病人或者疑似传染病病人产生的医疗废物应当使用双层包装物，并及时密封；

（十）放入包装物或者容器内的感染性废物、病理性废物、损伤性废物不得取出。

**第十二条**　医疗卫生机构内医疗废物产生地点应当有医疗废物分类收集方法的示意图或者文字说明。

**第十三条**　盛装的医疗废物达到包装物或者容器的3/4时，应当使用有效的封口方式，使包装物或者容器的封口紧实、严密。

**第十四条**　包装物或者容器的外表面被感染性废物污染时，应当对被污染处进行消毒处理或者增加一层包装。

**第十五条**　盛装医疗废物的每个包装物、容器外表面应当有警示标识，在每个包装物、容器上应当系中文标签，中文标签的内容应当包括：医疗废物产生单位、产生日期、类别及需要的特别说明等。

**第十六条**　运送人员每天从医疗废物产生地点将分类包装的医疗废物按照规定的时间和路线运送至内部指定的暂时贮存地点。

**第十七条**　运送人员在运送医疗废物前，应当检查包装物或者容器的标识、标签及封口是否符合要求，不得将不符合要求的医疗废物运送至暂时贮存地点。

**第十八条**　运送人员在运送医疗废物时，应当防止造成包装物或容器破损和医疗废物的流失、泄漏和扩散，并防止医疗废物直接接触身体。

**第十九条**　运送医疗废物应当使用防渗漏、防遗撒、无锐利边角、易于装卸和清洁的专用运送工具。

每天运送工作结束后，应当对运送工具及时进行清洁和消毒。

**第二十条**　医疗卫生机构应当建立医疗废物暂时贮存设施、设备，不得露天存放医疗废物；医疗废物暂时贮存的时间不得超过2天。

**第二十一条**　医疗卫生机构建立的医疗废物暂时贮存设施、设备应当达到以下要求：

（一）远离医疗区、食品加工区、人员活动区和生活垃圾存放场所，方便医疗废物运送人员及运送工具、车辆的出入；

（二）有严密的封闭措施，设专（兼）职人员管理，防止非工作人员接触医疗废物；

（三）有防鼠、防蚊蝇、防蟑螂的安全措施；

（四）防止渗漏和雨水冲刷；

（五）易于清洁和消毒；

（六）避免阳光直射；

（七）设有明显的医疗废物警示标识和“禁止吸烟、饮食”的警示标识。

**第二十二条** 暂时贮存病理性废物，应当具备低温贮存或者防腐条件。

**第二十三条** 医疗卫生机构应当将医疗废物交由取得县级以上人民政府环境保护行政主管部门许可的医疗废物集中处置单位处置，依照危险废物转移联单制度填写和保存转移联单。

**第二十四条** 医疗卫生机构应当对医疗废物进行登记，登记内容应当包括医疗废物的来源、种类、重量或者数量、交接时间、最终去向以及经办人签名等项目。登记资料至少保存3年。

**第二十五条** 医疗废物转交出去后，应当对暂时贮存地点、设施及时进行清洁和消毒处理。

**4.《国务院办公厅关于暂停新建高尔夫球场的通知》相关条款**

2004年1月10日国务院办公厅发布《国务院办公厅关于暂停新建高尔夫球场的通知》（国办发[2004]1号）。与社会服务行业相关的条款列出如下：

一、暂停新的高尔夫球场建设。自2004年1月10日起至有关新的政策规定出台前，地方各级人民政府、国务院各部门一律不得批准建设新的高尔夫球场项目。在此之前未按规定履行规划、立项、用地和环境影响评价等建设审批手续而擅自开工的高尔夫球场项目一律停止建设，尚未开工的项目一律不许动工建设。已按规定批准项目建议书和可行性研究报告，尚未办理用地或开工批准手续的高尔夫球场项目，一律暂停办理供地和开工批准手续；对虽已办理规划、用地和开工批准手续，但尚未动工建设的项目，一律停止开工。

**5.《血站管理办法》相关条款**

2005年11月7日卫生部发布，2006年3月1日起实施《血站管理办法》（中华人民共和国卫生部令第58号）。与社会服务行业相关的条款列出如下：

**第二十九条** 血站应当保证所采集的血液由具有血液检测实验室资格的实验室进行检测。

对检测不合格或者报废的血液，血站应当严格按照有关规定处理。

**第三十条** 血站应当制定实验室室内质控与室间质评制度，确保试剂、卫生器材、仪器、设备在使用过程中能达到预期效果。

血站的实验室应当配备必要的生物安全设备和设施，并对工作人员进行生物安全知识培训。

**第三十二条**　血站应当加强消毒、隔离工作管理，预防和控制感染性疾病的传播。

血站产生的医疗废物应当按《医疗废物管理条例》规定处理，做好记录与签字，避免交叉感染。

**第三十三条**　血站及其执行职务的人员发现法定传染病疫情时，应当按照《传染病防治法》和卫生部的规定向有关部门报告。

**第三十四条**　血液的包装、储存、运输应当符合《血站质量管理规范》的要求。

**第三十八条**　血站使用的药品、体外诊断试剂、一次性卫生器材应当符合国家有关规定。

**第四十三条**　血站必须严格执行国家有关报废血处理和有易感染经血液传播疾病危险行为的献血者献血后保密性弃血处理的规定。

**6.《洗染业管理办法》相关条款**

2007年5月11日中华人民共和国商务部、国家工商行政管理总局、国家环境保护总局令发布，2007年7月1日起施行《洗染业管理办法》（中华人民共和国商务部、国家工商行政管理总局、国家环境保护总局令2007年第5号），与社会服务行业相关的条款列出如下：

**第七条**　洗染店不得使用不符合国家有关规定的干洗溶剂。干洗溶剂储存、使用、回收场所应具备防渗漏条件，属于危险化学品的，应符合危险化学品管理的有关规定。

鼓励水洗厂使用无磷、低磷洗涤用品。

**第八条**　洗染业污染物的排放应当达到国家或地方规定的污染物排放标准的要求。新的行业污染物排放标准出台后，应执行新的行业排放标准。

干洗中产生的含有干洗溶剂的残渣、废水应进行妥善收集、处理，属于危险废物的，应依法委托持有危险废物经营许可证的单位进行处理、处置。

外排废水排入城市污水管网进行集中处理的，应当符合相应污水处理厂对进水水质的要求。有废水处理设施的，应对产生的污泥进行无害化处理。

不得将不符合排放标准的废水直接排放到河流、湖泊、雨水管线、渗坑、渗井等。

洗染店、水洗厂的厂界噪声应当符合《工业企业厂界噪声标准》（GB 12348—90）相应区域的规定标准。

**7.《单采血浆站管理办法》相关条款**

2008年1月4日卫生部发布，2008年3月1日起施行《单采血浆站管理办法》（中华人民共和国卫生部令第58号）。与社会服务行业相关的条款列出如下：

**第三十六条** 单采血浆站应当保证所采集的血浆均进行严格的检测。

**第三十七条** 血浆采集后必须单人份冰冻保存，严禁混浆。

**第三十八条** 单采血浆站应当制定实验室室内质控与室间质评制度，并定期参加省级以上室间质量考评，确保试剂、卫生器材、仪器、设备在使用过程中能达到预期效果。

单采血浆站的实验室应当配备必要的生物安全设备和设施，工作人员应当接受生物安全知识培训。

**第四十条** 单采血浆站应当加强消毒、隔离工作管理，预防和控制感染性疾病的传播。

单采血浆站产生的医疗废物应当按照《医疗废物管理条例》规定处理，做好记录与签字，避免交叉感染。

**第四十二条** 原料血浆的采集、包装、储存、运输应当符合《单采血浆站质量管理规范》的要求。

**第四十四条** 单采血浆站使用的药品、体外诊断试剂、一次性卫生器材应当符合国家有关规定。

**第四十七条** 单采血浆站应当制定紧急灾害应急预案，并从血源、管理制度、技术能力和设备条件等方面保证预案的实施。在紧急灾害发生时服从县级以上人民政府卫生行政部门的调遣。

**第四十八条** 单采血浆站必须严格执行国家有关报废血处理和有易感染经血液传播疾病危险行为的供血浆者供血浆后保密性弃血处理的规定。

**第五十条** 单采血浆站每年应当委托技术机构按照《单采血浆站质量管理规范》要求进行不少于一次的技术审查。

8.《废弃电器电子产品回收处理管理条例》相关条款

2009 年 2 月 25 日国务院发布，2011 年 1 月 1 日起施行《废弃电器电子产品回收处理管理条例》（2009 年国务院令第 551 号）。与社会服务行业相关的条款列出如下：

**第十二条** 废弃电器电子产品回收经营者应当采取多种方式为电器电子产品使用者提供方便、快捷的回收服务。

废弃电器电子产品回收经营者对回收的废弃电器电子产品进行处理，应当依照本条例规定取得废弃电器电子产品处理资格；未取得处理资格的，应当将回收的废弃电器电子产品交有废弃电器电子产品处理资格的处理企业处理。

回收的电器电子产品经过修复后销售的，必须符合保障人体健康和人身、财产安全等国家技术规范的强制性要求，并在显著位置标识为旧货。具体管理办法由国务院商务主管部门制定。

**第十三条** 机关、团体、企事业单位将废弃电器电子产品交有废弃电器电子产品处理资格的处理企业处理的，依照国家有关规定办理资产核销手续。

处理涉及国家秘密的废弃电器电子产品，依照国家保密规定办理。

**第十四条**　国家鼓励处理企业与相关电器电子产品生产者、销售者以及废弃电器电子产品回收经营者等建立长期合作关系，回收处理废弃电器电子产品。

**第十五条**　处理废弃电器电子产品，应当符合国家有关资源综合利用、环境保护、劳动安全和保障人体健康的要求。

禁止采用国家明令淘汰的技术和工艺处理废弃电器电子产品。

**第十六条**　处理企业应当建立废弃电器电子产品处理的日常环境监测制度。

**第十七条**　处理企业应当建立废弃电器电子产品的数据信息管理系统，向所在地的设区的市级人民政府环境保护主管部门报送废弃电器电子产品处理的基本数据和有关情况。废弃电器电子产品处理的基本数据的保存期限不得少于3年。

**第十八条**　处理企业处理废弃电器电子产品，依照国家有关规定享受税收优惠。

**第十九条**　回收、储存、运输、处理废弃电器电子产品的单位和个人，应当遵守国家有关环境保护和环境卫生管理的规定。

#### 9.《国家级森林公园管理办法》相关条款

2011年5月20日国家林业局发布，2011年8月1日起施行《国家级森林公园管理办法》（国家林业局令第27号）。与社会服务行业相关的条款列出如下：

**第十三条**　国家级森林公园内的建设项目应当符合总体规划的要求，其选址、规模、风格和色彩等应当与周边景观与环境相协调，相应的废水、废物处理和防火设施应当同时设计、同时施工、同时使用。

国家级森林公园内已建或者在建的建设项目不符合总体规划要求的，应当按照总体规划逐步进行改造、拆除或者迁出。

在国家级森林公园内进行建设活动的，应当采取措施保护景观和环境；施工结束后，应当及时整理场地，美化绿化环境。

**第十五条**　严格控制建设项目使用国家级森林公园林地，但是因保护森林及其他风景资源、建设森林防火设施和林业生态文化示范基地、保障游客安全等直接为林业生产服务的工程设施除外。

建设项目确需使用国家级森林公园林地的，应当避免或者减少对森林景观、生态以及旅游活动的影响，并依法办理林地占用、征收审核审批手续。建设项目可能对森林公园景观和生态造成较大影响或者导致森林风景资源质量明显降低的，应当在取得国家级森林公园撤销或者改变经营范围的行政许可后，依法办理林地占用、征收审核审批手续。

#### 10.《娱乐场所管理办法》相关条款

2013年2月4日国家文化部颁布，2013年3月1日起施行《娱乐场所管理办法》（中华人民共和国文化部令第55号）。与社会服务行业相关的条款列出如下：

**第六条** 娱乐场所不得设立在下列地点：

（一）房屋用途中含有住宅的建筑内；

（二）博物馆、图书馆和被核定为文物保护单位的建筑物内；

（三）居民住宅区；

（四）教育法规定的中小学校周围；

（五）依照《医疗机构管理条例》及实施细则规定取得《医疗机构执业许可证》的医院周围；

（六）各级中国共产党委员会及其所属各工作部门、各级人民代表大会机关、各级人民政府及其所属各工作部门、各级政治协商会议机关、各级人民法院、检察院机关、各级民主党派机关周围；

（七）车站、机场等人群密集的场所；

（八）建筑物地下一层以下（不含地下一层）；

（九）与危险化学品仓库毗连的区域，与危险化学品仓库的距离必须符合《危险化学品安全管理条例》的有关规定。

## 二、相关环境标准

社会服务类项目环评应严格现行国家标准和地方标准，污染物排放不能降低区域环境功能。涉及的主要标准有：

### （一）污染物排放标准

#### 1．废气

①《大气污染物综合排放标准》（GB 16297—1996）

②《饮食业油烟排放标准（试行）》（GB 18483—2001）

③《工业窑炉大气污染物排放标准》（GB 9078—1996）

④《锅炉大气污染物排放标准》（GB 13271—2001）

⑤《恶臭污染物排放标准》（GB 14554—93）

⑥《储油库大气污染物排放标准》（GB 20950—2007）

⑦《加油站大气污染物排放标准》（GB 20952—2007）

#### 2．废水

①《污水综合排放标准》（GB 8978—1996）

②《医疗机构水污染物排放标准》（GB 18466—2005）

③《污水排入城镇下水道水质标准》（CJ 343—2010）

④《汽车维修业水污染物排放标准》（GB 26877—2011）

3．噪声

①《社会生活环境噪声排放标准》（GB 22337—2008）

②《建设施工场界环境噪声排放标准》（GB 12523—2011）

③《工业企业厂界环境噪声排放标准》（GB 12348—2008）

④《社会生活环境噪声排放标准》（GB 12348—2008）

4．固体废物

①《一般工业固体废物贮存、处置场污染控制标准》（GB 18599—2001）及修改单；

②《危险废物焚烧污染控制标准》（GB 18484—2001）；

③《危险废物贮存污染控制标准》（GB 18597—2001）及修改单；

④《危险废物填埋污染控制标准》（GB 18598—2001）及修改单；

⑤《实验动物环境及设施》（GB 14925—2001）

（二）环境风险

①《危险化学品重大危险源辨识》（GB 18218—2009）

②《职业性接触毒物危害程度分级》（GB 230—2010）

③《医疗废物分类名录》（卫医发[2003]287 号）

④《国家危险废物名录》（环境保护部令第 1 号）

⑤《剧毒化学品目录》（安监管危化字[2003]196 号）

⑥ 2003 年 6 月 10 日中华人民共和国卫生部发布《高毒物品目录》（卫法监发[2003]142 号）

⑦《放射性废物管理规定》（GB 14500—2002）

（三）设计标准、规范

①《建设项目环境保护设计规定》（国家计委、国务院环委会[87]国环字第 002 号）

②《综合医院建设标准》（建标 110—2008）

③《医院污水处理工程技术规范》（HJ 2029—2013）

④《传染病医院建设标准》（2008 年修订版报批稿）（卫办规财发[2008]122 号 2008 年 6 月 21 日）

此外，有地方排放标准的城市或地区，应当优先执行地方排放标准。在对某些特定污染物有总量控制要求的城市或地区，还应执行总量控制标准。例如《北京市大气污染物综合排放标准》（DB 11/501—2007）中对汽修、服装干洗提出了总量排放限值要求。

## 第四节 环境影响评价应关注的问题

### 一、环境保护目标的选择

社会服务行业的许多拟建项目，例如医院、敬老院、学校等本身也是对环境质量有特定的要求的环境敏感目标，需要作为敏感目标加以保护。在进行此类项目的环境影响评价时，不仅要对项目建设过程及使用过程对环境和人类健康产生的影响及造成的环境变化进行系统的分析和评估，而且要对小区周边的不利因素例如公路、铁路、高压线、污水处理厂等对项目内的使用者产生的影响进行分析和评估，并从选址及总图布置上提出相应的环保建议。通过调整，突出选址中的双向选择问题。

### 二、格外关注可能扰民的设施与设备

在项目污染源及影响分析中，要关注每一个可能扰民的设施与设备，例如：社会服务业中的餐厅，其油烟排气筒的具体安排的位置，其排口的朝向，其风机空调的具体安放位置都要很具体很明确，其环境影响要说得很清楚，这些地方虽然很细小琐碎，但也是容易引起公众投诉的地方，故要格外细心，格外关注。

### 三、重视公众参与

公开、平等、广泛地进行公众参与并实事求是地编写公众参与篇章，不仅是避免产生环境污染纠纷的重要措施，也是“以人为本”和“共建和谐社会”在环境影响评价工作中的重要体现。社会服务业中，不论大项目还是小项目，都会引起公众的注意，公众对项目的环境影响的意见，将会是社会服务业环评的重要内容之一。因此，须按相关法规要求，规范公众参与全过程；关注参与公众的代表性和敏感目标人群；关注对公众的反对意见分析，说明接受与不接受的理由。

### 四、重视大专院校、科研单位实验室等危废处置

大专院校及科研单位的化学、生物与医药实验室等排放的废水总体上虽然量不大，但水污染物往往是有毒的致病微生物，化学品、生物诱变剂等危害性污染物。实验中使用过的滤纸、抹布、损坏的玻璃器皿、用完的试剂容器和过期失效的药品试剂

等均为危险性固废。如果处置不当会带来较大的环境影响，同时还有一定的环境风险。如剧毒药品的丢失，强酸、强碱及腐蚀性药品的溅洒，易燃易爆试剂的使用等均有一定的风险性。因而我们在此类环评中应引起足够的重视，提出严谨的管理措施和防治措施，防患于未然。

# 第九章　工程分析

环境影响评价中的工程分析主要包括工程概况和污染源分析两个层次，是建设项目环境影响评价的基本工作专题，其主要任务是通过项目建设工程的主要内容、规模、建设性质、工程特征及配套服务工程、原材料、燃料和水等资源的利用入手，全面剖析建设项目在施工生产过程中以及营运期对建设地区周围环境可能产生环境污染和生态破坏的诸因素，并结合工程规模分析污染源的量。

本篇章中涉及环境影响因素类型较多，既有污染性质的，也有非污染性质的，按照通常的习惯，统称之为污染源。

工程分析是建设项目环境影响评价工作的重要基础，为环境影响预测计算和评价提供主要评价参数，为核查污染物达标排放状况、执行污染物排放总量控制目标、评述污染预防控制措施的完整性和先进性等提供依据，从而为项目建设正确决策提供科学的依据。

## 第一节　工程概述

### 一、社会服务类工程概况的主要内容

#### （一）社会服务类建设项目的特点

社会服务类的建设项目与人们的生活息息相关，污染源主要体现在人们从事这类活动时燃料、能源、水资源、设备等。污染物的排放量一般不大，污染物质相对比较简单。项目建设地点一般位于人们活动频繁的地点，产生的污染物质对敏感环境的影响比较直接。

#### （二）工程概况的主要内容

社会服务类的建设项目工程主要内容一般包括：主体工程、配套工程和公用工程。

工程概况主要内容一般包括：项目名称、建设性质（新建、改建、扩建）、项目建设地点（包括文字和地图两部分）、主体工程和配套工程的占地面积及土地类型、项目组成和建设内容、主要经济技术指标、平面布局（附图说明）、公用工程、工程

投资及进度情况。下面对应说明有关内容。

项目名称：以建设项目批准的立项文件名称为准。

建设性质：一般分为新建、改建、扩建。可根据项目实际情况进行编写，必要时详细说明。

建设地点：按照项目所在地的行政区划说明地理位置，并附项目所在区域的位置图进行说明。

占地面积及土地利用类型：说明项目建设的用地面积，说明各部分建设用地面积，一般包括建设用地、道路用地、绿化用地等，并列出用地平衡表。

项目组成和建设内容：应从全工程范围内列出各项目名称和主要工程内容，并进行归类介绍。

主要技术经济指标：一般包括工程用地面积、道路面积、绿化面积、建筑面积、建筑高度、容积率、机动车辆的停车位并说明地上地下。

平面布局：应概述布置原则，说明各项工程的布置位置。比如说明主体工程的位置、配套设施、休闲娱乐场所及公用工程的位置，并附总平面布置图。

公用工程一般包括项目的供水、排水、供热、通风、制冷、供气、供电等工程。供水工程应说明工程供水来源和总用水量，有中水使用的需要说明中水的来源；排水工程应说明排水体制、废水的处理方式、排水途径及排污口位置及排水工程内容；供热工程应说明供热方式、热负荷量、供应能力及供应规模，供热工程的位置；通风制冷等工程应说明通风的有关主要设备名称及位置、制冷方式、制冷负荷，若有冷却塔需说明冷却塔的规模、数量、型号、位置；供气工程说明供气来源、方式；供电工程应说明供电方式及供电配套设施名称、位置与供电量。若有自备电站，应列出配套项目组成及主要工程内容。

## 二、社会服务类污染源分析概论

### （一）污染源分析的依据及思路

对于社会服务类项目而言，污染源主要是建设项目的工程污染源。

污染源主要是依据工程的类型、规模等因素来确定其污染源的种类及污染物排放量的多少。

污染源分析思路首先要视工程是新建、还是改、扩建，分不同的情况，在污染源分析上采用“三本账”的模式逐项计算。

对于新建项目“三本账”为：① 拟建工程的污染物核定产生量；② 治理措施实施后能够实现的污染物削减量；③ 替代量（为拟建地原有污染量）。①、②为实际外排量。

改扩建和技术改造项目污染物排放包括：① 改扩建项目实施后的污染物核定产生量；② 治理措施实施后能够实现的污染物削减量；③ 改扩建实施后能够实现的以新带老的污染物削减量。①、②、③即为拟改扩建项目污染物最终外排增加量。

一般在各环境要素“各本账”计算后，列出总表表达本项目最终污染物的排放量。

### （二）污染源分析的主要内容及方法

污染源分析一般包括大气污染源分析、水污染源分析、噪声污染源分析、固体废物污染源分析、生态影响分析等。

大气污染源分析主要包括：分析污染物的来源、污染因子的确定、污染物排放方式及污染物排放量。社会服务类大气污染源归纳起来主要分为：燃料燃烧污染源和汽车尾气污染源。方法一般为实测法、类比分析法和排污系数法。具体的排放系数参见配套工程锅炉部分和汽车尾气污染物排放量计算部分。

水污染源分析包括：废水来源、排水量、排水水质、排水规律、排水去向、废水处置方案、处理效果和最终处理方式，并通过上述分析基础，确定主要污染因子，其中分析重点为废水来源、排水量、排水水质。废水污染源估算可采用排放系数计算出水污染源数据，也可根据用水规模和性质采用类比分析法粗略或从宏观上把握其污水排放量的范围和水质状况。社会服务类废水主要为与生活和公建相关的生活污水排放。生活水污染源估算可分为排水量估算和排水水质估算。

噪声影响源分析主要为各类排放设备运行产生的机械、动力噪声，评价中应根据不同类型噪声源的特点，对其来源、噪声值、采取的降噪措施等逐一分析。噪声影响源分析方法主要有实测法、类比法、经验公式法。

固体废物影响分析的主要内容是：识别固体废物的来源及产生量；识别固体废物的特性，特别是《国家危险废物名录》中的固体废物，有毒有害废物的特性。社会服务类建设项目固体废物的产生一般均为生活垃圾，生活垃圾的估算一般采用排放系数法。对于固体废物的识别要根据工程性质进行识别，特殊危险废物的有毒有害特性的鉴别根据国家危险废物名录，或根据国家规定的危险废物鉴别标准和鉴别方法认定具有危险特性的有毒有害废物。鉴别出的危险废物应根据有关规定和方法做安全处理。

# 第二节　卫生、社会福利类项目污染源分析

## 一、卫生类项目污染源分析

卫生类包括：医院、专科防治所（站）、疾病控制中心、卫生站（所）、血站、急

救中心、临终关怀医院、体检中心和动物医院等。

综合性大医院（或其他医疗机构）承担着医疗、教学、科研和预防任务，几乎涵盖了卫生类所有的业务范围，可以以它为代表分析卫生类各项目的污染源。

综合性医院根据规模及专业技术水平可分为：

① 一级、一级甲；

② 二级、二级甲；

③ 三级、三级甲。

综合性医院一般根据其整体功能总体布置分 3 个区：医疗区、后勤供应保障区和生活区，其中医疗区又分为急诊部、门诊部、住院部、医技部。

综合性医院的主要污染源包括污水、固体废物、废气、放射性污染源、传染性病菌和病毒，是社会服务业中污染最重的行业之一，对环境和人体健康危害很大，如医院污水特别是传染病医院或传染病房排出的污水如不消毒处理排入水体，可能引起水源污染和传染病的爆发流行。

### （一）水污染源分析

#### 1．用水量

医院的用水量和排水量根据医疗机构的规模、性质、所处地区的生活习惯和医院设施情况，有很大不同。根据《建筑给排水设计规范》和《综合医院建筑设计规范》，医院各设施的用水量如表 9-1 所示。

表 9-1　医院生活用水量

| 项目 | 用量 |
| --- | --- |
| 公共厕所、盥洗 | 100～200 L/（床·d） |
| 公共浴室、厕所、盥洗 | 150～250 L/（床·d） |
| 公共浴室、病房设厕所、盥洗 | 200～250 L/（床·d） |
| 病房设浴室、厕所、盥洗 | 250～400 L/（床·d） |
| 贵宾病房 | 400～600 L/（床·d） |
| 门诊、急诊病人 | 10～15 L/（次·d） |
| 医务人员 | 150～250 L/（班·d） |
| 医院后勤职工 | 30～50 L/（班·d） |
| 后勤食堂 | 10～20 L/（人·次） |
| 洗衣 | 60～80 L/kg |

#### 2．污水排放量、来源及主要污染物

《医院污水处理工程技术规范》（HJ 2029—2013）中提出的综合医院排水量为：

① 床位数不小于 500 的设备齐全的大型医院：日污水量为 400～600 L/（床·d）；

② 床位数大于 100，小于 500 的一般设备的中型医院：日耗水量为 300～400 L/（床·d）；

③ 床位数小于 100 的小型医院：日污水排放量为 250～300 L/（床·d）。

医院污水水质指标参考数据为：$COD_{Cr}$：150～300 mg/L，平均 250 mg/L；$BOD_5$：80～150 mg/L，平均 100 mg/L；SS：40～120 mg/L，平均 80 mg/L；$NH_3$-N：10～50 mg/L，平均 30 mg/L；粪大肠杆菌：$1.0\times10^6$～$3.0\times10^8$ 个/L。

医院排放污水的主要部门和设施有：① 医疗区，包括诊疗室、化验室、病房、X 光照相洗印室、动物房、同位素治疗诊断室、手术室等；② 行政管理区和后勤保障；③ 生活区，有食堂、单身宿舍、家属宿舍。

医院各部门排水情况及主要污染物见表 9-2。

表 9-2 医院各部门排水情况及主要污染物

| 部门 | 污水类型 | 主要污染物 | | | | | | |
|---|---|---|---|---|---|---|---|---|
| | | COD | BOD | SS | 病原性微生物 | 放射性 | 重金属 | 化学品 |
| 职工宿舍 | 生活污水 | ▲ | ▲ | ▲ | | | | |
| 家属区 | 生活污水 | ▲ | ▲ | ▲ | | | | |
| 办公区 | 生活污水 | ▲ | ▲ | ▲ | | | | |
| 普通病房 | 生活污水 | ▲ | ▲ | ▲ | | | | |
| 传染病房 | 含菌污水 | ▲ | ▲ | ▲ | ▲ | | | ▲ |
| 动物实验室 | 含菌污水 | ▲ | ▲ | ▲ | ▲ | | | ▲ |
| 放射科 | 洗印废水 | ▲ | ▲ | ▲ | | | ▲ | ▲ |
| 口腔科 | 含汞废水 | | | ▲ | | | ▲ | |
| 门诊部 | 含菌污水 | ▲ | ▲ | ▲ | ▲ | | | ▲ |
| 手术室 | 含菌污水 | ▲ | ▲ | ▲ | ▲ | | | ▲ |
| 制剂室 | 制剂废水 | ▲ | ▲ | | | | | |
| 化验检验室 | 含菌污水 | ▲ | ▲ | ▲ | ▲ | | ▲ | ▲ |
| 洗衣房 | 洗衣废水 | ▲ | ▲ | ▲ | | | | ▲ |
| 太平间 | 含菌污水 | ▲ | ▲ | ▲ | ▲ | | | |
| 同位素室 | 放射性污水 | ▲ | ▲ | ▲ | | ▲ | | |
| 食堂 | 含油污水 | ▲ | ▲ | ▲ | | | | |
| 浴室 | 洗浴污水 | ▲ | ▲ | ▲ | | | | |
| 解剖室 | 含菌污水 | ▲ | ▲ | ▲ | ▲ | | | ▲ |

从表 9-2 可以看出，医院污水比一般生活污水排放情况要更为复杂，不同部门、科室排出的污水量和水质各不相同。医院污水中的主要污染物包括病原性微生物、有毒有害的物理化学污染物和放射性污染物三类，其污染来源分述如下：

（1）病原性微生物

① 粪大肠菌群。粪大肠菌群（*fecal coliforms*）通常作为衡量水质受到生活粪便污染的生物学指标，其含义是指一群在 44.5℃±0.5℃条件下能发酵乳糖、产酸产气、

需氧和兼性厌氧的革兰氏阴性无芽孢杆菌。

② 传染性细菌和病毒。医院污水中主要的传染性细菌和病毒有：

A. 伤寒杆菌 伤寒杆菌有 3 种，即伤寒沙门氏菌、副伤寒沙门氏菌和乙型副伤寒沙门氏菌，它们能引起伤寒和副伤寒，可通过与患者和带菌者接触以及受到污染的食物和饮水而感染。

B. 痢疾杆菌 痢疾杆菌可引起细菌性痢疾，有两种类型，即痢疾杆菌和副痢疾杆菌，其传播途径主要是被污染的食物和饮用水。

C. 霍乱弧菌 可经水和食物传播，与病人或带菌者接触也可能被传染。

D. 结核分枝杆菌 分人结核分枝杆菌和牛结核分枝杆菌等，可使人畜感染结核病，一般通过呼吸道传播，但在粪便和结核病医院的污水中均可检出。例如，北京市结核病研究所曾在本医院污水中检测到结核病菌，含量可达到 10 个/L，在水中的存活时间可长达数月之久。

E. 肠道病毒 主要有肝炎病毒、脊髓灰质炎病毒、柯萨奇病毒、埃可病毒、腺病毒和人类轮状病毒。

F. 特殊的传染性细菌和病毒，如 SARS 病毒。

③ 蠕虫卵。污水中的蠕虫卵主要有蛔虫卵、钩虫卵、血吸虫卵等，随粪便排出体外，在外界环境中发育成熟，通过饮水、食物等不同途径进入人体。

各种病原性细菌和病毒的生物系特征、危害和传播途径可查阅有关资料。

（2）水中污染物及有毒有害物质

① pH 值。医院污水中的酸碱污水主要来源于化验室、检验室、消毒剂的使用、洗衣房和放射科等。

② SS。医院污水中往往含有大量的悬浮物，来自于各部门和科室。

③ COD 和 BOD。二者均为表示污水污染程度的综合性指标，反映了污水受有机污染和还原性物质污染的程度。医院综合污水中的大部分污染物来自生活系统排水，一般 COD 质量浓度为 150～300 mg/L，BOD 质量浓度为 80～150 mg/L。

④ 动植物油。来自食堂和生活区厨房排水。

⑤ 总汞及重金属。总汞是指无机的、有机的、可溶的和悬浮的汞的总称。医院污水中的汞主要来自口腔科、破碎的温度计和某些用汞的计量设备中汞的流失。重金属主要来自含铬、含银废水。

⑥ 化学品。主要来自实验室、手术室、化验室、解剖室等。

（3）放射性同位素和电离辐射

医院在治疗和诊断中使用的放射性同位素有 $^{131}$I（碘－131），$^{125}$I（碘－125），$^{32}$P（磷－32），$^{99}$Tc（锝－99），$^{18}$F（氟－18），$^{60}$Co（钴－60），$^{137}$Cs（铯－137）等，它们在衰变过程中产生的α、β、γ放射性，在人体内积累而对人体健康造成危害。放射性活度以 Bq（贝可，1 居里 = $3.7\times10^{10}$ 贝可）表示，其在污水中的浓度以 Bq/L 表示，1 Bq/L≈$2.7\times10^{-11}$ Ci/L。另行按辐射管理规定办理相关手续。

3．医院污水水质

例如：北京市环境保护监测中心近年来对北京市部分医院综合污水水质分析监测结果分析显示，医院综合污水中大肠菌群数和粪大肠菌群数为 $238\times10^5$～$238\times10^8$个/L，其污水的 COD 含量为 23～318 mg/L，BOD 为 10～191 mg/L，SS 为 17～190 mg/L，pH 值为 7～8。

仅从这几项指标看，医院污水的水质与城市污水的水质相似，比单纯的生活污水水质浓度略低，但污染物种类更多，情况更复杂。

医院污水排放执行《医疗机构水污染物排放标准》（GB 18466—2005）。

4．医院特殊废水

（1）酸性废水

医院的大多数检验和化验项目及制作化学清洗剂都需要使用硝酸、硫酸、盐酸、过氯酸、三氯乙酸等，这些物质对下水道有腐蚀作用，浓度高的废液与水接触能发生放热反应，与氧化性的盐类接触可发生爆炸。另外由于废水的 pH 值发生变化，也会引起和促成其他化学物质的变化。

（2）含氰废水

在血液、血清、细菌和化学检查分析中常使用氰化钾、氰化钠、铁氰化钾、亚铁氰化钾等含氰化合物，由此会产生含氰废水和废液。

（3）含汞废水和含铬废水

金属汞主要来自各种口腔门诊和计测仪器仪表，如血压计、温度计等，当盛有汞的玻璃管、温度计被打破或操作不当时都会造成汞的流失；口腔科为了制作汞合金，需要使用汞。此外，在分析检测和诊断中有时常需要使用氯化高汞、硝酸高汞以及硫氰酸高汞等剧毒物质，这些都是含汞废水的来源。

医院在病理、血液检查和化验等工作中要使用重铬酸钾、三氧化铬、铬酸钾等，清洗各种器皿、容器或操作不慎都会产生含铬的废水和废液。

（4）动物实验室废水

医疗科研中需要大量实验动物，一般大型综合性医院都建有动物实验室，其污水主要是冲洗地面、笼具产生的废水，成分为实验动物的粪水、尿及残存饲料等，污水中可能含有有害微生物。

例：某动物实验室建筑面积为 1 200 $m^2$，年均解剖实验手术 200 例，年平均用狗、兔等较大动物 60～80 只，小鼠、大鼠、豚鼠等各种鼠类共 1 000 只左右，动物实验室用水量为 3 $m^3$/d，主要用于冲洗动物笼子，排水量约为 2.7 $m^3$/d。

（5）洗相废水

医院放射科照片洗印加工过程中需要使用 10 多种化学药品，主要是显影剂、定影剂和漂白剂等，产生的洗印废水（废液）是重要的污染源。

彩色显影剂不稳定，在空气中易氧化，动物实验证明属中等毒性。

黑白显影剂有米吐尔和对苯二酚，都是具有一定毒性的有机化合物。定影液中含有银，对水生物和人体具有很大毒性。

（6）放射性废水

医院同位素室在应用放射性同位素诊断、治疗病人过程中会产生放射性废水，其主要来源有：

① 病人服用放射性同位素后所产生的排泄物；

② 清洗病人服用的药杯、注射器和高强度放射性同位素分装时的移液管等器皿所产生的放射性污水；

③ 医用标记化合物制剂和倾倒多余剂量的放射性同位素。

医院同位素室的污水大致分为两部分。一部分是未被放射性同位素污染的污水，它可以按一般生活污水处理排放；另一部分为被放射性同位素污染的污水，它必须经过处理设施，使其放射性浓度降低到国家排放标准后方可排放。

医院排出的放射性废水量与医院规模及设施配备有关，一般医院放射性废水排出量为 0.2～0.5 $m^3$/d，同位素室的废水放射性强度为 $1\times10^3$～$3.7\times10^4$ Bq/L。

这部分放射性废水需要单独收集，单独处理。

（7）制剂废水

部分大型医院建有制剂房，小批量生产一些药物，在医院内主要是分装。制剂生产过程中需对容器和设备及地面进行清洗，这部分废水中含有残留的原材料和药物，污染相对较重，主要污染物为 COD、BOD 和 SS。

同时，制剂过程中需要使用纯水，一般配有制水间，将原水经两极反渗透后制成纯水，再经蒸馏后使用。纯水制备过程中会产生少量高浓度含盐废水，其废水排放量由纯水用量和出水率求得，废水中的 TDS 质量浓度一般在 1 000 mg/L 左右。

### （二）医院固体废物污染源分析

#### 1. 医院固体废物的分类和来源

医院产生的固体废物包括一般性生活垃圾和受到生物性污染（各种病菌、病毒和寄生虫卵）的带有传染性的医疗垃圾和废物。

处置医疗污物的原则是：防止污染扩散；分类收集，分别处理；尽可能采用焚烧处置；收集废物所使用的容器主要是塑料袋、锐器容器和废物箱等。

医院产生的固体废物根据性质和形态大致可分为 7 类：

（1）一般性固体废物

① 渣土类，如锅炉房的煤灰煤渣、清扫院落的渣土、建筑垃圾等；

② 生活垃圾类，厨余垃圾、废纸、废塑料等，主要来自办公室、公共区、供应室和炊事区；

③ 包装材料，如瓶、罐、盒、纸箱以及中药渣等遗弃物。

（2）化学性废物

来自临床实验室或相关地方，如诊断与实验、清洁与消毒等，有危害的化学废物是指具有毒性、腐蚀性、易燃易爆等特性的物质，具体如下：

① 酸碱类废液；

② 有机溶剂类废液，如甲醛、四氯化碳、氯仿、三氯乙烯、三氯甲烷、已烷、乙醇、异丙醇、甲醇、丙酮、苯、二甲苯等；

③ 重金属类，含汞、镉、砷、铬的废液废渣；

④ 照相洗印废液；

⑤ 消毒剂、清洁剂及废油清洗剂等。

（3）病理性废物

包括人体组织、器官、肢体、胎盘、胚胎、实验动物尸体组织及相关物质。

（4）传染性废物

传染性废物是医院的重要污染物，来自各个治疗科室、病房、检验化验室和实验室等，带有传染性和潜在传染性的废物（不包括锐器）主要有5种：

① 受到污染的外科、妇产科等科室手术废物，如床单、手套、擦布及治疗区内其他污染物，与血及伤口接触的石膏、绷带、衣服及用以清洁身体的洗涤废液或血液的物品；

② 来自传染病患者的活检物质、血、尿、粪便等；

③ 实验室产生的废物。包括病理性的、血液的、微生物的、组织的废物等，太平间的废物以及其他废物；

④ 患者尤其是传染病患者用过的剩饭剩菜、瓜果皮核、废纸废料、包装箱盒、瓶罐器具、污染衣物及各种废弃杂品等。

（5）锐器

主要是用过废弃的或一次性的注射器、针头、玻璃、锯片、解剖刀和手术刀片及其他可能引起切伤刺伤的器物。

（6）药物废物

主要是医院过期的、废弃的药品、疫苗、血清、从病房退回的药品和淘汰的药物等。

细胞毒废物：细胞毒药物常应用于治疗恶性肿瘤，许多高剂量的细胞毒药物都具有致癌、致突变与致畸作用，或有强刺激性。细胞毒废物包括过期的细胞毒药物，在准备、转运、应用细胞毒药物治疗时被细胞毒物质污染的相关物质，如拭子、管子、手巾、锐器等。

（7）放射性废物

包括体外分析、体内显影、肿瘤定位或治疗用的具有放射性的固态和液态废物，固体有盛装放射性同位素或接触放射性物质的药水瓶、注射器、玻璃器皿、吸湿纸、试纸等，液体有剩余的同位素药物、病人的尿液及其他分泌物和用于放射免疫的闪烁液。

在放射性治疗诊断中使用过的容器、器皿、针管，沾染放射性物质的纱布、药棉等，应单独收集、清洗或贮存。

### 2. 医院废物的产生量

医院的专业性质和业务范围不同，医院废物的产生量是不同的。

例如：表 9-3 是实测的北京市一些医院医疗性垃圾的产生量。

表 9-3　北京市医院医疗垃圾产生量

| 医院名称 | 床位数/张 | 日产量/kg | 单床产量/（kg/d） |
| --- | --- | --- | --- |
| 区妇产医院 | 130 | 14 | 0.11 |
| 同仁医院 | 800 | 89 | 0.11 |
| 丰台医院 | 400 | 41 | 0.10 |
| 地坛医院 | 470 | 37 | 0.08 |
| 胸科医院 | 130 | 43 | 0.07 |
| 西苑医院 | 500 | 21 | 0.04 |
| 海淀医院 | 500 | 22 | 0.04 |

另外，据调查，北京 20 多家三级甲等医院平均医疗垃圾产生量为 0.6 kg/（床·d），这个数值较上表中的数值要高，因为大医院的门诊病人多，手术病人多，复查换药病人多，陪同人员多，把所有的医疗垃圾都按病床来分摊的话，就会高于一般的医院，因此，在做环评的时候要注意大医院和小医院不一样，各地的情况也不一样，故要尽量多用本地的实例进行类比。

### 3. 医院污水处理站污泥

很多医院自建污水处理站，大量悬浮在水中的有机、无机污染物和病菌、病毒、寄生虫卵等在处理过程中沉淀分离出来形成污泥，包括：

① 格栅渣和浮渣，通过粗细格栅从污水中截留下来的固形物称作格栅渣，悬浮在沉淀池或腐化池水面上的悬浮物质叫做浮渣；

② 沉淀污泥，主要是初次沉淀池沉淀下来的悬浮固体，包括化学药剂处理（中和或絮凝等）后的沉淀污泥；

③ 生物处理污泥，主要有剩余活性污泥、生物膜和细菌群块等及厌氧消化过程产生的污泥。

按腐化程度可分为两类：一是生污泥，由初沉池和二沉池排出；二是消化污泥，由生污泥经过好氧或厌氧处理后得到的污泥，如污泥消化池。

污泥的产生量与污水水量、水质和处理工艺有关。

## （三）医院废气污染源分析

除锅炉房、车库、餐饮等配套和公用设施排放的废气外，医院废气污染源主要来自化验室、普通实验室、动物实验室、传染病房、垃圾焚烧站等。

（1）普通实验室和化验室废气

在进行试剂配制、实验样品前处理、实验反应及分析测试等操作时不可避免地会有各种无机、有机化学试剂挥发，如酸、碱废气，构成实验室空气污染。

（2）动物实验室废气

主要是动物排泄物产生的含氨臭的气体，中国疾病预防控制中心对其现状实验动物房废气（直接排放）中氨的监测结果为2.05 $mg/m^3$。此外，生物安全实验室废气中还含有病原微生物。

（3）通风废气

传染病、呼吸道疾病病房和放射性设施的通风废气中可能含有致病微生物和放射性物质。

（4）医疗垃圾焚烧废气

医疗垃圾，大多是带有传染性的。采用焚烧的方法处理医疗垃圾，是最彻底和比较简便的方法。

医疗垃圾大部分为碳氢化合物，在一定温度和供氧充足的条件下，可以自燃。垃圾中可以燃烧的部分称为可燃分，不可燃烧的部分称为灰分。

很多大型医院建有医疗垃圾焚烧炉，一般以轻柴油、煤油、煤气、液化石油气和天然气作为助燃剂，烟气中的主要污染物有$SO_2$、$NO_x$、$H_2S$、$NH_3$和微量B[*a*]P等。

### （四）实例——北京某医院

#### 1．大气污染源分析

门诊楼改扩建后，锅炉房燃煤锅炉由2台6 t燃气锅炉替代。根据《北京市环境总体规划研究》提供的天然气燃烧污染物排放因子计算可得改扩建后，锅炉房各类污染物排放量如表9-4所示：$SO_2$排放量为0.4 kg/h；$NO_x$排放量为3.80 kg/h；CO排放量为0.8 kg/h。

表9-4 污染物削减量对比　　单位：kg/h

| 对比项目 | $SO_2$ | $NO_x$ | CO |
|---|---|---|---|
| 改建前 | 21.8 | 7.9 | 5.36 |
| 改建后 | 0.40 | 3.8 | 0.8 |
| 削减量 | 21.4 | 4.1 | 4.56 |

#### 2．水污染源分析

（1）现状用水分析

北京某医院现有床位712张，医院病房每张病床用水量取500 L/（人·d），病房用水量约为356 $m^3/d$。

门诊量为 4 500 人·次/d，按平均每个病人有 1.5 名家属陪同计算，用水量按 20 L/（人·d）计，门诊日用水量为 225 $m^3$/d。

某医院现有医务人员 1 421 名，按平均用水量 100 L/（人·d）计，则医务人员的日用水量为 142 $m^3$/d。医院现有一些实验室，需要消耗新鲜水 200 $m^3$/d。另外，生产用水主要为空调冷却系统补充水和洗衣房用水，水量约为 100 $m^3$/d。

综上所述，目前医院每日用水量为 1 023 $m^3$/d。

（2）新增用水量

某医院新门诊楼扩建工程完成后，主要用来改善目前各科门诊的用房紧张状况和缓解病人就诊拥挤的状况，另外还要保证正常的教学、科研活动，新增一些实验室。新建门诊楼不设病房，因此，可对门诊楼改建后的新增用水量分析如下。

① 新增用水量。新门诊楼建成后，日门诊量会有些增加。按现在就诊高峰日 5 500 人·次/d 计算，即每日增加 1 000 名患者，每名患者有 1.5 名家属陪同计算，则门诊日用水量将增加 50 $m^3$/d。

② 每年接收进修医生、护士 120 名，全部在新门诊楼进修学习，则增加用水量 12 $m^3$/d。

③ 新门诊楼设有实验室，主要用于化验，由于门诊量增加，实验室用水也会有少量增加，估计增加量为 44 $m^3$/d。

综上所述，新建医院门诊楼将比现状每日增加用水 106 $m^3$/d。

（3）排水量

据某医院污水处理站提供的数据，医院现状污水排放量为 800 $m^3$/d 左右。与按现状用水量的 85%计算出 796 $m^3$/d 是吻合的，据此计算，新门诊楼建成后儿医院污水排放总量将为 887 $m^3$/d，医院新增污水排放量为 91 $m^3$/d，其中新门诊楼排放污水量为 572 $m^3$/d。排放去向是市政下水道，最终排入城镇二级污水处理厂。

（4）水质估算

为预测新建医院门诊楼所排污水水质，于某年某月对医院现在门诊楼污水排放口的水质和医院污水处理站处理后的水质进行了现场实测，监测分析结果见表 9-5。

**表 9-5 医院现状排水水质**

| 项目 | $COD_{Cr}$/（mg/L） | $BOD_5$/（mg/L） | SS/（mg/L） | 油/（mg/L） | pH | 余氯/（mg/L） | 粪大肠菌群数/（MPN/L） |
|---|---|---|---|---|---|---|---|
| 处理前 | 202 | 84 | 76 | 9.3 | 6.8 | 0 | $2.38\times10^3$ |
| 处理后 | 200 | 77.6 | 56 | 9.1 | 6.6 | 5.9 | 未检出 |
| 标准 | 250 | 100 | 60 | 20 | 6～9 | 2-8 | 5 000 |
| | 预处理标准 | | | | | GB 18466—2005 | |

注：本污水处理站仅做消毒处理。

由表 9-5 可以看出，某医院污水处理站氯化法消毒处理设施运行较好，未检出大肠菌群数，由于估算的新门诊楼用水量仅比目前门诊楼用水量增加 18.7%，且用水性质相同，因此，可以认为新门诊楼排放污水水质同表 9-5。由表 9-5 可见，新门诊楼排放污水水质除 COD 超标外，其他指标符合排放标准要求。

（五）环境影响识别

1．主要污染因素

卫生类的主要污染因素为医疗垃圾和医疗废水，其次为普通生活污水和生活垃圾，还有公用设施排放的污染物，如设备噪声等。

① 门诊部和社区卫生服务中心。主要污染物为医疗垃圾。

② 带住院部的普通医院、传染病医院和急救中心。

A．普通医疗废水和传染科及传染病医院废水；

B．含铬废水，来自病理、血液检查和化验中使用的重铬酸钾等；

C．放射性废水和废物，来自放射性药物制取、介入和放射性核素治疗；

D．含汞废水，来自口腔科制作汞合金和使用含汞的计测仪器仪表；

E．含氰废水，产生于血液、血清、细菌的化学检查；

F．含银废水和废液，来自放射科；

G．制剂废水，来自制剂科室；

H．动物房废水和垃圾；

I．医院门诊和病房地面等清洗卫生废水；

J．医疗垃圾；

K．医院污水处理站污泥；

L．医疗垃圾焚烧废气；

M．传染病和呼吸道疾病病房、化验室、放射性设施的通风废气；

N．光透视仪和正电子发射扫描成像仪等放射性设施的放射性污染；

O．传染性的细菌及病毒。

③ 疾病控制中心。除常规的生活型污染外，主要是实验室废水和垃圾，可能含有致病微生物。

④ 临终关怀医院。生活型污染和医疗垃圾。

⑤ 血站。主要是医疗垃圾和医疗废水。

⑥ 体检中心。主要是少量医疗垃圾。

在卫生类产生的固体废物中，有一些是《国家危险废物名录》中的危险废物，主要有：

A．医院临床废物　即通常所称的医疗垃圾，产生于医院、医疗中心和诊所等的医疗服务中，包括手术和包扎残余物及敷料、生物培养和动物试验残余物、化验检查残余物、传染性废物、废水处理污泥。

B．废化学试剂、废药品和废药物。

C．感光材料废物　医疗机构的X射线和CT检查中产生的废显影液、废定影液和废胶片。

**2．配套设施污染因素**

卫生服务机构可能的配套设施有锅炉、车库（地下和地上）、餐饮、供水、排水、中央空调、洗衣房等，康复医院和疗养院还会有一些文体娱乐设施，这些设施的污染因素有：

① 大气污染源。燃料燃烧废气（如锅炉烟气）、汽车尾气和餐饮油烟。

② 水污染源。餐饮废水和洗衣废水。

③ 噪声污染源。锅炉、冷却塔、冷水机组、各类风机和水泵。

④ 固体废物。燃煤锅炉的炉渣、普通生活垃圾和餐饮垃圾。

## 二、社会福利类污染源分析

社会福利类项目主要有敬老院、福利院、疗养院、救助站和捐助中心等，在建筑类型上是一般民用建筑，服务功能比较单一。

上述项目的污染类型较为简单，属于一般生活型污染，主要来自在其中生活、工作和服务人员所产生的生活污水和生活垃圾，污染物的产生量和排放浓度可通过设计资料或类比调查监测数据来计算。

敬老院、福利院和疗养院等通常配备有小型医务室，提供简单的打针、输液、包扎等医疗服务，会产生少量医疗垃圾，如一次性针头、针管、注射器以及废弃的纱布、棉花等小型敷料。

捐助中心接受来自社会各界捐赠的衣物和其他物品，由于捐助者的健康程度各异，有些是病人或正处于某些传染性疾病的潜伏期，或者捐赠品运输和保管不当，这些可能造成在捐赠的衣物或其他物品上沾染有致病性细菌和病毒，成为生物污染源。

敬老院、福利院、疗养院、救助站、捐助中心可能的配套和公用设施有餐饮、洗衣房、锅炉房、车库、中央空调、给排水泵房及一些文体娱乐设施，这些设施污染物的种类和排放量可参照配套和公用污染源分析等相关章节。

主要污染因素包括：

① 生活污水和生活垃圾；

② 少量的医疗垃圾；

③ 配套设施污染，类似于卫生类（如锅炉房、车库等）。

# 第三节　体育设施类项目污染源分析

## 一、体育设施的类别

体育设施类项目依据其使用功能基本上可分为：
① 大型综合性体育场馆；
② 高尔夫球场；
③ 水上运动、游泳场馆；
④ 滑雪场；
⑤ 射击场馆；
⑥ 赛车场馆；
⑦ 马术场馆或跑马场；
⑧ 小型临时比赛设施；
⑨ 狩猎场。

## 二、体育设施类项目污染源分析

体育设施的污染具有明显的时段性，一般分为赛时和赛后利用两种情况进行分析与评价。赛时人群较多，在短时间内产生较多的污染物；赛后利用时期污染物产生比较平缓，活动类型也分为多种形式，如其他类型健身体育活动、大型表演、服装展示等，这需要根据赛后利用的设计情况而定。

### （一）一般体育设施类项目污染源

体育设施类项目污染源产生中比较特殊的就是存在平缓期，体育设施的建设功能一般是需要满足大型比赛，在赛后比赛场地一般能够满足大型演唱会、展销场地等大型活动，比赛、大型演唱会等使用时间短，人流比较集中，所以污染物的产生也比较集中。同时体育设施赛中和赛后的一些部位的使用功能会发生变化。体育设施的建设首先是满足比赛使用，但是比赛的使用并不是很频繁，所以在非赛期，存在着使用功能的多样性，如赛场赛后可以作为与该类场馆运动有关的俱乐部，也可作为其他体育运动的俱乐部，也可以作为大型演唱会、服装展销会、电影院等娱乐场所。所以随着使用功能的变化，污染物的产生将发生变化。在污染源分析时需要根据各项使用功能平均发生的时间、规模和使用情况，来分析确定污染源。

体育设施类项目污染因子一般主要包括：与采暖供热有关的燃料燃烧产生的烟

尘、停车场（库）汽车尾气、工程各部分用水产生的污水。污水性质与生活污水相似，各部分活动产生的生活垃圾及各部分供水、通风、制冷等设备的噪声，如果项目拟建地邻近交通干线，噪声污染源分析也要考虑道路噪声对拟建项目的影响。对于特殊的体育项目还需要视具体的工程情况分析各污染因素。

各项污染源分析的方法采用类比分析与模型计算相结合。

大气污染源分析中，各部分采暖供热的燃料废气排放的大气污染物的核算方法采用类比法。根据工程的采暖供热面积量，依据一般建筑的有关供热指标，计算出热负荷，根据热负荷的计算量和供热燃料的热指标值，计算出燃料使用量，最后根据燃料燃烧排放的污染物系数计算出大气污染物排放量。停车场汽车尾气的计算，根据停车数量、停车时间、污染物排放系数计算总的汽车尾气排放量。具体的计算方法可以参有关章节。

体育设施类项目中赛马场在大气污染源计算时还需要考虑马厩房的恶臭影响。根据污染源情况确定产生恶臭的物质和恶臭强度、等级。

水污染源分析包括排水量和排水水质的估算。体育设施类项目用水与一般公建用水相似，用水估算一般是根据建筑用水标准和用水规模确定用水量。污水量按照用水量的 80%～90%计算。污水中污染物浓度根据用水水平、用水性质、用水量及相应的污水治理措施等因素而定。

但是与水上运动有关的体育项目在水污染源分析时要特殊考虑水资源和生态环境等问题。

用水及污水排放方面比较特殊的就是马厩房马匹的用水及污水排放情况，一般采用类比方法。赛马的生活用水量按 140 L/（马·d）估算，其中，一部分为饮用水，一部分为洗浴用水。赛马在每次活动后均需冲浴，平均每匹马洗浴 1 次/d。用水量约为 100 L/（匹·次）。

固体废物污染源分析的内容主要为分析项目固体废物的来源、种类、数量及处理处置方式。并对有毒有害固体废物进行识别。

体育设施类项目的固体弃物一般为生活垃圾，生活垃圾的计算根据人均日垃圾产生量和人口规模推算。

体育类项目赛马场的固体废物除了日常生活垃圾外还包括马厩房和马诊所的医疗垃圾。其中马厩房的固废包括马粪和清扫马厩时废弃的锯末、干草等。马厩房的地面均垫有锯末层，其作用一是为了让马休息时比较舒适，二是每天局部更换，便于清除马粪和马尿，维护厩内清洁。因此，马厩排放的粪尿是随同更换掉的锯末一起排放。

体育设施类项目的噪声源主要为设备运行产生的机械、动力等噪声和相关的交通噪声，可参见有关章节。

### （二）典型污染源

体育设施类的主要污染为观众、运动员和工作人员产生的生活污水、生活垃圾及配套设施产生的污染如燃料燃烧废气、汽车尾气、餐饮油烟、餐饮废水、公用设备噪声，其他特征污染为：

1．射击馆场馆

从形式上分为室内、室外及半封闭三种，环境影响因素有：

① 射击噪声；

② 固体废物，主要为射击枪弹壳和飞碟比赛的碟靶；

③ 比赛时对周边生态系统的影响，如鸟类减少。

2．马术场馆和跑马场

① 生态环境影响。

A．来自各地的马匹入境，随之可能带来生物入侵的风险；

B．马匹疫病的传播，殃及赛马场周边的畜禽和野生物种，一些严重的病毒可能会造成一些敏感物种的灭亡，破坏当地生态系统；

C．马厩房所备的马料如果来源于境外，可能带来一些外来物种的入侵；

D．赛马排泄粪便所残留菌素造成的生态环境影响。

② 马厩房产生的恶臭。

③ 马厩房地面冲洗、马匹洗澡产生的污水。

④ 马厩房废弃物，包括马匹粪便、草料、垫草等。

3．与水体有关的运动

与水体有关的运动分为人体直接接触的游泳、跳水等及与水体不直接接触的划水、皮划艇等运动。

① 与人体直接接触的水体换水产生的废水；

② 修建运动水体可能产生的地下水超采，比如修建水上皮划艇、水上运动等水体公园或河道对水资源产生的影响；

③ 水生生态主要关注富营养化的潜在影响。

4．赛车

主要是赛车噪声和车辆维护产生的固体废物，各类人员的常规生活型污染。

5．大型综合性体育场馆

主要为常规的生活型污染，另外在大型活动期间存在各类风险隐患。

6．滑雪场

① 人工造雪过程对水资源的影响；

② 砍伐林木、对原生植被的破坏造成的生态影响；

③ 水土流失的生态影响。

7．高尔夫球场

① 施用农药和化肥对土壤、地表水和地下水的影响；

② 对原生植被的破坏；

③ 大量用水对水资源的影响；

④ 土地，尤其是耕地的占用。

**8．小型临时比赛的体育设施**

主要为各类人群活动所产生的常规污染。

（三）特殊污染源，如高尔夫球场所用化肥、农药性质

为了得到高质量的草坪和良好的击球草坪面，高尔夫球场在种植和养护草坪过程中必然要进行施肥和施用杀虫剂、杀菌剂、除草剂等作业。而高尔夫球场大多建在透水性良好的砂壤土上，这些作业很可能会对环境产生威胁和影响。

适用于高尔夫球场草坪的肥料主要具有以下特性：① 营养元素平衡、配比合理；② 对植物的灼伤性小；③ 颗粒均匀，有合适的粒度范围；④ 养分的释放速度慢，且释放均匀；⑤ 有效养分含量高，一次施用量较少。

球场一般以施用缓释肥、有机肥、复合肥为主，辅助施用一些速效肥料。同时，由于球场不同区域的养护强度不同，所使用的肥料的养分配比、剂型也有变化。表 9-6 总结了球场施用的肥料种类、使用部位和用量。球场的施肥的方法包括颗粒撒施、叶面喷施和随灌溉水施肥。无论哪种方法都必须保证肥料的养分及时进入到草坪吸收养分的主要部位根层，供草坪吸收利用。

**表 9-6 高尔夫球场施用的肥料种类、使用部位和用量**

| 养护区域类型 | 养护区域面积/$hm^2$ | 肥料种类 | 年用量/（$g/m^2$） | 养护区域用量/（t/a） |
|---|---|---|---|---|
| 果领 | 2.5 | 速效氮肥 | 13.5～31.5（N） | 0.34～0.79 |
| | | 缓效氮肥 | | |
| | | 钾肥 | 13.5～22.5（$K_2O$） | 0.34～0.56 |
| | | 磷肥 | 3～7（$P_2O_5$） | 0.075～0.18 |
| 发球台 | 2.5 | 速效氮肥 | 18～45 | 0.45～1.13 |
| | | 缓效氮肥 | | |
| | | 钾肥 | 20～25 | 0.5～0.63 |
| | | 磷肥 | 4～10 | 0.1～0.25 |
| 球道 | 30 | 速效氮肥 | 13.5～27 | 4.05～8.1 |
| | | 缓效氮肥 | | |
| | | 钾肥 | 13.5～20 | 4.05～6.0 |
| | | 磷肥 | 3～6 | 0.9～1.8 |
| 高草区 | 56.43 | 速效氮肥 | 0～10 | 0～5.64 |
| | | 缓效氮肥 | | |
| | | 钾肥 | 0～5 | 0～2.82 |
| | | 磷肥 | 0～5 | 0～2.82 |
| 全场合计/（$g/m^2 \cdot a$） | | | | |
| 总用氮量（纯 N） | 4.84～15.66 | | | |
| 总用钾量（$K_2O$） | 4.89～10.01 | | | |
| 总用磷量（$P_2O_5$） | 1.08～5.05 | | | |

球场草坪选用的农药主要有乐果、甲基托布津、百菌清、春雷霉素、马拉硫磷等，农药种类及特性见表 9-7。若施药后下大雨，农药就会随地表径流进入附近水体。随着生物制药技术的发展，各种新型农药、杀虫剂种类发生变化，考虑到动植物病虫害的耐药性等因素，对于新型农药、杀虫剂带来的环境影响也需引起重视。北京的高尔夫球场主要肥料品种为膨化鸡粪、发酵后加氮钾的蚯蚓肥等有机肥菌肥、有机生物肥，长效缓释肥等复合肥，草炭等改良肥，微量肥。

表 9-7 高尔夫球场草坪使用的农药种类及特性

| 通用名称 | 商品名 | 剂型及含量 | 作用和特点 | 注意事项 |
|---|---|---|---|---|
| 百菌清 | 百菌清<br>达科宇 | 75%可湿性粉剂 | 低毒广谱非内吸杀菌剂，化学性质稳定，但遇强碱仍能分解 | 1．为避免眼睛及皮肤接触药剂产生不适或过敏，要注意防护<br>2．对鱼有毒，药液不能污染鱼塘和水域 |
| 甲基硫菌灵 | 甲基托布津 | 50%乳油 | 低毒内吸性杀菌剂，除对藻菌纲真菌无效外，对许多病原菌都有良好生物活性 | 1．不能与含铜药剂混用<br>2．勿连续使用，应与其他药剂轮换使用或混用，但不宜与多灵菌轮换 |
| 春雷霉素 | 加收米 | 0.4%粉剂 | 生物源杀菌剂（内吸性），耐雨水冲刷，喷药后 3～4 h 降雨不影响药效 | 避免长期连续使用，以延缓病菌产生抗药性 |
| 乐果 | 乐果 | 40%乳油 | 中低杀有机磷内吸性杀虫剂，有触杀和一定胃毒作用，持效期为 4～5 d | 1．对牛羊胃毒性大<br>2．对蜜蜂高毒<br>3．对人畜毒性中等 |
| 马拉硫磷 | 马拉松 | 45%乳油 | 低毒有机磷杀虫剂，有触杀和胃毒作用，对大多数叶面害虫防效较好，气温低时杀虫力低 | 使用浓度不宜高 |

根据北京长新高尔夫球场淋洗实验结果分析，施药后 1 h 内遇暴雨，有 58.31%的农药被暴雨径流带入人工湖，若施药两天后遇暴雨，随场地地下排水系统排出的农药只占施药量的 1.89%。因此，避免大雨、暴雨前施用农药可减少或避免使用农药的污染影响。

草坪农药施用一般为预防性喷洒，春季、夏季各施用一次，单位面积的施用量为 0.1～0.2 g/（$m^2$·次）。

这些农药进入环境后比较容易降解，半衰期为 12 天至 1 个月。

## 三、实例：北京五棵松体育馆污染源分析

该体育馆为奥运会期间篮球主赛场，建设内容包括下部的篮球馆和上部体育文化产业配套设施共 11.7 万 $m^2$。其中下部篮球馆规划可容纳观众坐席 18 000 座，其中永久观众坐席为 14 000 个，临时活动坐席 4 000 个（赛后将拆除）。赛时场馆人员还要包括：贵宾约 350 人，运动员约 400 人，媒体约 600 人，其他约 166 500 人；上部 7～13 层

6.3 万 $m^2$ 的体育文化产业设施功能包括商业购物、餐饮、酒店、办公等。篮球综合馆和商业设施设有多座快餐厅、正餐厅，总面积暂估算为 9 300 $m^2$，设有座位约 2 000 个。

该场馆北京 2008 年奥运会期间作为篮球比赛场馆，赛后除比赛外，也可以用作大型文艺演出场地。

### （一）大气污染源分析

该场馆不设锅炉房，大气污染源主要是天然气燃烧废气、汽车尾气及柴油发电机试车排放废气。分别就奥运会举办期间和赛后利用两种情况进行分析。

#### 1．奥运会期间

① 天然气燃烧废气。篮球综合馆和商业设施设有多座快餐厅、正餐厅，设有座位约 2 000 个，奥运会期间按 5 餐/（座·d）计，消耗热量按 5.2 MJ/（餐·人）计，消耗热量 52 000 MJ/d。折合天然气 1 486 $m^3$/d。大气污染物排放量为 $SO_2$：0.008 kg/d，$NO_x$：2.2 kg/d，CO：0.5 kg/d。

② 汽车尾气。奥运会期间停车位共 1 323 个，根据对某公建停车场的类比测试，单车位排放量：总烃 1.6 g/h，CO 3.8 g/h，$NO_x$ 0.25 g/h，每天按 12 h 计，汽车尾气排放污染物量：总烃 25.4 kg/d，CO 60.3 kg/d，$NO_x$ 4.0 kg/d。

奥运会期间大气污染物排放量见表 9-8。

表 9-8　奥运会期间大气污染物排放量　　单位：kg/d

| 污染源 | | $SO_2$ | $NO_x$ | CO | 总烃 |
|---|---|---|---|---|---|
| 天然气燃烧 | | 0.008 | 2.2 | 0.5 | — |
| 汽车尾气 | | — | 4.0 | 60.3 | 25.4 |
| 合计 | kg/d | 0.008 | 6.2 | 60.8 | 25.4 |
| | kg/30 d | 0.24 | 186 | 1 824 | 762 |

#### 2．赛后利用

① 天然气燃烧废气。赛后利用餐厅设有座位约 2 000 个，按 3 餐/座·d 计，消耗热量按 5.2 MJ/（餐·人）计，共消耗热量 1 138.8 万 MJ/a，折合天然气 32.5 万 $m^3$/a。大气污染物排放量为 $SO_2$：1.9 kg/a；$NO_x$：487.5 kg/a；CO：113.8 kg/a。

② 汽车尾气。赛后停车位共 1 323 个，每天按 8 h 计，汽车尾气污染物排放量：总烃 6 181.1 kg/a；CO 14 680 kg/a；$NO_x$ 965.8 kg/a。

③ 柴油发电机。本项目配有 4 台应急柴油发电机，每台 1 250 kW。4 台平均每小时耗油总量 1 250 L/h，为保证发电机处于良好备用状态，每 2 周试机 1 次，每次运行 30 min，全年运行 13 h，总耗油量 16 250 L/a，发电机运行污染物排放量：$SO_2$：65 kg/a；烟尘 11.6 kg/a；$NO_x$：41.6 kg/a；CO：24.7 kg/a；总烃 24.2 kg/a。

赛后大气污染物年排放总量见表 9-9。

表 9-9 赛后大气污染物年排放总量 单位：kg/a

| 污染源 | $SO_2$ | $NO_x$ | CO | 总烃 | 烟尘 |
|---|---|---|---|---|---|
| 天然气燃烧 | 1.9 | 487.5 | 113.8 | — | — |
| 汽车尾气 | — | 965.8 | 14 680 | 6 181.1 | — |
| 柴油发电机 | 65 | 41.6 | 24.7 | 24.2 | 11.6 |
| 合　计 | 66.9 | 1 494.9 | 14 818.5 | 6 205.3 | 11.6 |

（二）水污染源分析

该工程用水的主要场所包括：① 篮球馆运动员、教练、观众等的一般生活用水；② 体育文化产业配套设施的一般生活用水；③ 赛后赛事场馆及表演场用水；④ 餐厅的餐饮用水；⑤ 空调补水、绿化用水、道路洒水。

### 1. 用水量估算

根据该场馆各部分使用功能，分别按集体宿舍、旅馆和公共建筑确定生活用水定额。用水分为奥运期间和赛后两种情形进行估算，详见表 9-10 和表 9-11，按水的用途进行分类的汇总见表 9-12。

表 9-10 项目奥运期间各部分用水标准及用水量

| 用水阶段 | 用水单位 | 用水性质 | 用水定额 | 日最高用水量/（$m^3$/d） | 年用水天数/（d/a） | 总用量/（$m^3$/次） |
|---|---|---|---|---|---|---|
| 奥运期间 | 运动员 400 人 | 盥洗 | 24 L/（人·d） | 9.6 | 30 | 28.8 |
| | | 冲厕 | 36 L/（人·d） | 14.4 | | 432 |
| | | 饮用 | 12 L/（人·d） | 4.8 | | 144 |
| | | 洗浴 | 150 L/（人·次） | 60 | | 1 800 |
| | 观众 18 000 人 | 综合 | 3 L/（人·场） | 54 | | 1 620 |
| | 场馆服务人员（按观众席数 4%考虑） | 综合 | 50 L/（人·d） | 36 | | 1 080 |
| | 贵宾及媒体等其他工作人员 17 600 人 | 综合 | 3 L/（人·d） | 52.8 | | 1 584 |
| | | 饮用 | 2 L/（人·d） | 35.2 | | 1 056 |
| | 餐厅 9 300 $m^2$（2 000 座×5（人·次）/d） | 餐饮 | 7 L/（人·次） | 70 | | 2 100 |
| | 6～13 层商业配套，不含 9 300 $m^2$ 餐厅 | 综合 | 15 L/（$m^2$·d） | 590 | | 17 700 |
| | 洗车每天约 500 辆 | 洗车 | 50 L/（辆·次） | 25 | | 750 |
| | 绿化用水 | 1.5 L/（$m^2$·d） | | 57.4 | 20 | 1 148 |
| | 道路浇洒 | 1 L/（$m^2$·次），1 次/d | | 46 | 30 | 1 380 |
| | 空调补水 | 14 530 $m^3$/d,（1%～2%，水冷式；1.5%～2.5%，吸收式） | | 435.9 | 30 | 13 077 |
| | 合计 | | | 1 491.1 | | 43 900 |

表 9-11　项目赛后各部分用水标准及用水量

| 用水阶段 | 用水单位 | 用水性质 | 用水定额 | 日最高用水量/（m³/d） | 年用水天数/（d/a） | 年总用量/（m³/次） |
|---|---|---|---|---|---|---|
| 赛后利用 | 管理人员 200 人 | 盥洗 | 24 L/（人·d） | 4.8 | 300 d | 1 440 |
| | | 冲厕 | 36 L/（人·d） | 7.2 | | 2 160 |
| | | 饮用 | 2 L/（人·d） | 4 | | 120 |
| | | 洗浴 | 100 L/（人·次） | 20 | | 6 000 |
| | 赛事工作人员 100 人 | 综合 | 10 L/（人·d） | 1 | 赛事工作人员 110 d | 110 |
| | 赛事运动员 50 人 | 盥洗 | 24 L/（人·d） | 1.2 | 赛事平均 110 d/a | 132 |
| | | 冲厕 | 36 L/（人·d） | 1.8 | | 198 |
| | | 饮用 | 12 L/（人·d） | 0.6 | | 66 |
| | | 洗浴 | 150 L/（人·次） | 7.5 | | 825 |
| | 赛事观众 7 000 人 | 临时 | 3 L/（人·场） | 21 | | 2 310 |
| | 电影院（2 000 人/d） | 临时 | 15 L/（人·次） | 30 | 110 d/a | 3 300 |
| | 大型演出（15 000 人/场） | 临时 | 3 L/（人·场） | 45 | 110 场/a | 4 950 |
| | 羽毛球、乒乓球等活动人员 200 人/d | 综合 | 20 L/（人·次） | 4 | 110 d/a | 440 |
| | 6～13 层商业配套，不含 9 300 m² 餐厅 | 综合 | 15 L/（m²·d） | 590 | 365 d | 215 350 |
| | 餐厅 9 300 m²(2 000 座 × 3（人·次）/d） | 餐饮 | 7 L/（人·次） | 42 | 365 | 15 330 |
| | 洗车 | 洗车废水 | 500 辆/d 50 L/（辆·次） | 25 | 300 | 7 500 |
| 绿化用水 | | 1.5 L/（m²·d） | | 57.4 | 240 | 13 776 |
| 道路浇洒 | | 1 L/（m²·次），1 次/d | | 46 | 240 | 11 040 |
| 空调补水 | | 14 530 m³/d，[1%～2%（水冷式）；1.5%～2.5%（吸收式）] | | 435.9 | 120 | 52 308 |
| 合　计 | | | | 1 319.4 | | 335 276 |

表 9-12　水的用途分类汇总

| 用　途 | 时　段 | 日最高用水量/（m³/d） | （总）年均用水量/（m³/a） | 奥运期间（30 d）用水量/（m³/30 d） |
|---|---|---|---|---|
| 综合用水 | 奥运期间 | 732.8 | — | 21 984 |
| | 赛后利用 | 691 | 226 460 | — |
| 冲厕用水 | 奥运期间 | 14.4 | — | 432 |
| | 赛后利用 | 9 | 2 358 | — |
| 餐厅用水 | 奥运期间 | 70 | — | 2 100 |
| | 赛后利用 | 42 | 15 330 | — |

| 用　途 | 时　段 | 日最高用水量/（$m^3$/d） | （总）年均用水量/（$m^3$/a） | 奥运期间（30 d）用水量/（$m^3$/30 d） |
|---|---|---|---|---|
| 洗浴用水 | 奥运期间 | 69.6 | — | 2 088 |
| 盥洗用水 | 赛后利用 | 33.5 | 8 397 | — |
| 洗车用水 | 奥运期间 | 25 | — | 750 |
| | 赛后利用 | 25 | 7 500 | — |
| 绿化及道路浇洒 | 奥运期间 | 103.4 | — | 2 528 |
| | 赛后利用 | 103.4 | 24 186 | — |
| 空调补水 | 奥运期间 | 435.9 | — | 13 077 |
| | 赛后利用 | 435.9 | 52 308 | — |

该工程的冲厕、道路浇洒、园林树木绿化、洗车水使用经处理的中水。奥运期间每天最多使用中水 875.6 $m^3$；赛后年中水量为 26.0 万 $m^3$。其余的盥洗水、洗浴、餐饮等均使用新鲜自来水，奥运期间自来水用量为 575.5 $m^3$/d，赛后新鲜自来水用量为 511.4 $m^3$/d，年自来水用量 7.603 5 万 $m^3$。

### 2．污水量和中水量估算

（1）污水量

该工程的空调补水在循环过程中蒸发损失掉；绿化水蒸发、渗入地下，浇洒道路水渗入地下、排入雨水管道；盥洗、洗浴废水作为中水水源；其余外排，排水量按用水量的 85%估算。因此，该项目奥运期间污水量为 715.87 $m^3$/d；赛后污水量为 651.95 $m^3$/d，年污水排放量为 21.39 万 $m^3$。

（2）中水处理系统及中水量

① 项目中水处理系统。篮球馆和商业服务区的盥洗室和淋浴间的洗浴废水经管道进入中水处理站，采用先进的膜—生物反应器（MBR）技术，处理后的中水用于冲厕、绿化和洗车。

② 中水量。该工程以盥洗、洗浴和收集的雨水作为中水水源。雨水量由于其雨量和时间不稳定，在此不作估算，本次只估算本工程盥洗和洗浴的中水量。由表 9-10 可知奥运期间盥洗和洗浴用水量为 69.6 $m^3$/d；赛后盥洗和洗浴用水量为 33.5 $m^3$/d，均可作为中水水源，年总的中水水源为 8 397 $m^3$/a。

在该工程中，经处理后的中水可用于冲厕、绿化、浇洒道路和洗车，不足部分使用经中水处理的收集雨水和补充新鲜自来水。

### 3．污水性质与水污染物

该工程排水为典型的生活污水，污水类型主要是：① 冲厕废水，所有部门均有冲厕废水排放，水中含有较高的有机物、悬浮物，是污染相对较重的一类排水；② 来自体育馆中的餐厅废水，水中含有油脂和食物残渣，故有机物、油类、悬浮物浓度较高，经小型隔油池处理后排放；③ 洗车废水，其中主要污染物为悬浮物、石油类等，经沉淀隔油池排放。

项目排放的污水属于中等浓度的一般城市生活污水常见水质。综合考虑体育馆的性质、各类用排水的比例及拟采取的措施，参考同类居住区类比数据进行估算。预计该项目污水排放水质及污染物排放量见表 9-13。

表 9-13　项目污水及水污染物排放情况

| 用水途径 | $COD_{Cr}$ | | $BOD_5$ | | SS | |
|---|---|---|---|---|---|---|
| | 质量浓度/（mg/L） | 污染物量 | 质量浓度/（mg/L） | 污染物量 | 质量浓度/（mg/L） | 污染物量 |
| 奥运期间 | 320 | 0.229 t/d | 250 | 0.179 9 t/d | 250 | 0.179 9 t/d |
| 赛后 | 320 | 68.45 t/a | 250 | 53.47 t/a | 250 | 53.47 t/a |

### （三）噪声污染源

该体育馆建成后的噪声污染源主要是设备运行噪声，包括通风系统、制冷系统、给排水系统、中水处理系统、热力交换设备等，源强可见相关章节。

### （四）固体废物污染源分析

#### 1. 来源与性质

固体废物产生量按比赛时高峰期和非比赛期两个阶段考虑。

奥运会期间固体废物产生量按最高日考虑，观众人数按观众席位考虑（包括记者、官员、贵宾等），运动员人数按最大日出场人次考虑，场馆服务人员按观众席数 4% 考虑。

比赛场馆垃圾主要来源包括观众席、运动员及裁判员、服务员等产生的生活垃圾，主要成分是废纸、塑料袋、清扫垃圾、废包装物等和场馆内的各餐厅产生的餐饮垃圾。

非奥运期场馆垃圾来源于 6～13 层体育文化产业配套商业（包括多功能电影院、餐厅）、平时赛事、各种大中型表演活动、健身娱乐市场，主要为生活垃圾，不含特殊污染成分。具体又可将其分为两类：一类是干垃圾，即一般生活工作垃圾，产生于商场、赛馆及表演场，主要成分为废纸、废弃卫生用品及垃圾袋、清扫垃圾、废包装物等。另一类是湿垃圾，即餐饮垃圾，产生于厨房、餐厅，主要成分为蔬菜、果皮、肉类的加工残留物等，含水分较多，易腐败。

#### 2. 产生量估算

各分项固体废物量核算见表 9-14。奥运期间每天产生各种固体废物 23 360 kg/d。其中生活干垃圾 18 360 kg/d，湿垃圾 1 200 kg/d。赛后年产生生活垃圾量为 3 169.3 t，其中干垃圾 2 074.3 t，湿垃圾 1 095 t。

表 9-14　体育馆固体废物产生量

| 垃圾产生部位 | | 规模 | 垃圾核算指标 | 垃圾产生量/（kg/d） | 备注 |
|---|---|---|---|---|---|
| 奥运期间 | 场馆活动人员 | 36 720 人 | 干垃圾 0.3 kg/（人·d） | 18 360 | 考虑比赛馆内和比赛后活动，30 d |
| | 餐厅 | 2 000 座 | 湿垃圾 0.5 kg/餐，5 餐/位 | 5 000 | |
| 赛后 | 商业 | 39 344 m$^2$ | 干垃圾 0.65 kg/（m$^2$·7 d） | 25 573.6/7 d | 365 d/a |
| | 餐饮业 | 9 300 m$^2$/（2 000 座位） | 湿垃圾 0.5 kg/餐，3 餐/位 | 3 000 | 365 d/a |
| | 赛事 | 7 250 人/场 | 干垃圾 0.3 kg/（人·d） | 2 175 | 110 场/a |
| | 大型表演 | 15 000/场 | 干垃圾 0.3 kg/（人·d） | 4 500 | 110 场/a |
| | 体育活动俱乐部 | 200 人/d | 干垃圾 0.3 kg/（人·d） | 60 | 110 d/a |
| 合计 | | | 共 3 169.3 t/a，其中干垃圾 2 074.3 t/a，湿垃圾 1 095 t/a | | |

# 第四节　文化、教育类项目污染源分析

## 一、文化类项目类型

文化类项目主要包括：电影院、剧院、音乐厅、图书馆、博物馆、展览馆、美术馆、文化馆、档案馆等。

## 二、文化类项目污染源分析

与文化有关的建设项目产生的污染物主要为来此活动的人群所产生的常规性污染，其特点是人多，流动性大，活动时间不稳定。污染物分析计算方法主要以类比分析法为主，下面以某图书馆为例进行污染源分析，其中噪声污染源可参见相关章节。

### （一）大气污染源

该类项目主要大气污染源是燃气锅炉排放的天然气燃烧废气及地下车库、地面停车场排放的汽车尾气。该类项目餐饮只对快餐成品进行保温，不用明火加工烹饪，因此不产生油烟。

### （二）水污染源

#### 1．用水量

该工程用水来自城市自来水，年用水量为 12.06 万 m$^3$。各部分用水标准及用水量见表 9-15。洗涤废水及空调冷却水回收经中水处理站处理后用于冲厕和绿化，其中图书馆工作人员及阅览者洗涤废水回收量按废水产生量的 1/3 估算，空调冷却补水收集量按补水的 50%估算。各部分废水产生量及回收量见表 9-16。

表 9-15　项目各部分用水标准及用水量

| 用水部位 | 用水标准 | 用水单位数 | 日最高用水总量/（$m^3$/d） | 年用水天数/（d/a） | 年用水总量/（$m^3$/a） |
|---|---|---|---|---|---|
| 图书馆工作人员 | 50 L/（人·d） | 400 人/d | 20 | 300 | 6 000 |
| 图书馆阅览者 | 25 L/（人·次） | 8 000/d | 200 | 300 | 60 000 |
| 读者餐厅 | 25 L/（人·次） | 950 人·次/d | 23.75 | 300 | 7 125 |
| 地下车库冲洗水 | 2 L/（$m^2$·d） | 6 000 $m^2$ | 12 | 200 | 2 400 |
| 绿化 | 2 L/（$m^2$·d） | 7 700 $m^2$ | 15.4 | 120 | 1 848 |
| 冷却补充水 | 按循环水量的 1%～2%（水冷式）；1.5%～2.5%（吸收式） | — | 288.27 | 150 | 43 240.5 |
| 总用水量 | — | — | 559.42 | — | 120 613.5 |

表 9-16　项目各部分排放废水水质、水量及回收量

| 排水单位 | 排水种类 | 废水产生量/（$m^3$/d） | 排水水质/（mg/L） | | | 可回收量/（$m^3$/d） |
|---|---|---|---|---|---|---|
| | | | $COD_{Cr}$ | $BOD_5$ | SS | |
| 图书馆工作人员 | 盥洗冲厕 | 18 | 350 | 280 | 360 | 6 |
| 图书馆阅览者 | 盥洗冲厕 | 180 | 350 | 280 | 360 | 60 |
| 读者餐厅 | 餐厅 | 21.28 | 1 000 | 600 | 410 | — |
| 地下车库 | 洗车 | 12 | 350 | 60 | 360 | |
| 冷却补水 | — | 144.14 | — | — | — | 144.14 |
| 合计 | — | 375.42 | — | — | — | 210.14 |

## 2．污水量、水质及水污染物估算

该项目的部分空调补水、绿化及道路场地浇水在循环过程蒸发损失掉，洗涤用水及冷却补水收集后作为中水水源，其余外排，排水量按用水的 90%估算。因此，本项目年排放污水量为 4.817 3 万 $m^3$，可回收中水 210.14 $m^3$/d。

该图书馆工程建成后其排水主要是冲厕废水、餐饮废水和冲洗车库废水，其排水性质与生活废水相似。通过对同类生活污水水质的类比分析，估算本工程外排污水的水质，由污水排放总量计算出水污染物排放量，见表 9-17。

表 9-17　项目排污水水质和污染物排放量

| 项　目 | $COD_{Cr}$ | $BOD_5$ | SS | pH |
|---|---|---|---|---|
| 质量浓度/（mg/L） | 420 | 280 | 250 | 7.0～8.0 |
| 排放量/（t/a） | 20.23 | 13.49 | 12.04 | — |
| 年污水排放总量为 48 173 $m^3$ | | | | |

（三）固体废物

该项目排放的固体废物为干垃圾和餐厅产生的湿垃圾。各部分生活垃圾的产生量见表 9-18，共产生生活垃圾 922.5 t/a，其中湿垃圾 475 kg/d、142.5 t/a。

表 9-18 项目生活垃圾产生量

| 来 源 | 规 模 | 垃圾估算指标 | 产生量/（t/a） |
| --- | --- | --- | --- |
| 图书馆阅览者 | 8 000 人次/d | 干垃圾 0.3 kg/（人·d） | 720 |
| 图书馆工作人员 | 400 人 | 干垃圾 0.5 kg/（$m^2$·d） | 60 |
| 读者餐厅 | 950 餐/d | 湿垃圾 0.5 kg/餐 | 142.5 |
| 合计 | — | — | 922.5* |

注：* 其中干垃圾 780 t/a，湿垃圾 142.5 t/a。

（四）文化类其他项目污染源分析

文化类其他项目如电影院、剧院、博物馆、展览馆、文化馆、档案馆等的污染源分析与图书馆基本类似，污染物主要为常规与生活有关的废气、废水、生活垃圾、设备噪声，污染物的主要来源为工作人员和参观活动人员。

需要说明的是具体的项目要根据具体情况分析。比如博物馆在考虑各类污染物时除常规之外，还需要考虑设有文物鉴定和文物修复区，在修复过程中要使用一些化学物质，如陶瓷器修复时使用香蕉水、陶瓷用漆；字画修复过程中使用小苏打、草酸、柠檬酸、丙酮等。采用类比分析法或根据工程相关设计中的情况进行分析。如某博物馆在分析文物鉴定和文物修复时，可通过对其他博物馆的类比调查进行。

由于文物修复的量有限，这些物质的用量很少，且大部分为弱酸、弱碱，浓度很低（约 5%以下）。因此，操作中挥发量很少。因博物馆大多位于市中心区，建议设置通风柜，在操作时通风排气，避免无组织排放对工作人员和外环境的影响，根据废气中污染物的种类，设置过滤净化装置，使排入大气中的量减至最少，尽量采用高空排放，以利于扩散稀释。另外，博物馆要承担文物修复工作，在修复陶瓷、青铜器等文物时需使用少量的强酸、强碱，主要用于文物浸泡，很少排放，即使排放，也经专用水池进行酸碱中和处理后 pH 达到 7 左右再排放。

对于涉及比较特殊的情况时需要根据具体情况说明其排放量、排放方式、处理措施及产生的后果。

大型的电影院、书店、图书馆在人群聚集时存在环境风险隐患。环境风险分析根据工程情况参考环境风险分析专章进行分析评价确定。

### （五）其他主要污染因素

主要是观众和工作人员的生活污水、生活垃圾、配套公用设施（类似卫生类）污染，特征污染为：

① 图书馆、美术馆珍贵书画保存中需要保持恒温、恒湿以防止馆藏珍品氧化和腐蚀，因此通风排气中可能含有防氧化剂和防腐剂。

② 博物馆、展览馆在标本和其他展品制作、修复、防腐处理过程中有废气排放。

③ 人群高度聚集时的风险。

④ 影视基地、影视拍摄、大型实景演出产生生活污水和固体废物与体育设施类似，人流集中，污染物的产生也比较集中。除了产生一般污染物外，还可能对生态环境产生一定的影响，例如破坏植被，影响野生动物生活环境，破坏原始地形地貌等，因此，对这类项目须考虑对生态环境的影响及生态保护措施。

## 三、教育及科研类项目污染源

### （一）教育及科研类项目类别

教育及科研类的建设项目涉及学校类、少年宫类、培训类以及科研类的专业实验室和研发基地。

### （二）教育及科研类项目污染源分析

其中学校类和少年宫类项目污染源分析一般与其他社会服务类相似，主要污染源为学校教育的教师、管理人员、学生等或少年宫工作人员、活动人员等日常生活产生的及其生活所需条件引起的常规的大气、生活废水、生活垃圾及设备噪声。

比较特殊的是学校类项目的除此之外需要考虑学校课间活动或大型的场外活动所产生的噪声，如音乐、呐喊等；学校设有化学、物理、生物、医学、电磁等试验，对于这些试验根据学校对实验室的具体设计和规模视具体情况分析，分析原则是分析试验产生的废水、废气等污染源的来源、产生量、处理措施、排放方式，另外分析也可借鉴相应的化学、生物、电磁等类项目环境影响评价对此类的污染源分析。

对于培训类的教育项目分为教学培训和技术培训，污染源分析根据拟建工程的设计。

教学培训的污染主要为常规的日常生活产生的污染，技术类培训与技术培训内容有关，汽车驾校的培训主要为培训场产生的汽车尾气、汽车噪声、场地扬尘、洗车废水及日常生活产生的污染，对于规模较大的汽车驾校类的培训，视项目建设的地点和具体条件，可能需要大面积的占用场地及为满足培训需要建设具有一定坡度的路面等活动引发的生态环境问题，如果驾校培训路面没有硬化，还需要分析在培训期间产生的路面扬尘问题。厨师培训的污染与餐饮业相似。

#### （三）主要污染因素

**1．学校类**

① 包括大、中、小学和幼儿园类，主要污染源为教职工和学生日常生活产生的污水和垃圾及配套公用设施污染。比较特殊的是课间活动或大型的场外活动所产生的噪声，如音乐、呐喊等。

② 大学建有各类实验室、实验车间和研究机构，特征污染因素有：

A．电磁、核实验室所产生的电磁核辐射的影响。

B．生物、医药、医学实验室，废弃的实验材料和可能含有致病微生物的实验室废水及废气。

C．化学实验室，含有毒有害化学品的废水、废液和废气，学校的各种实验和科研活动可能会产生许多种类的危险废物，如废酸、废碱、有机溶剂废物、含重金属和其他有毒有害物质的废物等。

D．大学各专业系和研究所中的工艺试验研究，特征污染物见相关行业教材。

③ 大型校园园区和培训场地的生态影响。

**2．培训类**

培训类包括教学培训和技术培训。教学培训的污染主要为常规的日常生活产生的污染；技术培训的污染与培训内容有关，汽车驾校的培训污染主要为培训场产生的汽车尾气、汽车噪声、场地扬尘、水土流失、洗车废水等，厨师培训的污染与餐饮业相似。

**3．少年宫类**

与青少年教育活动等相关的少年宫类污染主要为日常活动产生的常规污染。

**4．科研类**

主要是专业实验室和研发基地，污染物近似于大学各类实验室、实验车间。

## 第五节　旅游、娱乐和餐饮类项目污染源分析

### 一、旅游类项目

#### （一）旅游类项目类别

旅游类包括新建的旅游景点、各类公园、墓园陵园、大型游乐场所、海洋馆、观光索道缆车和度假村。

### （二）旅游类项目污染源分析

旅游设施的污染类型与大型商场和体育设施类相似，都较为简单，属于生活型污染，主要是游客和工作人员产生的生活污水和生活垃圾，污染物的产生量和排放浓度也可通过设计资料或类比调查求得。除主题公园、游乐园、海底世界（海洋馆）、观光索道等设施除常规的游客和工作人员的生活污水、生活垃圾、配套公用设施（类似卫生类）污染外，海底世界中的海洋馆中养殖有大量的海洋生物如鱼类和海洋哺乳动物，剩余饵料和鱼类等的排泄物会污染馆内水体，因此，需要及时排放废水和补充新水，废水中的主要污染物是COD、BOD、SS和氨氮等。大型公园和游乐园的生态影响。大型旅游设施如观光索道施工期的生态影响。墓园的污染因素与公园类似，另外有部分殡葬用品，如纸质品、鲜花等，可作为固体废物回收。

上述旅游场所一般配套有餐饮和娱乐设施，必要的公用工程有锅炉房、车库或停车场、中央空调、给排水泵房，这些设施污染物的种类和排放量可参照有关章节。

旅游景点评价关注的重点与众不同的有以下几点：

① 旅游景点的承载力分析。

② 景点的生态和景观影响分析。有的旅游设施建在自然保护区、风景名胜区、森林公园、水源保护区、重要湿地等生态敏感地区或其附近，可能会影响上述地区的生态系统稳定性，导致生态功能退化，如生物多样性降低、水土流失、水体富营养化，环评中应对旅游设施造成的生态影响进行定性和定量分析。

③ 旅游设施影响分析。有些旅游设施如观光索道缆车也会对生态环境和景观产生影响，也应进行分析评价；观光索道的选址也是关注点之一。

## 二、娱乐类项目类型及污染源分析

娱乐类项目从其娱乐形式上分主要包括歌厅、网吧、休闲健身中心几种类型。其污染物产生主要来源于工作人员和来此娱乐的人，污染物类型与娱乐类型相关，需要视具体情况分析，分析思路方法与其他社会服务类相似。如：歌厅污染除来此活动的人群产生的常规污染外，主要污染为歌厅音乐、乐器等产生的噪声污染；网吧污染主要为来此活动的人群及其管理人员产生的常规污染；休闲健身中心的污染除常规的环境污染外，还有为休闲健身人员提供的饮料、小食品等操作及处理过程产生的与餐饮业相似的油烟、餐饮废水等污染。

## 三、餐饮类项目污染源分析

餐饮业包括使用明火的餐馆和不使用明火的餐馆。餐饮业根据其规模可划分为：

小型、中型、大型。

餐馆污染主要为燃料燃烧废气、餐饮油烟、餐饮废水、生活污水、油烟排风系统及各类设备产生的噪声、生活垃圾、餐饮及厨房垃圾。

### （一）油烟污染

餐饮油烟是指在食物烹饪和加工的过程中，挥发的油脂、有机质及其加热分解或裂解的产物。是由动植物油脂在高温加热情况下的挥发物凝聚而成，形成的气溶胶粒子具有粒径细微、黏附性较强等特点。油烟的成分至少有 300 多种，主要有脂肪酸、烷、酯、芳香化合物等，其中数十种会危害人体健康，常引起对眼睛和呼吸道黏膜的各种症状如流泪、咳嗽、结膜炎等，专家认为，高温状态下的油烟凝聚物具有强烈的致癌、致突变作用。对于油烟废气需要分析，分析内容主要包括油烟废气排放量、主要物质含量、处理方式，最终排放方式及浓度达标情况。

### （二）噪声污染

餐饮业噪声主要来自风机、脱排油烟机、冰库压缩机、空调机、冷却塔以及工作间的操作噪声，对附近的居民生活有一定影响。

### （三）废水污染

餐饮废水中 BOD、COD、油类、悬浮物值都很高，大大高于一般性生活污染。实际水量的确定一般按照以下原则：① 餐厅、酒楼、大排档、西餐、粥粉面店、甜炖品店等对外营业的餐厅按照 0.16 $m^3$/（座·次）、1 d 营业按 10 h 计算（每 1 餐营运时段 3～3.5 h）。例如，某酒家一共设 200 个餐座，1 d 设 3 餐，则其 1 d 的水量为 $0.16 \times 200 \times 3 = 96$ $m^3$/d。每小时的水量为 $96 \div 10 = 9.6$ $m^3$/h。② 企业内部职工食堂，按照 0.05 $m^3$/（人·次）计、1 d 10 h 计算。如某食堂供应 3 餐，职工人数为 100 人，则其处理水量为 $0.05 \times 100 \div 10 = 0.5$ $m^3$/h。需要说明的是：选择处理工艺及设备时所根据的设计水量是在上述的实际水量基础上再乘以一个 1.2～1.5 的系数。

餐饮废水浓度较高，一般在排放前需要经隔油池处理。经类比调查分析餐饮废水污染物的水质情况一般为 $COD_{Cr}$：900～1 350 mg/L，$BOD_5$：500～800 mg/L，SS：250～300 mg/L；有些地区餐饮污水中的悬浮颗粒质量浓度和油质质量浓度非常高，例如上海地区据实测悬浮颗粒质量浓度可达 900 mg/L，油脂质量浓度可达 1 000 mg/L，因此，在做类比调查时应尽量使用本地区的类比资料，可保证相对较小的误差。

### （四）餐厨垃圾

餐厨垃圾为一般的生活垃圾，按一般固体废物处理，一般集中收集，由当地环卫部门统一收集处理处置。餐饮固体废物的估算一般为用餐人次数 × 0.5 kg/（人·次）

餐余垃圾。

（五）热污染

餐厅的空调排出的热气对其周边居住区产生一定的热污染，在北京已有相关报道。

有关餐饮业污染源，在一些地方上的中小县城有些特点还需要关注。

例如：浙江某县餐饮调查，其关注点如下：

无环保设施或设施不全的多，污染物超标排放严重。调查结果表明，426 家餐馆中只有 2%（8 家）餐馆安装了油烟净化器，78.6%餐馆（335 家）无规范排油烟设施；67.1%（286 家）无污水处理设施；缺乏噪声防治措施，造成大部分废气、污水和噪声超标排放。

与周围居民矛盾纠纷居多。中、小县城经济的特点决定了县城规划建设的局限性，除工业区外，县城区域功能并不十分明显，没有真正意义上的商业区，商品房多是商住一体，或是住宅楼，多数餐饮店处在居民楼下，无专用烟道，油烟、异味治理难以达到理想效果；有的污水乱排，未经任何处理直接排入城市下水管，常引起下水道堵塞污水外溢；有的与居民一墙之隔，风机、排风扇、空调等排放的噪声严重影响了周围居民的正常生活、工作和学习等，造成群众不断投诉。

## 第六节　商业服务类项目污染源分析

### 一、大型综合商场类项目类型及污染源分析

大型综合商场是综合性购物场所，包括超市、电影院、餐饮、游泳、滑冰等，客流量大，服务人员多，配套和公用设施完善，经营的商品种类丰富多样，有服装、电器、五金、日化、土产日杂、食品、副食、办公用品等，为人们的日常生活提供了极大便利。

商场和超市污染物的产生量较大，但污染类型相对较为简单，以生活型污染为主，包括顾客和员工的生活污水、生活垃圾以及公用和配套设施产生的污染。

员工的日用水量一般在 50～100 L，污水排放量按用水量的 85%～90%计，垃圾产生量为 0.5～1.0 kg/（人·d）。

顾客的用水量和垃圾产生量有两种计算方法：一是每人每次考虑，污水排放量也按用水量的 85%～90%计；二是每平方米商业面积的产生量考虑，具体因子可类比调查。

按第一种方法计算，用水量通常取为 3 L/（人·次），小时变化系数为 2.5，垃圾

产生量约为 0.1 kg/（人·次）；按第二种方法计算，用水量为 5～15 L/（$m^2$·d），垃圾产生量约为 0.09 kg/（$m^2$·d）。表 9-19 是北京市某大型购物中心的综合排水水质。

表 9-19　某购物中心综合排水水质　　单位：mg/L

| 污染物 | $COD_{Cr}$ | $BOD_5$ | SS | 动植物油类 |
|---|---|---|---|---|
| 质量浓度 | 336 | 180 | 194 | 10 |

大型综合商场、超市的公用工程有锅炉、停车场（地上和地下）、中央空调系统、给排水等，污染源主要是锅炉烟气、停车场和各种设备噪声等，可参照有关章节进行评价分析。

大型综合商场、超市服务项目很多，除购物外，还往往有餐饮、娱乐（歌厅、网吧、休闲健身中心）、体育（游泳、球类等）、冲扩、洗衣等设施，会产生相应的污染物，可参见相关章节。

## 二、小型商业服务设施主要类型及污染源分析

小型商业服务设施与人们的日常生活息息相关，为人们提供各种方便快捷的服务，主要包括换气站、加油站（加气站）、汽车修理店、汽车 4S 店和洗车房、洗浴中心和美容美发、冲扩店、洗染店等。

### （一）换气站污染源分析

换气站的污染源除工作人员的生活污水和生活垃圾外，主要是噪声和液化石油气泄漏造成大气污染。

液化石油气的主要成分是烃类物质，如丙烷、正丁烷、异丁烷、丙烯等，同时添加有微量的带臭味的硫醇。由于煤气罐的泄漏和开关松动等原因，上述烃类和硫醇会在不同程度上泄漏出来。同时，液化石油气易燃易爆，换气站还存在环境风险问题。

例如：北京市环境保护科学研究院曾在某换气站布设 2 个监测点，监测臭气和总烃浓度，1 号点位于库房，2 号点在库房外 15 m 处，监测结果见表 9-20。由表 9-20 可知，在库房内的臭气和总烃浓度稍高，而在库区外则很小。

表 9-20　北京市某换气站的臭气和总烃监测结果　　单位：$mg/m^3$

| 监测项目 | 1 号点 | | | | 2 号点 | | | |
|---|---|---|---|---|---|---|---|---|
| | 第一次 | 第二次 | 第三次 | 均值 | 第一次 | 第二次 | 第三次 | 均值 |
| 臭气质量浓度 | 7.7 | 4.8 | 7.7 | 6.7 | 1.5 | 1.5 | 1.5 | 1.5 |
| 总烃 | 3.26 | 1.74 | 2.42 | 2.47 | 1.54 | 1.61 | 1.61 | 1.59 |

换气站在运送重瓶的汽车到来时，在卸下重瓶，装上空瓶的过程中，会产生较大的噪声。类比监测结果表明，距噪声源 1 m 处，装卸车时的噪声值可达 83.9 dB，主要是罐瓶和库房地面的撞击声，罐瓶和罐瓶之间的撞击声以及罐瓶和汽车钢板的撞击声。但每次持续时间大多为 3～5 min。

### （二）加油站（加气站）污染源分析

加油站和加气站的污染特征类似，下面以加油站为例进行分析。

加油站一般包括储油罐区和加油区，储油罐区有多个汽油储油罐和柴油储油罐，加油区则有多台加油机。

加油站的环境污染问题包括大气污染、水污染。对大气环境的污染，主要是储油罐灌注、油罐车装卸、加油作业等过程造成燃料油以气态形式逸出进入大气环境。

储油罐在装卸料时或静置时，由于环境温度的变化和罐内压力的变化，使得罐内逸出的烃类气体通过罐顶的呼吸阀排入大气，这种现象称为储油罐呼吸，它造成的烃类有机物平均排放率为 0.12 $kg/m^3$ 通过量；当储油罐装料时停留在罐内的烃类气体被液体置换，通过排气孔进入大气，称为储油罐装料损失，烃类排放率为 0.88 $kg/m^3$ 通过量；油罐车装料损失与储油罐装料损失发生的原因基本相同，烃类排放率为 0.60 $kg/m^3$ 通过量；加油作业损失主要指车辆加油时，由于液体进入汽车油箱，油箱内的烃类气体被液体置换排入大气，车辆加油时造成烃类气体排放率分别为：置换损失未加控制时 1.08 $kg/m^3$ 通过量、置换损失控制时 0.11 $kg/m^3$ 通过量；成品油的跑、冒、滴、漏与加油站的管理及加油工人的操作水平等诸多因素有关，一般平均损失量为 0.084 $kg/m^3$ 通过量。

例如：某加油站烃类气体的排放情况见表 9-21。

**表 9-21　某加油站投产后烃类气体排放量**

| 项　　目 | | 排放系数 | 通过量或转过量/（$m^3$/a） | 烃排放量/（kg/a） |
|---|---|---|---|---|
| 储油罐 | 呼吸损失 | 0.12 $kg/m^3$ 通过量 | 900 | 108 |
| | 淹没式装料损失 | 0.88 $kg/m^3$ 通过量 | 900 | 792 |
| 油罐车 | 淹没式装料损失 | 0.60 $kg/m^3$ 转运量 | 900 | 540 |
| 加油站 | 加油作业损失 | 0.11 $kg/m^3$ 通过量 | 900 | 99 |
| | 作业跑、冒、滴、漏损失 | 0.084 $kg/m^3$ 通过量 | 900 | 75.6 |
| 合　计 | | — | — | 1 614.6 |

储油罐和输油管线泄漏及加油泄漏不仅会污染大气，也可能对地表水和地下水构成危害。泄漏发生的原因主要有以下两点：一是自然灾害，如地震、洪水；二是操作失误或违章操作及土建施工质量问题，即人为因素。

加油站属一级防火单位，燃烧或爆炸引起的后果相当严重，不但会造成人员伤亡和财产损失，大量成品油的泄漏和燃烧，也将给大气环境和地表水及土壤环境造成严重污染，尤其是对地表水和土壤的污染影响将会持续一段相当长的时间，恢复其原有功能往往需要十几年时间。

（三）汽车修理店、汽车 4S 店和洗车房污染源分析

1．汽车修理店污染源分析

汽车修理店主要从事汽车的简单维修业务，大修一般是在汽车修理厂进行。在汽修店的维修工艺流程如下：

待修车→诊断与检验→修理零部件→更换零部件→性能检验→试车。

汽修店的主要污染物为修理过程替换下来的汽车零部件、废液及含油废水，其中含油废水来自地面和器具冲洗。

根据类比调查，每修一辆汽车平均废旧零部件产生量在 2.5～7.5 kg，主要是钢、铁材料。

汽修店的废液主要是废机油（润滑用）和清洗液。清洗液用于零部件的清洗以将零部件表面的油污去除，可反复使用。废机油和污浊到一定程度的清洗液一般由有关部门定期回收，不外排。

汽修店还有简单的电气焊和局部补漆，会产生少量的焊烟和含苯系物的废气，由于污染物浓度较低且不连续使用，一般无须采取净化措施，可直接排入空气中稀释扩散。

但对于大型汽修厂，其喷漆车间则需有净化和吸附措施，其喷漆车间位置和排气筒的高度也要有一定的要求。

2．洗车房污染源分析

洗车房污染源主要是洗车废水，主要污染物为悬浮物和石油类等，一般经沉淀隔油池处理后排放。

冲洗汽车的用水量因车型和冲洗工序不同而异，一般在 50～250 L/（辆·次），排水量可按用水量的 90%计算。

某洗车房的排水水质见表 9-22。

表 9-22 洗车废水水质　　单位：mg/L

| 污染物 | $COD_{Cr}$ | $BOD_5$ | SS |
|---|---|---|---|
| 质量浓度 | 350 | 60 | 360 |

随着水资源的日益短缺，洗车业正在推广使用无水和少水洗车工艺，并循环利用洗车废水，环评中应对此予以充分考虑。

### （四）洗浴中心和美容美发污染源分析

洗浴中心的污染源主要包括以下几部分：

① 员工和顾客的生活污水，以洗浴废水为主；

② 员工和顾客的生活垃圾；

③ 浴炉或小型锅炉燃料燃烧废气。

上述污染源的污染物排放因子和排放量可通过类比调查监测求得，其中员工的日生活垃圾产生量大致在 0.5～1.5 kg，顾客则为 0.1～0.3 kg。

洗浴的用水量为 100～200 L/（人·次），污水排放量为 90～180 L/（人·次）。洗浴废水较为清洁，主要含 COD、BOD、SS 及合成洗涤剂，其中 COD 质量浓度在 130 mg/L 左右，$BOD_5$ 的质量浓度为 50 mg/L 左右，SS 的质量浓度为 80 mg/L 左右，远低于冲厕废水和餐饮废水。

洗浴中心除少量使用的城市或区域集中热力外，大部分都配备有浴炉和小锅炉，燃料有煤炭、柴油、天然气、煤气和液化石油气等，单位用量由燃料热值和热效率而决定。

表 9-23 列出了某些燃料的排放因子，不同类型燃料排放量不同，表 9-23 中只是一个例子，其燃煤的平均含硫量为 0.77%。柴油和天然气的排放因子可参见有关章节。

此外，大型洗浴中心往往带有餐饮和各种娱乐设施，其污染物排放可参见相关章节。

表 9-23　使用不同燃料的浴炉和小锅炉污染物排放因子

| 燃　料 | 烟尘 | $SO_2$ | $NO_x$ | CO | THC |
|---|---|---|---|---|---|
| 散煤/（kg/t） | 2.04 | 11.80 | 2.84 | 9.4 | 2.48 |
| 型煤/（kg/t） | 1.14 | 8.69 | 2.02 | 18.9 | 2.48 |
| 液化石油气/（kg/t） | 痕量 | 0.18 | 2.10 | 0.42 | 0.34 |
| 焦炉煤气/（$kg/10^3\ m^3$） | 痕量 | 0.08 | 0.80 | 0.16 | — |

### （五）冲扩店污染源分析

冲扩店在照片洗印过程中需要使用多种化学药品，主要是显影剂（包括彩色显影剂和黑白显影剂）和定影剂（含有银）等，毒性较大，被列为国家危险废物名录内的第 16 项。

冲扩店产生的高浓度废水应妥善处置，禁止直接排入下水道和水体，应交由有资质的单位回收处理。

### （六）洗染店污染源分析

目前，从事衣物和布料染整业务的越来越少，单纯的洗衣店居多。

洗衣店对衣物的处理方式包括水洗和干洗，一般每水洗 1 kg 干衣物需耗水 60 L 左右，排放废水约 54 L，废水中主要含有 COD、BOD、SS 和合成洗涤剂。

高档服装如大衣、西服、羊毛衫等通常需要干洗。

目前使用的干洗剂有四氯乙烯、四氯化碳和石油类，其中以四氯乙烯应用最为广泛，它是有机化合物，易挥发，有乙醚样气味，具有较强的溶解能力，能去除衣物上的油垢，同时又不会产生明显的皱缩和变形。

四氯乙烯具有一定毒性，主要表现为吸入超过安全标准所规定的限值后而导致的恶心、头疼、头晕等，并使中枢神经系统功能明显减弱，但常规使用水平下不会对人类健康造成危害。

由于四氯乙烯容易挥发，当洗衣店通风不畅时会导致四氯乙烯在局部环境中的累计，可能给从业人员的健康造成不同程度的损害。

石油类干洗剂是通过原油分馏得到的烃类溶剂，包括脂肪链烃、脂环烃和芳香烃等多种成分，从环保和人体健康考虑，目前主要使用不含芳香烃的溶剂。石油类干洗剂包括多种不同沸程的烃类混合物，如沸程范围在 30～90℃、以戊烷和己烷为主要成分的石油醚，沸程范围在 30～200℃、分子中含碳数在 4～12 的汽油，沸程范围在 175～325℃的煤油等。

与四氯化碳相比，石油类干洗剂不破坏大气臭氧层，同时它具有对油污去除效果好、渗透性强、毒性小、可再生利用等优点，但与四氯乙烯和四氯化碳一样都易挥发，可能在一定程度上污染空气，故干洗主要影响为大气污染。

## 三、专项市场

专项市场以经营某一类商品为主，如农产品批发市场、汽车交易市场和建材市场，其共同的污染源包括商户、管理人员和顾客的生活污水、生活垃圾以及配套和公用工程（锅炉、停车场、中央空调、给排水、餐饮、娱乐等）设施产生的污染，以及市场运营期产生的污染。污染物排放量可类比调查或参照有关章节来确定。各专项市场的特征污染如下。

### （一）农产品批发市场

大型农产品批发市场集批发、加工、调配和零售为一体，特征污染物为蔬菜、水果、水产品等加工分装过程中产生的废物、废水及加工设备噪声（如打包机）。

农产品批发市场加工交易过程中的固体废物主要来自以下几方面：

- 腐烂或废弃的蔬菜和水果；
- 蔬菜本身带来的泥土；
- 农产品在加工、分装过程中产生的废弃物；

➢ 水产品、肉类分装、销售过程中的废弃物。

批发市场固废的产生量与经营品种、货源产地、运输方式、时间季节等多种因素有关。据对北京市某农贸批发市场的调查结果表明，该市场固体废物产生最多的月份是7—8月、10—11月，以腐烂或废弃的蔬菜为主，占交易总量的10%～15%。另外，水产品、肉类交易厅的废物产生量虽然相对较少，但其恶臭却让人难以忍受。

果品加工内容主要是筛选、分级和包装，花卉交易中只有少量花卉需要换水，基本没有水污染问题。因此，农产品加工废水主要是蔬菜和水产品加工过程。

叶菜类易于腐烂，不宜清洗，只需去根修整后分包装。果菜类和根菜类是适于清洗的主要品种，大部分可粗洗，即不加清洗剂，冲洗至无泥土，外观清洁即可，但也有少量菜品根据客户需要精洗至开袋即食的程度。

水产品可大体分为生猛海鲜和水发海产两类，其中鲜活类的养殖用水需部分更换，水发海产要用火碱水泡发，因此，水产品加工交易所形成的污水主要是卫生清洗水（含池槽、地面冲洗），少量养殖换水和泡发废水。

另外，大型农产品批发市场往往有配套冷库，多采用液氨作为制冷剂，其排水主要来自软化除垢废水和冷却系统排水，水中含有少量泄漏的$NH_3$，但有机物浓度很低。例如：某批发市场综合排水水质见表9-24。

表9-24 某农产品批发市场综合排水水质 单位：mg/L

| 污染物 | $COD_{Cr}$ | $BOD_5$ | SS | 动植物油类 | TDS |
|---|---|---|---|---|---|
| 质量浓度 | 393 | 189 | 239 | 6.5 | 724 |

由表9-24可知，农产品批发市场的污水性质与普通城市生活污水相类似，但由于有水产品等加工废水的汇入，污染物的浓度要略高一些。

批发市场的加工区主要是对蔬菜、果品进行精细加工、包装，所配备的相应设备一般是中小型加工设备和动力设备，不存在较强的工业噪声污染源。中小型机械设备所产生的噪声，一般为稳态的宽频带噪声，且传播范围较小。

### （二）汽车交易市场

汽车交易市场的特征污染物为汽车尾气，产生于汽车调试、试车等过程以及进出交易市场中。

汽车尾气中的主要成分为CO、$NO_x$和总碳氢化合物（THC），其中CO是汽油燃烧的产物，THC是汽油不完全燃烧的产物，$NO_x$则是汽油爆裂时，进入的空气中氮与氧化合而成的产物。

汽车尾气中所含污染物的多少与汽车行驶条件关系很大。表9-25列出了汽车在不同行驶速度时污染物排放状况。

表 9-25 汽车尾气中各组分体积分数与行驶速度的关系

| 汽车尾气组分体积分数 | 空 挡 | 低 速 | 高 速 |
|---|---|---|---|
| $NO_x$ | $0\sim50\times10^{-6}$ | $1\,000\times10^{-6}$ | $4\,000\times10^{-6}$ |
| $CO_2$ | 6.5%～8% | 7%～11% | 12%～13% |
| $H_2O$ | 7%～10% | 9%～11% | 10%～11% |
| $O_2$ | 1.0%～1.5% | 0.5%～2.0% | 0.1%～0.4% |
| CO | 3%～10% | 3%～8% | 1%～5% |
| $H_2$ | 0.5%～4.0% | 0.2%～1.0% | 0.1%～0.2% |
| 碳氢化合物 | $300\times10^{-6}\sim8\,000\times10^{-6}$ | $200\times10^{-6}\sim500\times10^{-6}$ | $100\times10^{-6}\sim300\times10^{-6}$ |

由表 9-25 可以看出：汽车在空挡时碳氢化合物和 CO 浓度最高；低速时碳氢化合物和 CO 浓度较高；高速时 $NO_x$ 浓度最高，CO 和碳氢化合物浓度较低。由于汽车在进、出交易市场时一般是低速行驶，因此碳氢化合物和 CO 排放量较大。

汽车交易市场一般在地面上，通常采用排放系数法来确定汽车在进出交易市场时尾气污染物的排放量。

**1．国外排放系数**

日本在大阪对小型汽车（卧车、小客车）在不同行驶速度情况下废气排放量进行过测试，结果见表 9-26。

表 9-26 日本大阪小型汽车不同行驶速度时大气污染物排放量

| 行驶速度/（km/h） | 污染物排放量/（g/km） | | |
|---|---|---|---|
| | CO | 碳氢化合物 | $NO_x$ |
| 10 | 5.40 | 1.78 | 0.60 |
| 20 | 11.06 | 1.53 | 1.06 |
| 40 | 4.19 | 0.98 | 1.79 |
| 60 | 3.64 | 0.82 | 2.40 |

**2．国内排放系数**

北京市环境保护科学研究院曾对小型汽车（卧车、小客车）进行调查、测试。同时，该院在进行《北京市环境总体规划研究》中对各类型车不同行驶速度下的排放因子进行了详细深入的研究，低速时的数值如表 9-27 所示。

表 9-27 单车平均排放因子 单位：g/（km·辆）

| 车速/（km/h） | 污染物 | 小型车 | 中型车 | 大型车 |
|---|---|---|---|---|
| 20 | CO | 58.00 | 57.23 | 9.35 |
| | THC | 12.08 | 25.01 | 3.30 |
| | $NO_x$ | 0.55 | 1.38 | 6.67 |

由上述排放因子和汽车进出交易市场的距离，就可以计算出尾气中 CO、$NO_x$ 和 THC 的排放量。

近年来，国家对汽车尾气污染排放的控制力度不断加大，自 2004 年 7 月 1 日起，在全国开始实施了相当于欧 II 标准的国家机动车污染物排放标准第二阶段限值；自 2007 年 7 月 1 日起，在全国开始实施了相当于欧III标准的国家机动车污染物排放标准第三阶段限值；2011 年 12 月 29 日，环境保护部发布了《关于实施国家第四阶段车用压燃式发动机与汽车污染物排放标准的公告》（环境保护部公告 2011 年第 92 号），提出了分步实施机动车国四标准（相当于欧IV标准），机动车尾气污染物的排放量将大大减少，评价中要应用最新的排放因子。

### （三）建材市场

建材市场的特征污染源为建材加工设备噪声、废弃建材、加工产生的粉尘、含苯系物的喷涂废气等，评价时应类比调查监测以确定源强。

例如：某石材市场以经营大理石和花岗岩为主，规格为大型板材和规格板，年最大销售量达 30 万 $m^2$，加工能力约为 10 万 $m^2$。

石材加工是将大型板材加工成客户需要的规格和形状，生产设备主要选用 ZDCQ-400 红外线自动桥式切石机和手摇切边机，在使用该设备的另一家石材加工厂现场测定切石机运行时的噪声值，结果为 69.2 dB。

该市场年加工石材约 10 万 $m^2$，重量约为 6 000 t，经类比调查，石材加工过程中的废品率约为 0.5%，则该市场年石材加工废渣产生量为 30 t。

石材加工过程中会有少量粉尘产生，由于加工过程中需要用水不断冲洗刀具，因此没有工业粉尘排放，但需要建清水池和沉淀池，提供刀具冲洗循环用水，并将粉尘沉淀于池中，池水每年大约更新两次，废水定期排放，年石材加工废水排放量为 300 $m^3$，主要污染物是废石粉和废石屑等无机悬浮物。

## 四、主要污染因素

### （一）小型商业服务设施

① 换气站液化石油气泄漏可能造成大气污染；

② 加油站（加气站）储罐灌注、罐车装卸、加油或加气作业等过程中燃料可能以气态形式逸出；

③ 汽修店，废弃的汽车零部件和机油及含油废水；

④ 洗浴中心废水，主要含浓度较高的 COD、BOD、SS 和表面活性剂；

⑤ 冲扩店产生的感光材料废物，包括废显影液、废定影液、废胶片和像纸等，

它们属于危险废物；

⑥ 洗染店含表面活性剂和染料的废水，含干洗剂如四氯乙烯的废气；

⑦ 洗车废水，主要含 SS 和油；

⑧ 加油站油库的泄漏和风险，换气站的风险。

（二）大型商场、超市

① 主要为生活污水和生活垃圾；

② 配套锅炉房烟气和地下车库废气；

③ 风机、水泵和冷却塔等公用设备发出的噪声；

④ 大型商场往往有餐饮、娱乐（歌厅、网吧、休闲健身中心）、体育（游泳、球类等）、冲扩、洗衣等设施，会产生相应的污染物。

（三）专项市场

主要污染物为员工和顾客产生的生活污水、生活垃圾和配套公用设施产生的污染（类似于大型商场），特征污染物为：

① 农产品批发市场：蔬菜、水果、水产品等加工分装过程中的废弃物和废水及加工设备噪声（如打包机）；

② 汽车交易市场：汽车尾气；

③ 建材市场：建材加工设备噪声，废弃建材，加工产生的粉尘、含苯系物的喷涂废气。

## 第七节　配套和公用污染源分析

社会服务类项目的配套和公用工程主要有锅炉房、汽车库、中央空调、备用发电机、给排水、消防和污水处理设施等，上述设施除操作管理人员的生活污水和生活垃圾外，特征污染包括锅炉房烟气和废水、汽车尾气、各设备运行噪声。

### 一、锅炉房污染源分析

（一）锅炉烟气

锅炉的燃料种类主要有煤炭、柴油、重油和天然气等，其用量取决于锅炉房的供热面积、锅炉热效率和燃料热值。

使用不同燃料的锅炉房的烟气排放量和主要污染物的排放因子可类比调查监测或查阅相关资料，简要介绍如下：

### 1．燃煤锅炉房

燃煤锅炉排放的大气污染物主要是 $SO_2$、$NO_x$、CO 和烟尘，各污染物的排放因子为：

① 烟尘（其排放量的计算参照国家有关规范的要求进行）。

燃煤锅炉烟尘排放量按下式计算：

$$M_A = B_g \times 10^3 (1 - \frac{\eta_A}{100})(\frac{A_{ar}}{100} + \frac{g_4}{100}\frac{Q_{net,ar}}{33913})\alpha_{fh} \cdot K_{SO_2} \quad (9\text{-}1)$$

式中：$M_A$ —— 烟气中烟尘排放量，kg/h；

$B_g$ —— 燃煤量，t/h；

$\eta_A$ —— 除尘效率，%；

$\alpha_{fh}$ —— 烟气中烟尘份额，取 20%；

$A_{ar}$ —— 燃煤中灰分，%；

$g_4$ —— 锅炉机械未完全燃烧热损失，取 3%；

$Q_{net, ar}$ —— 燃煤低位发热量，kJ/kg；

$K_{SO_2}$ —— 脱硫修正系数，取为 2。

② $SO_2$（其排放量的计算参照国家有关规范的要求进行）。

燃煤锅炉 $SO_2$ 排放量按下式计算：

$$M_{SO_2} = 2B_g \times 10^3 (1 - \frac{\eta_{SO_2}}{100})(1 - \frac{g_4}{100})\frac{S_{t,ar}}{100}K \quad (9\text{-}2)$$

式中：$M_{SO_2}$ —— 烟气中 $SO_2$ 排放量，kg/h；

$B_g$ —— 燃煤量，t/h；

$\eta_{SO_2}$ —— 脱硫效率，%；

$K$ —— $SO_2$ 排放系数，取 0.8；

$S_{t, ar}$ —— 燃煤中全硫分，%。

③ $NO_x$ 和 CO。

烟气中 $NO_x$ 的形成与锅炉燃烧工况有密切联系，影响 $NO_x$ 生成的原因主要有燃烧温度、在燃烧区域的氧气浓度和燃烧气体在高温域的滞留时间。CO 则是煤炭不完全燃烧的产物。

$NO_x$ 和 CO 的排放因子可查阅相关资料或类比监测。例如：根据对某台 35 t/h 的燃煤蒸汽锅炉烟气的实测数据，$NO_x$ 的排放浓度为 300 mg/m$^3$。

### 2．燃油锅炉房

燃油锅炉大都以轻柴油为燃料，排放的大气污染物主要有烟尘、$SO_2$、$NO_x$ 和 CO 等。烟尘、$NO_x$ 和 CO 的排放量可查阅相关资料，例如《环境统计手册》中给出的排放因子为燃烧 1 $m^3$ 油产生 1.8 kg 烟尘、8.57 kg $NO_x$、1.73 kg CO。

$SO_2$的排放量随燃油中 S 的含量而变化，其计算公式如下；

$$Q_{SO_2} = 2G\eta \tag{9-3}$$

式中：$Q_{SO_2}$ —— $SO_2$的排放量，kg/h；

$G$ —— 燃油量，kg/h；

$\eta$ —— 油的含硫率。

**3．天然气锅炉房**

天然气在完全燃烧条件下，几乎不产生烟尘和 CO，烟气中的主要污染物为 $NO_x$ 和少量 $SO_2$。

$SO_2$的产生量根据天然气的用量和含硫率求得，$NO_x$可由类比监测求得。

### （二）锅炉房排水

锅炉房排放的废水包括锅炉排污、循环水系统排污和化学水处理系统排污，其中化学水处理系统由氢离子交换器和钠离子交换器组成，分别需要用盐酸和 NaCl 再生。

上述各类废水的水量和水质可通过类比调查测试来确定。例如：某锅炉房安装有 2 台 20 t/h 的天然气锅炉，锅炉房废水排放量和水质见表 9-28。

**表 9-28　某天然气锅炉房废水水质**　　单位：mg/L

| 排水种类 | 水量/（$m^3$/d） | $COD_{Cr}$ | $BOD_5$ | SS | TDS |
|---|---|---|---|---|---|
| 氢离子交换器排水 | 12 | 35 | 15 | 150 | 3 500 |
| 锅炉排污水 | 58 | 12 | 1 | 40 | 2 200 |
| 钠离子交换器排水 | 100 | 20 | 1 | 160 | 1 000 |
| 循环水排污 | 6 | 20 | 1 | 20 | 1 000 |

### （三）锅炉房噪声

锅炉房噪声的主要种类有：① 空气动力性噪声，由鼓风机气流等空气动力设备所产生；② 流体喷注噪声，即锅炉排气放空噪声；③ 机械噪声，它是由水泵、电机等机械设备的轴承运转不良所产生的；④ 电磁噪声，由于电磁场中的相互作用产生周期性的力，从而产生噪声，它是由电动机等做功时所产生的。下面以燃煤锅炉房为例进行分析，并兼顾天然气锅炉房。

**1．锅炉鼓风机、引风机噪声**

传统燃煤锅炉的工作方式是由安装在锅炉前端的鼓风机向锅炉内吹入空气，以帮助煤在锅炉内充分燃烧。而煤在燃烧过程中产生的废气则由安装在锅炉后部的引风机吸出，并排入除尘器经过除尘后最终排入大气。

锅炉鼓风机、引风机的噪声分为两部分，一是由电机和风机叶轮在机壳中转动引起的机械噪声；二是由气体在风机机壳和管道内高速流动，与机壳和管道相互摩擦撞击而产生的气流噪声。这两部分噪声的综合作用构成了锅炉鼓风机、引风机的噪声。一般当鼓风机、引风机的机械噪声在 90 dB 左右时，管道内的气流噪声可高达 100 dB 以上。对 6 座大型燃煤锅炉房内现有的鼓风机、引风机的综合运行噪声测试结果表明，这些鼓风机、引风机的综合噪声在 87.1～93.9 dB。

#### 2. 锅炉循环泵

循环水泵是锅炉房内的主要配套设备之一，水泵的噪声主要是由电机和传动轴在转动过程中产生的噪声组成的。例如某供热厂规模较大，相应的配套水泵的功率也很大，经过现场测试，大型燃煤锅炉房的水泵运行噪声在 83.8～87.6 dB；经过频谱分析，水泵噪声以中低频为主，这种噪声的特性是传播距离远，绕射能力强且衰减慢。

#### 3. 热网循环泵

热网循环泵噪声的组成成分和传播特点与锅炉循环泵相同。由于功率与锅炉循环泵接近，其运行噪声也基本相当于锅炉循环泵。经现场测试，热网循环泵运行噪声在 84.5～89.1 dB（A）。

#### 4. 灰渣泵

燃煤锅炉房大都安装了水膜除尘器和脱硫装置。为排除除尘器下灰，一般需设置灰渣泵房。由于在水泵管道中流动的是灰水，其在管道中的阻力比水要大，这就需要水泵有非常大的功率，否则不能满足排污的需要。灰渣泵的噪声组成成分和传播规律与循环泵相同，但是由于功率大，其运行噪声要比循环泵高，在现场测试中，灰渣泵运行噪声均在 90.3～95.1 dB（A）。

#### 5. 煤库传送带及粉碎机

大型燃煤锅炉房设置有煤库储存燃煤，锅炉房设有煤输送、破碎系统。燃煤传送带由钢辊、轴承和皮带组成，在工作时，钢辊和轴承摩擦会产生较大的噪声。粉碎机的工作原理是利用机器内的金属部件相互撞击达到粉碎的目的，因此在工作时的声级非常高，这两种设备噪声均属于机械噪声。经过现场测试，传送带的噪声级在 80 dB（A）左右，粉碎机的噪声级在 92.7～95.5 dB（A）。

#### 6. 锅炉助燃器噪声

燃气锅炉与传统燃煤锅炉相比，结构上有较大的差别，没有锅炉鼓风机、引风机，仅在燃气进锅炉处安装了一台助燃器（相当于小型鼓风机），燃烧器主要负责将送入锅炉的天然气和空气均匀混合以便燃烧。由于送入锅炉的空气及天然气压力均比较大，流速较快，两种气体在燃烧器内相互撞击摩擦产生噪声，一般由助燃器引起的噪声级在 90 dB（A）左右。

#### 7. 烟道噪声

锅炉在工作时鼓风机、引风机和助燃器的噪声还会通过锅炉房外的烟囱向外界传播。当烟囱内气体的流速较快时，气体与烟囱内壁摩擦，产生气漩和涡流引发气流噪声向烟道四周传播；当烟道壁较薄时，气流的撞击还会引起烟道共振而激发二次结构噪声，对烟道周围的建筑内部造成噪声影响，噪声值一般在 60 dB（A）左右。

8．天然气调压站

大型天然气锅炉房一般设调压站，将由外部管道输送到区内的高压天然气降低到适当压力后再输送到锅炉燃烧。由于天然气的压力很高，流速很快，使得气体在通过调压站内的管道和阀门时产生了比较大的噪声。据类比调查，一般此类调压站内的噪声级在 75～85 dB（A）。

9．热交换站

某些项目不自建锅炉房，使用城市或区域热力作为热源，这需要配置热交换站。热交换站的噪声主要来自热水循环泵，噪声值大约在 70 dB（A）。

10．单独设置的锅炉房或泵房

此类锅炉房或泵房多有固定的边界，其噪声影响可达到附近区域，在边界处的噪声级一般在 60～70 dB（A），为宽频带噪声，影响时段一般在昼间，但夜间造成影响的也有。

11．设置于建筑内部的锅炉房或泵房

此类锅炉房或泵房由于设置在建筑物内（多为顶层或地下层），其噪声对周围环境一般不会造成太大影响，但对本建筑物内的固体噪声影响却不可忽视。

例如：某居住小区的测试结果表明，设置在地下二层的泵房对地上 9 层室内造成的噪声影响仍然有 50 dB（A）。由于通过建筑结构传播的噪声频率较低且突出，使人感到非常不舒适，群众对此类噪声反映甚为强烈。

### （四）锅炉房废渣

燃煤锅炉房的废渣产量由燃煤量和煤炭中的灰分含量决定。

例如：某锅炉房年燃煤 5 520 t，煤中灰分含量为 14%，年产炉渣约 774 t。

很多燃煤锅炉房安装有麻石水膜除尘器，在除尘水中加入碱性溶液，对 $SO_2$ 和 $NO_x$ 也有较高的去除效率，水膜除尘器洗涤下来的烟尘和碱液与沉淀下来的 $SO_2$ 和 $NO_x$（以亚硫酸盐和亚硝酸盐形式存在）形成粉煤灰。

例如：某锅炉房年燃煤 5 520 t，年产生粉煤灰 229 t。

## 二、汽车库

### （一）汽车尾气

一般项目都建有地上和地下停车场，前者的尾气排放情况可参见“汽车交易市场污染源分析”部分，后者尾气排放可类比测试并根据建设项目车库的具体情况进行修正。

随着各地对汽车尾气治理力度的加大，尾气的排放状况变化较大。

例如：北京市环境保护科学研究院曾于 2002 年对某公建楼地下车库内的空气质量进行了调查测试，车库内 $NO_x$、CO 和 THC 的平均质量浓度分别为 0.402 mg/m$^3$、6.2 mg/m$^3$ 和 2.6 mg/m$^3$。

由于机动车污染物排放标准日趋严格，尾气污染物的排放量将大大减少，因此评价中要及时类比测试，应用最新的排放因子。

### （二）地下车库风机噪声

为保证地下车库的空气质量，需在车库内安装换气风机，负责排出污浊空气及送入新鲜空气，并在地面上设置有通风口。由于地下车库的面积比较大，这就要求必须使用大功率的换气风机才能满足停车场的通风要求。风机的噪声一般由两部分组成，其一是风机在工作时由叶片转动引起的噪声，称为机械噪声，声压级一般在 85 dB（A）左右，其二是由空气在风机内高速流动，与管道内壁摩擦、撞击产生的噪声，称为空气动力性噪声（也称气流噪声），其声压级一般在 90 dB（A）左右，有时可高达 100 dB（A）。地下停车场换气风机的噪声主要通过通风口，向外界传播，未经过降噪处理时，风机的机械噪声和气流噪声将通过管道直接传向外界，为 65～70 dB（A）。

### （三）排气筒位置及高度

对地下车库的排气口位置，排气筒数量和高度的合理配置进行分析，这也是重要的影响因素（具体分析见下一章节）。

## 三、中央空调系统

中央空调系统包括水冷式和风冷式两种，后者主要是风机运行噪声，源强在 85 dB（A）左右。

水冷式中央空调系统应用较为广泛，由制冷机组和配套的冷却水泵、冷冻水泵、冷却塔、新风机组组成。一般制冷机组的运行噪声在 90 dB（A）左右，配套水泵的噪声在 75 dB（A）左右。

冷却塔工作时的噪声主要为塔内的淋水噪声和顶部风机的运行噪声，由于冷却塔吨位较大，加之冷却塔一般安装在建筑顶层，其噪声的影响范围要比地面声源大。

空调系统噪声中冷却塔噪声对周围环境的影响最大，其噪声级依据冷却塔的大小在 70～90 dB（A），为宽频带噪声，由于其体积较大，声功率级较高，影响范围也较大，实测数据表明，在距一台 10 t 的冷却塔 80 m 处的居民楼前噪声级仍可达到

60 dB（A）左右，很多住在冷却塔附近的居民对冷却塔噪声意见非常大。由于冷却塔系夏季空调制冷用，往往夜间仍在运行，危害更大。此外，现在很多建筑项目的冷却塔设置在建筑屋顶，若设计及安装不好，将造成对本建筑的固体噪声影响，在装有冷却塔屋顶下部的室内测试，其室内噪声可达到 45～60 dB（A），是一个不容忽视的影响源。

一般在大型建筑不同层内安装有多个空调机房，负责为邻近房间内送新风，空调机组的运行噪声一般在 80 dB（A）。

## 四、备用发电机组

为防止由于突发事故等原因导致的断电影响正常工作，一般大型项目都建有发电机房，安装应急发电机负责临时供电。为保证发电机组的正常运转，每年都需要试车若干次。发电机组的噪声主要为机械噪声。由于机组的功率非常大，其运行时的声压级也非常高，一般机组运行时，在机器旁 1 m 处的声压级可达 95 dB（A）以上。机组的噪声有可能通过机房向外界开启的门、窗或通风（换气）口向外界传播，由于其声级高，噪声影响的范围也比较大。

发电机组一般以柴油为燃料，燃烧时会排放 $SO_2$、烟尘、$NO_x$ 和 CO 等污染物。

例如：某项目发电机组年耗油量为 16 250 L，年大气污染物排放量为 $SO_2$ 65 kg，烟尘 11.6 kg，$NO_x$ 41.6 kg，CO 24.7 kg。

## 五、各类水泵房噪声

一般高层建筑内供水系统（包括生活用水、中水、生活热水系统）的工作均需要由各类水泵来完成。这些水泵的功率均比较大，多采用变频水泵，可以根据建筑内用户用水量的变化自动调节水泵的输出功率，这类水泵根据运行功率的不同其运行噪声一般在 65～85 dB（A）。同时一般项目还建有污水（排水）泵房和消防泵房，噪声值要高于给水泵，其初始源强为 85～95 dB（A）。此外，很多项目建有污水（中水）处理站，主要设备为鼓风机和循环水泵。一般鼓风机的综合运行噪声在 85 dB（A）左右，循环水泵运行噪声在 70 dB（A）左右。

各类水泵在运行时的噪声可能通过泵房的门窗向外传播，对泵房周围的房间造成噪声影响。另外，水泵在运行时产生的振动还会通过基础、管道和墙壁向建筑内部传播，在建筑室内引发二次结构噪声，从而直接对建筑内用户的正常生活和工作产生影响。这种二次结构噪声主要以低频为主，声级不高，用普通的仪器不易测量，但是由于其频率低，接近人体的固有频率，连续不断的噪声会使人感到非常烦躁，对于体质较弱的人还可能直接引发神经系统、分泌系统等的疾病。

### 六、风机系统噪声

本处风机系统，系指经营场所、服务场所、服务设施等使用的用于通风、排烟的风机。

依据风机形式及功率大小，风机噪声在60～95 dB（A），频率一般为中低频（轴流式）或中高频（离心式）。它的影响时段大多数在昼间，影响范围多为附近区域。

一些建筑将风机系统设置于建筑物的屋顶或地下，同样可造成通过建筑结构传播的固体噪声，一些居民对此有反映。

## 第八节　环境风险及敏感目标识别

环境风险主要是指开发活动（包括建设项目和区域开发）中有毒、有害、易燃、易爆、放射性等物质的泄漏，及可能造成的环境破坏或人身损伤。

### 一、社会服务类项目环境风险识别

社会服务类项目中换气站、加油站（加气站）、医院、大学等有可能存在环境风险问题。

#### （一）换气站、加油站（加气站）

上述设施中一般建有储油和储气设施，汽油、柴油和液化石油气等都属于易燃易爆品，在发生事故时，它们的着火、爆炸或泄漏不仅会造成人员伤亡和财产损失，也将给大气环境、水环境及土壤环境造成严重污染，甚至带来环境灾难。

#### （二）医院

① 大型综合性医院往往有放射性治疗科，放射源如果管理不善，可能产生严重的放射性污染，危害人群健康。

② 传染性的细菌、病毒等。

③ 污水消毒用氯气的泄漏。

#### （三）大学

一些大学从事与放射性有关的研究，如某大学有低能核物理研究所、放射性药物工程中心、放射化学与辐射化学教研室等，配有中子发生器、离子注入机、钴源辐照装置和各种加速器等，这些设施同样存在着放射性风险。

## 二、社会服务类项目环境敏感点

社会服务类项目的环境敏感点或敏感区应参照环境保护部《建设项目环境保护分类管理名录》（中华人民共和国环境保护部令第 2 号）中的有关要求来确定，主要包括依法设立的各级各类自然、文化保护地，以及对建设项目的某类污染因子或者生态影响因子特别敏感的区域，主要包括：

① 自然保护区、风景名胜区、世界文化和自然遗产地、饮用水水源保护区；

② 基本农田保护区、基本草原、森林公园、地质公园、重要湿地、天然林、珍稀濒危野生动植物天然集中分布区、重要水生生物的自然产卵场及索饵场、越冬场和洄游通道、天然渔场、资源性缺水地区、水土流失重点防治区、沙化土地封禁保护区、封闭及半封闭海域、富营养化水域；

③ 以居住、医疗卫生、文化教育、科研、行政办公等为主要功能的区域，文物保护单位，具有特殊历史、文化、科学、民族意义的保护地。

# 第十章　环境影响预测评价

## 第一节　大气环境影响预测评价

社会服务类建设项目相对于工业类建设项目来讲，其污染源较简单，污染物种类较少，污染物排放量相对较小，因此其大气环境影响评价可以适当简化，不必纠缠在大量烦琐的模式计算当中，应针对项目的特点从解决实际问题入手，抓住重点问题进行全面认真的分析。至于评价等级的划分、评价范围的确定、环境现状调查与监测等内容可按《环境影响评价技术导则—大气环境》中的规定执行。

社会服务类建设项目的主要大气环境问题包括：采暖锅炉房排放烟气、地下车库排气、餐饮业油烟排放和背风涡及下洗等四个方面。下面针对此类项目有代表性的问题进行介绍。

### 一、锅炉排烟的环境影响

北方地区建筑的冬季采暖不可避免。虽然近几年城市能源结构调整，很多城市改用清洁能源天然气或人工煤气，但对于一些没有气源的城市，燃煤锅炉仍然存在。社会服务类建设项目大多位于繁华的城市中心地区，周围建筑密集，人员活动频繁，锅炉烟囱的位置和高度设置是否合理是决定对周围大气环境影响大小的关键。

《锅炉大气污染物排放标准》（GB 13271—2001）中对燃煤锅炉房和燃油锅炉房的烟囱高度根据锅炉房的装机总容量给出了最低允许高度且高出周围 200 m 内最高建筑物 3 m 的规定，而对于采用清洁能源的燃气或燃轻柴油锅炉房，却只给出了不低于 8 m 的规定，但最终的烟囱高度需由环境影响评价来确定。

#### （一）小型建设项目

对于小型建设项目的预测评价相对较简单，但应关注的是：由于锅炉房总装机容量较小，只要避开周围环境敏感点并使烟囱高度高出周围建筑物 3 m 以上，燃煤锅炉房一般就不会造成下风向污染物浓度超标。对于采用清洁能源的锅炉房确定烟囱高度时，由于标准中规定的最低烟囱高度较低，而且大气污染物排放量小，通常会选择较低的烟囱高度，但在实际工作中会遇到由于烟囱高度低于周围建筑物，使得锅炉烟气飘到周围居民住宅的窗外，造成热污染和视觉上的不愉快而引发环境投诉问题。因此，在确定燃气或燃轻柴油锅炉房烟囱高度时，应特别关注周围近距离环境敏感点的性质、规模和相对位置关系；如相邻敏感点建筑物较高，应要求拟建锅炉房烟囱高度高出敏感点建筑高度 3 m。

#### （二）大型建设项目

对于大型建设项目，由于其所处地理位置较重要，而且锅炉房的规模也较大，除考虑上述周围环境敏感点问题外，还应考虑背风涡和下洗的问题。通常采用模式计算或风洞试验的方法。

## 二、地下车库排气的环境影响评价

社会服务类建设项目通常位于土地资源相对紧张的市中心地区，因此建筑物设置地下停车场的越来越多。根据前面污染源分析可知，由于汽车在车库内要经过怠速、慢速行驶的过程，这两种工况恰恰是汽车尾气中污染物排放量较高的状况，为了保证车库内的空气质量，地下车库设有机械送排风系统，根据《汽车库建筑设计规范》，车库的换气率为 6 次/h，排放高度不低于 2.5 m。根据实测，在设计换气风机正常运行的情况下，地下车库内污染物浓度高出环境空气质量标准几倍，但仍低于大气污染物排放标准限值，废气排出后一般不会出现超标现象，但会造成排气口周围污染物浓度偏高。

设计时为了周围景观和平面布局的考虑，通常会设置较少的排放口，但由于地下车库的体积较大，换气量也较大，因此存在污染物排放速率超标的可能。故要保证排放速率不超标，则需分析排口的个数和高度设置是否合理，这是地下车库排气的大气环境影响评价重点。

根据《大气污染物综合排放标准》（GB 16297—1996）中的规定，当排气筒高度低于标准表列排气筒高度的最低值时，其污染物最高允许排放速率按照规定采用外推法计算结果再严格 50%执行，计算公式为：

$$Q = Q_c(h/h_c)^2 \quad (10\text{-}1)$$

式中：$Q$ —— 某排气筒最高允许排放速率；

$Q_c$ —— 表列排气筒最低高度对应的最高允许排放速率；

$h$ —— 某排气筒的高度；

$h_c$ —— 表列排气筒的最低高度。

根据上式计算出不同排放高度时的 $Q$，再乘以 50%，得到该排放高度时的污染物排放速率限值；由建设项目地下车库的排气量乘以污染物排放浓度，得到该项目的地下车库大气污染物排放量；以此排放量除以不同排放高度时的污染物排放速率限值，最终得到不同污染物对应不同排放高度的排气口个数。综合考虑排气口高度和个数的可行性，取其中某一排放高度及其所对应的排气口数量。

【实例】某地下车库的排气筒高度和数量的配置

表 10-1 给出了某项目地下车库不同排放高度时满足排放速率不超标应设置的排放口个数，由于 $NO_x$ 排放标准严于 THC 的排放标准，满足 $NO_x$ 的排放高度一定能够满足 THC 的排放要求，因此取 $NO_x$ 的排放参数。综合考虑两个参数的可行性，应建议选择排放高度为 3.5～4 m、5～6 个排放口。

表 10-1　不同排放高度时的排放口个数

| 排放高度/m | 排放口个数（按 $NO_x$ 考虑） | 排放口个数（按 THC 考虑） |
|---|---|---|
| 2.5 | 12 | 6 |
| 3.0 | 8 | 4 |
| 3.5 | 6 | 3 |
| 4.0 | 5 | 2 |

另外，排气口还应远离进气口，设置在主导风向的下方向，尽量分散设置，避开人群经常活动的地方。

## 三、餐饮油烟的环境影响评价

随着我国经济的持续高速发展，饮食业也得到了长足的进展，饮食业在方便人们日常生活的同时，产生的油烟污染也严重地影响了附近居民的身体健康和日常生活，全国各地关于油烟扰民的环保投诉时有发生，为此 2001 年原国家环保总局颁布了《饮食业油烟排放标准》（GB 18483—2001）。社会服务类建设项目很多涉及餐饮油烟问题，而且项目大多位于建筑、人员集中的城市中心地区，在环境影响评价中避免餐饮油烟扰民问题的关键是选择有效的治理措施和合理设置排放口位置。

### （一）餐饮油烟的产生和危害

烹饪过程中的油烟来自三个阶段，一是食油加热阶段，二是食品加入高温食油阶段，三是食油与食品中的部分物质在高温作用下发生化学反应阶段。油烟中含有油雾滴、醛类、酮类、烷烃类、多环芳烃类等有机物和燃料燃烧过程产生的 TSP、$SO_2$、CO、$NO_x$ 等污染物，油烟污染物的形态有气态、液态、固态。国内外学者的大量研究和试验表明，烹饪油烟可损伤肺部功能，引起机体免疫功能下降，具有吸入毒性、致突变性、致癌性和生殖毒性。

（二）餐厅选址

餐厅选址应尽量避免在居民楼的底层，同时要远离敏感点。

（三）油烟排口位置的选择

餐饮单位对排放油烟进行净化处理是前提条件，经过油烟净化设备处理后，油烟排放浓度一般均能达到小于 2 mg/m$^3$ 的排放标准要求，但即使是较高的净化效率，仍可能会有一定的气味对周围环境带来影响，因此要求必须合理设置油烟排放口的高度和位置，避开人群经常活动的场所。要求认真调查周围环境敏感点的性质、与建设项目的相对关系，若为居民住宅、办公楼等敏感对象，油烟排放口尽量不要朝向敏感点，至少要保证一定的距离；其次是排放高度高出所朝向的建筑物，最好能引至建筑物屋顶排放。

## 四、大型建筑物的背风涡和下洗带来的污染

社会服务业高大建筑群会引起背风涡和污染物下洗现象，当气流通过高大建筑物时，处于建筑物背风面的排气筒烟气不抬升反而下降，这就出现了所谓的背风涡和下洗现象，导致排气筒排出的污染物迅速扩散至地面，出现局部高浓度的情况，此时建筑物的背风面将形成污染物积累。见图 10-1 所示。

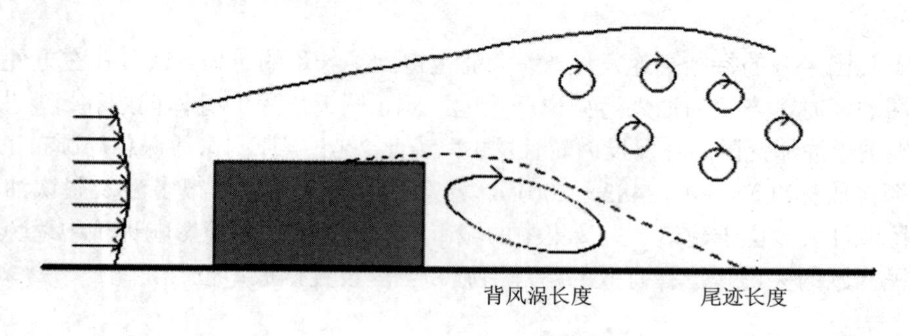


图 10-1 建筑物下洗示意

在建设项目环评中，如在建筑物下洗影响范围内存在重要环境敏感点或主要污染源，应考虑计算建筑物下洗效应对环境敏感点的影响。例如建立在居民稠密区的中低架锅炉点源、邻近居住区的科研实验室排气筒等，在进行环境影响预测过程中，应适当考虑建筑物下洗效应。

美国环保局（EPA）对建筑物下洗的规定为："对于新建或已建的烟囱，如果发现其高度小于 GEP（最佳工程方案）高度，则计算其对空气质量的影响时必须考虑周

围建设物引起的背风涡及伴流尾迹的影响。”EPA 计算 GEP 高度的修正公式为：

$$\text{GEP 烟囱高度} = H + 1.5L \tag{10-2}$$

式中：$H$—— 建筑/层高度（从地面到最高点）；

$L$—— 建筑物高度（BH）或建筑物投影宽度（PBW）的较小者；

GEP —— 最佳工程方案。

对 GEP 的 5 L 影响区域内的点源，应考虑建筑物下洗影响。

GEP 的 5 L 影响区域：每个建筑物在下风向会产生一个尾迹影响区，下风向影响最大距离为距建筑物 5L 处，迎风向影响最大距离为距建筑物 2L 处，侧风向影响最大距离为距建筑物 0.5L 处，即图 10-2 虚线范围内为建筑物影响区域。不同风向下的影响区是不同的，所有风向构成的一个完整的影响区域，即图 10-3 的虚线范围，称为 GEP 的 5L 影响区域，即建筑物下洗的最大影响范围。图 10-3 烟囱 1 在建筑物下洗影响范围内，而烟囱 2 则在建筑物下洗影响范围外。

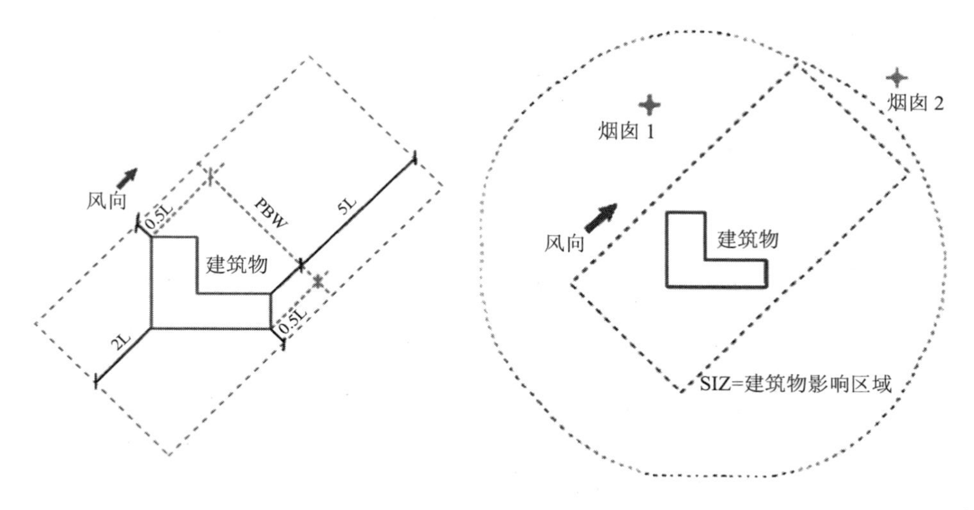


图 10-2　建筑物影响区域　　图 10-3　GEP 的 5L 影响区域

实验证明：污染源的排出口不仅不能设置在背风涡之中，也应尽量避免设置在下洗区，避免污染物在这一区域的积累。

【实例】某大型广场风洞试验结果

◆ 项目背景

该建设项目位于繁华的商业区，由 12 个建筑高度 55～75 m 的独立建筑物组成，其周围已有多座高层建筑物，在建筑群的东西两侧均为南北走向的街道，且人流密度大。根据当地的气象资料分析，冬季最大风速约 14 m/s，主导风向为北风，次主导风向为东风，当冬季吹北风时，在建筑物背风面会产生建筑物尾流涡而影响烟气抬升和污染物的扩散，从而造成污染物的高浓度。为了说明污染物浓度的变化情况，在某研究院的环境风洞中进行了风洞模拟实验。

◆ 实验方法

实验所采用的风洞为直流吹出式，采用可控硅无级调速，风速范围 0～10 m/s，但由于风洞模拟温度梯度的局限性，实验时温度层结为中性，并且采用了自动数据采集处理系统，风向采用锡箔小旗指示，烟气抬升轨迹采用乙烯示踪法进行定量测定。实验模型采用 1∶1 000 缩尺制作，实验范围 2.4 km × 2.4 km，实验条件为中性条件吹北风，风速 13.16 m/s，沿实验顺风向和横风向共布设 20 个测点，分别测定 10 m、20 m、40 m、80 m、160 m、320 m 高度的风速和湍流度，在烟囱下风向 45 m、120 m、200 m、350 m、520 m、700 m、1 000 m 共 7 个断面进行空间取样。

◆ 模拟方法

模拟实验遵循以下相似条件：

几何相似。模型与实物几何相似，即模型全部按实物的 1∶1 000 缩尺制作。

运动相似。低层大气风速廓线指数不变，即维持风速廓线与实际值相一致。

动力相似。即遵守模拟的弗劳德数与实际相等。

另外，在烟气扩散实验中还应遵循扩散相似，即维持烟云扩散角相似、维持边界条件相似、维持排烟速度比和排烟密度差与实际相似。

◆ 实验结果与分析

① 建筑物越顶气流。当来流遇到建筑物的阻挡就会产生越顶气流。随着风速的提高，在建筑物顶部比在建筑物前一点在相同高度处将获得较高的风速。这些都反映了越顶气流的特点。另外，在建筑物顶部 75 m 高度处（即涡流区顶部），越顶风速可达 25 m/s。

② 建筑物尾流对屋顶烟囱烟气排放的影响。实验证明，建筑物前后均存在涡流区，但高层建筑物后面的涡流更强一些，高度为 75 m，比楼顶烟囱高度（65 m）高出 10 m。因此，烟气的抬升因受楼后尾流区的影响而产生下洗。

该项目位于屋顶的供热锅炉房烟囱高度仅为 65 m，当排烟速率较低时，会产生烟气下洗，从而形成建筑物背风面局地污染物积累。

③ 取样分析各断面的污染物浓度，当污染物浓度达到轴线浓度的 1/10 时作为烟气的边界，根据各断面的浓度分布绘制出烟云抬升轨迹（图 10-4）。可见，下风向 200 m 处烟云高度为 54 m，下风向 350～1 000 m 时，烟云高度为 60 m，烟云高度均低于 75 m，说明烟云扩散受到越顶气流和涡流区的控制，均在尾流区内。

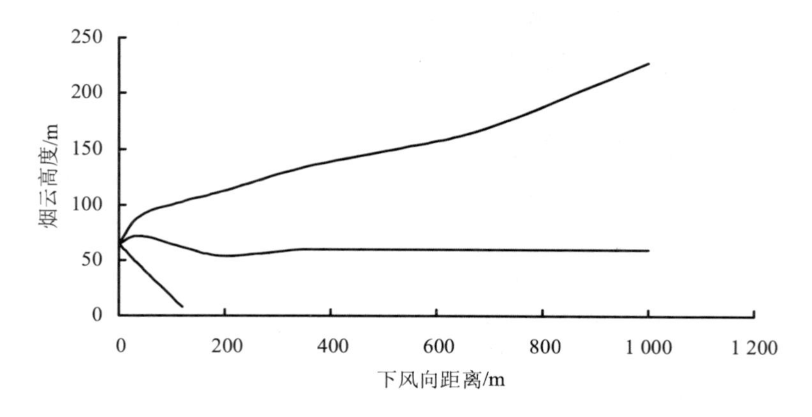


图 10-4　北风条件下的烟云抬升轨迹

结论：烟囱位置应离开涡流区，或烟囱高于 75 m。

## 第二节　地表水环境影响预测评价

### 一、水环境影响评价要点

本行业建设项目废污水的排放是地表水环境影响的来源。大型项目污水的水质是以需氧有机物为特征的废水及医疗废水，其他如教育机构的化学与生物实验室、汽修设施等排放的化学品、生物性污染物和石油等量均不大，常达不到需做环评报告书的要求，但应该给予注意。

基于社会服务类项目的特点，项目多位于城区或近郊区。这些地区基础设施相对比较完善，有的地区有完善的带有二级处理设施的下水道系统，也有的地区虽然有下水道系统，但未有建二级污水处理厂。

### 二、评价工作分类及其评价重点

社会服务类项目的水环境影响评价工作类别可分为详细的预测评价、一般专项评价和一般的分析评价。一般来说，对应当编制环境影响报告书的建设项目，应对项目污染源及其环境影响进行全面、详细的预测评价；对应当编制环境影响报告表的建设项目，应视项目潜在的水环境影响因子的显著性，对其水污染源及其环境影响分别进行一般专项评价或者一般分析。工作类别的划分，首先应依据国家《建设项目环境保护分类管理名录》和各省市执行国家《建设项目环境保护分类管理名录》的有关补充规定进行。其次，由于社会服务类项目较为繁杂，项目建设场址的环境状况各异，可能产生的水污染源及其环境影响很难统一归纳，所以工作类别的划分还应根据具体项目的特点和所处环境的特点，进行具体的分析和确定。

① 地处排水设施不完善的地区且污水水质特殊（含有毒有害污染物）、或污水排放量较大且直接受纳水域为敏感的天然水体的社会服务类建设项目应进行详细的预测评价。

对于地处排水设施不完善的地区且含有毒有害污染物的医疗卫生设施和教育机构中的化学、生物与医药类实验室，以及汽车修理厂、加油站等设施的建设，污水排放量较大（500 $m^3/d$ 以上）的大型体育场馆及旅游休闲等设施，直接受纳水域为敏感的天然水体（Ⅲ类及优于Ⅲ类的水体）的社会服务类建设项目，应依据当地环保部门所定的水体功能、水源防护区规定及水污染控制总体规划等，结合建设项目的水污染物特性确定其预测的原则、范围、时段、内容及方法，并对项目产生的水污染源的大小、污染特征、防治措施、排放去向（包括是否回用、零排放或集中收集后运外处理等）及其环境影响进行全面、详细的评价。当水生生物保护对地面水环境要求较高时（如珍贵水生生物保护区、经济鱼类养殖区等），应简要分析建设项目对水生生物的影响。如纳污水体由于下游快速下渗而出现河道断流，无法进行地面水环境评价时，就应转向进行地下水环境评价。

该类建设项目水环境影响评价的重点应该是依据当地水环境功能要求及水源保护规划，对项目的选址、水污染防治措施、排放去向的各种替代方案的水环境污染防治效果及其环境效应进行综合预测评价。

② 对污水排放量较大，或污水水质特殊，但受纳水域水质为Ⅳ类、Ⅴ类时，可用充分混合模式计算充分混合后断面的水质，并估算混合过程段的长度。

对以上两项，如纳污水体为季节性河流，也应加做地下水环境评价。

③ 污水排放量较小、污水水质一般、且直接受纳水域为敏感的天然水体的社会服务类建设项目应进行一般专项评价。

对于地处排水设施不完善的地区且污水排放量较小的小型旅游、体育及休闲等设施、餐饮等商业服务设施的建设，应依据当地环保部门所定的水体功能、水源防护区规定及水污染控制总体规划等，对项目产生的水污染源的特征、防治措施、排放去向（包括是否回用、零排放或集中收集后运外处理等）及其环境影响进行一般的专项评价。

该类建设项目水环境影响评价的重点应该是水污染防治措施、总量控制与排放去向方案及其环境效应的分析。

④ 污水排放量较小、污水水质一般且地处地下水源防护区的社会服务类建设项目应进行一般专项评价。

对于地处地下水源防护区且污水水质一般的小型旅游、体育及休闲等设施、餐饮等商业服务设施的建设，应依据当地环保部门所定的地下水源防护区规定及水污染控制总体规划等，对项目产生的水污染源的特征、防治措施、排放去向及其对地下水的潜在环境影响进行一般的专项评价。

该类建设项目水环境影响评价的重点应该是水污染防治措施、排放去向方案及其对地下水潜在环境影响的分析。

⑤ 地处排水设施较完善但市政下水道末端无城市二级污水处理厂的城市区域或郊区内的建设项目应进行一般专项评价。

对于地处排水设施较完善但市政下水道末端无城市二级污水处理厂的城市区域或郊区内的社会服务类建设项目，应依据当地环保及市政管理部门所定的市政排水管网规划及水污染控制总体规划等，对项目产生的水污染源的特征、防治措施、排放去向（包括是否回用、零排放或集中收集后运外处理等）及其环境影响进行一般的专项评价。首先应检验建设项目排水是否符合当地排入下水管线的水质要求，同时还要检算特征污染物经专用设施处理后的去除率，并预测分析其对受纳水域的水质影响。

该类建设项目水环境影响评价的重点应该是污水处理与回用、总量控制与排放达标及排放污水对水质的影响分析。

⑥ 地处排水设施较完善、市政下水道末端有城市二级污水处理厂的城市区域或郊区内的建设项目应进行一般性分析。

对于地处排水设施较完善、市政下水道末端有城市二级污水处理厂的城市区域或郊区内的社会服务类建设项目，应依据当地环保及市政管理部门所定的市政排水管网规划及水污染控制总体规划等，对项目产生的水污染源的特征、防治措施、排放去向（包括是单独处理与回用，或集中收集后运外处理等）进行一般的分析。

该类建设项目水环境影响评价的重点应该是对污水水质一般的建设项目的市政排水管网及污水治理厂受纳拟建项目排水的可行性分析，或对污水水质特殊的建设项目的水污染源防治措施、排放去向（包括是单独处理与回用，或集中收集后运外处理等）的分析。

## 三、环境影响预测方法

### （一）需进行详细预测评价的建设项目应以定量的模式预测方法为主

对于污水排放量较大或污水水质特殊且直接受纳水域为敏感的天然水体的社会服务类建设项目，在预测其排水对纳污水体的影响时，应考虑环境影响评价中经常遇到而其预测模式又不相同的四种污染物，即：持久性污染物、非持久性污染物、酸碱污染和废热。预测范围内的河段可以分为充分混合段、混合过程段和上游河段。充分混合段是指污染物浓度在断面上均匀分布的河段。当断面上任意一点的浓度与断面平均浓度之差小于平均浓度的 5%时，可以认为达到均匀分布。混合过程段是指排放口下游达到充分混合以前的河段。上游河段是排放口上游的河段。在利用数学模式预测河流水质时，充分混合宜采用一维模式或零维模式预测断面平均水质。大、中河流一、二级评价，且排放口下游 3～5 km 有集中取水点或其他特别重要的环保目标时，应采用二维模式预测混合过程段水质。其他情况可根据工程、环境特点、评价工作分类及当地环保要求，决定是否采用二维模式。在选择的数学模式中，解析模式用于恒定水域中点源连续恒定排放，其中二维解析模式只适用于矩形河流或水深变化不大的湖泊、水库；稳态数值模式适用于非矩形河流、水深变化较大的浅水湖泊、水库形成的恒定水域内的连续恒定排放；动态数值模式适用于各类恒定水域中的非连续恒定排放或非恒定水域中的各类排放。

对于面源污染，目前尚无成熟实用的面源环境影响预测方法。可以把拟建项目的面源污染总量与拟建项目的点源污染物总量或现有的面源及点源的影响等进行综合比较，分析面源对地面水影响的程度和大小。

### （二）类比分析法

对于只需进行专项评价或一般分析的社会服务类建设项目，可采用以类比分析法为主的影响评价方法。类比分析法只能做半定量或定性预测。对于中、小规模的社会服务类项目，往往由于评价时间短、无法通过测试取得足够的数据，而此类项目的影响源的可类比性又强，所以在不能利用数学模式法或物理模型法预测建设项目的环境影响时，可采用类比分析法。特别是评价建设项目对纳污设施或水体可能造成的某些影响时（如对排水设施及污水处理设施的水质水量负荷冲击、水体感官性状影响等，目前尚无准确实用的定量预测方法），可以采用类比分析法。预测对象与类比调查对象之间应满足以下要求：

① 两者纳污水体环境的水力、水文条件和水质状况类似；

② 两者的某种环境影响来源应具有相同的性质，其强度应比较接近或成比例关系。

此外，施工期间施工人员生活污水和施工中废水、弃水的排放，也是此类项目评价中须考虑的问题，评价重点要阐明这些影响的强度、时间及范围。

## 第三节　地下水环境影响预测评价

地下水环境影响评价的基本任务是进行地下水环境现状评价，预测和评价建设项目实施过程中对地下水环境可能造成的直接影响和间接危害（包括地下水污染，地下水流场或地下水位变化），并针对这种影响和危害提出防治对策，预防与控制环境恶化，保护地下水资源，为建设项目选址决策、工程设计和环境管理提供科学依据。

## 一、建设项目分类与评价工作分级

### （一）建设项目分类

根据建设项目对地下水环境影响的特征，将建设项目分为以下三类。Ⅰ类：指在项目建设、生产运行和服务期满后的各个过程中，可能造成地下水水质污染的建设项目；Ⅱ类：指在项目建设、生产运行和服务期满后的各个过程中，可能引起地下水流场或地下水水位变化，并导致环境水文地质问题的建设项目；Ⅲ类：指同时具备Ⅰ类和Ⅱ类建设项目环境影响特征的建设项目。

社会服务类项目主要是以Ⅰ类为主，当然也不排除有少量Ⅱ类项目，例如大型体育设施。

### （二）评价工作分级

地下水环境影响评价应按《环境影响评价技术导则—地下水环境》（HJ 610—2011）划分评价工作等级，开展相应深度的评价工作。Ⅰ类建设项目地下水环境影响评价工作等级的划分，应根据建设项目场地的包气带防污性能、含水层易污染特征、地下水环境敏感程度、污水排放量与污水水质复杂程度等指标确定。建设项目场地包括主体工程、辅助工程、公用工程、储运工程等涉及的场地。

Ⅰ类建设项目地下水环评的分级标准主要应当考虑建设项目是否会对当地地下水产生污染或其他环境危害及其影响程度和危害性。具体的应当考虑地下水是孔隙水、裂隙水还是岩溶水？是潜水还是承压水？厂区的污水或排入河道的污废水是否可能进入地下水含水层？地下水目前的用途（饮用水？工业生产用水？灌溉用水？），建设项目位于水文地质单元的什么部位（补给区？径流区？排泄区？），离现有的地下水的水源地多远？如果地下水被污染，会对当地的人民生活或工农业生产造成多大的影响？如果当地没有实用价值的含水层或者可明显判定建设项目不会对当地地下水产生环境影响，则可定为三级，不必进行专门的地下水环境评价、如果建设项目附近有重要的地下水水源地，而项目又有可能造成地下水污染时，则定为二级或一级，环评时要进行必要的调查、试验和模拟工作。

Ⅱ类建设项目地下水环境影响评价工作等级的划分，应根据建设项目地下水供水（或排水、注水）规模、引起的地下水水位变化范围、建设项目场地的地下水环境敏感程度以及可能造成的环境水文地质问题的大小等条件确定。

## 二、地下水环境影响评价技术要求

社会服务类建设项目多位于城区或近郊区，这些地区基础设施相对比较完善，有的地区有完善的带有二级处理设施的下水道系统；同时污废水的排放量总体上较小，水质的复杂程度较低，除极个别位于水源保护区的为二级评价以外，一般多为三级评价。

二级评价的总体要求为：通过搜集资料和环境现状调查，了解区域内多年的地下水动态变化规律，基本掌握评价区域的环境水文地质条件（给出大于或等于 1/50 000 的相关图件）、污染源状况、项目所在区域的地下水开采利用现状与规划，查明各含水层之间以及与地表水之间的水力联系，同时掌握评价区至少一个连续水文年的枯、丰水期的地下水动态变化特征；结合建设项目污染源特点及具体的环境水文地质条件有针对性地补充必要的勘察试验，进行地下水环境现状评价；对地下水水质、水量采用数值法或解析法进行影响预测和评价，对环境水文地质问题进行半定量或定性的分析和评价，提出切实可行的环境保护措施。

三级评价的总体要求为：通过搜集现有资料，说明地下水分布情况，了解当地的主要环境水文地质条件（给出相关水文地质图件）、污染源状况、项目所在区域的地下水开采利用现状与规划；了解建设项目环境影响评价区的环境水文地质条件，进行地下水环境现状评价；结合建设项目污染源特点及具体的环境水文地质条件有针对性地进行现状监测，通过回归分析、趋势外推、时序分析或类比预测分析等方法进行地下水影响分析与评价；提出切实可行的环境保护措施。

## 三、实例：北京海淀某医院地下水评价

### （一）地下水评价等级确定

#### 1．法律法规（略）

#### 2．地下水环境评价工作等级

（1）建设项目分类

本建设项目施工深度及建筑底板埋深小于 20 m，而区域地下水潜水位埋深在 25～30 m，因此工程施工期最大影响深度和建成后建筑埋深均在地下水位线以上，不会对现有的地下水流场造成影响。工程项目在运行期不抽取地下水，厂区所需生活用水来源来市政供水，正常运行情况下，如不采取有效的防渗措施，污水泄漏入渗到地下可能会污染地下水水质。因此，根据《环境影响评价技术导则—地下水环境》（HJ 610—2011），确定本建设项目为 I 类建设项目。

（2）评价工作等级

I 类建设项目地下水环境影响评价工作等级的划分，主要根据建设项目场地的包气带防污性能、含水层易污染特征、地下水环境敏感程度、污水排放量与污水水质复杂程度等指标确定。

① 建设项目场地包气带防污性能。建设项目场地包气带防污性能按包气带中岩（土）层的分布情况分为强、中、弱三级，分级原则见表 10-2。

表 10-2 包气带防污性能分级

| 分级 | 包气带岩土的渗透性能 |
|---|---|
| 强 | 岩（土）层单层厚度 Mb≥1.0 m，渗透系数 $K\leqslant10^{-7}$ cm/s，且分布连续、稳定 |
| 中 | 岩（土）层单层厚度 0.5 m≤Mb＜1.0 m，渗透系数 $K\leqslant10^{-7}$ cm/s，且分布连续、稳定<br>岩（土）层单层厚度 Mb≥1.0 m，渗透系数 $10^{-7}$ cm/s≤$K\leqslant10^{-4}$ cm/s，且分布连续、稳定 |
| 弱 | 岩（土）层不满足上述“强”和“中”的条件 |

注：表中“岩（土）层”系指建设项目场地地下基础之下第一岩（土）层。

根据本次工作水文地质勘察结果，本场地包气带岩性主要为粉质黏土和黄土质黏质沙土，粉质黏土厚度大于 1 m，渗透系数为 $2.3\times10^{-5}$，分布连续稳定，确定包气带防污性能级别为“中”。

② 建设项目场地含水层易污染特征。建设项目场地含水层易污染特征分为易、中、不易三级，分级原则见表 10-3。

表 10-3 建设项目场地含水层易污染特征分级

| 分级 | 项目场地所处位置与含水层易污染特征 |
|---|---|
| 易 | 潜水含水层且包气带岩性（如粗砂、砾石等）渗透性强的地区；地下水与地表水联系密切地区；不利于地下水中污染物稀释、自净的地区 |
| 中 | 多含水层系统且层间水力联系较密切的地区；存在地下水污染问题的地区 |
| 不易 | 以上情形之外的其他地区 |

根据水文地质勘察资料，本场地属承压水含水层分布区，含水层之间以粉质黏土间隔，隔水层连续稳定，且厚度较大，因此，含水层易污染特征级别属“不易”。

③ 建设项目场地的地下水环境敏感程度。建设项目场地的地下水环境敏感程度可分为敏感、较敏感、不敏感三级，分级原则见表 10-4。

表 10-4　地下水环境敏感程度分级

| 分级 | 项目场地的地下水环境敏感特征 |
| --- | --- |
| 敏感 | 生活供水水源地（包括已建成的在用、备用、应急水源地，在建和规划的水源地）准保护区；除生活供水水源地以外的国家或地方政府设定的与地下水环境相关的其他保护区，如热水、矿泉水、温泉等特殊地下水资源保护区 |
| 较敏感 | 生活供水水源地（包括已建成的在用、备用、应急水源地，在建和规划的水源地）准保护区以外的补给径流区；特殊地下水资源（如矿泉水、温泉等）保护区以外的分布区以及分散居民饮用水源等其他未列入上述敏感分级的环境敏感区 |
| 不敏感 | 上述地区之外的其他地区 |

根据收集的资料、现场调查成果及甲方提供资料，评价区属非水源地准保护区，建设场地地下水环境敏感程度属于“不敏感地区”。

④ 建设项目污水排放强度。建设项目污水排放强度可分为大、中、小三级，分级标准见表 10-5。

表 10-5　污水排放强度　　单位：$m^3/d$

| 级　别 | 污水排放总量 |
| --- | --- |
| 大 | ≥10 000 |
| 中 | 1 000～10 000 |
| 小 | ≤1 000 |

本项目除了无防渗措施情况下构筑物的污水泄漏外无污水的直接排放，污水排放强度级别为“小”。

⑤ 建设项目污水水质的复杂程度。根据建设项目所排污水中污染物类型和需预测的污水水质指标数量，将污水水质分为复杂、中等、简单三级，分级原则见表 10-6。当根据污水中污染物类型所确定的污水水质复杂程度和根据污水水质指标数量所确定的污水水质复杂程度不一致时，取高级别的污水水质复杂程度级别。

表 10-6　污水水质复杂程度分级

| 污水水质复杂程度级别 | 污染物类型 | 污水水质指标/个 |
| --- | --- | --- |
| 复杂 | 污染物类型数≥2 | 需预测的水质指标≥6 |
| 中等 | 污染物类型数≥2 | 需预测的水质指标＜6 |
|  | 污染物类型数 = 1 | 需预测的水质指标≥6 |
| 简单 | 污染物类型数 = 1 | 需预测的水质指标＜6 |

项目处理污水来源为城市生活污水，处理后达标排放，经分析其污染物类型只有 1 种，需预测的水质指标＜6，根据表 10-6 本项目污水水质复杂程度分级为“简单”。

综合上述分析，本项目场地包气带防污性能级别为“中”，含水层易污特性分级为“不易”，场地地下水环境敏感程度为“不敏感”，污水排放强度级别“小”，污水水质复杂程度为“简单”。根据《环境影响评价技术导则—地下水环境》(HJ 610—2011)的Ⅰ类建设项目评价工作等级分级表内容（见表10-7）及各分项分类级别，确定拟建项目地下水环境影响评价工作等级为Ⅰ类建设项目三级评价。

表10-7　建设项目评价工作等级分级

| 评价级别 | 包气带防污性能分级 | 建设项目场地含水层易污特征分级 | 地下水环境敏感程度分级 | 建设项目污水排放量 | 污水水质复杂程度分级 |
|---|---|---|---|---|---|
| 三级 | 中 | 不易 | 不敏感 | 小 | 简单 |

（二）地质和水文地质条件（略）

（三）水质监测（略）

（四）地下水环境影响分析

本项目发生渗漏部位为污水管道和处理构筑物。对建设项目而言，污水管道和处理构筑物可能会发生渗漏的部位会铺设有50 cm厚黏土层加2 mm的HDPE土工膜进行人工防渗设施，防渗层的渗透系数应小于 $1.0\times10^{-7}$ cm/s，则污染质穿透防渗层的时间按下列公式计算：

$$\text{渗水通量：}\quad q=k\frac{d+h}{d} \qquad (10\text{-}3)$$

$$\text{穿透时间：}\quad T=\frac{d}{q} \qquad (10\text{-}4)$$

式中：$q$——防渗层单位面积的渗透通量；
$T$——污染质穿过防渗层的时间；
$d$——防渗层的厚度；
$k$——防渗层的渗透系数；
$h$——渗层上面的积水高度。

假定防渗层积水高度为 0.10 m，防渗层厚度为 0.5 m，防渗层渗透系数为 $1.0\times10^{-7}$ cm/s，则计算防渗层的穿透时间为13.21年，即在防渗层上的持续积水0.10 m的情况下，经过13.21年的污水才可穿过防渗层。

而且由于生活污水中主要为氨氮、COD 和硝酸盐氮等常规因子，被黏土层吸附能力达到 90%以上。因此在有防渗条件下，即使有少量渗出液进入地下水系统后对区域地下水影响程度和范围均较小。

（五）地下水污染防治措施

1．施工期地下水污染防治措施

施工时须做好槽底和槽壁的防水措施。施工废水主要是含有沙粒的废水，可以建立一个临时沉砂池，沉淀后循环利用不外排；施工人员生活污水进入已有的污水收集系统，保证施工废水和生活污水有组织排放。

2．运营期地下水污染防治措施

① 对于污水管网和处理构筑物，应进行管网和处理构筑物的防渗，采用 50 cm 厚黏土层加 2 mm 的 HDPE 土工膜进行人工防渗，防渗层的渗透系数应小于 $1.0\times10^{-7}$ cm/s，防止对地下水污染，并建立防渗设施的检漏系统。

② 建议设计部门结合填埋区实际荷载分布进行沉降预测分析，以防止坑底防水材料因差异沉降过大而破损。

③ 为防止雨水和其他地表水体下渗，减少污染物扩散，建议在基坑外侧设置防水沟。

④ 在基坑施工中，应在设计基底标高以上预留 30～50 cm 保护层，待基槽检验后，采用人工清除，以避免对地基土质的人为扰动。冬季施工须防冻，夏季施工须防雨水浸泡。

## 第四节　噪声环境影响预测评价

一般社会服务类建设项目噪声主要是维持建筑正常运行所需设备产生的噪声。特殊项目例如体育类的射击场和娱乐业类的歌厅等，除设备噪声外，还有其他噪声。噪声影响分析分一般社会服务类项目和特殊项目两种情况讨论。

### 一、一般社会服务类项目

社会服务类噪声的正式名称应为社会生活噪声，它是《中华人民共和国环境噪声污染防治法》中规定的工业噪声、交通噪声、建筑施工噪声和社会生活噪声四大类噪声之一。

社会生活噪声是各类噪声中最复杂的一种，其涉及的影响范围最大、影响面最广，社会生活噪声可分为以下几种类型：

- 公共活动场所噪声；
- 经营场所噪声；
- 服务设施噪声；

各类社会生活噪声源影响程度经验值见表 10-8。

表 10-8　各类社会生活噪声源强度及影响程度经验值　单位：dB（A）

| 类别 | 噪声源种类 | 噪声影响程度 | | |
|---|---|---|---|---|
| | | 直接影响（声源旁） | 居民室外 | 居民室内 |
| 公共活动场所噪声 | 户外集会等活动噪声 | 70～90 | 50～70 | 40～60 |
| | 户外体育、娱乐活动噪声 | 70～80 | 50～60 | 40～50 |
| | 社区内人流活动噪声 | 60～70 | 50～60 | 40～50 |
| | 社区内机动车辆行驶噪声 | 55～65 | 50～60 | 40～50 |
| | 车辆报警器噪声 | ＞90 | ＞70 | ＞60 |
| | 宣传活动噪声 | 70～90 | 50～70 | 40～60 |
| 经营场所噪声 | 商业经营场所噪声 | 60～70 | 50～60 | 40～50 |
| | 餐饮等服务经营场所噪声 | 60～90 | 50～70 | 40～60 |
| | 文化娱乐场所噪声 | 60～90 | 50～70 | 40～60 |
| | 体育场所噪声 | 60～70 | 50～60 | 40～50 |
| 服务设施噪声 | 空调系统噪声 | 60～90 | 50～70 | 40～60 |
| | 风机系统噪声 | 70～95 | 55～75 | 45～65 |
| | 锅炉、泵房等系统噪声 | 60～70 | 50～60 | 40～50 |
| | 其他设备噪声 | 50～70 | 45～55 | 35～45 |

就社会服务行业而言，主要的噪声是服务设施噪声。

### （一）社会服务设施噪声

服务设施噪声系指各种经营场所、医院、学校及配套服务设施的固定设备噪声，可分为以下几类：

① 空调系统噪声，包括空调室外机组、冷却塔等噪声；

② 通风系统噪声，包括通风机组、排风机组、轴流风扇等噪声；

③ 锅炉房、水泵房等设备噪声；

④ 其他设备噪声。

上述噪声特点与其设备种类、大小、功率、转数等有关。上述噪声源一般均有固定的位置，使用设备的单位大多有固定的边界；噪声级大多在 60～90 dB（A）；其频率特性与设备本身有关，但基本属于中、低频范围，传播距离较远；一般有固定的工作时间，但很多设备 24 h 连续运行。

### （二）社会服务行业噪声影响预测

#### 1．预测模型

由于社会生活噪声源相对来说均比较小，在对其进行影响预测时一般采用点声源预测模型，如下：

$$L_2 = L_1 - 20\lg\frac{r_2}{r_1} \tag{10-5}$$

式中：$L_2$—— 距声源 $r_2$ 处的 A 声级，dB（A）；

$L_1$—— 参考位置 $r_1$ 处的 A 声级，dB（A）；

$r_2$、$r_1$—— 距离，m。

**2．评价量**

与其他环境噪声相同，对社会生活噪声的评价采用的评价量为 A 声级[$L_A$，单位 dB（A）]、等效 A 声级[$L_{eq}$，单位 dB（A）]和倍频带声压级（$L_p$，单位 dB）三种，我国环境噪声标准中采用的评价量为等效 A 声级，即 $L_{eq}$。

**3．社会生活噪声控制标准**

环境保护部于 2008 年 8 月 19 日发布了《社会生活环境噪声排放标准》（GB 22337—2008），该标准根据现行法律对社会生活噪声污染源达标排放义务的规定，对营业性文化娱乐场所和商业经营活动中可能产生环境噪声污染的设备、设施规定了边界噪声排放限值和测量方法。我国的社会生活噪声排放源边界噪声排放限值如表 10-9 所示。

表 10-9 社会生活噪声排放源边界噪声排放限值 单位：dB（A）

| 类别 | 噪声限值 | |
|---|---|---|
| | 昼间 | 夜间 |
| 0 | 50 | 40 |
| 1 | 55 | 45 |
| 2 | 60 | 50 |
| 3 | 65 | 55 |
| 4 | 70 | 55 |

由于社会生活噪声多与噪声敏感建筑有关，在社会服务类环评中，不仅应考虑环境标准限值，还应考虑室内标准限值，根据《民用建筑隔声设计规范》（GB 50118—2010），民用建筑室内允许噪声值见表 10-10。

表 10-10 民用建筑室内允许噪声值 单位：dB（A）

<table>
<tr><th colspan="2" rowspan="3">房间名称</th><th colspan="4">允许噪声级</th></tr>
<tr><th colspan="2">高要求标准</th><th colspan="2">低要求标准</th></tr>
<tr><th>昼间</th><th>夜间</th><th>昼间</th><th>夜间</th></tr>
<tr><td rowspan="7">学校</td><td>语音教室、阅览室</td><td colspan="4">≤40</td></tr>
<tr><td>普通教室、实验室、计算机房</td><td colspan="4">≤45</td></tr>
<tr><td>音乐教室、琴房</td><td colspan="4">≤45</td></tr>
<tr><td>舞蹈教室</td><td colspan="4">≤50</td></tr>
<tr><td>教师办公室、休息室、会议室</td><td colspan="4">≤45</td></tr>
<tr><td>健身房</td><td colspan="4">≤50</td></tr>
<tr><td>教学楼中封闭的走廊、楼梯间</td><td colspan="4">≤50</td></tr>
</table>

| 房间名称 | | 允许噪声级 | | | |
|---|---|---|---|---|---|
| | | 高要求标准 | | 低要求标准 | |
| | | 昼间 | 夜间 | 昼间 | 夜间 |
| 医院 | 病房、医护人员休息室 | ≤40 | ≤35[①] | ≤45 | ≤40 |
| | 各类重症监护室 | ≤40 | ≤35 | ≤45 | ≤40 |
| | 诊室 | ≤40 | | ≤45 | |
| | 手术室、分娩室 | ≤40 | | ≤45 | |
| | 洁净手术室 | — | | ≤50 | |
| | 人工生殖中心净化区 | — | | ≤40 | |
| | 听力测试室 | — | | ≤25[②] | |
| | 化验室、分析实验室 | — | | ≤40 | |
| | 入口大厅、候诊厅 | ≤50 | | ≤55 | |
| 商业建筑 | 商场、商店、购物中心、会馆中心 | ≤50 | | ≤55 | |
| | 餐厅 | ≤45 | | ≤55 | |
| | 员工休息室 | ≤40 | | ≤45 | |
| | 走廊 | ≤50 | | ≤60 | |

注：① 对特殊要求病房，室内允许噪声级应小于或等于 30 dB；

② 表中听力测试室允许噪声级的数值，适用于采用纯音气导和骨导听阈测听法的听力测试室。采用声场测听法的听力测听室的允许噪声级另有规定。

## 二、特殊项目

### （一）射击噪声

#### 1．有关评价标准

射击馆噪声环境质量评价以 1 h 快挡 A 计权等效声级作为评价标准，瞬时脉冲噪声限值允许高出等效声级 15 dB（A）。具体的标准限值见表 10-11。

表 10-11　工业企业厂界环境噪声排放限值　单位：dB（A）

| 厂界外声环境功能区类别 | 时段 | |
|---|---|---|
| | 昼间 | 夜间 |
| 0 | 50 | 40 |
| 1 | 55 | 45 |
| 2 | 60 | 50 |
| 3 | 65 | 55 |
| 4 | 70 | 55 |

2．噪声环境影响预测

通过公式计算预测膛口噪声在其周围的声压级，用点声源模式预测各预测点的等效声级，同时应采用现场模拟测试预测方法对各敏感点进行类比监测。

（1）预测内容

预测比赛场馆内射击噪声对厂界及环境敏感点的影响，预测结果用等效连续 A 声级（$L_{Aeq}$）进行表述。

（2）射击噪声预测模型

① 膛口周围声压级预测模型。膛口噪声可视为点声源，在点声源向自由空间辐射声能的条件下，距声源 $r$ 米的声压级 $L_p$（单位 dB）与声功率的关系为：

$$L_p = L_w - 20\lg r - 11 \tag{10-6}$$

考虑到膛口噪声具有较强的指向性，以及声强随距离的衰减不遵从平方反比率的特点，参考国内有关文献，确定在自由场中，膛口噪声在其周围的声压级 $L_p$（单位 dB）为：

$$L_p = L_w + \mathrm{DI} - n \times 10\lg r - 11 \tag{10-7}$$

式中：DI —— 指向性系数；

$n$ —— 衰减系数。

$$\mathrm{DI} = A + B(\cos\theta)^r \tag{10-8}$$

式中：$\theta$ —— 预测噪声场点到枪口的直线与子弹射击方向的夹角；

$B$ —— 枪炮噪声的经验常数；

$r$ —— 枪炮噪声的经验指数。

$$n = (\frac{L_{p1} - L_{p2}}{10}) / \lg(\frac{r_2}{r_1}) \tag{10-9}$$

式中：$L_{p1}$、$L_{p2}$ —— 同一噪声源在同方位上不同场点距离处的脉冲声压级，dB。

由上面的公式可以计算出在距枪口不同距离、不同角度时的声压级。

② 点声源预测模型。根据中华人民共和国环境保护行业标准《环境影响评价技术导则—声环境》（HJ 2.4—2009）中推荐的预测方法，如已知声源的倍频带声功率级（从 63 Hz 到 8 000 Hz 标称频带中心频率的 8 个倍频带），预测点位置的倍频带声压级 $L_p(r)$ 可按式（10-10）计算：

$$L_p(r) = L_w + D_c - A \tag{10-10}$$

$$A = A_{div} + A_{atm} + A_{gr} + A_{bar} + A_{misc} \tag{10-11}$$

式中：$L_w$ —— 倍频带声功率级，dB；

$D_c$——指向性校正，dB，它描述点声源的等效连续声压级与产生声功率级 $L_w$ 的全向点声源在规定方向的级的偏差程度，指向性校正等于点声源的指向性指数DI加上计到小于 4π 球面度（sr）立体角内的声传播指数 $D_\Omega$，对辐射到自由空间的全向点声源，$D_c$=0 dB；

$A$——倍频带衰减，dB；

$A_{div}$——几何发散引起的倍频带衰减，dB；

$A_{atm}$——大气吸收引起的倍频带衰减，dB；

$A_{gr}$——地面效应引起的倍频带衰减，dB；

$A_{bar}$——声屏障引起的倍频带衰减，dB；

$A_{misc}$——其他多方面效应引起的倍频带衰减，dB。

衰减项计算按《环境影响评价技术导则—声环境》（HJ 2.4—2009）正文 8.3.3～8.3.7 相关模式计算。

如已知靠近声源处某点的倍频带声压级 $L_p(r_0)$ 时，相同方向预测点位置的倍频带声压级 $L_p(r)$ 可按式（10-12）计算：

$$L_p(r) = L_p(r_0) - A \tag{10-12}$$

预测点的A声级，可利用8个倍频带的声压级按式（10-13）计算：

$$L_A(r) = 10\lg\left\{\sum_{i=1}^{8} 10^{[0.1L_{pi}(r)-\Delta L_i]}\right\} \tag{10-13}$$

式中：$L_{pi}(r)$——预测点（$r$）处，第 $i$ 倍频带声压级，dB；

$\Delta L_i$——第 $i$ 个倍频带的A计权网络修正值，dB[见《环境影响评价技术导则—声环境》（HJ 2.4—2009）附录B]。

在不能取得声源倍频带声功率级或倍频带声压级，只能获得A声功率级或某点的A声级时，可按式（10-14）和式（10-15）作近似计算：

$$L_A(r) = L_{Aw} + D_c - A \tag{10-14}$$

或

$$L_A(r) = L_A(r_0) - A \tag{10-15}$$

$A$ 可选择对A声级影响最大的倍频带计算，一般可选中心频率为 500 Hz 的倍频带作估算。

（3）噪声模型预测结果

根据公式预测各点的声压级和等效声级，将膛口周围声压与《工业企业厂界环境噪声排放标准》允许值进行比较，同时将其与瞬时声压级进行比较。

（4）类比测试

① 膛口噪声的测量。在射手枪口侧前方45°的1 m处，测量值为瞬时最大值。

② 环境噪声测量。需选择有代表性的模拟测试条件，包括射击人数、平均击发次数（次/min），测试条件应选择不利情况。

由于射击噪声采用模型预测，它是理想条件下的计算结果。实际环境条件复杂，因此，通过理论计算得到的各预测点声压级及 1 小时等效 A 声级与模拟测试结果会有一定的差距。

### （二）娱乐场所噪声

#### 1．一般概况

娱乐场所噪声主要是歌厅噪声，例如舞会、音乐欣赏及卡拉 OK 练歌，一般练歌场所将所有包间的窗户都建成封闭式（即采用矿渣空心砖及水泥砌死），房门用隔声效果较好的特制隔声门，内部墙体采用了相应的吸声处理，这样既可保持一定的音质效果又能防止营运时练歌声响外逸。

#### 2．声源概况

一般音响设备在播放音乐、舞曲或卡拉 OK 歌曲时，其发生 A 声级在 80～95 dB（A），最多 100 dB（A）。但考虑到来练歌场的客人一般都是进行休闲娱乐的，而且还要与朋友间进行必要的语言交流，因此虽然音响设备的放声声级可以高达 100 dB（A）以上，但在实际娱乐播放时，特别是在面积只有十几平方米的练歌室内，极少会将音响设备的音量开到最大。因为当音量开到很大、声响达到很高的声级时，现场的人在生理、心理上会产生不良后果和不舒服的感觉。所以练歌室内的合理声级应小于 95 dB（A），极少会超过这个数值。

#### 3．营运期练歌声响对外环境的影响分析

如图 10-5 所示，声源位于室内，室内声源可采用等效室外声源声功率级法进行计算。设靠近开口处（或窗户）室内、室外某倍频带的声压级分别为 $L_{p1}$ 和 $L_{p2}$。若声源所在室内声场为近似扩散声场，则室外的倍频带声压级可按式（10-16）近似求出：

$$L_{p2} = L_{p1} - (TL + 6) \tag{10-16}$$

式中：TL —— 隔墙（或窗户）倍频带的隔声量，dB。

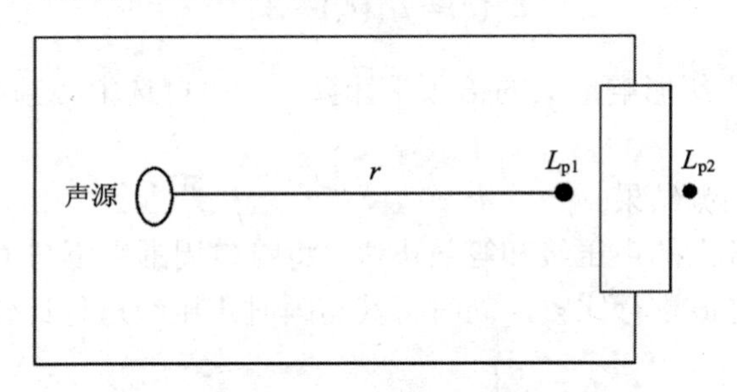


图 10-5 室内声源等效为室外声源图例

也可按式（10-17）计算某一室内声源靠近围护结构处产生的倍频带声压级：

$$L_{p1}=L_w+10\lg\left(\frac{Q}{4\pi r^2}+\frac{4}{R}\right) \tag{10-17}$$

式中：$Q$——指向性因数，通常对无指向性声源，当声源放在房间中心时，$Q=1$，当放在一面墙的中心时，$Q=2$；当放在两面墙夹角处时，$Q=4$，当放在三面墙夹角处时，$Q=8$；

$R$——房间常数，$R=S\alpha/(1-\alpha)$，$S$ 为房间内表面面积，m$^2$，$\alpha$ 为平均吸声系数；

$r$——声源到靠近围护结构某点处的距离，m。

然后按式（10-18）计算出所有室内声源在围护结构处产生的 $i$ 倍频带叠加声压级：

$$L_{p1i}(T)=10\lg\left(\sum_{j=1}^{N}10^{0.1L_{p1ij}(r)}\right) \tag{10-18}$$

式中：$L_{p1i}(T)$——靠近围护结构处室内 $N$ 个声源 $i$ 倍频带的叠加声压级，dB；

$L_{p1ij}$——室内 $j$ 声源 $i$ 倍频带的声压级，dB；

$N$——室内声源总数。

在室内近似为扩散声场时，按式（10-19）计算出靠近室外围护结构处的声压级：

$$L_{p2i}(T)=L_{p1i}(T)-(\mathrm{TL}_i+6) \tag{10-19}$$

式中：$L_{p2i}(T)$——靠近围护结构处室外 $N$ 个声源 $i$ 倍频带的叠加声压级，dB；

$\mathrm{TL}_i$——围护结构 $i$ 倍频带的隔声量，dB。

然后按式（10-20）将室外声源的声压级和透过面积换算成等效的室外声源，计算出中心位置位于透声面积（$S$）处的等效声源的倍频带声功率级。

$$L_w=L_{p2}(T)+10\lg S \tag{10-20}$$

然后按室外声源预测方法计算预测点处的 A 声级。

### （三）二次结构噪声

一些噪声大的设备放在地下设备间，除空气传声外，还应注意“二次结构噪声”对建筑本身的影响。“二次结构噪声”是声源直接激发固体构件振动，这种振动以弹性波的形式在建筑基础、地板、墙壁中传播，并在传播过程中向外辐射噪声。水泥地板、砖石结构、金属板材等虽是隔绝空气声的好材料，但对二次结构噪声传播的衰减却很小。噪声通过固体可能传播到很远的地方，当引起物体共振时，会辐射很强的噪声。经常发现，与安装有机械设备房间相邻的居室有时比安装有机械设备房间内还要吵闹，这是因为固体传声引起了建筑结构共振。

二次结构噪声频率特性为中低频，对居民在夜间休息时的影响较大。经测试，某些固体噪声在室内的影响有可能使得居室噪声超过相应的室内环境标准。由于固体传声的本质是通过固体结构传递噪声，因此，有效隔断声传播途径可减低固体噪声影响。治理固体噪声的方法与隔振方法相同，但要求在传播途径上设置阻尼系数变化大的介质材料，如黏弹性材料、纤维类材料等，以损耗掉传递中的声能量。

## 三、实例：冷却塔噪声估算

冷却塔噪声传播规律按多个点声源计算，例如有 8 台大型冷却塔，实测的某种横流式冷却塔数据见表 10-12，分带负荷高速运行和带负荷低速运行两种状况，在距塔 3 m、9 m、15 m 处测试。

表 10-12 实测的某种横流式冷却塔数据 单位：dB（A）

| 负荷状态 | 3 m | 9 m | 15 m | 备注 |
|---|---|---|---|---|
| 高速 | 81.8 | 76.2 | 74 | 开两台 |
| 低速 | 75.4 | 72.3 | 71.6 | 开两台 |

由实测数据可见，冷却塔噪声在近场（50 m）之内并不满足点声源传播规律。由测试数据可计算，在高速运行状态下，单台冷却塔在距塔 3 m 处的噪声级为 78 dB（A），4 台全开后的噪声级在 82 dB（A）左右，6 台全开后的噪声级在 83.5 dB（A）左右；在低速运行状态下，单台冷却塔在距塔 3 m 处的噪声级为 72.5 dB（A），4 台全开后的噪声级在 76.5 dB（A）左右，6 台全开后的噪声级在 78 dB（A）左右。

根据以上数据，可预测冷却塔在高速及低速运行两种情况下，距离冷却塔 15 m、30 m、50 m 和 100 m 处的噪声级影响（不考虑背景噪声的影响），见表 10-13。

表 10-13 开 4 台、6 台冷却塔噪声影响计算 单位：dB（A）

| 负荷状态 | 15 m | 30 m | 50 m | 100 m | 备注 |
|---|---|---|---|---|---|
| 高速 | 76 | 72 | 68 | 62 | 开 4 台 |
| 高速 | 77.5 | 73.5 | 69.5 | 63.5 | 开 6 台 |
| 低速 | 73.5 | 69.5 | 65.5 | 59.5 | 开 4 台 |
| 低速 | 75 | 71 | 67 | 61 | 开 6 台 |

根据以上预测数据，按照 4 类地区标准，除低速 4 台塔在距 30 m 处能达标外，其他状况在距塔 40～50 m 处才能够达标，夜间则在距塔 100 m 以内全部超标。

建议治理措施：对冷却塔进行降噪设计，即在塔的排风口安装排风消声器，消声量不小于 15 dB（A）；在塔的进风口处安装进风消声器，消声量不小于 15 dB（A），可同时消除风噪声及淋水噪声。

# 第五节　固废环境影响预测评价

## 一、社会服务类项目固体废物分类

社会服务类建设项目的固体废物是人们在本行业的活动中产生的无利用价值而遗弃的固体物质（包括废液和污泥）。此类废物中的绝大部分为一般废弃物，如施工垃圾、生活垃圾等。少部分纳入危险废物管理范畴，如医疗废物等。该行业固体废物大致分类如下：

① 渣土类。来自建设项目施工过程，垃圾中以废渣土、瓦砾、砂石居多，还有少量废弃建材、包装材料等。

② 生活垃圾类。人们日常行为排放废弃物，包括厨余物、废纸、废塑料、废织物、废金属、废玻璃陶瓷、废渣土、粪便，以及废弃家具、电器等生活用品，庭院、绿化废弃物等。

③ 医疗废物类。指医疗卫生机构在医疗、预防、保健以及其他相关活动中产生的具有直接或者间接感染性、毒性以及其他危害性的废物。

④ 其他废弃物。不包括在上述三项内容中的零星废物。如服务业的照片洗印废液、洗衣废干洗剂、修理业的废矿物油及油泥等。

## 二、污染源分析

社会服务行业固体废物的特点是来源广、成分复杂多变、含有各种污染物和病原体、有机物含量高；产生量与季节、收集方式、文明程度都有很大关系。污染源分析参照有关章节，归纳列于表 10-14。

表 10-14　社会服务行业固体废物产生来源及处置方法

| 社会服务分类 | 废弃物 | 处理方法 | 废物分类 | 评价重点 |
|---|---|---|---|---|
| 医疗卫生 | 医疗、临床、化验室废物 | 焚烧 | 危险废物 | 处置法可靠性分析 |
| | 生活垃圾、厨余、粪便 | 纳入市政管理 | 一般废物 | |
| 社会福利 | 生活垃圾、粪便 | 纳入市政管理 | 一般废物 | 灭菌 |
| 体育类 | 生活垃圾、比赛废物、动物废料、粪便 | 竞赛场废物回收，其他垃圾市政处理 | 一般废物 | 动物粪便灭菌 |
| | 兴奋剂检测废试剂 | 集中回收 | 危险废物 | 合理处置 |

| 社会服务分类 | 废弃物 | 处理方法 | 废物分类 | 评价重点 |
|---|---|---|---|---|
| 文化设施 | 生活垃圾 | 纳入市政管理 | 一般废物 | 暂存场所 |
| 教育 | 生活垃圾 | 纳入市政管理 | 一般废物 | 暂存场所 |
|  | 实验室废弃物 | 集中处置 | 危险废物 | 无害化处置 |
| 旅游、娱乐、餐饮 | 生活垃圾、厨余物 | 纳入市政管理 | 一般废物 | 暂存场所 |
|  | 废油 | 集中处理 | 一般废物 | 二次污染 |
| 商服设施 | 洗印废液、干洗废液、废矿物油 | 集中处置 | 危险废物 | 无害化与综合利用 |

在评价社会服务类项目的固体废物环境影响时，应着重分析以下几个方面：

（一）恶臭与致病源

社会服务类项目产生的固体废物是城市垃圾的重要组成部分，该类固废中的生活类垃圾和致病废弃物是苍蝇、蚊虫等生、致病细菌繁衍、鼠类肆虐的场所，是流行病的重要发生源，垃圾发出的恶臭令人生厌。

（二）景观影响

固体废物的不适当堆置还破坏周围自然景观，使堆置区的土壤变酸、变碱、变硬，土壤结构受到破坏，或受到毒物、致病菌的污染。这也是环境的一大污染。

（三）放射性危害

一些含有较高放射性物质的废耐火砖、废渣被用做建筑材料，使商业服务设施内的人群易受到额外的附加辐射影响。

（四）有毒有害物的扩散和迁移

教育机构中的化学、生物与医药实验室的固体废物往往是有毒有害物质，其在收集、清运和处置过程中的扩散迁移是固体废物环境影响评价的重要部分。

## 三、固体废物的评价

由于固体废物的来源和种类的多样化与复杂性，其处置方法应根据各自的特性和组成进行优化选择。处置工艺选择的适宜性评价应按照循环经济的原则，优先考虑减量化和资源化；对于有毒有害的危险废物，则应考虑焚烧或化学处理法。

（一）固废堆存地、集中储存设备及运输的环境影响评价

固体废物处置的最终目的是资源化、无害化。但是，大部分社会服务行业无处置

设备，其中大型项目如大商厦、旅游地、体育设施等大多只设固体废物的集中存储设施，存放一段时间的固废被送往专门的处置场所，施行最终处置。

固废堆存地常见的有垃圾楼和泔水站，评价时应注意：

分类堆放——便于回收利用、便于运输；

密闭堆存——防止遗洒、防止污染、防止蚊虫滋生，防暴雨灌入；

及时清运——减少污染的可能性；

防渗处理——防止对地下水污染。

堆存地工艺评价：暂存时间、周期、容量、运输车辆、运输方式、装卸方式、清洗通风，杀菌防腐、防蚊蝇等措施的论述。要求：装卸过程全封闭，清洗废水集中处理。

堆存地环境评价：远离居民楼、幼儿园、学校、餐厅、医院等单位，防止疾病传播。要考虑运输线路对居民的影响。要求：避免夜间与午休时间装卸和运输；作业时间避开居民外出集中时段。

堆存地环境影响预测：恶臭对周围的影响程度分析；作业噪声、车辆频次与运输对声环境的影响；扬尘与路面抛洒对周围环境影响。

### （二）暂存地的环境影响评价

社会服务类项目大部分只设固废暂存地而没有集中存储设备，基本上每天清运，送往市政设施集中处理、处置，可不设单独章节，仅在环评报告的固体废物篇章论述（参照市政类建设项目的环评）即可。

### （三）医疗废物处理设施的环境影响评价

在这部分中，医疗废物焚烧应作为评价重点，在环评报告中设专门章节进行专项评价。

医疗废物即医疗卫生机构在医疗、预防、保健以及其他相关活动如生物学研究、医学试验中产生的具有直接或间接感染性、毒性以及其他危害性的废物。医疗危险废物的规范化处置非常重要，由于这类处置设施的建设带来了潜在的风险，处置不当，直接危害人体健康和生命安全。在环境影响评价中必须符合《危险废物贮存污染控制标准》《危险废物焚烧污染控制标准》《危险废物填埋污染控制标准》及《医疗废物焚烧炉技术要求》《医疗废物管理条例》《医疗废物集中处置技术规范》等一系列的规范和标准。

根据卫生部、原国家环保总局发布的《医疗废物分类名录》，医疗废物分为五类，其常用组分和名称见表 10-15。

表 10-15 医疗废物分类名录

| 类别 | 特 征 | 常见组分或者废物名称 |
| --- | --- | --- |
| 感染性废物 | 携带病原微生物具有引发感染性疾病传播危险的医疗废物 | 1．被病人血液、体液、排泄物污染的物品，包括：<br>➢ 棉球、棉签、引流棉条、纱布及其他各种敷料；<br>➢ 一次性使用卫生用品、一次性使用医疗用品及一次性医疗器械；<br>➢ 废弃的被服；<br>➢ 其他被病人血液、体液、排泄物污染的物品。<br>2．医疗机构收治的隔离传染病病人或者疑似传染病病人产生的生活垃圾。<br>3．病原体的培养基，标本和菌种、毒种保存液。<br>4．各种废弃的医学标本。<br>5．废弃的血液、血清。<br>6．使用后的一次性使用医疗用品及一次性医疗器械 |
| 病理性废物 | 诊疗过程中产生的人体废物和医学实验动物尸体等 | 1．手术及其他诊疗过程中产生的废弃的人体组织、器官等。<br>2．医学实验动物的组织、尸体。<br>3．病理切片后废弃的人体组织、病理蜡块等 |
| 损伤性废物（锐器） | 能够刺伤或者割伤人体的医用锐器废弃物 | 1．医用针头、缝合针。<br>2．各类医用锐器，包括：解剖刀、手术刀、备皮刀、手术锯等。<br>3．载玻片、玻璃试管、玻璃安瓿等 |
| 药物性废物 | 过期、淘汰、变质或者被污染的废弃的药品 | 1．废弃的一般性药品，如：抗生素、非处方类药品等。<br>2．废弃的细胞毒性药物和遗传毒性药物，包括：<br>➢ 致癌性药物，如：硫唑嘌呤、苯丁酸氮芥、萘氮芥、环孢霉素、环磷酰胺、苯丙胺酸氮芥、司莫司汀、三苯氧氨、硫替哌等；<br>➢ 可疑致癌性药物，如：顺铂、丝裂霉素、氯霉素、苯巴比妥等；<br>➢ 免疫抑制剂。<br>3．废弃的疫苗、血液制品等 |
| 化学性废物 | 具有毒性、腐蚀性、易燃易爆性的废弃的化学品 | 1．医学影像室、实验室废弃的化学试剂。<br>2．废弃的过氧乙酸、戊二醛等化学消毒剂。<br>3．废弃的汞血压计、汞温度计 |

此外，还有放射性废物。

医疗垃圾首选焚烧处理，其评价的内容应参照有关章节，此处不再赘述。

# 第六节　生态与景观环境影响评价

## 一、生态环境影响评价

### （一）一般自然生态影响评价

#### 1．评价对象和生态影响类型

（1）评价对象

评价对象为涉及对自然生态系统产生影响的社会区域类开发建设活动及建设工程项目，及其所处的自然生态环境。

（2）生态影响类型

在涉及对自然生态系统产生影响的社会区域类环评项目中，首先要识别受影响的生态系统的类型。社会区域类环评项目可能面对的主要自然生态系统有森林、草原、荒漠、河流、湖泊、海岸以及居于陆水之间的湿地生态系统，如大型实景演出项目对森林、草原、湿地等生态系统均可能造成不同程度的影响，本书中选取了社会区域类项目生态影响评价中可能涉及的比较典型的自然生态影响类型：森林生态系统类、草原生态系统类、湿地生态系统类等，对其评价要点和评价方法进行论述，其他可能涉及的生态影响类型，如荒漠、河流、海岸等生态系统，在具体环评工作中可参考《环境影响评价技术导则—生态影响》（HJ 19—2011）、《建设项目环境影响技术评估导则》（HJ 616—2011）中生态影响评价的有关原则与要求。

此外，少数社会区域类环评项目的生态影响评价中，如涉及敏感保护目标时，还需重点评价，如特殊生境及特有物种、自然保护区、生态功能保护区、生态退化区、风景名胜区、森林公园等生态保护目标。

#### 2．不同生态影响类型项目的评价要点

社会区域类项目类型众多，各类项目侧重点不同，当涉及对自然生态系统产生影响时，对自然生态系统的影响方式和特点千差万别；另一方面，不同生态系统类型的生态敏感区（点）又各有不同，建设项目的生态影响方式、内容、程度均有所区别，生态影响评价的内容、重点、技术方法也不尽相同。因此，当社会区域类项目涉及对自然生态系统产生影响时，除了按施工期、营运期（部分项目需考虑设计期）考虑生态影响外，还应根据具体的项目类型和生态影响类型进行生态影响评价。

（1）森林生态系统影响评价要点

① 生态系统整体性影响评估。

A. 森林在区域中的重要性如何，其重要性是否受到影响？

B. 森林是否被切割分块，景观生态是否发生重大变化？

C. 森林中动物是否被分隔，生境分隔是否影响相关物种长期生存？

D. 森林物种是否减少，相关生态影响是否严重？

E. 维持森林的环境条件是否改变，是否影响森林生态系统的稳定？

② 生物多样性影响评估。

A. 动植物物种是否减少，种群、群落是否变化；是否有重大的不可逆转的损失？

B. 是否有珍稀濒危物种？珍稀濒危物种及其生境是否受威胁，有无灭绝危险？

C. 是否有生境条件改变（有的生境消失，有的产生问题如通风、透光），由此引起生物物种改变或某些物种消失？

D. 是否有外来物种引入问题？其生态风险如何？

③ 生产力影响评估。

A. 森林经济价值如何？森林主要生物资源生产是否受影响（含多样性和生产量）？

B. 人工干预新增生物资源生产是否影响固有资源生产及生物多样性？

④ 生态环境服务功能影响评估。

A. 森林在区域中的主要生态功能或生态功能区划类别？

B. 森林影响是否加剧区域生态的和自然的灾害？

C. 森林的生态环境服务功能可否恢复？

（2）草原生态系统影响评价要点

① 识辨草原类别，是否明确了主要的生态限制因子或脆弱性主因。如草山草坡因雨水多造成的土壤侵蚀问题，北方草原受农牧交替压力形成的易沙化、退化等脆弱性问题等。

② 草原的生态环境服务功能如何：是否重要于集水区、草牧场、河流源头或其他功能区？对其影响会引发何种问题？

③ 人为干预方式、强度和由此引起的生态环境问题？

A. 是否导致草原退化、沙化、土壤侵蚀等生态环境问题？

B. 是否影响到草原生物多样性？有无引入外来物种问题？

④ 草原生态系统整体性影响

A. 是否分隔草原生境？是否影响草原动物的迁徙通道？

B. 是否影响草原动物的特殊生境，如饮水点、越冬地、集中活动区？

（3）湿地生态系统影响评价要点

湿地生态系统影响评估以保护湿地的可持续存在和主要功能为基本原则。

① 判定湿地主要环境功能，评估对主要功能的影响，如补给地下水、净化水质、沉积、鱼类、鸟类或其他野生动物栖息地、生产资源（如植物材料、渔业等）以及其他如调节区域气候、景观等，评估主要湿地生态功能的影响性质和程度；以及所造成的功能损失能否接受；采取的环保措施的有效性。

② 认识湿地主要性质与特点。

A. 评估湿地流域的水系完整性，影响因素，影响程度；

B. 湿地来水河流水文自然特点，洪枯变化幅度；

C. 湿地的水平衡状况及生态用水量；

D. 湿地的变迁历史、规律及维系条件。

③ 评估湿地生态系统受到的影响。

A. 评估湿地生物物种及其栖息地的直接影响和间接影响；主要评估栖息地条件和食物影响（水体污染、水生生态系统影响、噪声对湿地动物的影响等）。

B. 湿地功能是否会被削弱？

C. 湿地可持续性：评估项目影响是否造成湿地面积减少、湿地萎缩或最终导致湿地消亡；进行湿地进出水平衡计算，明确补给水源、水量和补给方式；综合分析湿地压力。

D. 湿地部分或完全消失的生态环境后果？

（4）自然保护区生态影响评价要点

自然保护区按典型生态系统和主要保护对象划建，其根本保护策略是保持自然性、原始性和荒野性，自然保护区影响应预测对保护对象、保护范围及保护区的结构与功能的影响。其生态影响评价要点是：

① 明确自然保护区的名称、保护级别、边界范围和功能分区并附批准规划图；

② 自然性分级从 0 级（彻底破坏的自然生态系统）到 10 级（完全原始的自然生态系统）。

A. 是否人为地引进物种？如绿化种植采用外来物种，为不允许行为；

B. 是否有开发活动？如修路、架缆车等，均为破坏性活动；

C. 是否实施管理措施，如开渠引水、筑坝、施药灭虫等，均会造成生态影响；

D. 是否深入缓冲区开展旅游、修建道路等活动，为禁止活动。

③ 保护目标——珍稀植物的保护

A. 阐明保护目标的生态习性：生存条件要求，遗传特点等；

B. 是否有足够的面积满足保持生物多样性和保持植物群落所需的生境条件？

④ 保护目标——珍稀动物的保护

A. 阐明保护对象（珍稀动物）的种群、分布和生态习性（采食、求偶、栖居）；

B. 栖息地是否能保持最少临界规模？

C. 与其他分布点之间是否保持有自然生境走廊？生境阻隔是否会造成珍稀动物灭绝？

D. 保护区边缘绿地带是否得到有效保护（从生态系统的开放性考虑）？

⑤ 自然保护区生态系统整体性及可持续性

A. 自然保护区生态系统整体性特点（地域连续、结构完整、组成完整）；

B. 自然保护区生态因子是否发生重大变化（如湿地中的水），从而影响保护区的可持续性？

C. 保护区与周边社区的关系如何？

D. 保护区资源是否以可持续的方式利用？

⑥ 生态良好区与拟建自然保护区的保护

根据《全国生态环境保护纲要》（国发[2000]38 号），将生态良好地区特别是物种丰富区列为生态环境保护的重点区域，保护其生态系统和生态功能不被破坏，并在这些地区建设一批新的自然保护区。此类地区的影响评估中注意：

A. 确认建设项目影响区是否是生态良好地区（地域性的代表，规划认定的或科学研究和环评中认定的）；

B. 确认项目是否处于下述重点生态良好地区，如：横断山区、新青藏接壤高原山地、湘黔川鄂边境山地、浙闽赣交界山地、秦巴山地、滇南西双版纳、海南岛、东北大小兴安岭、三江平原、西部地表有重要保护价值物种分布区和典型荒漠生态系统及荒漠野生动植物分布区等地区；

C. 确认项目影响区是否是拟建自然保护区，如是，则需按不影响自然保护区建立的原则（不影响生态系统完整性、保持自然性等）进行评估。

### 3．不同生态影响类型项目的评价方法

生态影响预测与评价方法应根据评价对象的生态学特性，在调查、判定该区主要的、辅助的生态功能以及完成功能必需的生态过程的基础上，分别采用定量分析与定性分析相结合的方法进行预测与评价。常用的方法包括列表清单法、图形叠置法、生态机理分析法、景观生态学法、指数法与综合指数法、类比分析法、系统分析法和生物多样性评价等，可参见《环境影响评价技术导则—生态影响》（HJ 19—2011）附录 C。

生态环境影响预测与评价方法依据要预测的问题和对象不同而有不同的选择，不同的评价者针对同一预测对象和问题也可能选择不同的方法。例如，草原土壤侵蚀的预测，可以采用类比分析法、模式计算法如美国的通用水土流失方程；对自然保护区、生态功能保护区、风景名胜区、森林公园等敏感目标，根据需要可采用样方调查、经验值估算等方法调查生物量、生物多样性等指标。另外，在专项问题评价时，应根据具体的生态系统类型，以及特定的生态参数，选择适合的评价方法。例如森林类生态影响项目在评价水土流失时，可根据掌握数据丰富程度和项目所要求的精确程度，选择特定的方法，如已有资料调查法、物理模型法、现场调查法、水文手册查算法以及土壤侵蚀及产沙数学模型法。又如评价森林生态功能时，可选择采用成熟的森林生态系统环境功能评价方法。在具体的环评实践中，还需结合实际情况选择最适用的评价方法。

### （二）城市生态影响评价

#### 1. 生态满意度评价方法

生态满意度的评价方法也称为生态环境适宜性分析。

城市中的开发建设与自然资源的开发建设不同，对于典型的自然资源开发，如矿产、森林、草原、滩涂、湿地、荒漠的开发利用以及水利、高速公路等建设项目，这些已有相应的环评导则，可从生物量、物种、生物群落、自然资源、土壤侵蚀、荒漠化、植被覆盖率、绿地数量及连通程度、土壤和水体的理化性质的变化等多方面进行生态环境影响评价；而对于城市中的开发建设，由于生态环境影响不典型，以上诸因素可能并不出现，也没有相应的环评导则作为指导，因此多数都采用文字论述。这种定性描述，很多情况不易评价清楚，其结论也不够准确。现在城市中的建设项目越来越多，社会服务行业项目比比皆是，对城市生态影响的环评方法的需求也越来越迫切。对于城市开发建设项目的生态环境影响评价，应以城市生态理论为出发点（与自然生态有很大的不同）；考虑到城市生态环境的特点，对于城市开发建设项目的环评应以人为本，以人的身心健康和生活质量作为生态环境优劣的基本出发点。

在社会服务类的环评项目中，对占有较大面积的项目，如公园、大学、医院等，因与交通、绿地、景观都有密切的联系，故需考虑进行生态评价，现经常采用生态满意度的方法。

生态满意度法，它的基本思路是以人们生活质量为出发点，使人类的生活舒适、方便、和谐并据此选择相应的评价指标体系及相应的指标值，初步实现了定量评价。采用这一方法工作量较大，需要在大量的调查基础上进行。不同的城市建设项目，其指标选取大体相同，但并不一致，例如，社会服务项目，城市火车站项目、城市大型住宅区项目等都属城市建设项目，但因其性质不同，其指标选取是有区别的。限于篇幅，在这里并不讨论其不同点，我们主要分析社会服务类项目的生态环评，并通过实例加以说明。

生态满意度的方法可分为四个步骤：

① 确定指标体系；

② 确定各指标值；

③ 打分与评价；

④ 结论分析。

在上海和重庆也有研究人员提出生态适应性评价方法，这些方法与本书所述的方法整体思路相似，具体指标有异，可参见相关文件进行比较。

下面通过实例具体说明与上述四个步骤有关问题的考虑原则与实际内容。

#### 2. 实例 1：某森林公园生态满意度分析

某森林公园将建在北京东四环京沈高速路交汇处东南角的绿化隔离带内。

（1）指标体系

根据该项目的特点和国家有关规范，可确定生态满意度指标体系如下：

① 保障绿化带的义务；

② 交通便利；

③ 园路和场坪比例；

④ 服务建筑比例；

⑤ 绿地比例；

⑥ 环境质量；

⑦ 景观效果。

由于该项目是一个公园绿地项目，这与以前所做的各类建设项目的生态满意度分析不同，必须突出该项目的特点。经反复比较，根据国家规范，并对照项目特点，确定了以上指标。这说明，对于完全不同的项目类型，要有不同的指标体系，这样才能说明问题。

（2）各项指标说明

① 保障绿化带的义务。该项目是一个市级的大型绿地公园项目，如果它位于的地区有绿化带的要求，如四环路旁，那么应将其列入它的规划，并应尽义务完成，以保证城市的生态环境质量。

② 交通便利。这里有两个意思，一是项目的出入口必须与城市道路相连接，二是要有游人集散广场，这两条主要是为方便游人而设。该项目与东四环及京沈路相连，且有较大型的停车坪，在用地东南角设停车场，占地 1 万 $m^2$，而且还有轻轨铁路与该项目相连，可以说该项目达到了上述要求。若只有一项满足要求，则满意度 0.5，若二项都不满足要求则满意度为 0。

③ 园路和场坪比例。根据规定，园路和场坪比例应达 3%，这主要是为了便于游人游览同时又不破坏绿地环境而设。实际情况与标准每相差 25%，其满意度降低 5%。

④ 服务建筑比例。根据规定其标准值应为 4%，这主要是为了便于游人游览休息，同时又可保护环境，其满意度的设定与第③条相同。

⑤ 绿化比例。这是最重要的指标，对一个绿化公园项目，绿地比例一定要非常高。根据规定，其满意值应为 80%，若达不到这个比例，其满意度则逐渐下降。

⑥ 环境质量。环境质量涉及的面较广，一般是根据水、气、声、渣四个部分的预测结果给出满意值，主要是说明项目建设带来的环境影响能否最少。

⑦ 景观效果。本项目是一个绿地公园项目，景观效果非常重要，一般来说，景观效果应达到本项目预定要求，并能与周边环境相协调。

这里再次强调，各指标的设定一定要符合该项目的特殊性，这样才能真正反映出该项目的生态环境状况。

（3）项目的基础资料汇总

详见表 10-16。

表 10-16　项目的基础资料汇总

| 项　　目 | 规划数 |
|---|---|
| 绿地面积 | 83 万 $m^2$ |
| 园路 | 1.8 万 $m^2$ |
| 地面停车场 | 1 万 $m^2$ |
| 四环与京沈高速绿化带 | 100 m 宽 |
| 垡头西路、公园与地产绿化带 | 30 m 宽 |
| 服务建筑 | 5 万 $m^2$ |
| 出入口与周边道路相通的数量 | 2 条 |

（4）生态满意度分析

经计算后，得到满意度如表 10-17。从表中可以看出该项目的生态环境状况处在一个较高的水平，是非常令人满意的。

表 10-17　项目生态满意度

| 序号 | 指　　标 | 满意度 |
|---|---|---|
| 1 | 保障绿化带义务 | 1 |
| 2 | 交通便利 | 1 |
| 3 | 园路和场坪比例 | 0.95 |
| 4 | 服务建筑比例 | 0.95 |
| 5 | 绿地比例 | 1 |
| 6 | 环境质量 | 1 |
| 7 | 景观效果 | 1 |

## 3．实例 2：北京某项目生态满意度评价

（1）生态适宜性评价指标

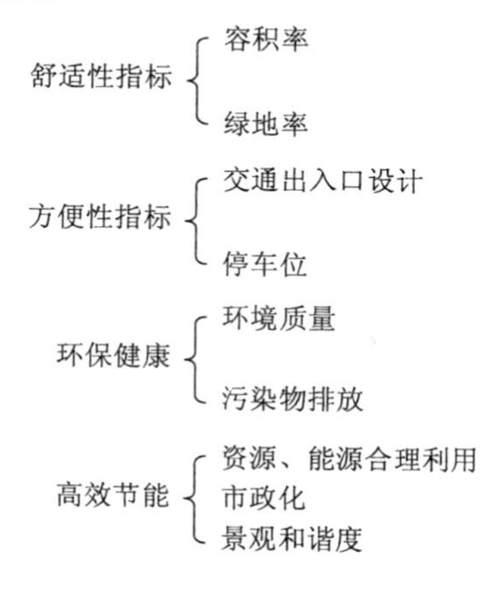

（2）各项指标评价标准

① 容积率。容积率是衡量小区是否舒适的重要指标。容积率过高，小区建筑拥挤，空地率少，组团庞杂，影响视野及景观。若容积率过低，则土地利用率不高，资源不能充分利用，尤其在大城市，普通建筑的容积率不宜过低。目前有关部门尚未对建筑物的容积率做出法定性规定。经向专家咨询，笔者认为在城区的建筑物，其容积率为 5 最为理想，超过 8 或小于 2 为不理想。北京某项目位于城区，因此，评价确定容积率满意度（$d_1$）为：

$$d_1 = \begin{cases} 1 & R = 5 \\ 1-\left|\dfrac{R-5}{3}\right| & 2 \leqslant R \leqslant 8，且 R \neq 5 \\ 0 & R > 8 或 R < 2 \end{cases}$$

式中：$R$ —— 容积率。

② 绿地率。根据《北京市城市绿化条例》，城区新开发地区，绿地率不得低于 25%。经向相关专家咨询，该项目处于城区，又毗邻交通干线，笔者认为绿地率达到 40%为最满意，而低于 10%为最不满意。因此，绿地满意度（$d_2$）为：

$$d_2 = \begin{cases} 1 & G \geqslant 40\% \\ \dfrac{G-10\%}{40\%} & 10\% < G < 40\% \\ 0 & G \leqslant 10\% \end{cases}$$

式中：$G$ —— 绿地率。

③ 交通出入口设计。大型公建建筑商务活动频繁，居住小区来往人流、车流量较大，合理的交通出入口布局是保证交通通畅的必要条件。根据建筑总则的要求，大型建筑组团至少要一面邻街，至少有 2 个不同方向的进出口。评价指标将这一要求作为“较满意”的标准，将 2 面以上邻街、3 个以上进出口作为“最满意”标准。据此，交通出入口设计满意度（$d_3$）确定为：

$$d_3 = \frac{X_{21} + X_{22}}{2}$$

其中：

$$X_{21} = \begin{cases} 0 & 不邻街 \\ 0.75 & 一面邻街 \\ 1 & 两面以上邻街 \end{cases}$$

$$X_{22} = \begin{cases} 0 & 1 个出入口 \\ 0.75 & 2 个出入口 \\ 1 & 3 个以上出入口 \end{cases}$$

式中：$X_{21}$——邻街面因子；

$X_{22}$——交通出入口因子。

④ 车位。该项目包含公寓、酒店和商业裙楼，北京市规划要求公寓类住宅建筑每户一个车位，酒店、商业等大型公建每万平方米 65 个车位。考虑到未来城市车辆的发展，最满意的标准定为公寓建筑每户 1.5 个车位，酒店、商业每万平方米 80 个车位；最不满意为公寓建筑每户 0.5 个车位，酒店、商业建筑每万平方米少于 50 个车位。据此确定停车位满意度（$d_4$）为：

$$d_4=\frac{X_{21}+X_{22}}{2}$$

$$X_{21}=\begin{cases}1 & C\geqslant 80\\ \dfrac{C-50}{80-50} & 50\leqslant C<80\\ 0 & C<50\end{cases}$$

式中：$X_{21}$——酒店、商业停车位满意度；

$C$——每万平方米的停车位，辆/万 $m^2$。

$$X_{22}=\begin{cases}1 & S\geqslant 1.5\\ S-0.5 & 0.5<S<1.5\\ 0 & S\leqslant 0.5\end{cases}$$

式中：$X_{22}$——公寓停车位满意度；

$S$——每户车位数。

⑤ 环境质量。指区内空气、地表水、地下水、噪声水平均应符合环境质量标准要求，其满意度（$d_5$）为：

$$d_5=\frac{X_1+X_2+X_3+X_4}{4}$$

其中：

$$X_i=\begin{cases}0 & \text{某一环境要素 2 项以上指标超标，或单项指标超标率大于 50\%}\\ 0.5 & \text{单项超标，超标率低于 50\%（污染物种类）}\\ 1 & \text{达标}\end{cases}$$

$$i=1，2，3，4$$

⑥ 污染物排放。区内应保证污染物排放达到相关排放标准要求，其满意度（$d_6$）为：

$$d_6=\frac{X_1+X_2+X_3+X_4}{4}$$

$$X_i=\begin{cases}0 & \text{排放不达标}\\ 1 & \text{达标排放}\end{cases}$$

$$i=1，2，3，4\text{（污染物种类）}$$

⑦ 资源利用。北京是一个缺水的城市，节约用水是衡量是否符合环保要求的重要指标，评价将中水利用程度作为资源利用满意度指标，其满意度（$d_7$）为：

$$d_7=\begin{cases}1 & \text{中水进行回用}\\ 0.5 & \text{预留中水管线，中水暂不能回用}\\ 0 & \text{未设置中水管线}\end{cases}$$

⑧ 市政条件。燃气、供水、供电、供热、电信、雨水、污水等七种市政管网完善是最满意的市政配备条件，这种条件可以保证系统中能流、物流的输入，保证系统产生的废物得到有效处理和分解。

市政化满意度（$d_8$）为：

$$d_8=\sum_{i=1}^{7}X_i$$

式中，$i=1$，2，3，4，5，6，7（市政管网类别）

$$X_i=\begin{cases}1/7 & \text{符合市政化要求}\\ 0 & \text{未达市政化要求}\end{cases}$$

⑨ 景观和谐度。景观和谐度是表示拟建项目与周围环境相适宜程度的指标，其满意度（$d_9$）为：

$$d_9=S_1+S_2$$

式中，$S_1=0.5-0.1n$，$n$ 为区域周边不协调景点数量；

$$S_2=\begin{cases}0\\ 0.1\\ 0.2\\ 0.3\\ 0.4\\ 0.5\end{cases}$$

$S_2$ 取值通过专家对小区自身景观打分取得，自身景观最好为 0.5，最差为 0。

综上所述，该项目的生态适宜性评价标准各项指标取值见表 10-18。

表 10-18　生态适宜性评价标准

| 生态指标 | 最满意 | 最不满意 |
| --- | --- | --- |
| 容积率 | 5 | ＞8 或＜2 |
| 绿地率 | ≥40% | ≤10% |
| 交通出入口设置 | 2 面以上邻街，3 个以上出入口 | 不邻街，1 个出入口 |

| 生态指标 | 最满意 | 最不满意 |
| --- | --- | --- |
| 停车位 | 酒店商业区≥80 辆/万 $m^2$<br>公寓每户停车位 1.5 辆 | 酒店、商业区＜50 辆/万 $m^2$<br>公寓每户停车位小于 0.5 辆 |
| 环境质量 | 空气、地表水、地下水、噪声全部达标 | 某一环境要素 2 项以上指标超标，或单项指标超标率大于 50% |
| 污染物排放 | 污染物达标排放 | 污染物排放不达标 |
| 资源利用 | 中水可以回用 | 未设中水管线 |
| 市政条件 | 市政管线齐全 | 无市政条件 |
| 景观和谐度 | 内部景观良好，周边无不协调景点 | 不协调景点≥5 处，自身景观效果差 |

（3）北京某项目生态适宜性评价

根据该项目工程初步设计方案提供的建筑经济技术指标，可计算出小区生态适宜性评价指标得分值见表 10-19。

**表 10-19　生态适宜性评价指标得分值**

| 指　标 | 指　标　值 | 生态适宜性评价得分值 |
| --- | --- | --- |
| 容积率 | 6.31 | 0.56 |
| 绿地率 | 30% | 0.67 |
| 交通出入口 | 3 面邻街，3 个机动车出入口 | 1.0 |
| 停车位 | 共计 1 798 辆 | 0.77 |
| 环境质量 | 受区域空气质量影响，大气环境质量略有超标，夜间噪声超标 | 0.75 |
| 污染排放 | 全部达标 | 1.0 |
| 资源利用 | 具有完善的中水设施，中水可回用 | 1.0 |
| 市政条件 | 市政管线齐全 | 1.0 |
| 景观 | 无不协调景点，自身景观较好 | 0.95 |

由上述评价结果可得出如下结论：

① 工程建设所在地市政条件良好，工程污染防治措施完善，各项污染物均可达标排放，对外环境影响小，且建筑景观效果好，与周边环境协调。

② 工程设计充分考虑了资源能源合理利用，设立了专用中水管线和中水处理站，酒店客房排水的 80%和公寓客房排水的 45%得到有效利用，年可节约用水 33 万 $m^3$。

③ 工程交通设计合理，可以保证出入人流、车流畅通，停车位数量较充足，减少了停车紧张带来的环境问题。

④ 工程完成后，绿地率 30%，达到了北京市城区绿化率 25%的要求，但距完全满意还有一定距离，但此工程计划在三期工程建设时，扩大绿化占地面积，使总绿地率达到 39.9%，基本可达到满意程度。

⑤ 工程容积率较高，建筑层高较高，建筑密度大，可能会使人产生压抑感。

综上所述，该工程生态环境满意度从总体上说达到了中等偏上的水平。三期工程完成后，随着绿化率的增加，其生态环境满意度还可进一步增加，达到较为满意水平。

## 二、景观影响评价

中国景观生态研究在 20 世纪 80 年代已经开始，1989 年召开了全国第一届景观生态学会议，此后又多次召开过学术研讨会，现在景观生态学已有了很大的发展，并逐渐渗入到各个领域。在城市建设项目的环评中，景观已是其考虑的一个因素，有时，还是很重要的一个因素。在我国的历史上，“风水说”曾是景观评价的代名词，起过很大的作用。

大型社会服务类项目，例如体育中心、大剧院、博物馆、电视台、公园、图书馆等，往往占地广、体积庞大，有些还是高层建筑。它们的建造和使用，对景观影响较大，因此有必要进行景观影响评价。在评价景观影响之前，还应对景观的现状及建设项目建成后周边的景观状况做详细的说明。前者的说明可以用语言描述，也可用透视图或照相技术；后者除上述方面外还可用计算机模拟技术。

对建设项目，景观评价应主要考虑四个方面，即

① 建设项目景观的美好程度；

② 建设项目与周围环境的协调性；

③ 景观遮挡；

④ 建设项目遮挡原住户视野。

下面对这四个内容分别进行叙述。

### (一) 建设项目景观的美好程度

这部分主要是对建设项目本身的景观进行评价，并不是所有的社会服务类项目都要做景观评价，只有那些有重大影响的、具有标志性的项目才应做景观评价。

#### 1. 评价指标的选取

从国外的资料看，景观评价是从三个方面进行，即景色美、易识别、可见性。

结合我国的具体情况，对城市建设项目的景观评价进行调整：评价内容从标志性、景色美、易识别三个方面进行。

标志性。在景观上有重大影响，代表一个城市形象和风貌的建筑。

景色美。这里有几个含义：① 建筑物设计要美；② 色彩和形式多样，要具有时代感；③ 与周围建筑物相协调（特别是与古建筑物相协调）。

易识别。这里有几个含义：① 建筑物应具有一定高度，能从较远的地方看到；② 其周围应留有一定的空间，不要淹没在建筑群中；③ 建筑物应具有自身的特点，

比较醒目，能让人一眼认出。

### 2. 评价方法

采用 Delphi 法（即专家调查法）将其定量化，其步骤如下：① 确立评价的三个指标，并加以说明；② 请专家对这三个指标进行打分，分数采用百分制：很好（100分）、好（75 分）、一般尚可（50 分）、差（25 分）；很差，应推翻重来（0 分）；③ 将打分结果进行统计分析，得出评价意见。

在请专家时应注意：① 专家数量在 10 个左右；② 专家中应包括各个专业方向，如环保、建筑、美学等；③ 专家应在其相关行业内有一定影响和威望。这些都能保证调查结果的可靠和公正。

## （二）建设项目与周围环境的协调性

一个大型的现代化建筑的建设，必然对一座城市有较大的影响，项目越大，其影响就越大。此时，仅就项目本身的景观评价就不够了，其与周边景观环境的协调更重要。简单举例来说，在重要古建旁建一座现代化的建筑，那么在其环评中，景观评价尤为重要，不仅要对建筑的本身景观进行评价，而且对与周边景观的协调性也要进行评价，如建筑与天安门的关系、与长安街的关系、建筑与北京整体格局的关系（包括古建筑群与中轴线），故其重要性可见一斑。

有些建设项目在一个城市中的作用特别巨大，主要有以下几个方面：

① 具有城市的标志作用，如北京的天安门、纽约的自由女神等；

② 具有城市的集结点，如上海的外滩；

③ 著名的历史遗迹，如承德避暑山庄；

④ 城市的大门，即飞机场、火车站等。

景观协调性的评价虽然重要，但从国内外的资料上看，尚无成熟的评价方法，一切还在探索中。一般来说专家调查法是一个较适用的方法，所评价的内容一般是从点、线、面三方面展开。具体方法如前所述。

## （三）景观遮挡

还有些项目，因为当地景观的特殊要求需要隐蔽，或将建设项目藏起来不露形迹。在进行这类隐蔽性项目的评价时所采用的方法及程序是：

① 保护目标的确定。这一点很重要，要特别注意隐蔽的保护目标，要尽量全面，不要有遗漏，只有确定保护目标，才可准确地进行景观评价并提出措施。

② 评价目标的筛选。通过筛选确定评价目标，筛选的方法有：视线的阻隔、距离的阻隔、海拔高差影响视觉极限因素等。这里要注意评价目标与保护目标并不一致，例如在十三陵附近的某建设项目的环评中，景观遮挡评价会起到很重要的作用，十三陵的保护目标为 17 处文物古迹，而最终筛选出的评价目标仅有 4 处。

③ 视觉污染评价。采用 4 个指标：体量、形状、色彩、质感，将拟建项目与背景资源进行比较、打分。

④ 景观遮挡程度分析。从遮挡效果上进行分析，最好画图。

⑤ 符合有关的规定要求。

⑥ 小结。

在做以上的工作时，现场调查是很重要的一环，而且调查要尽量详尽。这里特别强调现场调查，因为它是为下一步景观评价做准备，必要时可尽量利用卫片、航片、卫星定位仪等现代技术设备，进行距离的测定、海拔高程分析和遮挡物的分析等。

### （四）建设项目遮挡原住户视野

例如某城市建设公路隔声屏，距离居民楼仅几米远，使原居民楼底层的居民景观视野受到影响，在环评的景观影响评价中，对这种情况应进行充分的分析，并尽量予以避免。

### （五）实例：某森林生态公园景观评价

景观分析拟从两个方面进行，一是主题公园内部景观效果分析，另一个则是与周边环境景观的协调性。

#### 1. 主题公园内部的景观效果

主题公园内部分为 7 个景观区，7 个景观区的设计各有不同，因此 7 个景区的景观效果也各有特色、景象丰富。本项目的特点是以绿为魂，突出生态特色，同时又展示了地球上不同区域多姿多彩的生态景观，是一座绿色生态型综合娱乐教育的公园，与国内已有的公园相比，它的特点鲜明，别有风味。

在总主题上，公园以“生态与环境”为主题，下面分设了 7 个主题区，也称为景观区，这 7 个区是峡湾森林、雨林天堂、亚特兰蒂斯、爱琴港、失落的玛雅、香格里拉、蚂蚁王国。此外其周边的百米绿化带作为纯绿色景观区域，几个湖泊和与之相连的河道，又为景观增色不少，可让人产生移步换景的感觉。

其景观设计的主要思路如下：

① 尽量保持现有大树，尽量移植大树。

② 绿地率保持在 80%以上。

③ 以地域性植物群落进行整体式绿化配置。

④ 以北方高大乔木树为绿化主要树种，大乔木比例在 70%以上。

⑤ 以北欧山地森林为基础景观。

⑥ 提高公园的自然属性。

⑦ 根据需要，开挖四块水面，占 7.81%，并建设水上环游水线，将几个景区串连在一起，为整个景观增色不少。并对湖水设计了循环流动和净化系统，保证水质质量。

⑧ 地形设计。公园现状地形较平坦；在公园设计中，公园绿化带以缓坡地形为主，适当阻隔视线及高速路的噪声，各景区间以堆土山的方式形成山体，分割景区视线，在中心半岛和亚特兰蒂斯区创建全园最高点，成为景观中心。

以上设计表明，该项目景观以绿为主，又富于变化，应该说公园内部的景观设计效果是非常令人满意的。

**2．该项目景观与周边环境景观的协调性**

该项目西侧为四环路，北侧为京沈高速公路，按有关规定，路边应有百米绿化带，该项目与绿化带相融在一起，从立交桥上看下来，景观效果非常协调。

该项目南侧为萧太后河，隔河与物流中心的绿地和高尔夫练习场遥遥相望，同样都是绿色建设项目，其景观也都是协调一致的。

该项目东侧现为厚俸村，将来要开发为住宅区，住宅区旁有这样大的一片绿地，为居民提供充足氧气的同时，也提供了休闲的好去处，应该说是相得益彰。

总之，该项目的景观与周边环境的景观有很好的协调性。

## 第七节 环境风险评价

### 一、评价重点及评价工作等级

建设项目环境风险评价是指对建设项目建设和运行期间发生的可预测突发性事件或事故（一般不包括人为破坏及自然灾害）引起的有毒有害、易燃易爆等物质泄漏，或突发事件产生的有毒有害物质，所造成的对人身安全与环境的影响和损害，进行评估，提出防范、应急与减缓措施。

评价的目的是分析和预测建设项目存在的潜在危险、有害因素、可能发生的突发性事件和事故，引起有毒有害、易燃易爆等物质泄漏，所造成的人身安全与环境影响损坏程度，提出合理可行的防范、应急与减缓措施。

评价的重点是事故对厂（场）界外环境的影响。环境风险评价工作划分为一级、二级，见表 10-20。其中一级评价进行定量预测，二级评价进行简要分析，最后都要提出防范、减缓和应急措施。

表 10-20 评价工作级别（一级、二级）

| 对象 | 剧毒危险物质 | 一般毒性危险物质 | 可燃、易燃危险性物质 | 爆炸危险性物质 |
|---|---|---|---|---|
| 重大危险源 | 一 | 二 | 一 | 一 |
| 非重大危险源 | 二 | 二 | 二 | 二 |
| 环境敏感地区 | 一 | 一 | 一 | 一 |

评价范围：大气一级评价距源点不低于 5 km，二级评价不低于 3 km。

就社会服务业而言，主要的环境风险发生在油库和天然气站，主要类型为火灾，爆炸和泄漏。环境风险评价的具体内容和方法见《建设项目环境风险评价技术导则》（HJ/T 169—2004）。

## 二、环境风险评价步骤和程序

从行业标准《建设项目环境风险评价技术导则》（HJ/T 169—2004）中可知，环境风险评价的步骤如图 10-6 所示。环境风险评价与环境影响评价的主要不同点见表 10-21。

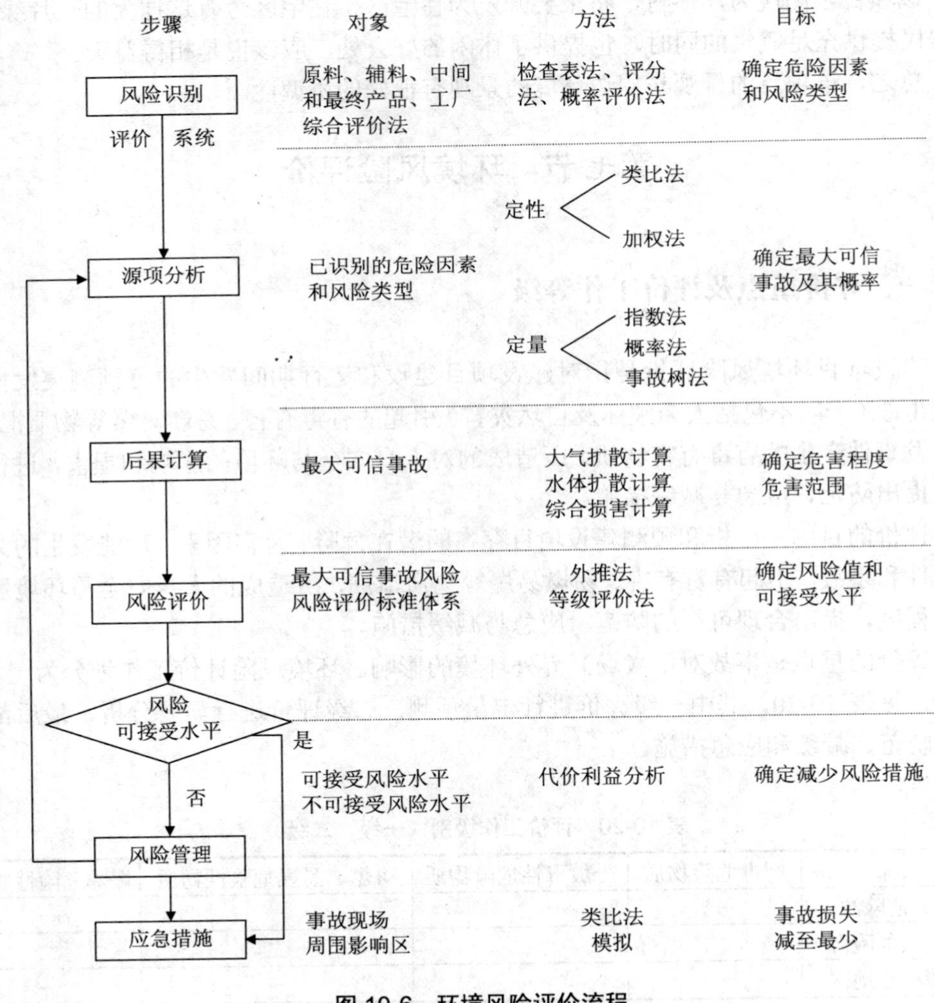


图 10-6　环境风险评价流程

表 10-21　环境风险评价与环境影响评价的主要不同点

| 次序 | 项　目 | 事故风险评价（ERA） | 正常工况环境影响评价（EIA） |
|---|---|---|---|
| 1 | 分析重点 | 突发事故 | 正常运行工况 |
| 2 | 持续时间 | 很短 | 很长 |
| 3 | 应计算的物理效应 | 火、爆炸、向空气和地面水释放污染物 | 向空气、地面水、地下水释放污染物、噪声、热污染等 |
| 4 | 释放类型 | 瞬时或短时间连续释放 | 长时间连续释放 |
| 5 | 应考虑的影响类型 | 突发性的、激烈的效应以及事故后期的长远效应 | 连续的、累积的效应 |
| 6 | 主要危害受体 | 人和建筑、生态 | 人和生态 |
| 7 | 危害性质 | 急性受毒；灾难性的 | 慢性受毒 |
| 8 | 大气扩散模式 | 烟团模式、分段烟羽模式 | 连续烟羽模式 |
| 9 | 照射时间 | 很短 | 很长 |
| 10 | 源项确定 | 较大的不确定性 | 不确定性很小 |
| 11 | 评价方法 | 概率方法 | 确定论方法 |
| 12 | 防范措施与应急计划 | 需要 | 不需要 |

## 三、环境风险评价的一般方法

环境风险评价，主要解决以下四个方面的问题：

① 什么能够引起风险？

② 风险的涉及范围有多大？

③ 风险是怎样发生的？会带来哪些危害？

④ 减轻环境风险的措施方案有哪些？

对于这四个方面的问题要分别进行四个方面的论述：

① 风险识别。

② 源项分析。

③ 后果计算和风险计算。

④ 风险管理（包括防范、应急和减缓措施）。

此处以实例说明。

## 四、实例：某森林生态公园建设项目中油库环境风险评价

在某森林生态公园建设项目用地中间有一处油库为朝阳石油公司所属，暂时不能迁出。对其的环境风险评价过程如下。

油库的环境风险主要表现在燃烧、爆炸和泄漏三个方面，除了油库本身应遵照国

家有关规定做好一系列防护措施外，本项目建设中对油库的环境风险预防措施是按规定预留出安全距离。

## （一）安全距离

安全距离的要求见表 10-22。

表 10-22　安全距离要求

单位：m

| 名　　称 | 石油库等级 | | |
|---|---|---|---|
| | 一级 | 二级 | 三级 |
| 距居住区与公共建筑物安全距离 | 100 | 90 | 80 |
| 当单罐不大于 1 000 $m^3$ 时安全距离 | 75 | 67.5 | 60 |
| 当油库存丙 A 油品或丙 A、丙 B 混存油品时，安全距离 | 75 | 67.5 | 60 |

注：1. 安全距离从油罐区算起。
2. 当单罐容量不大于 1 000 $m^3$ 时，安全距离可减少 25%。
3. 当油库储存丙 A 类油品，或丙 A、丙 B 类油品混存时，安全距离可减少 25%。

经调查，该项目留出安全距离 80 m，即朝阳石油公司油库的围墙至公园的距离为 80 m，另外油库的油罐区至油库围墙距离约为 20 m，故安全距离总计可达 100 m，符合规定要求。但该项目在建设时，应在防护区的安全距离外设立围栏或铁网，防止游人误入防护区内。

## （二）应急措施和减缓措施

根据油库建设与管理的相关技术规范，制定应急与减缓措施。其中应该特别关注防渗漏围堰的设置。

# 第十一章　污染防治措施

## 第一节　大气污染防治措施

环境保护对策的提出必须是具体、可行的，必须强调环境效益、社会效益、经济效益的统一。环境保护对策通常包括两方面的内容，即污染物削减措施和环境管理措施。

### 一、针对社会服务类项目的特点，对大气环境保护的建议

① 锅炉房烟囱高于周围 200 m 内的建筑 3 m，如处于背风涡时要高于背风涡高度；

② 地下车库的排气筒高度与数量要配置合理；

③ 对处于敏感区或已无环境容量地区的燃煤锅炉，通过改变燃料结构，选用清洁能源降低污染物的排放和减轻对周围环境的影响。

### 二、油烟的防治措施

① 餐饮油烟排口要远离居民区和敏感点，且使用高效率的净化装置；

② 饮食服务项目油烟的排放应达到《饮食业油烟排放标准（试行）》（GB 18483—2001）的要求。应引起重视的是，该标准规定的指标有两项：油烟的最高允许排放浓度和油烟净化设施的最低去除效率，两项指标都符合限值才是达标排放。但目前普遍存在重视浓度指标而轻视效率指标的现象，这种情况下，效率指标更能反映出油烟净化设施的处理能力。

③ 专用排烟管道的布设和油烟净化设施位置的确定也会对处理效果和运转稳定性产生很大影响。设计管道时应当选择合理的截面形状和尺寸、尽可能短的管道长度、尽可能少的弯头，采用便于清洗和维修的内壁材料。必要时应进行设计方案比较，优选最为合理的方案。

④ 油烟净化设施应尽量设置在进口端，避免设于出口端。因为进入净化装置的油烟温度越高净化的效果越好，尤其在冬季影响更为明显；另外，净化设施后置会使大量未经处理的油烟聚集在管道内壁，成为火险隐患，因此要尽量避免。

⑤ 合理设置油烟排放口高度、位置和出口方向是环评必须明确的内容，排口高度要高于周围 20 m 的居民建筑，排口朝向尽可能背向居民建筑。

⑥ 由于存在大量的高层建筑，因此当在高层建筑内及两侧邻近区域开办的饮食服务项目设置油烟排放口时要特别注意防范背风涡与下洗现象；否则，油烟无法扩散、不断聚集，会对背面的敏感目标带来常年严重的污染。

⑦ 环评报告中还应对油烟净化设施的日常维护保养提出要求，不得擅自闲置或者拆除油烟净化设施；应当定期对油烟净化设施进行维护保养，保持油烟净化设施的正常运转，并保存维护保养记录。

## 三、油烟净化设备

按油烟分离机理，油烟净化设备可分为机械式、湿式、静电式和复合式四大类。

### （一）机械式油烟净化设备

机械式油烟净化设备是机械式除尘器在油烟治理上的应用，是油烟治理中最原始的治理设备。其工作原理是利用过滤、惯性碰撞、吸附或其他机械分离原理去除油烟，其中以利用过滤机理分离油烟的过滤式净化设备最为常见，该类设备的滤料一般选用滤网、格栅、吸油性聚合高分子材料纤维等。这种设备的主要特点是结构简单、易于制造、造价低、施工快、便于维护，技术关键是滤料的选取与布置方式、空塔流速的确定。这种方法对油粒的净化效率较高，但对恶臭物质没有去除能力。因此，此法实用性较差，在油烟治理上通常作为预处理，而不作为一种独立的治理设备使用。

### （二）湿式油烟净化设备

湿式油烟净化设备指用水膜、喷雾、冲击等液体吸收原理去除油烟的净化设备，技术的关键是选定合理的气液接触形式和选择价格合理、对油烟具有强溶解性的吸收液。该类设备因为气液接触形态的不同，又可分为运水烟罩、旋流板式、管板式和喷雾式等。

湿式油烟净化设备的优点是价格适中，净化效率高，可同时部分去除 $SO_2$、CO、$NO_x$ 等，对醛类、芳烃类等气态污染物也有一定的去除效果。缺点是安装烦琐、耗水量大，循环吸收液如不经过处理直接排放，还会造成二次污染。另外，吸收液循环箱安装在室外，由于在北方地区，管路及箱体需做保温处理，增加了安装费用及制造难度，因此，该类设备目前在我国广东等南方地区应用比较广泛，而在北方地区，越来越受到来自于静电式、复合式油烟净化设备的竞争压力。

### （三）静电式油烟净化设备

静电式油烟净化设备是利用电力作用清除气体中固体或液体以达到净化的目的。它具有如下优点：净化效率高、结构简单、气流速度低、压力损失小、能量消耗低、安装方便，产品分卧式、挂壁式、管道式、立柜式多种，不受现场安装位置限制，目前在大型和中高档餐饮单位中应用较多。

静电油烟净化设备分为静电吸附式和碳化式处理两种。其中静电吸附式设备的工作原理是利用放电及周围强电场的作用，首先将气体电离，再将油粒子荷电，荷电后的油粒子在电场力的作用下被推向集尘极，从而达到除油目的。它的最大问题是电极积油易造成火灾隐患，静电油烟净化设备发生爆炸的事故，国内已有报道。而碳化式油烟净化设备的工作原理是油烟气体在高压电场的作用下，通过电力作用将油烟在电离层中分解，使油雾粒子碳化，对油烟进行分解净化，从而达到去除油烟和除味的目的。这种设备不设积油室，电极不会失效，消除了积油火灾隐患，而且具有使用寿命长、净化效率高、能耗低的优点。

### （四）复合式油烟净化设备

复合式油烟净化设备是使用机械式、湿式、静电式中任何两种或两种以上净化方式组合去除油烟的净化设备。一般以机械处理作为预处理单元，后加静电处理单元或湿法处理单元，也有在静电或湿法处理单元后再加活性炭吸附单元作为后处理单元而构成净化处理系统的。目前该类设备在油烟治理市场占有较大份额。

复合式油烟净化设备兼顾了各种处理方法的优点，根据油烟粒子粒径分布进行合理组合，故具有较高的净化效率；再由于机械式、湿式、静电式油烟净化设备取得的技术进步，都可迅速应用到复合式上，所以复合式油烟净化设备将是未来一定时期油烟净化设备研究、开发、生产的重点。

以上四大类油烟净化设备性能、价格比较列于表 11-1。

**表 11-1 四大类油烟净化设备性能价格比**

| 设备类型 | 去除效率/% | 产品价格/万元 | 日常维护要求 |
|---|---|---|---|
| 机械式 | 75～80 | 0.2～0.5 | 每月更换一次滤网或更换吸附材料 |
| 湿式 | 75～85 | 0.6～1.0 | 定期收集油污，添加药剂 |
| 静电式 | 75～85 | 1.0～1.6 | 每半年清洗一次极板 |
| 复合式（静电复合式） | 80～90 | 1.5～2.0 | 每半年清洗一次极板，需经常清洗滤网或更换吸附材料 |

油烟设施净化效率要求是：小型餐饮业的油烟净化设施最低去除效率是 60%，中型餐饮业的油烟净化设施最低去除效率是 75%，大型餐饮业的油烟净化设施最低去除

效率是 85%，故选择油烟净化设施应根据最低去除效率来决定。

此外，对于某些须从严要求地区，可增加异味处理设施。异味处理设施设置在以上四大类油烟净化设备之后。餐饮异味处理方法包括光解法与活性炭吸附法（表 11-2）。

光解法是用 185 nm 波长的紫外线来破坏油烟分子链，同时破坏空气中氧的分子链，氧原子重新组合后生成臭氧，臭氧是强氧化剂，对有机物有很好的氧化作用，油烟被氧化分解，同时油烟中的味道也一并消除。紫外线光解设施主要分小功率汞灯和大功率汞齐灯，两种在功率、臭氧产生量、寿命、对温度的适应程度上有很大的不同。

活性炭孔壁上的大量的分子可以产生强大的引力，从而达到将有害的杂质吸引到孔径中的目的。但不是所有的活性炭都能吸附有害气体，只有当活性炭的孔隙结构略大于有害气体分子的直径，能够让有害气体分子完全进入的情况下（过大或过小都不行）才能达到最佳吸附效果。目前采用以活性炭做成的活性炭网，用于吸附油烟、去除味道。

表 11-2 异味处理设施

| 净化方法 | 优 点 | 缺 点 | 产品价格/万元 |
|---|---|---|---|
| 光解法 | 设备阻力小（小于 150 Pa），能把油烟从烟罩里分解掉，能产生臭氧把味道去除掉 | 成本高，油烟附着在紫外线灯管上，对其影响较大，清除困难 | 0.8～1.0 |
| 活性炭吸附法 | 可以吸附油烟，去除味道 | 阻力大，活性炭易饱和，维护麻烦 | 0.3～0.5 |

### 四、其他特殊的大气防治措施

① 医院传染病房排出的含菌气体要采用高效过滤器过滤；

② 汽修厂的喷漆和烘干工序应在专门的喷漆室内进行，废气经净化装置处理达标排放；

③ 科研、教学等化学实验室或排放挥发性有机物的实验室，废气经活性炭吸附装置处理后排放。

## 第二节 水污染防治措施

社会服务类项目排放的污废水可分为两大类：一类是不含有毒有害物质、以需氧有机污染为主要特征的一般性污废水，如商业服务设施、饮食服务设施、社会福利设施、旅游设施、体育设施、文化娱乐设施排放的污废水；另一类是以含有毒有害物质为主要特征的特殊性行业废水，如汽修厂，加油站，卫生服务设施，教育机构中的化学、生物与医药实验室，印刷及冲扩店设施等排放的污废水，这类废水水量均较少。

## 一、一般性污废水防治措施

一般性水污染的社会服务类项目主要包括商业服务设施、饮食服务设施、社会福利设施、旅游设施、体育设施、文化娱乐设施。这些设施排放的污废水主要是不含有毒有害物质、以有机污染物为主要特征的生活污水。这类污水的防治措施相对简单和成熟，而且易实现集中处理。在进行防治措施的分析时，应注意以下几个方面：

① 根据各产生水污染物的构筑物或作业活动的给排水量，分析减少废水排放量的潜力，分析治理方法的必要性和可行性，并提出改进措施。

② 污水必须做到“清污分流”“雨污分流”。废水实施分类处理、分级控制水质指标。对废水处理流程进行比较分析和运行达标分析。废水的排放执行《污水综合排放标准》（GB 8978—1996）中的有关规定，有地方标准的应以地方标准中的有关规定为准。

对不能纳入城市污水收集系统的旅游风景点、度假村、疗养院、商服设施等分散的人群聚居地排放的污水，应进行就地处理达标排放。

③ 地处排水设施不完善且受纳水体为封闭或半封闭水体时，为防治富营养化，污水应进行二级强化处理，增强除磷脱氮的效果。二级强化处理工艺是指除有效去除碳源污染物外，还具备较强的除磷脱氮功能的处理工艺。在对氮、磷污染物有控制要求的地区，可选用具有除磷脱氮效果的氧化沟法、SBR 法、水解好氧法和生物滤池法等。必要时也可选用物化方法强化除磷效果。

④ 排水设施不完善且受纳水域敏感的天然水体的建设项目的污水经处理后应尽量优先考虑回用，以减少污水的排放和节约水资源。周围无市政管网的，必须将废水处理达到相应标准后再排放。

【实例】某度假村的水环境影响评价

位于北京怀柔青龙峡水库上游百泉河流域内的某度假村的水环境影响评价中，评价者鉴于该地区排水没有列入城市污水处理厂受纳能力之内，提出在度假村内必须建设污水处理设施，污水处理达到国家《地表水环境质量标准》（GB 3838—2002）中相应标准，同时考虑到拟建工程处于风景区、水环境极为敏感，所以进一步提出该度假村建成后达标排放的污水应进行回用，基本不向外排水。该度假村占地面积 7493 $m^2$，绿化面积约为 2 500 $m^2$，年耗水量约为 600 $m^3$，处理后的污水完全可以达到回用标准，能满足度假村绿化和冲厕的需要，这不但节约开支，还可以保护环境。

⑤ 餐饮业凡排放含油污水的地方，除设隔油槽外，还应在槽前设置栅网，及时清理去除网前的食物残渣和油脂，并回收综合利用。废水应经隔油或残渣过滤措施处理后再排入市政管网。经营过程中产生的残渣、废物，不得排入下水道。

餐饮业主要包括酒楼、酒店、大排档、单位食堂、西餐、粥粉面店、甜炖品店等。一般来讲，根据餐饮污水排放量、排放标准等因素，其处理方法包括初级处理（如隔油隔渣）、一级处理（现主要指采用气浮原理、微生物消解、化学等处理方法）、二级处理（现阶段主要采用二级生化工艺，如 A/O、$A^2/O$ 工艺）等。根据政策要求，处理方法的确定与建设项目所在地理位置、排放的废水量及浓度有关。废水排放量越大、浓度越高，要求处理的级别越高。

确定设计水量后，下面的步骤就是选择工艺及设备。

A. 采用隔油隔渣池处理。设计水量在 10 $m^3/h$ 以下的可采用隔油隔渣池进行初步处理。设计水量及相应的隔油池容积见表 11-3。

**表 11-3　隔油隔渣池设计水量及相应的隔油池容积**

| 设计水量/（$m^3/h$） | 隔油隔渣池容积/$m^3$ |
|---|---|
| 0.0～1.5 | 3 |
| 1.5～3.0 | 6 |
| 3.0～4.5 | 9 |
| 4.5～6.0 | 12 |
| 6.0～7.5 | 15 |
| 7.5～9.0 | 18 |
| 9.0～10.0 | 20 |

B. 采用气浮方法处理。当设计水量≥10 $m^3/h$ 时，建设项目可以考虑采用调节池＋气浮的方法进行治理。

C. 日常维护。一般隔油池应该每天安排人员清除漂于上面的浮油与其他杂物。日常维护操作规程应该设在固定、易见的位置，并按规程进行维护。此外，采样口应该加盖板以保证不被二次污染。

## 二、特殊行业废水的污染控制措施

排放水污染物的特殊行业主要包括医院、汽修企业、加油站、教育机构及从事科研的化学、生物与医药实验室等，其废水量均较小。这些设施排放的水污染物往往是有毒的致病微生物、化学品、生物诱变剂及石油类等污染物。水污染防治的措施相对繁杂，而且不易实现社会化集中处理。在进行此类设施的水污染防治措施的分析时，应注意对排入城市污水收集系统的废水严格控制重金属、有毒有害物质，并在厂（场）区内进行预处理，使其达到国家和行业规定的排放标准；对不能纳入城市污水收集系统的卫生服务设施、汽修企业、加油站、各类化学、生物与医药实验室等分散单位排放的污废水，应进行就地处理达标排放。

### （一）汽修企业

汽修企业排水应进入市政管线，废油、废液须有专门容器回收，不得随意排放，维修车间地面须有防渗措施。排放的含油废水须经隔油、浮选或砂滤处理并达标后方可排入城市下水道设施或自然水体。洗车须使用循环水。在地下饮用水水源防护区内，如果市政排水设施不健全，就不得新建汽修设施。

含油废水的处理，目前应用得比较多的有重力分离法、油水分离器除油法、机械过滤器滤油法、空气浮选法及波纹斜板污油池除油法等，各种方法在应用上各有其优缺点，应根据汽修厂排水规模与水质特点选择。一般来说，由于汽修企业排放的含油废水水量较小、含油浓度不高，因此应视情况优先选用紧凑型的处理装置。这些处理装置一般将强化重力分离、粗粒化、吸附聚结处理工艺有机地组合成一钢质圆筒形整体结构，与输液泵、贮油槽及电控盒组合成处理装置。处理工艺充分利用了重力分离特性，不同分离材质的分离特性不同，从而对处理难度较高的各种汽修含油废水具有较广泛的适应能力。

选择的处理设备应该具有结构紧凑、操作简单、管理方便、分离效率高、能耗低等优点，处理后的水可直接排放或适当回用，提取的废油可直接回用，以达到节能、节水、保护环境等多方面的效益。

### （二）加油站

不得在地下水源防护区新建加油站，在地下水源防护区改建加油站应对地下水水质进行监测。加油站内的地下罐区、输油管线须严格按照防渗、防漏、有监控装置的要求设计施工。

### （三）冲扩店及洗衣业

冲扩店含银洗印废水、废液，洗衣业排放的含有干洗溶剂的残渣沥液均须统一收集后送至专业部门集中处置和回收利用，不得排入下水道。

在环评报告中应附有专业处理部门收购废液的协议以及专业处理部门的资质证明。

### （四）教育机构中的化学、生物与医药实验室

教育机构中的化学、生物与医药实验室的废液和废水应首先考虑进行自行回收处置或统一收集后送至专业部门集中处置和回收利用。而且所有生物活菌废液均须经过高压灭菌或消毒灭菌后，方可排入下水道或自然水体。

在环评报告中应附有专业处理部门收购废液的协议以及专业处理部门的资质证明。

实验室废物的贮存场所（室、间）均须作防渗漏处理。渗漏出的污水全部进入污水处理系统。清洗运输车辆、工具和冲洗工作场地所产生的废水必须全部进入“设施”内的污水处理系统进行处理。对废水排放口位置做合理性分析并按《环境保护图形标志—固体废物贮存（处置场）》（GB 1 556.2—1995）中有关规定设置排污口标志。

（五）医疗卫生设施

根据医院性质不同，医院分为传染病医院（包括有传染病房的综合医院）和综合医院（无传染病房）。目前接纳医院污水的水体为两类：一是排入自然水体，二是通过市政下水道排入城市污水处理厂。医院污水处理设施的工艺应根据排入水体的不同而做具体选择。

① 特殊性质污水应经预处理后进入医院污水处理系统。

② 传染病医院污水应在预消毒后采用二级处理 + 消毒工艺或二级处理 + 深度处理 + 消毒工艺。

③ 非传染病医院污水，若处理出水直接或间接排入地表水体或海域时，应采用二级处理 + 消毒工艺或二级处理 + 深度处理 + 消毒工艺；若处理出水排入终端已建有正常运行的二级污水处理厂的城市污水管网时，可采用一级强化处理 + 消毒工艺。

工艺流程见图 11-1。

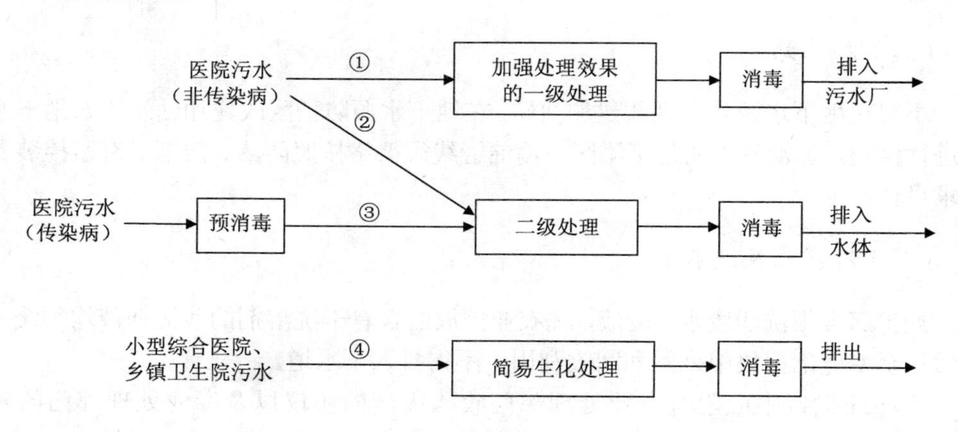


图 11-1 医疗机构污水处理工艺流程

④ 医疗卫生设施的医疗废物贮存场所（室、间）均须做防渗漏处理。渗漏出的污水全部进入污水处理系统。清洗运输车辆、工具和冲洗工作场地所产生的废水必须全部进入“设施”内的污水处理系统进行处理。对废水排放口位置做合理性分析并按 GB 1556.1—1995 中有关规定设置排污口标志。

医疗机构污水处理中应注意：

① 消毒是医疗机构污水处理中的重要一环，医院污水消毒可采用的消毒方法有

液氯消毒、二氧化氯消毒、次氯酸钠消毒、臭氧消毒和紫外线消毒。各种消毒方法优缺点和适用条件见《医院污水处理工程技术规范》（HJ 2029—2013）附录 A。

② 医院污水处理工程与病房、居民区等建筑物之间应设绿化防护带或隔离带，以减少臭气和噪声对病人或居民的干扰。

③ 医疗机构污水处理构筑物应采取防腐蚀、防泄漏措施，并备有发生故障时的临时消毒措施。

④ 医疗机构行政区和生活区的污水应与病区污水分流；传染病房与非传染病房的污水应分流。

⑤ 医院化粪池应按最高日排水量设计，停留时间不少于 24 h，传染病医院或病区应设有专用化粪池。

⑥ 特殊污水处理：低放射性废水应经衰变池处理；洗相室废液应回收银，并对废液进行处理；口腔科含汞废水应进行除汞处理；此类危险废液应交有资质的单位处置。检验室废水应根据使用化学品的性质单独收集，单独处理；含油废水应设置隔油池处理。

⑦ 应急措施：医院污水处理工程应设应急事故池，以贮存处理系统事故或其他突发事件时医院污水。传染病医院污水处理工程应急事故池容积不小于日排放量的 100%，非传染病医院污水处理工程应急事故池容积不小于日排放量的 30%。

当发生传染病疫情时应对医院污水处理采取系列紧急措施：① 门诊病房病人的排泄物、分泌物应就地消毒处理后排入医院污水处理工程；② 医院污水处理可根据疫情发展增加消毒剂的投加点或投加量。

## 第三节　噪声污染防治措施

根据社会服务行业噪声的特点及分类特性，对社会服务行业噪声的控制，可采用技术控制及管理控制两种方法，分别对不同种类的声源进行控制。

### 一、技术控制

技术控制，适用于对设备噪声进行控制，可以使该类噪声对周围环境的影响控制在标准允许的范围内。

适用于技术控制的社会服务行业噪声类型主要为服务设施类噪声，其噪声均由固定设备产生，如风机、水泵、锅炉房、冷却塔、空调室外机组、电梯间等。对于控制此类噪声，有效的方法是采用吸声、隔声、消声和隔振等方法。

在社会服务行业噪声范围内，较特殊的噪声来自歌厅、舞厅、体育场馆等。它们对外界的噪声影响除来自音响、设备等外，还有人为造成的噪声（如唱歌、大声喧哗等），对此类噪声主要应采取管理措施，可以实行的技术措施主要是隔声措施，即安装高隔声量的隔声门窗以降低噪声对外界环境的影响。

### （一）普通噪声防治措施

#### 1. 厨房排风机

厨房排风机噪声可达 85 dB（A），如果放在室外对环境影响较大，要远离居民住宅，并采取消声措施，消声量不低于 30 dB（A）。

#### 2. 冷却塔

选用超低噪声设备，设备噪声约 55 dB（A）。如果放在裙楼，应注意与主楼保持一定距离，避免对办公和居住环境产生影响。

#### 3. 其他设备

其他高噪声设备放在室内或地下，应注意采取隔振措施，防止振动及固体噪声对室内环境产生影响。

### （二）射击噪声防治措施

噪声系统是由噪声源、传声途径、受体 3 方面组成的，噪声控制也是针对这 3 个环节进行的。

#### 1. 膛口噪声源消声

膛口噪声最有效的消声技术就是安装膛口消声器，按原理划分，膛口消声器可分为 4 类，即阻性消声器、抗性消声器、小孔扩散消声器和损耗消声器。多数膛口消声器是上述几种原理的复合型，单一类型的较少。

#### 2. 传声途径上的隔声与吸声

射击噪声在声传输途径上的治理主要是采用隔声与吸声措施，隔声措施是为减小射击噪声的直达性，吸声措施是为降低室内靶场、掩体或其他结构物内的反射声，减小混响时间。在实际的噪声控制工作中，常常综合使用隔声与吸声技术，以达到更好的降噪效果。

#### 3. 受体主要指居住区域噪声敏感区

一般采用隔声窗的方法来控制噪声影响。

## 二、管理控制

对社会生活噪声的控制，除对设备类噪声可以采用技术控制外，有效地进行管理是控制社会服务行业噪声的最主要方法。对各类社会服务行业噪声，可采用以下管理对策。

（一）规划与布局

社会服务行业噪声造成的影响，很多是由于规划或布局不合理造成的，为将社会服务行业噪声对周围环境的影响控制在最小范围内，对于新建集中居住区域，应从规划管理的角度控制社会服务行业噪声的影响。

（二）管理

按照《环境噪声污染防治法》的规定，对于社会服务行业噪声的管理，主要由公安及环保部门实施，依据社会服务行业噪声类型的不同，管理部门及管理方法也不尽相同。

1．环保部门对社会服务行业噪声污染的管理职责

环保部门主要应对服务设施噪声影响，及经营场所噪声中属于固定设备噪声的影响进行管理。如练歌场所噪声治理措施：练歌场室内营运时可能产生的最大 A 声级在 80～95 dB（A），将对外的窗户全部砌死，采用密闭性良好的门，预测能达到 50 dB（A）以上的隔声量，外逸的声响声级小于 45 dB（A），不会对外环境产生影响。

2．公安部门对社会服务行业噪声污染的管理职责

公安部门对社会服务行业噪声污染的管理包括对公共活动场所噪声的管理，经营场所中非固定设备部分噪声的管理。

按照社会服务行业噪声的分类，公共活动场所噪声和经营场所噪声需要公安部门进行管理的主要有两大类，即，人为活动噪声（包括歌厅、体育场馆的人为活动）和装修噪声。

对各类社会服务行业噪声的管理，应分为昼间和夜间两个时段进行。对于同样的噪声源，由于昼夜采用的标准不同，在昼间（6:00—22:00）和夜间（22:00—6:00）可以有不同的管理手段。

## 第四节　固废污染防治措施

### 一、固体废物处置应遵循的原则

① 危险废物和一般废物要分别处置。对于危险废物应尽量通过焚烧或化学处理方法转化为无害物后再处置。焚烧是由集中焚烧处置工程完成的，例如医疗废物集中焚烧处置工程、危险废物集中焚烧处置工程。

② 危险废物贮存设施的选址、设计、运行、安全防护等应满足《危险废物贮存污染控制标准》（GB 18597—2001）的要求。

③ 放射性废物处置设施应由国家授权的专营单位负责运营。放射性废物的产生、收集、预处理、处理、整备、运输、贮存、处置等应符合放射性废物管理规定 GB 14500—2002 的要求。

④ 一般固体废物大部分为生活垃圾，送生活垃圾处置场处置。

## 二、固体废物处置方法

### （一）一般固体废物处置方法

社会服务类项目产生的固体废物由于其来源和种类的多样化和复杂性，它的处理和处置方法应根据各自的特性和组成进行优化选择。在城市中大部分情况下，是由环卫部门对垃圾进行清运，然后送去填埋或焚烧。

**1．一般堆存**

主要适用于不溶解（或溶解度极低）、不飞扬、不腐烂变质、不散发臭气或毒气的块状和颗粒状废物，如装修垃圾、废石等。

**2．围隔堆存**

主要适用于含水率高的粉尘、污泥等，如粉煤灰等（废物表面应有防止扬尘设施并采取防渗措施）。

**3．填埋**

主要适用于大型块状以外的废物，如城市垃圾、污泥、粉尘、废屑、废渣等。

**4．焚烧**

主要适用于经焚烧后能使体积缩小或重量减轻的有机废物等。

**5．生物降解**

主要适用于微生物能降解的有机废弃物，如垃圾、粪便、厨余等。

**6．回收利用**

如汽车修理店的报废零部件，主要是钢铁材料，可由物资回收公司回收再利用。

### （二）医疗固废污染防治措施

① 对医疗废物处置设施的污染防治总原则。

A. 防止造成二次污染，特别是严防有害微生物和致病菌的泄漏和传播，保护生态环境和保障居民健康。

B. 必须注意医疗废物的特点，其污染防治措施不局限在处置范围内，还应包括从收集、运输、贮存到最后处置全过程的监控，这是一个系统工程。

② 污染防治对策。

A. 灭活处理。医疗废物的特性与其他危险废物的重要区别，在于医疗废物具有感染性。由于大部分医疗废物都带有害微生物，因此灭活是处置工艺的首要技术要求。

B. 减量化。

C. 无害化。

D. 毁形处理。为了避免使用过的医疗用具流入市场、威胁人体健康和污染环境，毁形也是处置工艺的要求之一。

③ 常用的医疗废物处理方法有焚烧法、高压蒸汽法、微波消毒法、化学消毒法、等离子热解法等。常用的医疗废物处理方法及比较见表 11-4。

**表 11-4 医疗废物处理方法及比较**

| 方法 | 主要设备 | 技术原理 | 优点 | 不足 |
| --- | --- | --- | --- | --- |
| 高压蒸汽法 | 压力容器高压釜 | 一定温度持续一定时间，利用过热蒸汽杀灭致病微生物 | 方法简易、使用广泛、占地面积小 | 无法达到最佳处理效果，易产生有害气体 |
| 微波消毒法 | 微波发生器微波辐照室 | 利用微波产生的热量灭活 | 减容较明显，设备简单、占地面积小 | 处理废物类型受限制 |
| 化学消毒法 | 消毒剂贮罐消毒容器 | 用消毒剂与废物接触，保证一定的接触时间和面积 | 方法简便、一次投资少 | 达不到减量和毁形的目的，要求安全贮存消毒药剂 |
| 等离子质子热解法 | 等离子电弧源等离子体发生器等离子体焚烧炉 | 等离子体使废物在高温下热解裂解、燃烧 | 温度可达 1 200～3 000℃，彻底达到无害化，占地面积小 | 技术新，运行管理要求高，投资及运行成本高 |
| 焚烧法 | 焚烧炉二次净化装置 | 用二次燃烧使废物减量化、无害化 | 适应多种废物、技术成熟、运行稳定 | 建设投资较高，净化系统要求严格，投资相对较高 |

现在医疗废物高温蒸气灭菌舱和医疗废物专用破碎毁形机在市场上都有多种规格出售，二者联用效果更好，对产生量在 10 t/d 以下的医疗废物可适用。

④ 各项处置技术都有其局限性，结合我国国情，首选技术是焚烧法，无论是在适用性上还是技术成熟上都具有优势，完全适用于医疗废物的处置。

⑤ 医疗垃圾属于危险废物，医疗垃圾焚烧应送有资质的医疗垃圾处置场处置。

⑥ 医疗机构污水处理所产生的污泥属于危险废物，应送有资质的单位处置。

⑦ 医疗卫生机构建立的医疗废物暂时贮存设施、设备应当达到以下要求：

A. 远离医疗区、食品加工区、人员活动区和生活垃圾存放场所，方便医疗废物运送人员及运送工具、车辆的出入；

B. 有严密的封闭措施，设专（兼）职人员管理，防止非工作人员接触医疗废物；

C. 有防鼠、防蚊蝇、防蟑螂的安全措施；

D. 防止渗漏和雨水冲刷；

E. 易于清洁和消毒；

F. 避免阳光直射；

G. 设有明显的医疗废物警示标识和“禁止吸烟、饮食”的警示标识。

# 第五节　其他环保措施

## 一、生态建设的关注点

社会服务类项目大多建设于城市中，其生态建设也属于城市生态建设的一部分，应关注的重点主要有以下几点：

① 建设有足够比例的绿地。不同的地区有不同的要求，如北京市区要求绿地占项目用地的25%，郊区要求绿地占项目用地的30%，公园要求绿地占项目用地的80%。

② 社会服务类项目常伴有大量人群的集中和疏散，因此有足够的停车位是十分重要的。要建有良好的交通道路系统。

③ 注意城市景观的协调。

社会服务类项目中，土壤污染也是应关注的一个重要方面，对于污染土壤的治理方法有以下几种：

① 施用石灰。其优点是可有效降低污染物毒性、减缓污染物在环境中的移动。其缺点是较适合于表层污染土壤，不适合污染范围较深的土壤；大范围地改变土壤的pH也会带来许多负面的生态影响，如土壤硬化、生物及微生物生存环境改变，不符合居民用地的需要等。

② 异地填埋法。其优点是可全部安全处置污染土壤，其缺点是需另外征地，手续复杂、耗时长，永久占用额外的土地。

③ 生物吸收法。其优点是可逐步降低污染物浓度，直至达标。其缺点是耗时长，短则几年、长则几十年，土壤荒废时间长，且深层土壤中的污染物不易被吸收，原址必须采取防护措施保障生态安全。

④ 客土或换土。其优点是能使土壤环境达标，符合建设用地的要求，换出的土壤可无害化处置，建设周期短。其缺点是如在污染土壤对水环境影响大的情况下使用，对换出的土壤必须进行无害化处置，防止次生污染；原址必须采取防护措施保障生态安全。

## 二、选址分析

社会服务类建设项目与工业、市政建设项目对选址及防护距离的要求有所不同。

对于某些环评项目而言，选址是第一重要的因素，是承接环评项目时首先要考虑的，也是决定环评项目成败的关键。有许多环评报告书，工程分析、污染源分析、预测评价的环保措施都说得很全，但就是不提选址适宜与否。而这些项目或是建在自然保护区内，或是建在水源地防护区内，与选址密不可分，这种报告书则属于重大缺项，一般是难以过关的。工业类与市政类的项目，特别是一些敏感的项目，要有明确的选址和防护距离要求，如工业行业中的化工企业、汽车制造厂，市政行业中的垃圾填埋场、垃圾焚烧场和污水处理厂等。而在社会服务类项目的环评中，因其污染情况与工业类及市政行业项目不同，因此没有这类明确具体的要求，但是根据一般的环保要求，社会服务类行业限建和禁建的项目如下：

① 产生油烟和异味的餐饮、噪音较大的娱乐项目禁止在居民楼底层建设。由于各城市对饮食服务业的选址有相当严格的要求，因此首先需要识别该饮食服务场所是否产生油烟污染。通常情况下酒吧、咖啡馆、茶室、面包房、熟食店、馄饨店、兰州拉面店等可视为不产生油烟的饮食服务项目，其他如火锅店因排放的热废气量较大而且带有辛辣的刺激性气味，如离敏感点较近时，应考虑进行有组织排放。而一些北方水饺店通常会有炒菜，面店、米粉店需要制作浇头，煎制锅贴、生煎，都不可避免地会产生油烟污染，做环评报告时应慎重对待。当然某些连锁经营的面点、快餐店现场只对配送的半成品进行蒸煮或微波炉加热的情况例外。单纯的比萨饼店（不含油炸项目）是否产生油烟污染目前还存在一定争议，相对而言使用封闭式的烘箱比敞开式的对环境影响要小，近似于烘制面包。

② 加油站、汽修站禁止在城市地下水源防护区内建设。

③ 与旅游有关的建设项目，禁止在自然保护区核心区、缓冲区内建设，也禁止在风景名胜区内的保护范围内建设。

④ 在生活饮用水地表水源一级保护区内，禁止新建、扩建与供水设施和保护水源无关的建设项目；在生活饮用水地表水源二级保护区内，禁止新建向水体排放污染物的建设项目。

## 三、卫生防护距离的确定

传染病医院和疾病控制中心的排风系统中可能含有致病菌、病毒等对周围人群有侵害可能的污染物，因此，首先必须采取高效的空气过滤措施，保证排气中致病菌和病毒的外泄量严格控制在国家规定的允许限值内；其次是合理设置排放口的位置和高度，保证良好的扩散条件，避免出现局部高浓度。

马术场或跑马场存在疫病传染和恶臭问题，因此应与周围环境敏感点特别是居民点保持一定的防护距离。

卫生防护距离的确定原则和方法按照《制定地方大气污染物排放标准的技术方

法》（GB/T 3840—91）中的公式计算。

产生油烟污染项目基于不同的规模与经营项目，油烟的产生量是有相当大的差异的：中餐要大于西餐，川菜与湘菜的刺激性味道又是中餐中最严重的。因此，在环评报告中一方面要明确具体的经营种类，说明产生油烟污染的严重程度，不应当仅写“饭菜”。另一方面应写明厨房设有的炉台与灶眼数，及具体用途（热炒或蒸煮），用以固定其规模。

对于产生油烟污染的饮食服务项目，除不能在居民住宅楼内新建和所在建筑物应当在结构上具备专用烟道等污染防治条件外，许多城市在这方面还有更严格的要求：所在建筑物高度在 24 m（含 24 m）以下的，其油烟排放口不得低于所在建筑物最高位置；同时油烟排放口位置应当距离居民住宅、医院或者学校 10 m 以上，也有规定为 20 m 或 30 m 的，并且不得采用经城市公共雨水或者污水管道排放油烟的方式。这种排放方式以往曾被相当一部分无法实现高空排放的建设方采取为折中方案，但实践结果表明：由于城市公共雨、污水管网基本处于满管状态，油烟无法正常排放，积累回管后对环境影响相当严重，成为投诉焦点，因此被废止。

北京市对于产生油烟污染的饮食服务项目，还要求炉灶必须使用燃气或电能等清洁燃料，在高污染燃料禁燃区内，锅炉也须使用燃气或电能等清洁燃料；专用烟囱的高度应高于周围 20 m 内的居民建筑；安装空调器、排风装置产生噪声和热污染的，应采取措施进行防治；空调器、排风装置不得设置在居民窗户附近，在商业区步行街和主要街道两侧不得直接朝向人行便道。

# 第十二章　北京宝岛妇产医院有限公司项目案例

## 一、总论

### （一）项目由来

北京作为首都和全国的首善之区，公立医院虽然拥有丰厚的专家资源和技术实力，但是受诸多因素的限制和影响，各大医院人满为患，不能满足人们特别是白领阶层日益增长的、追求良好就医环境和个性化服务高端的医疗服务需求，北京宝岛国际医院管理有限公司投资设置“北京宝岛妇产医院有限公司”项目。

### （二）评价目的（略）

### （三）编制依据（略）

### （四）评价等级和评价范围

#### 1．评价等级

① 地表水环境：医院污水经处理后经市政管网排入清河污水处理厂进行处理，污水不直接排入地表水体，按照《环境影响评价技术导则—地面水环境》（HJ/T 2.3—93）的有关规定，仅对项目的污水排水口水质进行达标排放分析。

② 地下水环境：地下水评价等级定为三级评价。

③ 大气环境：环境空气质量影响评价定为三级。

④ 声环境：声环境影响评价工作等级定为二级。

#### 2．评价范围

① 地表水环境：项目的市政管网排水口。

② 地下水环境：地下水评价范围为 5 $km^2$。

③ 大气环境：评价范围以项目排污口为中心，直径为 5.0 km 圆形区域。

④ 声环境：声环境评价范围为本项目所在区域及厂界外 200 m 内的区域。

### （五）评价标准

#### 1. 环境质量标准（略）

#### 2. 污染物排放标准

（1）大气污染物排放标准（略）

（2）水污染物排放标准

项目污水中粪大肠菌群、总余氯污染因子排放标准执行《医疗机构水污染物排放标准》（GB 18466—2005）中的综合医疗机构和其他医疗机构水污染物排放限值的要求，氨氮排放标准执行《污水排入城镇下水道水质标准》（CJ 343—2010）中的限值，其他污染因子排放标准均执行北京市《水污染物排放标准》（DB 11/307—2005）中排入城镇污水处理厂限值。

（3）噪声排放标准（略）

（4）固体废物

项目产生的固体废物包括医疗废物、污泥、生活垃圾、餐厨垃圾。日常生活垃圾、餐厨垃圾属于一般性固体废物，执行《中华人民共和国固体废物污染环境防治法》（2004 年 12 月 29 日修改）等国家有关规定。

医疗废物执行《医院废物废物专用包装物、容器标准和警示标准》《医疗废物管理条例》及《北京市医疗废物贮存污染防治指导意见》中的相关规定。

污水处理系统、化粪池、格栅产生的污泥属于危险废物，应按危险废物进行处理和处置。污泥清掏前应进行消毒，污泥执行《医疗机构水污染排放标准》（GB 18466—2005）中医疗机构污泥控制标准。

### （六）评价重点

① 分析运营过程产生的医疗废水对水环境的影响；

② 分析医疗废物对环境的影响及环境保护措施；

### （七）环境保护目标

环境保护目标主要包括项目南侧 12 m 处的新街口外大街 3 号院 16 号居民楼、12 m 处的新街口外大街 3 号院西院单身宿舍楼、23 m 处的新街口外大街 3 号院 15 号居民楼。

**点评**

“总论”包括拟建项目环境影响评价的目的、依据、主要内容、重点、保护目标、标准、等级、范围等，在很大程度上决定了评价工作深度、广度，并且事关整个环评工作的成败，因此应客观、全面、清晰地反映相关内容，除文字表达外，必要时要附图表说明。本案例评价等级的确定正确，评价标准和环境保护目标适当，建议补充公众参与作为评价的重点，应补充该医院自身为环境保护目标。

## 二、工程概况及工程分析

### （一）项目地理位置

拟建项目位于北京市海淀区新街口外大街 1 号。项目东侧边界 37 m 为新街口外大街；南侧从左到右依次距离邻街商铺约 14 m，新街口外大街 3 号院 16 号楼居民楼为 12 m，距西院单身宿舍楼约 12 m；西侧紧邻富安国际大厦施工工地；北侧距北三环中路约 27 m。

### （二）项目建设内容及规模

建设单位租用现有商业楼进行装修改造为医院。租用建筑为 15 层独栋建筑（地下 3 层，地上 12 层），建筑面积 15 218.29 $m^2$，其中地上 10 624.14 $m^2$，地下 4 594.15 $m^2$。项目建设性质为新建，总投资为 11 000 万元，医疗机构类别为妇产医院，医疗机构级别为二级医院，床位数为 100（张）。

北京宝岛妇产医院为二级妇产医院，拟设置预防保健科、内科、外科、妇产科、妇女保健科、儿科、儿童保健科、急诊医学科、麻醉科、医学检验科、病理科、医学影像科（X 线诊断专业，超声诊断专业，心电诊断专业）、中医科、中西医结合科。

### （三）项目组织机构及服务方式

全院总计人员 261 人，其中行政后勤人员 57 人，医技人员 204 人。医院全年工作为 365 天，项目门诊营业时间为 8:00—17:00，住院部 24 小时服务。

### （四）医院设备清单及医用化学药剂

#### 1. 医院设备清单（略）

#### 2. 医用化学药剂

医院在分析测试过程中将用到化学品以及生物制剂，其品种及用量见表 12-1。

表 12-1　主要医用化学品、生物制剂清单

| 序号 | 品名 | 年用量 | 备注（年用量） |
|---|---|---|---|
| 1 | 氰化钾 | 1 瓶 | 521.25 g |
| 2 | 氰化钠 | 1 瓶 | 500 g |
| 3 | 亚砷酸酐 | 1 瓶 | 500 g |

| 序号 | 品名 | 年用量 | 备注（年用量） |
|---|---|---|---|
| 4 | 汞 | 10 瓶 | 3 555 g |
| 5 | 氯化高汞 | 1 瓶 | 243.5 g |
| 6 | 叠氮化钠 | 1 瓶 | 181 g |
| 7 | 亚砷酸钠 | 1 瓶 | 500 g |
| 8 | 四氧化锇 | 2 安瓿 | 0.4 g |
| 9 | NNN'N'四甲基二乙烯三胺 | 2 瓶 | 840 g |
| 10 | 苦味酸 | 5 瓶 | 120.1 g |
| 11 | 盐酸 | 3 瓶 | 1 500 mL |
| 12 | 甲醇 | 20 瓶 | 10 000 mL |
| 13 | 二甲苯 | 25 瓶 | 12 500 mL |
| 14 | 乙醇、过氧乙酸、醋酸氯己定、消洗灵等试剂及空气消毒剂 | 36 t | 国产 |
| 15 | 废弃物处置消毒剂：石灰 | 5 t | 国产 |
| 16 | 次氯酸钠（废水处理消毒剂） | 0.4 t | 国产 |

### （五）配套市政设施

#### 1．排水

本项目为独栋建筑，项目内不设洗衣间，项目医护人员衣物拟委托外单位负责清洗，目前正在洽谈中。项目排水采用雨污分流制，雨水由建筑屋顶收集后沿建筑立面雨水管排入市政雨水管网。项目产生的污水主要来源于病区污水和非病区污水。

项目病区污水：其中诊疗室、检验室、手术室、产房等排出的污水经自建的污水处理设施进行处理，处理达标后的排入市政管网，最终汇入清河污水处理厂进行进一步处理。职工、就诊病人、住院病人卫生间排放的污水经化粪池消解后上清液经污水处理设备处理后经市政管网排入清河污水处理厂进一步处理。

项目非病区污水：食堂产生的餐厨污水经隔油箱处理后经市政管网排入清河污水处理厂进行进一步处理；直燃机定期排污水和反冲洗废水经市政管网排入清河污水处理厂进行进一步处理。

#### 2．供暖、制冷、热水供应

项目使用建筑物内原有远大空调有限公司生产的冷暖式燃气一体化直燃机系统提供冬季采暖、夏季制冷以及四季卫生热水，项目设两台燃气直燃机，一用一备，直燃机供热量为 $80 \times 10^4$ kcal/h（1 kcal = 4 185.85 J），型号为 B2100VIC，该燃气一体化直燃机系统位于所在建筑地下二层设备房内。

### （六）工程分析

项目租用已建房屋，房屋内部条件不能直接作为医疗项目用房使用，项目需对所租房屋进行内部重新装修，因此，本项目工程分析分为施工期及运营期两部分进行。

1．施工期环境影响因素

该房产为已建房屋，本项目施工主要内容为医院用房内部装修及配套设备的安装调试，主要影响为室内装修阶段产生的装修扬尘、运输材料汽车尾气，工人日常生活产生的生活污水、垃圾，施工过程使用的机械设备噪声、装修垃圾。

2．运营期环境影响因素

本项目为妇产医院，项目营运期主要污染来源于医疗活动产生。项目冬季供暖、夏季制冷及医院内卫生热水由远大空调有限公司生产的冷暖式燃气一体化直燃机系统提供；医院设置食堂方便员工、病人就餐；项目污水处理采用一级强化消毒处理工艺，污水处理设施均位于地下三层设备间内，污水处理设施为封闭结构，因此，本项目主要大气污染物为职工食堂产生的餐饮油烟以及直燃机燃烧产生的 $NO_2$、$SO_2$。

项目内不设洗衣间，项目医护人员衣物拟委托外单位负责清洗，目前正在洽谈中。项目产生的污水主要为病区污水和非病区污水，病区污水主要源于职工、就诊病人、住院病人卫生间以及手术室、检验室、诊疗室、产房等各诊室排放的污水；非病区污水主要包括食堂产生的餐厨污水以及燃气直燃机定期排污水和反冲洗废水，由于该医院行政管理人员和医务人员与病人共用卫生间，因此，医院行政管理人员和医务人员产生的这部分生活污水也属于病区污水。

项目噪声主要来源于污水处理水泵、油烟净化器风机、直燃机、冷却塔、手术室新风风机等设备运转产生。项目产生的固体废物主要为项目医疗过程产生的医疗废物以及职工日常产生的生活垃圾、食堂产生的餐厨垃圾、污水处理过程、化粪池、格栅等产生的污泥。营运期项目产生污染物类别统计详见表 12-2。

表 12-2 项目产生污染物类别统计

| 序号 | 类型 | 污染源 | 主要污染物 |
|---|---|---|---|
| 1 | 废气 | 冷暖式燃气一体化直燃机 | $SO_2$、$NO_2$ |
| | | 食堂 | 油烟 |
| 2 | 废水 | 诊室污水 | $BOD_5$、COD、SS、粪大肠菌群、余氯、氨氮 |
| | | 卫生间污水 | $BOD_5$、COD、SS、粪大肠菌群、余氯、氨氮 |
| | | 餐厨污水 | $BOD_5$、COD、SS、氨氮、油脂 |
| | | 直燃机定期排污水和反冲洗废水 | $BOD_5$、COD、SS |
| 3 | 噪声 | 油烟净化器风机 | |
| | | 污水处理设备水泵 | |
| | | 燃气直燃机 | |
| | | 冷却塔 | |
| | | 手术室新风风机 | |
| 4 | 固体废物 | 医疗废物 | 感染性废物、损伤性废物、药物性废物、化学性废物 |
| | | 生活垃圾 | 废弃包装物、废纸、废塑料等 |
| | | 化粪池、水处理设施、格栅 | 污泥 |
| | | 餐厨垃圾 | 食堂产生的废菜叶、泔水等 |

### 3．项目环境保护措施

项目环境影响行为及环境保护措施见表 12-3。

表 12-3 项目环境影响行为及环境保护措施

<table>
<tr><th colspan="4">环境影响行为</th><th>预计产生的环境影响及对策</th></tr>
<tr><td colspan="2" rowspan="2">施工期环境影响</td><td colspan="2">材料运输、装修过程</td><td>交通噪声、施工扬尘、施工设备运转产生的噪声分区分时控制、装修垃圾清运</td></tr>
<tr><td colspan="2">施工人员日常生活</td><td>生活垃圾清运、生活污水排入市政管网</td></tr>
<tr><td rowspan="11">运营期环境影响</td><td rowspan="4">废水</td><td rowspan="2">病区污水</td><td>卫生间</td><td>产生的污水经化粪池消解后，上清液经污水处理设备处理后经市政管网排入污水处理厂处理，沉淀物定期消毒后委托具有 HW049 危险废物清运资质单位清运处理</td></tr>
<tr><td>手术室、检验室、诊疗室、产房等各诊室</td><td>产生的污水经污水处理设备处理后经市政管网排入污水处理厂进行处理</td></tr>
<tr><td rowspan="2">非病区污水</td><td>食堂</td><td>产生的餐厨污水经隔油箱处理后经市政管网排入污水处理厂进行处理</td></tr>
<tr><td>直燃机系统定期排污水和软化装置反冲洗废水</td><td>经市政管网排入污水处理厂进行处理</td></tr>
<tr><td rowspan="2">废气</td><td colspan="2">食堂油烟</td><td>经过油烟净化器处理后排放</td></tr>
<tr><td colspan="2">燃气直燃机</td><td>燃气直燃机产生的废气经内部烟道至顶层排放，排气筒高度为 39 m</td></tr>
<tr><td>噪声</td><td colspan="2">医院设备（污水处理水泵、油烟净化器风机、直燃机、冷却塔、手术室新风风机等设备）运转</td><td>油烟净化器风机及冷却塔位于十二层楼顶，手术室新风风机位于二层南侧平台，其余设备均位于相应设备间内，采用低噪声设备、隔声、消音、基础减振等措施并经过建筑物、地板隔声、距离衰减后，达标排放</td></tr>
<tr><td rowspan="3">固废</td><td colspan="2">医疗废物</td><td>北京金州安洁废物处理有限公司清运、处理</td></tr>
<tr><td colspan="2">污泥</td><td>定期消毒后委托北京优佳昌盛清洁服务有限公司清掏，清掏物委托具有 HW049 危险废物清运资质单位进行清运、处理</td></tr>
<tr><td colspan="2">生活垃圾、餐厨垃圾</td><td>生活垃圾、餐厨垃圾拟由北京市海淀区环境卫生服务中心垃圾转运堆放管理站清运处理</td></tr>
</table>

（1）病区污水处理

项目针对病区卫生间产生的污水，设置了位于地下三层西侧设备间的化粪池，化粪池容积为 40.5 $m^3$，化粪池采取防腐、防渗处理。

经化粪池处理后的病区卫生间以及诊室排放的污水采用一级强化污水处理工艺，工艺过程为“预处理＋沉淀＋消毒”，设计污水处理规模为 35 t/d，污水处理设施以及水泵位于地下三层的污水处理间内。

（2）非病区污水处理

针对非病区食堂产生的餐厨污水设置隔油箱进行处理，隔油箱位于食堂各手盆下方。

（3）固废处理

本项目设置医疗废物暂存间贮存产生的医疗废物，该医疗废物暂存间设置于一层西北角，暂存间内地面需采取防渗处理，室内拟设有紫外消毒设备，在医疗废物暂存间外设置明显的医疗废物警示标识。

项目医疗废物委托北京金州安洁废物处理有限公司清运、处理，生活垃圾由北京市海淀区环境卫生服务中心垃圾转运堆放管理站清运、处理。

（4）噪声处理

项目油烟净化器风机、冷却塔均位于十二层楼顶，手术室新风风机位于二层南侧平台，冷却塔西侧设置隔声屏障，隔声屏障高于冷却塔 2 m，油烟净化器风机外拟设置消声器；手术室新风风机外设置消声房。燃气直燃机、污水处理水泵设置在医院建筑内相应的设备间内，燃气直燃机设置在地下二层设备间内，污水处理水泵设置在地下三层污水处理设备间内。各产噪设备均选用低噪声设备，采取减振措施。

**点评：**

“项目概况与工程分析”应涵盖从建设到运营的全部工程内容，其内容是否清晰、完整、全面，符合实际情况，对于环境影响识别、评价因子筛选、工程分析、影响预测、环保对策等环评工作是否能够有的放矢地顺利开展十分重要。本案例工程概况介绍清楚、详细，为后续开展该项目建设期和运营期环境影响评价提供了良好的基础材料。

## 三、环境现状（略）

## 四、环境影响预测与评价

### （一）施工期环境影响分析与评价（略）

### （二）运营期环境影响预测与评价

#### 1. 大气环境影响预测与评价

（1）餐饮废气

项目食堂位于地下二层，厨房安装通过环保认证的油烟净化处理设施对油烟进行净化处理，厨房灶口上方安装集气罩收集油烟后，通过风机经建筑内已有烟道引至十二层楼顶油烟净化器进行处理，处理后于十二层楼顶排放，排烟口朝向北。项目油烟经该油烟净化器处理后，排放浓度约为 1.03 $mg/m^3$，年排放量为 0.015 t/a，能够达到《饮食业油烟排放标准》（GB 18483—2001）的油烟排放小于 2 $mg/m^3$ 的要求。油烟净化设施效率达 85%以上，能够达到《饮食业油烟排放标准》（GB 18483—2001）的饮食业单位油烟净化设施最低去除效率的要求。

（2）直燃机废气

项目直燃机使用的燃料为天然气，烟气中的主要污染物为 $NO_2$ 和少量 $SO_2$，经核算，项目使用天然气产生的废气排放浓度及排放量分别为：$NO_2$：96.9 mg/m$^3$、0.08 t/a，$SO_2$：0.44 mg/m$^3$、$0.36 \times 10^{-3}$ t/a。

项目直燃机系统产生的烟气经建筑内部烟道至十二层楼顶排放，直燃机废气排放口高度约 39 m，排烟口朝上，满足北京市地方标准《锅炉大气污染物排放标准》（DB 11/139—2007）中燃气锅炉的排放标准中排放浓度与排放高度要求。

本环评采用 HJ 2.2—2008 推荐的估算模式，对直燃机废气采用估算模式进行粗略预测，估算模式所采用的源强按照最不利情况计算，即按照运行时小时最大耗燃气量折算污染物源强。

**2．水环境影响预测与评价**

（1）地表水影响分析

本项目设计床位为 100 张，项目建成后全院废水排水量为 32.94 m$^3$/d，医院内不设传染科室，医院排水水质成分相对不复杂，医院内实行病区与非病区污水分流制。

项目卫生间排放的污水经位于地下三层的化粪池消解后，上清液经污水处理设备处理消毒处理后经市政管网排入污水处理厂进一步处理，沉淀物定期消毒后委托北京优佳昌盛清洁服务有限公司清掏，同时委托具有 HW049 危险废物清运资质单位进行清运、处理。诊疗排放的污水直接汇入地下三层自建污水处理设备，经消毒处理后经市政管网排入污水处理厂进一步处理。

本项目排放的病区污水经污水处理设施处理后出水水质以及总排水口出水水质中粪大肠菌群、总余氯污染因子排放浓度能够达到《医疗机构水污染物排放标准》（GB 18466—2005）中的综合医疗机构和其他医疗机构水污染物排放限值的要求，氨氮排放浓度能够达到《污水排入城镇下水道水质标准》（CJ 343—2010）中的限值，其他污染因子的排放浓度能够达到北京市《水污染物排放标准》（DB 11/307—2005）中排入城镇污水处理厂限值的要求。

项目所在地位于清河污水处理厂汇水范围，产生的污水经污水处理设备消毒处理后最后汇入清河污水处理厂。项目污水成分简单无特殊污染因子，不会给市政管线造成不利影响，因此，从排水水量以及水质分析，项目排放的污水完全可被项目所在地已有污水管网接纳。同时清河污水处理厂有能力接纳本项目排放的污水，并且本项目排放的污水不会对清河污水处理厂产生冲击负荷，因此，本项目排放的污水可在城市污水处理厂得到进一步的净化处理，对周围水体环境影响较小。

（2）地下水环境影响分析

建设项目属于第Ⅰ类评价项目，需要预测和评价建设项目运行后排污对地下水影响。管道设计不合理或防渗漏措施不完善都会造成污水渗漏，对地下水造成污染。渗漏的污水少量经挥发散失到大气中，少量经土壤过滤、吸附、离子交换、沉淀、水解以及生物积累等作用后，污水中的一些物质得到去除，而其他污染物则渗入地下。污水中的有机物分解产生 $CO_2$，使水中 $CO_2$ 的分压升高，进而溶解土层中的钙、镁碳酸盐，增加 $Ca^{2+}$、$Mg^{2+}$、$HCO_3^-$的迁移能力，从而造成地下水总硬度增高。

为防止地下水被污染，项目对新建化粪池、管网以及污水处理设施等使用合格管材、器件、采取严格的防腐、防渗漏措施，避免因管路发生跑、冒、滴、漏等现象，造成污水渗漏、污染地下水体。在防腐、防渗措施到位、定期检查维护的情况下，预计本项目不会因排水系统污水渗漏对本地区地下水环境产生影响。

（3）噪声环境影响评价

本项目营运期间，医院噪声源主要为医院设备（冷却塔、污水处理设施水泵、直燃机、油烟净化器风机等设备、手术室新风风机）运转产生的噪声以及社会噪声。通过预测结果表明，项目噪声源采取隔声、减振、距离衰减等措施后，项目边界以及环境敏感点噪声均满足标准要求，项目运营过程设备噪声对周围环境以及环境敏感目标影响较小。

（4）固体废物影响预测与评价

项目产生的固体废物包括：医疗过程产生的危险废物、日常产生的生活垃圾以及餐厨垃圾。一般生活垃圾及餐厨垃圾集中后，拟由北京市海淀区环境卫生服务中心垃圾转运堆放管理站清运处理，废油脂由有资质的单位处理。

本项目医疗废物和污泥属于危险废物，医疗废物产生量约为 25.23 t/a；污泥量约为 28.51 t/a。项目将医疗废物暂存于医疗废物暂存间内，定期由北京金州安洁废物处理有限公司统一清运、处理。污泥经人工投药消毒后，委托北京优佳昌盛清洁服务有限公司定期清掏，同时委托具有 HW049 危险废物清运资质单位进行清运、处理。

本项目在建筑一层西北角设有单独的医疗废物暂存室，医疗废物暂存间的建设按照《医疗废物集中处置技术规范》（试行）（环发[2003]206 号）的要求进行。地面进行防渗处理，地面有良好的排水性能，易于清洁和消毒，产生的废水应采用管道排入消毒池消毒处理，禁止将产生的废水直接排入外环境；医疗废物暂存间设置紫外消毒灯，同时在医疗废物站外明显处设置医疗废物警示标识。

综上所述，医院贮存设施规范设置，生活垃圾做到日产日清、危险废物及时清运送有资质的单位处理，项目对生活垃圾、医疗废物及污泥采取符合环保的治理措施后，项目生活垃圾的处理和处置能符合《中华人民共和国固体废物污染环境防治法》（2004 年 12 月 29 日修改）等国家及北京市的有关规定。医疗废物处理和处置能满足《医疗废物管理条例》《医疗卫生机构医疗废物管理办法》以及《北京市医疗废物贮存污染防治指导意见》中的相关规定，污泥清掏前消毒处理后污泥能满足《医疗机构水污染排放标准》（GB 18466—2005）中医疗机构污泥控制标准。项目产生的各项固体废物不会对周边环境产生不利影响。

**点评**

“环境影响评价”是报告书最为核心的内容，通常每一节代表了不同类型环境影响的评价内容。评价中首先应完整地介绍所采用的评价方法，在工程分析和现状调查的基础上实施建设项目环境影响的模拟预测，并以文字和图表清晰、完整地表达预测成果和评价结果，给出是否符合相关环境标准和影响是否可以接受的明确的评价结论。

本案例评价内容全面、规范，评价方法和技术路线适当，评价内容与结果为提出全面、合理的避免和减缓不利影响的对策措施提供了依据。应补充对本项目环境敏感点的影响分析。

## 五、环境风险分析（略）

## 六、环保措施分析（略）

## 七、公众参与（略）

## 八、结论与建议

### （一）工程概况（略）

### （二）环境现状评价（略）

### （三）环境影响评价（略）

### （四）主要环保对策措施（略）

### （五）公众参与（略）

### （六）工程建设的环境可行性及评价总结论

#### 1．工程建设的环境可行性

北京宝岛妇产医院有限公司是促进城市卫生事业发展项目，符合国家和地方有关产业政策。项目符合清洁生产原则，项目冬季供暖、夏季制冷由燃气直燃机提供、制冷由中央空调提供，污水经自建污水处理设施消毒处理后能达标排放，减少了对地表水体的影响，符合总量控制的原则，采用的各项污染防治措施可行，对评价区域环境影响小，且有利于当地医疗卫生条件的改善。

公众调查回访期间77%的居民对项目建设表支持态度，14%的居民对项目建设表无所谓态度，9%的居民对项目建设表不支持态度。本报告书认为，在进一步与居民沟通，争取居民对项目建设的理解和支持，落实报告书中提出的各项环境保护措施的前提下，从环境保护角度分析，项目的建设是可行的。

**2．评价总结论**

建设项目在坚持“三同时”原则，采取相应的环保措施，并严格执行各种污染物排放标准，项目建成后对当地环境造成的影响是可以接受的，因此北京宝岛妇产医院有限公司项目建设是可行的。

### （七）对策建议

① 项目冷却塔一用一备，建议建设单位日常使用过程使用靠近东侧的冷却塔，西侧冷却塔作为备用；项目二层南侧新风风机夜间 10 点关闭，项目运营过程以确保厂界噪声达标。进一步与居民沟通，争取居民对项目建设的理解和支持，项目运营后，经常与居民沟通，保持良好的邻里关系。

② 对医疗污水处理设施排放口设置液位控制仪表，并定期进行一次排放污水水质监测，确保其排污达标。为防止污染地下水，医院污水管道处理系统必须进行严格的防渗漏和防腐处理，对垃圾房的地面进行硬化防渗处理。

③ 建议医院设专人负责环保管理，保证各三废处置措施能正常运转。院方应特别注意防止病菌的排放对环境的污染。对含某些化学物的废水、固废等尽可能单独收集，分别处理，防止大量有毒有害物质进入外环境。建立健全固体废弃物收集、处理、处置措施，各类固体废弃物处置应遵循“分类、回收利用、减量化、无公害、分散与集中处理相结合”这五个原则。医疗废物的收集、贮存、处置应严格按照《医疗废物管理条例》的有关规定实行。同时院方应对病理性固废、废药物、锐器等特殊固废的处置进行有效的跟踪管理，防止二次污染。

**点评**

“结论与建议”通常为报告书的最后一章，可首先对除“总论”之外的各章内容作出概要性总结，继而给出综合评价结论，以及提出必要的建议。本案例各章总结和综合结论均是在完整、深入、细致、规范地开展大量环评工作的基础上归纳得出的，评价结论总体合理、可信，对项目实施中环境保护工作的开展具有较强的指导作用。

# 参考文献

[1] 田刚，秦大唐，等．环境影响评价典型实例[M]．北京：化学工业出版社，2002.
[2] 国家环保总局环评中心．案例分析——国家环保总局环评中心培训教材[M]．北京：中国环境科学出版社，2006.
[3] 秦大唐，等．北京地区生物入侵风险分析[J]．环境保护，2004（1）.
[4] 秦大唐，等．北京地区核辐射风险分析[J]．环境保护，2004（5）.
[5] 秦大唐，等．能值理论在生态系统稳定性研究中的应用[J]．环境科学，2004（9）.
[6] 秦大唐，等．有限时段源模式在河流水质预测中的应用[J]．环境保护，1990（2）.
[7] 彭应登，等．环境影响评价中外环境调查的概念[J]．环境科学，1992（8）.
[8] 彭应登，等．战略环境评价与项目环境影响评价[J]．中国环境科学，1995（3）.
[9] 闫育梅，等．公共地下车库空气质量调查与评价[J]．环境保护，2003（8）.
[10] 鱼红霞，等．环境风险评价的理论与实践研究[J]．环境保护，2001（9）.
[11] 鱼红霞，等．增强环境影响评价中公众参与有效性的探讨[J]．环境保护，2002（1）.
[12] 鱼红霞，等．北京市村镇地区污水治理对策研究[J]．环境与可持续发展，2008（12）.
[13] 毛文永．生态环境影响评价概论（修订版）[M]．北京：中国环境科学出版社，2003.
[14] 贾生元．生态影响评价理论与技术[M]．北京：中国环境科学出版社，2013.
[15] 金腊华．近水域建设项目生态环境影响评价[M]．北京：化学工业出版社，2007.
[16] 汪俊三，梁明易，等．建设项目生态影响评价[M]．北京：中国环境科学出版社，2012.

# 第三篇　区域开发

区域开发是指在一定区域内进行社会经济活动的总称，由于其环境影响复杂且持续时间较长，区域开发环评始终是环境影响评价的一种重要类型。

本篇介绍了区域开发环评的发展历程、定位，通过比较区域开发环评与项目环评的异同和分析区域开发环评与战略环评的关系，总结了这一类环评的特点。在这基础上，详细梳理了区域开发环评涉及的法律法规和技术标准，总结了区域开发环评的总体设计方法和主要内容，就主要内容的重点章节和关键问题进行了详细剖析，并给出了常用的技术方法。

本篇从理论始，至案例终，层层深入，帮助学员正确理解区域开发环评，指导学员开展相应工作。

# 第十三章　区域开发环境影响评价概述

## 第一节　区域开发环境影响评价的定位和特点

### 一、区域开发环境影响评价的发展沿革和分类

#### （一）区域开发环境影响评价的发展沿革

1987 年 6 月，蔡贻谟和郭震远等人编写的《环境影响评价手册》中首次提出了“区域开发环境影响评价”的概念，并对区域开发环境影响评价的任务、内容、作用和地位进行了论述。1989 年由国家环境保护局和安徽省城乡建设环境保护厅组织开展的“马鞍山市区域环境影响评价”被列为国家环境保护局的“区域环境影响评价”试点项目。1990 年 7 月，国家环境保护局在上海市召开了“区域开发建设环境影响评价程序与方法研讨会”。研讨会上，大家对区域开发环境影响评价的评价对象、内容、程序与方法、区域开发环境影响评价与区域环境规划的关系等基本问题展开讨论。最终一致认为，应尽快加强区域开发环境影响评价的理论研究，为建立技术规范提供理论基础。1991 年 1 月王华东等对区域开发环境影响评价的类型、评价原则、评价程序和评价方法进行了较全面的论述。同时强调，区域开发环境影响评价的对象是区域内所有的开发建设行为；不仅要找出这些行为对环境的影响程度，而且要找出其影响规律。1995 年 5 月，国家环境保护局在“中国环境保护 21 世纪议程”中提出完善区域开发环境影响评价理论、技术和管理方法，全面开展区域开发环境影响评价。1999 年 6 月，彭应登编著的《区域开发环境影响评价》中论述了区域开发环境影响评价与区域环境规划的相互关系以及两者在区域环境管理中的作用和地位，从评价对象、评价内容、作用和地位等三方面对区域开发环境影响评价概念的含义作了进一步的探讨。他提出借鉴国外的战略环境评价的理论与方法对国内的区域开发环境影响评价理论进行研究；提出开展累积影响研究，以建立和完善中国的区域开发环境影响评价理论；同时对区域开发环境影响评价的可持续发展指标体系进行了论述，提出了包括污染指标、资源指标和生物多样性指标的体系构成和指标选择原则。

在法律层面上，1986 年国家环境保护局等三部委发布的《建设项目环境保护管

理办法》[（86）国环字第003号]中将区域开发类环境影响评价作为项目环境影响评价进行管理。1998年颁布的中华人民共和国国务院令第253号《建设项目环境保护管理条例》中第三十一条提出“流域开发、开发区建设、城市新区建设和旧区改建等区域性开发，编制建设规划时，应当进行环境影响评价。具体办法由国务院环境保护行政主管部门会同国务院有关部门另行规定”。由于当时规划环境影响评价尚缺乏法律依据，所以在国家环境保护总局令第14号《建设项目环境保护分类管理名录》（2002年10月13日颁布，2003年1月1日实施，2008年10月1日废止）中，对区域开发类建设活动界定为：“经济技术开发区，高新技术产业开发区，旅游度假区，边境经济合作区，保税区，工业园区及成片土地开发”，仍将区域开发类环境影响评价作为项目环境影响评价进行管理。2006年颁布的国家环境保护总局令第26号《建设项目环境影响评价资质管理办法》中沿用了这一分类，在新旧类别对照表中，将“开发区建设、城市新区建设和旧城改建的区域性开发等项目”归为社会区域类环境影响评价。

从2003年开始，《中华人民共和国环境影响评价法》中明确提出了规划环境影响评价的概念：“国务院有关部门、设区的市级以上地方人民政府及其有关部门，对其组织编制的土地利用的有关规划，区域、流域、海域的建设、开发利用规划，应当在规划编制过程中组织进行环境影响评价，编写该规划有关环境影响的篇章或者说明”。其中，将区域开发规划列入应开展规划环境影响评价的“一地三域十专项”规划之一，从而正式确立了区域开发环境影响评价作为规划层次环境影响评价的法律地位。

由于《环境影响评价法》与之前的法规对区域开发类环境影响评价的双重界定，在一段时间内，区域开发类环境影响评价定位模糊，在各地的实践中，也出现了不同的认定。《环境影响评价法》出台后，在2008年的《建设项目环境保护分类管理名录》中不再对区域开发类活动进行分类。至此，区域开发类环境影响评价正式归入规划环境影响评价。

### （二）区域开发的类型与主要评价特点

区域开发的分类繁多。在大区域层次，区域开发类型有沿海地区开发、内陆地区开发、贫困地区开发、少数民族地区开发等分类方法，此外还有资源富集区开发、工业基地开发、流域综合开发、湖区开发、海洋带开发、海岸带开发、林区开发、草原开发、冻土带开发等多种分法；在区域层次，区域开发可分为城市开发、流域开发、县镇开发、工矿区开发、风景旅游区开发、农业区开发等多种分类；在亚区域层次，区域开发的分类更为繁多，其分类可包括乡镇开发、城镇住宅区开发、旅游区开发、工业小区开发、贸易区开发和包括保税区、经济技术开发区、科技工业园区和高新产业开发区等。

为了便于分析，一般将各层次的各类区域开发简单地归纳为资源开发、工业开发和城镇开发三大类。在环境影响及其评价的特点上，不同层次和类型的区域开发都有所不同，参见表 13-1。

表 13-1　不同区域开发的环境影响及其评价的特点（彭应登，1997）

| 类型<br>层次 | 资源开发 | | 工业开发 | | 城镇开发 | |
|---|---|---|---|---|---|---|
| | 已开发区 | 新开发区 | 已开发区 | 新开发区 | 已开发区 | 新开发区 |
| 大区域层次 | 生态保护、生物区变化、自然保护区 | 生态平衡、生物多样性、生物区划、资源容量 | 污染防治目标、跨区累积效应、环境承载力 | 产业结构与工业布局、跨区累积效应、环境承载力 | 城市功能与设施完善、改造与布局 | 城市布局与功能区划、基础设施规划、城市生态规划 |
| 区域层次 | 生物区保护、生态区整治、土地利用变化 | 生态系统完整性、累积景观变化生态效应 | 污染防治方案、累积效应、环境容量 | 工业布局与污染防治、累积效应、环境容量 | 基础设施改造方案、总量控制 | 空间规划、城市景观、基础设施、人群健康 |
| 亚区域层次 | 资源保护、植被变化、水土流失物种保护 | 资源利用方式、动植物影响、缓解措施 | 污染治理方案、排污许可、污染总量控制 | 项目布局、排污分配、污染总量控制 | 设施完善、植被面积、噪声标准 | 公用设施规划人均绿化面积噪声标准、人体健康 |

例如，资源开发的环境影响一般主要是生态破坏，工业开发的环境影响一般主要是环境污染，而城镇开发的环境影响则往往包括生态破坏和环境污染两个方面。同时，对较大区域生态破坏进行评价的着眼点往往是生态变化的趋势与系统行为；而对较小区域生态破坏进行评价的着眼点一般是系统结构、功能与组成的变化。对较大区域环境污染进行评价的着眼点往往是污染变化趋势与污染分布，而对较小区域环境污染进行评价的着眼点一般是污染迁移转化规律与总量控制途径。当然，以上差别并非绝对，同样类型的区域开发在不同的地方常常会产生不同的环境影响，而且对它们的环境影响评价也会由于出发点的不同而采用不同的评价重点和方法。上述归纳仅供技术人员对繁杂的区域开发及其影响进行初步分析。

## 二、区域开发环境影响评价与项目环境影响评价的异同点

### （一）工作目的和评价原则基本一致

区域开发环境影响评价弥补了项目环境影响评价宏观管理力度不足的缺陷，虽然与项目环境影响评价有很大不同，但在工作目的、评价原则上与项目环境影响评价却是一脉相承的。

工作目的一致：区域开发环境影响评价和项目环境影响评价的工作目标都是评价

设计方案的环境合理性。项目环境影响评价在调查项目所在地环境现状和分析项目产生的主要环境影响的基础上，论证项目设计方案（可行性研究或初步设计）的环境合理性；区域开发环境影响评价根据拟开发区域的环境承载力和开发活动实施后的直接影响、间接影响、累积影响，分析开发方案的环境合理性。

评价原则基本一致：在评价原则上，区域开发环境影响评价与项目环境影响评价也没有本质的区别。两者的基本原则都是分析区域的环境现状及承载能力与设计方案实施后的环境影响之间的协调性、可接受性，使环境影响最小化。

评价原则的一致性决定了区域开发环境影响评价与项目环境影响评价在基本工作内容上也是基本相似的。都包括了环境现状、工程（或规划）影响预测、减轻环境影响的措施等。《规划环境影响评价技术导则（试行）》中关于规划环境影响评价的基本评价内容是“规划分析、环境现状与分析、环境影响识别与确定环境目标和评价指标、环境影响分析与评价、环境可行的推荐规划方案、公众参与、监测、跟踪评价计划”，几乎完全可以和项目环境影响评价的“工程分析、环境现状与分析、环境影响识别与确定环境目标和评价指标、环境影响预测与评价、污染防治措施、公众参与、环境管理方案”相对应。

### （二）具体评价方法各有不同

评价对象、评价范围和评价时段不同：项目环境影响评价的评价对象是项目设计方案，具体而言是可行性研究或初步设计；区域开发环境影响评价的评价对象是开发方案。开发方案与项目设计方案相比，操作层面的内容较少，多为框架性构想，虽然通常也提供选址、地块分类、交通规划、给排水规划等内容，但不会像项目方案那样提供设备的具体参数和详细的技术经济指标。

由于评价对象不同，区域开发环境影响评价与项目环境影响评价的评价范围和评价时段也不同。项目环境影响评价根据污染物排放量和占地面积、当地环境特点、项目影响范围等，以项目占地区为核心，向外扩展几公里至几十公里，评价范围通常为几平方公里至多几百平方公里。区域开发环境影响评价的范围则通常大于项目环境影响评价。这不仅是由于区域开发范围本身大于项目占地范围，更是因为区域开发环境影响评价不仅考虑开发活动的直接影响范围，也考虑规划的间接影响范围。因此，有的区域开发环境影响评价的范围会涉及上万平方公里，甚至会跨多个行政区域。

项目环境影响评价特别是工业项目环境影响评价的评价时段通常较短，且运营期内变化不大；生态类项目环境影响评价受工程特点影响，评价时段较长。但总体而言，项目环境影响评价的评价时段多为几年或十几年，即便是开发周期较长的矿山项目，对于十年之后较为远期的开发活动，评价工作也较为粗略。而对于区域开发环境影响评价，评价时段通常与规划时段相同，规划近期一般为 5 年，规划远期 10 年或 20 年。

评价对象、评价范围和评价时段的不同，不仅使得项目环境影响评价中常用的模型计算在规划环境影响评价中难以操作，更重要的是，评价范围和评价时段的量变引发了环境影响评价内容的质变：对于开发活动涉及的区域性、社会性问题及累积环境影响，在项目环境影响评价中通常不需进行分析，而在区域开发环境影响评价中则应该重点分析，甚至成为了目前区域开发环境影响评价的标志性内容。

区域开发环境影响评价与项目环境影响评价的工作重点也有不同。在空间分析上，区域开发环境影响评价侧重宏观布局，项目环境影响评价侧重微观选址；在方案分析上，区域开发环境影响评价侧重开发规模与结构，项目环境影响评价则侧重单个项目的污染排放与清洁生产、生态扰动与恢复。

由于评价的侧重点不同，所以区域开发环境影响评价与项目环境影响评价的工作主线也不同。项目环境影响评价以单个项目环境影响最小化为评价工作主线。项目环境影响评价的评价内容基本都围绕着污染治理设施的合理性展开，工程设施的合理性是项目环境影响评价的工作落脚点。其中，达标排放和环境可行性直接与污染设施处理水平有关；污染物总量和清洁生产水平是综合评价拟建项目工艺水平的指标，污染治理设施是其中的重要因素；环境风险则要求污染治理设施的进一步完善安全。

区域开发环境影响评价的评价主线是对区域开发规划的三要素“布局、结构、规模”的环境合理性进行分析，使规划方案的环境影响最小化。其规划相容性分析、环境承载力分析、生态适宜性分析、环境影响评价等工作内容都紧紧围绕这个工作主线开展。在规划相容性分析中，从法律、法规、产业政策、国家及地方各级规划内容中，分析规划的“选址、布局、定位、结构、规模”有无与以上各项文件存在环境方面不相容的内容，在法规层次对规划的“选址、布局、定位、结构、规模”进行第一次把关。在环境承载力分析中，从区域资源量、区域环境压力等宏观层次，分析规划的“定位、结构、规模”是否合理；在生态适宜性分析中，通过生态分区，确定区域适宜开发及不适宜开发用地，分析规划“选址、布局”合理性。通过环境承载力分析和生态适宜性分析，对规划的“选址、布局、定位、结构、规模”进行宏观层次的进一步分析。在环境影响评价中，通常以情景分析的方法，选取典型性、代表性规划情景，具体预测规划实施后的环境影响，是对规划的“选址、布局、定位、结构、规模”进行微观的第三层次预测分析。

由于工作主线的区别，使得同样的评价章节，在规划环境影响评价和项目环境影响评价的具体的工作内容上却不尽相同。如环境影响预测，对于项目环境影响评价，预测根据可研提供的各种污染设施的处理效率，计算污染物排放量及对环境的贡献值，计算相对具体和准确，是判断项目环境合理性的重要依据。对于区域开发环境影响评价，污染源通常根据类比方法获得，通过影响预测，作为规划选址、布局合理性分析的参考依据。这也在一个侧面体现了区域开发环境影响评价和项目环境影响评价的不同层次：规划环境影响评价阶段主要解决选址、布局、定位、结构、规模等宏观层面的问题，当这些矛盾解决后，在项目环境影响评价阶段，再进行工程治理设施的局部完善。

评价指标不同：评价指标的不同直接与评价工作主线相关。围绕工作主线，项目环境影响评价的主要评价指标包括污染源排放指标（排放浓度、排放速率、排放总量）、环境质量指标（浓度）、清洁生产（物耗能耗）等；而规划环境影响评价则主要包括规划相容性、环境承载力、生态适宜性等。

评价技术方法不同：以上的不同点，最终导致了区域开发与项目环境影响评价评价技术方法的不同。区域开发与项目在评价目的、基本思路上一致，但在操作层面却有较大不同。项目环境影响评价常用的分析方法，在规划环境影响评价中难以实施。一方面由于规划阶段不确定因素较多，项目环境影响评价中常用的模型计算方法由于难以获取参数而无法使用；另一方面，规划环境影响评价宏观分析的问题，采用项目环境影响评价的方法难以解决。

## 三、区域开发环境影响评价与战略环境影响评价的关系

社会经济开发活动计划的形成一般是遵循政策→规划→计划这样的顺序。即，首先是在较高层次上的政策形成，其次是第二层次的规划，最后是计划。政策可视为行动的指南，规划是一套实施政策的时空目标，计划则是在特定区域内的一系列项目。

战略环境影响评价（SEA）是环境影响评价在法律法规、政策、规划和计划等战略层次的应用，是在战略层次上及早协调环境与可持续发展关系的程序。

战略环境影响评价和项目环境影响评价（EIA）是与行动计划的各个规划阶段相对应的环境影响分析手段，是对开发活动整个前期筹划过程进行环境影响评价的两个组成部分。表 13-2 和图 13-1 能说明 SEA 与 EIA 之间的层次关系。

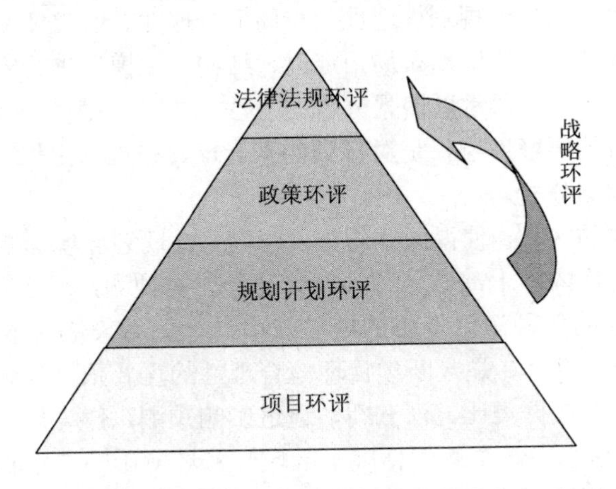


图 13-1 战略环境影响评价和项目环境影响评价关系示意

表 13-2 行动计划与环境影响评价的关系层次体系（彭应登，1997）

| 政府层次 | 土地利用规划（SEA） | 行业和多行业的行动 | | | |
|---|---|---|---|---|---|
| | | 政策（SEA） | 规划（SEA） | 计划（SEA） | 项目（EIA） |
| 国家 | 国家土地利用规划<br>↓ | 国家交通政策 → | 国家长期公路规划 →<br>↘ | 5 年公路建设计划 → | 快速路的建设 |
| 区域 | 区域土地利用规划<br>↓ | | 国家经济政策（SEA）<br>区域开发战略规划（RDEIA）<br>↘ | | |
| 亚区域 | 亚区域土地利用规划<br>↓ | | | 亚区域开发计划（RDEIA）<br>↘ | |
| 地方 | 地方土地利用规划 | | | | 地方基础设施项目（EIA） |

从表 13-2 可看出，首先是在政策、规划和计划层次进行 SEA，然后再在项目层次进行 EIA。SEA 为 EIA 提供依据，EIA 则促进 SEA 的深化和完善，从而构成完整的环境影响评价体系。在这个体系中，区域开发环境影响评价（RDEIA）作为 SEA 的一种类型，处于区域或亚区域的规划层次。

SEA 在应用上主要表现为三种形式：一种是区域 SEA，第二种是行业 SEA、第三种是“间接”SEA。区域 SEA 的评价对象主要是区域规划、城市规划、小区规划、乡村规划和开发区规划等；行业 SEA 的评价对象主要是工农业的产业规划与政策；“间接”SEA 的评价对象主要是科学与技术政策、财政政策和法律规定等。可见，区域开发环境影响评价是战略环境影响评价一种基本类型。

我国从 20 世纪 90 年代中期开始引入 SEA 概念并开展了相关研究。自《环境影响评价法》颁布实施以来，国内开展了多项规划环境影响评价，尤以开发区规划环境影响评价和矿区规划环境影响评价为主。

2009 年，环保部组织开展了以“环渤海沿海地区重点产业发展战略环境影响评价”“海峡西岸经济区重点产业发展战略环境影响评价”“北部湾经济区沿海重点产业发展战略环境影响评价”“成渝经济区重点产业发展战略环境影响评价”和“黄河中上游能源化工区重点产业发展战略环境影响评价”为代表的“五大区”战略环境影响评价，成为我国战略环境影响评价工作中的里程碑事件。2011 年后，环保部又先后组织了“西部大开发”战略环境影响评价和“中部崛起”战略环境影响评价，为我国战略环境影响评价研究积累了更多的素材。

战略环境影响评价将资源环境承载力作为依据，立足于建立自然生态系统与社会经济协调发展机制、促进经济健康发展、构建绿色发展的经济体系。在评价思路上，战略环境影响评价强调以环境红线作为区域开发的底线。在不同的区域，生态红线可以表现为重要生态功能不降低、水资源开发利用不超载、污染物排放总量不突破等。

常见的区域开发环境影响评价如开发区规划环境影响评价、矿区规划环境影响评价，其开发规模远小于战略环境影响评价，但以环境红线作为区域开发的底线，并以此作为环保目标的工作思路是一致的。

## 四、区域开发环境影响评价的特点

### （一）相对于政策类战略环境影响评价，区域开发环境影响评价的评价对象较为具体

与政策类战略规划相比，区域开发类的规划相对具体。开发区总体规划中有明确的地域范围，通常会确定开发的主导产业及经济规模，规划出配套的相关工程，如区域内的交通规划、给排水规划等。这些内容与大家熟悉的项目环境影响评价大体相近，只是相对粗略一些。

对于区域内现有的企业排污、治污措施有效性等相对中观或微观的环境问题也需要在区域开发类规划环境影响评价中加以评价。

### （二）相对于项目环境影响评价，工作层次相对宏观

区域开发类环境影响评价，需要对项目层次的一些环境问题进行分析评价，但并不等于是区域内所有项目的打捆项目环境影响评价。在区域开发规划环境影响评价中，对区域开发的累积影响（时间累积、空间累积等）应进行综合论述，并结合区域环境承载力进行环境可接受度的分析。

### （三）宏观层次与微观层次相结合

区域环境影响识别可分为两个层次，一是宏观规划层次，二是具体项目层次。区域开发类环境影响评价在解决问题的内容上有规划环境影响评价的特点，需要回答开发选址、布局等宏观问题，也需要关注“对直接影响、累积影响和长期影响的识别”。在解决问题的深度上，兼有项目环境影响评价的特点，在定性分析的基础上，要求对相对明确的问题作出定量或半定量分析。

# 第二节　区域开发环境影响评价主要法规及技术规范

## 一、《规划环境影响评价条例》

《规划环境影响评价条例》（以下简称《条例》）2009年8月12日在国务院第76次常务会议通过，自2009年10月1日起施行，是开展规划环境影响评价的重要法律和技术依据。《条例》在《环境影响评价法》基础上对规划环境影响评价的工作细节进行了深化，对规划环境影响评价的“评价、审查、跟踪评价、法律责任”等进行了明确规定。

（一）评价

明确了规划环境影响评价的基本内容、工作程序、公众参与、有效性等要求。

对规划进行环境影响评价，应当分析、预测和评估以下内容：① 规划实施可能对相关区域、流域、海域生态系统产生的整体影响；② 规划实施可能对环境和人群健康产生的长远影响；③ 规划实施的经济效益、社会效益与环境效益之间以及当前利益与长远利益之间的关系。

环境影响篇章或者说明应当包括下列内容：① 规划实施对环境可能造成影响的分析、预测和评估。主要包括资源环境承载能力分析、不良环境影响的分析和预测以及与相关规划的环境协调性分析。② 预防或者减轻不良环境影响的对策和措施。主要包括预防或者减轻不良环境影响的政策、管理或者技术等措施。环境影响报告书除包括上述内容外，还应当包括环境影响评价结论。主要包括规划草案的环境合理性和可行性，预防或者减轻不良环境影响的对策和措施的合理性和有效性，以及规划草案的调整建议。

环境影响篇章或者说明、环境影响报告书（以下称环境影响评价文件），由规划编制机关编制或者组织规划环境影响评价技术机构编制。规划编制机关应当对环境影响评价文件的质量负责。

规划编制机关对可能造成不良环境影响并直接涉及公众环境权益的专项规划，应当在规划草案报送审批前，采取调查问卷、座谈会、论证会、听证会等形式，公开征求有关单位、专家和公众对环境影响报告书的意见。但是，依法需要保密的除外。

对已经批准的规划在实施范围、适用期限、规模、结构和布局等方面进行重大调整或者修订的，规划编制机关应当依照本条例的规定重新或者补充进行环境影响评价。

### （二）审查

明确了审查程序和相关方职责。

规划编制机关在报送审批综合性规划草案和专项规划中的指导性规划草案时，应当将环境影响篇章或者说明作为规划草案的组成部分一并报送规划审批机关。未编写环境影响篇章或者说明的，规划审批机关应当要求其补充；未补充的，规划审批机关不予审批。

规划编制机关在报送审批专项规划草案时，应当将环境影响报告书一并附送规划审批机关审查；未附送环境影响报告书的，规划审批机关应当要求其补充；未补充的，规划审批机关不予审批。

审查意见应当包括下列内容：① 基础资料、数据的真实性；② 评价方法的适当性；③ 环境影响分析、预测和评估的可靠性；④ 预防或者减轻不良环境影响的对策和措施的合理性和有效性；⑤ 公众意见采纳与不采纳情况及其理由的说明的合理性；⑥ 环境影响评价结论的科学性。

有下列情形之一的，审查小组应当提出对环境影响报告书进行修改并重新审查的意见：① 基础资料、数据失实的；② 评价方法选择不当的；③ 对不良环境影响的分析、预测和评估不准确、不深入，需要进一步论证的；④ 预防或者减轻不良环境影响的对策和措施存在严重缺陷的；⑤ 环境影响评价结论不明确、不合理或者错误的；⑥ 未附具对公众意见采纳与不采纳情况及其理由的说明，或者不采纳公众意见的理由明显不合理的；⑦ 内容存在其他重大缺陷或者遗漏的。

有下列情形之一的，审查小组应当提出不予通过环境影响报告书的意见：① 依据现有知识水平和技术条件，对规划实施可能产生的不良环境影响的程度或者范围不能作出科学判断的；② 规划实施可能造成重大不良环境影响，并且无法提出切实可行的预防或者减轻对策和措施的。规划审批机关在审批专项规划草案时，应当将环境影响报告书结论以及审查意见作为决策的重要依据。

规划审批机关对环境影响报告书结论以及审查意见不予采纳的，应当逐项就不予采纳的理由作出书面说明，并存档备查。有关单位、专家和公众可以申请查阅；但是，依法需要保密的除外。

已经进行环境影响评价的规划包含具体建设项目的，规划的环境影响评价结论应当作为建设项目环境影响评价的重要依据，建设项目环境影响评价的内容可以根据规划环境影响评价的分析论证情况予以简化。

### （三）跟踪评价

对环境有重大影响的规划实施后，规划编制机关应当及时组织规划环境影响的跟踪评价，将评价结果报告规划审批机关，并通报环境保护等有关部门。

规划环境影响的跟踪评价应当包括下列内容：① 规划实施后实际产生的环境影响与环境影响评价文件预测可能产生的环境影响之间的比较分析和评估；② 规划实施中所采取的预防或者减轻不良环境影响的对策和措施有效性的分析和评估；③ 公众对规划实施所产生的环境影响的意见；④ 跟踪评价的结论。

规划实施过程中产生重大不良环境影响的，规划编制机关应当及时提出改进措施，向规划审批机关报告，并通报环境保护等有关部门。环境保护主管部门发现规划实施过程中产生重大不良环境影响的，应当及时进行核查。经核查属实的，向规划审批机关提出采取改进措施或者修订规划的建议。

规划实施区域的重点污染物排放总量超过国家或者地方规定的总量控制指标的，应当暂停审批该规划实施区域内新增该重点污染物排放总量的建设项目的环境影响评价文件。

### （四）法律责任

规划编制机关在组织环境影响评价时弄虚作假或者有失职行为，造成环境影响评价严重失实的，对直接负责的主管人员和其他直接责任人员，依法给予处分。

规划审批机关有下列行为之一的，对直接负责的主管人员和其他直接责任人员，依法给予处分：① 对依法应当编写而未编写环境影响篇章或者说明的综合性规划草案和专项规划中的指导性规划草案，予以批准的；② 对依法应当附送而未附送环境影响报告书的专项规划草案，或者对环境影响报告书未经审查小组审查的专项规划草案，予以批准的。

审查小组的召集部门在组织环境影响报告书审查时弄虚作假或者滥用职权，造成环境影响评价严重失实的，对直接负责的主管人员和其他直接责任人员，依法给予处分。

审查小组的专家在环境影响报告书审查中弄虚作假或者有失职行为，造成环境影响评价严重失实的，由设立专家库的环境保护主管部门取消其入选专家库的资格并予以公告；审查小组的部门代表有上述行为的，依法给予处分。

规划环境影响评价技术机构弄虚作假或者有失职行为，造成环境影响评价文件严重失实的，由国务院环境保护主管部门予以通报，处所收费用 1 倍以上 3 倍以下的罚款；构成犯罪的，依法追究刑事责任。

## 二、《开发区区域环境影响评价技术导则》

为贯彻《环境影响评价法》和《建设项目环境保护管理条例》，规范各类开发区区域环境影响评价工作，保护环境，促进开发区的可持续发展，2003 年，国家环境保护总局颁布了《开发区区域环境影响评价技术导则》（以下简称《开发区导则》）。

开发区是区域开发的典型代表，《开发区导则》适用于经济技术开发区、高新技术产业开发区、保税区、边境经济合作区、旅游度假区等区域开发以及工业园区等类似区域开发的环境影响评价的一般性原则、内容、方法和要求。

《开发区导则》中要求，开发区区域环境影响评价一般设置以下专题：

① 环境现状调查与评价

② 规划方案分析与污染源分析

③ 环境空气影响分析与评价

④ 水环境影响分析与评价

⑤ 固体废物管理与处置

⑥ 环境容量与污染物总量控制

⑦ 生态环境保护与生态建设

⑧ 开发区总体规划的综合论证与环境保护措施

⑨ 公众参与

⑩ 环境监测和管理计划

在内容和结构上，《开发区导则》的要求与项目环境影响评价更为相似。

《开发区导则》在附录中，给出了区域开发的环境影响识别和容量估算的方法，为解决区域开发环境影响评价中最困难的两个问题提供了途径。

## 三、《规划环境影响评价技术导则（试行）》

《规划环境影响评价技术导则（试行）》（以下简称《规划环境影响评价导则》）是配合《环境影响评价法》同期出台的技术导则，适用范围包括区域开发利用规划，是开展各类规划环境影响评价的技术规范。

《规划环境影响评价导则》规定，规划环境影响评价的基本内容包括：

规划分析，包括分析拟议的规划目标、指标、规划方案与相关的其他发展规划、环境保护规划的关系。

环境现状与分析，包括调查、分析环境现状和历史演变，识别敏感的环境问题以及制约拟议规划的主要因素。

环境影响识别与确定环境目标和评价指标，包括识别规划目标、指标、方案（包括替代方案）的主要环境问题和环境影响，按照有关的环境保护政策、法规和标准拟定或确认环境目标，选择量化和非量化的评价指标。

环境影响分析与评价，包括预测和评价不同规划方案（包括替代方案）对环境保护目标、环境质量和可持续性的影响。

针对各规划方案（包括替代方案），拟定环境保护对策和措施，确定环境可行的推荐规划方案。

开展公众参与。

拟定监测、跟踪评价计划。

编写规划环境影响评价文件（报告书、篇章或说明）。

与《开发区导则》不同的是，在《规划环境影响评价导则》中将环境影响评价后的成果表现为推荐规划方案，并明确提出了跟踪评价的要求，更符合国际上通行的规划环境影响评价技术思路。

《规划环境影响评价导则》还在附录中给出了区域规划的环境目标和评价指标表述示范，便于从业人员具体操作。

## 四、《规划环境影响评价技术导则—煤炭工业矿区总体规划》

《规划环境影响评价技术导则—煤炭工业矿区总体规划》（HJ 463—2009）是针对煤炭行业的规划环评导则，该标准自 2009 年 7 月 1 日起实施。该标准规定了煤炭工业矿区总体规划环境影响评价的一般原则、内容、方法和要求。适用于国务院有关部门、设区的市级以上人民政府及其有关部门组织编制的煤炭工业矿区总体规划环境影响评价。煤、电一体化，煤、电、化工一体化等专项规划环境影响评价中的煤炭开发规划环境影响评价可参照本标准执行。

### （一）评价基本内容

① 概述和分析矿区总体规划主要内容。

② 分析、评价矿区总体规划方案与相关政策、法规的符合性，与国家、地方、行业相关规划、计划的协调性。

③ 调查、评价矿区总体规划实施所依托的环境条件（包括自然、社会和经济环境），识别区域主要环境问题以及制约矿区规划实施的敏感环境因素。对已经开发的矿区应进行矿区环境影响回顾评价。

④ 预测矿区总体规划实施后，可能对环境造成的影响，包括直接影响、间接影响和累积影响。

⑤ 分析、评价矿区资源、环境对总体规划实施和区域可持续发展的承载能力。

⑥ 提出预防和减轻不良环境影响的对策措施。

⑦ 对矿区总体规划方案的环境合理性进行综合论证，提出环境合理的规划方案调整建议。

⑧ 开展公众参与工作。

⑨ 制订矿区总体规划实施后环境影响的监测与跟踪评价计划。

（二）评价范围

评价范围的确定原则上以矿区规划范围（包括规划开采区、勘探区和后备区）为基础，在综合考虑规划实施可能影响的范围、周边重要环境敏感保护目标分布，以及地理单元或生态系统完整性的基础上，合理确定外扩范围。

（三）评价时段

评价时段应根据矿区总体规划方案确定的矿井（露天矿）建设顺序合理安排，分时段进行环境影响评价。

## 五、其他

由于区域开发内容包罗万象，这类环境影响评价几乎涉及所有行业的产业政策、法规和标准。从业人员需要细心了解国家、地方、行业不断推出的各类政策文件、法规要求及不断更新的标准。

近年来，国家不断出台涉及区域开发及产业园区规划环境影响评价的相关政策和文件，较为重要的包括关于印发《编制环境影响报告书的规划的具体范围（试行）》和《编制环境影响篇章或说明的规划的具体范围（试行）》的通知（环发[2004]98 号）、《关于加强产业园区规划环境影响评价有关工作的通知》（环发[2011]14 号）和《国家发展改革委贯彻主体功能区战略推进主体功能区建设若干政策的意见》（发改规划[2013]1154 号）。

（一）《编制环境影响报告书的规划的具体范围（试行）》和《编制环境影响篇章或说明的规划的具体范围（试行）》

编制环境影响报告书的规划的具体范围包括：

① 工业的有关专项规划，包括：省级及设区的市级工业各行业规划。

② 农业的有关专项规划，包括：设区的市级以上种植业发展规划、省级及设区的市级渔业发展规划、省级及设区的市级乡镇企业发展规划。

③ 畜牧业的有关专项规划，包括：省级及设区的市级畜牧业发展规划、省级及设区的市级草原建设、利用规划。

④ 能源的有关专项规划，包括：油（气）田总体开发方案、设区的市级以上流域水电规划。

⑤ 水利的有关专项规划，包括：流域、区域涉及江河、湖泊开发利用的水资源开发利用综合规划和供水、水力发电等专业规划、设区的市级以上跨流域调水规划、设区的市级以上地下水资源开发利用规划。

⑥ 交通的有关专项规划，包括：流域（区域）、省级内河航运规划、国道网、省道网及设区的市级交通规划、主要港口和地区性重要港口总体规划、城际铁路网建设规划、集装箱中心站布点规划、地方铁路建设规划。

⑦ 城市建设的有关专项规划，包括：直辖市及设区的市级城市专项规划。

⑧ 旅游的有关专项规划，包括：省及设区的市级旅游区的发展总体规划。

⑨ 自然资源开发的有关专项规划，包括：矿产资源（设区的市级以上矿产资源开发利用规划）、土地资源（设区市级以上土地开发整理规划）、海洋资源（设区的市级以上海洋自然资源开发利用规划）、气候资源（气候资源开发利用规划）。

编制环境影响篇章或说明的规划的具体范围包括：

① 土地利用的有关规划，包括：设区的市级以上土地利用总体规划。

② 区域的建设、开发利用规划，包括：国家经济区规划。

③ 流域的建设、开发利用规划，包括：全国水资源战略规划、全国防洪规划、设区的市级以上防洪、治涝、灌溉规划。

④ 海域的建设、开发利用规划，包括：设区的市级以上海域建设、开发利用规划。

⑤ 工业指导性专项规划，包括：全国工业有关行业发展规划。

⑥ 农业指导性专项规划，包括：设区的市级以上农业发展规划、全国乡镇企业发展规划、全国渔业发展规划。

⑦ 畜牧业指导性专项规划，包括：全国畜牧业发展规划、全国草原建设、利用规划。

⑧ 林业指导性专项规划，包括：设区的市级以上商品林造林规划（暂行）、设区的市级以上森林公园开发建设规划。

⑨ 能源指导性专项规划，包括：设区的市级以上能源重点专项规划、设区的市级以上电力发展规划（流域水电规划除外）、设区的市级以上煤炭发展规划、油（气）发展规划。

⑩ 交通指导性专项规划，包括：全国铁路建设规划、港口布局规划、民用机场总体规划。

⑪ 城市建设指导性专项规划，包括：直辖市及设区的市级城市总体规划（暂行）、设区的市级以上城镇体系规划、设区的市级以上风景名胜区总体规划。

⑫ 旅游指导性专项规划，包括：全国旅游区的总体发展规划。

⑬ 自然资源开发指导性专项规划，包括：设区的市级以上矿产资源勘查规划。

### （二）《关于加强产业园区规划环境影响评价有关工作的通知》

2011 年，环保部以环发[2011]14 号发文《关于加强产业园区规划环境影响评价有关工作的通知》，再次强调开展规划环境影响评价的园区规划范围、管理要求及技术工作重点。

通知要求，应开展规划环境影响评价的产业园区包括："国务院及省、自治区、直辖市人民政府批准设立的经济技术开发区、高新技术开发区、保税区、出口加工区、边境经济合作区等开发区以及设区的市级以上地方人民政府批准设立的各类产业集聚区、工业园区等产业园区，在新建、改造、升级时均应依法开展规划环境影响评价工作，编制开发建设规划的环境影响报告书"。另外，产业园区定位、范围、布局、结构、规模等发生重大调整或者修订的，应当及时重新开展规划环境影响评价工作。

同时要求，"产业园区开发建设规划的环境影响报告书由批准设立该产业园区人民政府所属的环境保护行政主管部门负责组织审查。各省（区、市）对于省级以下产业园区规划环境影响报告书审查另有规定的，按照地方有关规定执行"。

在产业园区规划的环境影响评价的技术要求上，明确"应体现'合理布局、统一监管、总量控制、集中治理'的原则，注重评估规划实施可能对区域生态系统产生的整体影响、对环境以及人群健康产生的长远影响，以及规划实施的经济效益、社会效益与环境效益之间以及当前利益与长远利益之间的协调"。并应重点做好以下工作：

① 规划与相关政策、法律法规以及其他相关规划的协调性分析。重点分析规划与主体功能区划、区域发展规划、土地利用总体规划、城市总体规划、环境保护规划等相关规划的协调性。

② 规划实施的资源环境制约因素分析。根据区域经济、社会和环境现状及规划方案，筛选和识别产业园区所在区域主要环境问题，可能影响的环境敏感目标和主要资源环境制约因素。

③ 资源环境承载力评估和环境影响预测分析。根据产业园区主导产业和区域资源环境特点，开展主要污染物的影响预测，分析规划实施可能造成的直接、间接或累积不良环境影响，论证规划实施的区域资源环境承载能力，提出产业园区污染物总量控制方案。

④ 公众参与。根据规划的具体内容和涉及的对象，采取调查问卷、座谈会、论证会、听证会等适当形式，对有关部门、专家和公众的意见进行调查，梳理和说明意见采纳与否情况。

⑤ 规划的环境合理性综合分析。从环境保护角度综合论证产业园区选址，产业定位、布局、结构和规模以及污染集中治理设施选址、工艺和规模、集中排放口位置及排放方式等的环境合理性。

⑥ 规划优化调整建议和预防或减缓不良环境影响的对策措施。在上述分析论证的基础上，提出规划的优化调整建议和预防或减缓不良环境影响的对策措施，以及规划包含的近期建设项目环境影响评价要求、跟踪评价计划和环境管理要求。

在文件中明确了"产业园区存在下列问题之一的，环境保护行政主管部门将暂停受理除污染治理、生态恢复建设和循环经济类以外的入园建设项目环境影响评价文件"：

① 未依法开展规划环境影响评价；
② 环境风险隐患突出且未完成限期整改；
③ 未按期完成污染物排放总量控制计划；
④ 污染集中治理设施建设滞后或不能稳定达标排放，且未完成限期治理。

### （三）《国家发展改革委贯彻主体功能区战略推进主体功能区建设若干政策的意见》

实施主体功能区战略，推进主体功能区建设，是党中央国务院作出的重大战略决策。

文件提出了总体政策方向是“围绕推进主体功能区建设这一战略任务，分类调控，突出重点，在发挥市场机制作用的基础上，充分发挥政策导向作用，引导资源要素按照主体功能区优化配置，为主体功能区建设创造良好的政策环境，着力构建科学合理的城市化格局、农业发展格局和生态安全格局，促进城乡、区域以及人口、经济、资源环境协调发展”。

针对不同主体功能区提出不同发展要求。引导优化开发区域提升国际竞争力，促进重点开发区域加快新型工业化城镇化进程，提高农产品主产区农产品供给能力，增强重点生态功能区生态服务功能，加强禁止开发区域监管，建立实施保障机制。

# 第十四章　区域开发环境影响评价的主要工作内容

## 第一节　区域开发环境影响评价工作思路与总体设计

### 一、工作思路

80 年代末，加拿大政府、经济合作和开发组织、联合国环境规划署先后提出了压力（Pressure）– 状态（State）– 响应（Response）概念模型，即 PSR 概念模型。PSR 概念模型使用了压力 – 状态 – 响应这一逻辑思维方式，系统表述了环境影响评价的基本研究思路。其中：压力用于表征人类活动给环境造成的压力，状态用于表征环境质量与自然资源状况，响应用于表征人类社会做什么以对付出现的环境问题。

使用 PSR 模型，可以很好地表现环境影响评价的基本思路，见图 14-1。

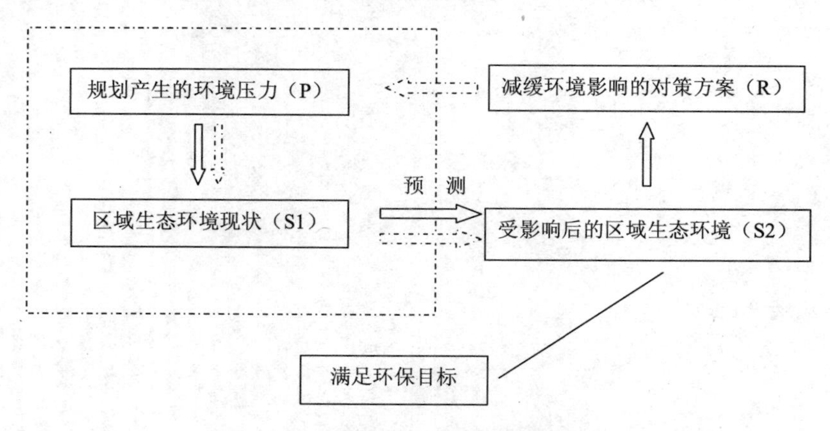


**图 14-1　环境影响评价基本思路示意**

根据上述模型，区域开发环境影响评价工作就是根据规划产生的环境压力（P）对区域生态环境现状（S1）的影响，预测区域生态环境可能变化的状态（S2），环境影响评价提出减缓环境影响的措施（R）并将其反馈给规划。针对优化调整后的规划，再进行一轮上述预测，直至区域生态环境状况（S2）满足环保目标的要求，循环终止。评价人员根据最后一轮预测情况，编制环境影响评价报告书。

上述工作思路，需要明确规划产生的环境影响压力、区域生态环境状况以及减缓环境影响的对策方案的具体内容及相互间的作用响应关系。对于环境影响压力，在项目环境影响评价中，通常表现为污染物排放种类、排放强度、排放方式等；对于区域开发环境影响评价，规划产生的环境压力通常以“布局、结构、规模”为源头，最终表现为水资源消耗、工业占地及污染物排放等因素。对于区域生态环境状态，在项目环境影响评价中，通常简单地用环境中的污染物浓度来表征；在区域开发环境影响评价中，区域生态环境的内涵更为丰富，如生态脆弱性、生态敏感性等宏观性问题都有可能作为评价指标。对于减缓环境影响的对策方案，在区域开发环境影响评价中除使用项目环境影响评价中常用的工程措施外，更有可能合用规划优化方案、替代方案以及保障机制等。

## 二、环保目标

在上述示意图中，决定压力一状态一响应的循环是否结束的判定依据是受影响后的区域环境状态是否满足环保目标。

环保目标是假定的区域开发活动实施后的社会经济环境情景，是环境影响评价希望达到的理想状态，是各项优化措施及保障机制实施效果的工作目标，是环境影响评价工作成果的集中体现。

确定环保目标是开展环境影响评价工作的重要内容，是为环境影响评价工作制定工作基准。在后续工作中，环保目标用于衡量区域开发后，各项环境影响是否可接受，是环境影响评价预测结果中的底线、准绳和标尺。

在项目环境影响评价中，环保目标通常简单表达为环境质量标准，但在区域开发类环境影响评价中，环保目标则有更为丰富的内涵。区域环境影响评价的环保目标既要满足区域类环境影响评价工作的宏观性要求，又要充分考虑各项社会、经济、环保要求的操作性，以便在环保目标的指引下进一步确定技术路线和研究内容。根据区域功能定位和评价导向的不同，环保目标通常可表达为“维护区域现有生态功能和环境质量达标”“保持区域环境质量不恶化”等。

## 三、技术路线

技术路线是区域环境影响评价工作通向环保目标的途径，是开展研究工作的操作大纲，是实现研究工作目标的手段和方法集成。

在环保目标的指引下，环境影响评价人员根据研究区的环境和产业特征，将研究思路落到实处，提出具体的技术路线。技术路线是连接环保目标和研究内容的桥梁，是将宏观的环保目标理论落实到评价实践工作的必经之路。

技术路线是对环境影响评价思路的细化和完善，对于大区域的开发活动，可制定分时段、分区域的技术路线。

如果研究区域开发时间长，自然和人为因素对环境影响错综复杂，仅以研究重点为主要工作内容开展的影响预测工作难免挂一漏万，甚至偏离正确方向。为避免和缩小误差，在分析重点开发活动对资源环境影响的研究工作中，不仅以不同情景的预测结果作为主要依据，同时开展产业发展与资源环境影响的回顾性分析，通过剖析过去一段时间产业与环境的黑箱作用过程，从现实结果中提取重点开发活动对资源环境影响因素，提高环境影响预测的准确性和全面性。

如果研究区地域广阔、经济发展不平衡、人口分布不均、自然条件各异、环境问题众多，区域环境影响评价的技术路线则应既满足总项目工作要求，又全面体现出区域环境及产业的共性与特性。

## 四、评价指标体系

在环保目标的指引下，考虑区域社会经济环境特点，制定出符合区域特征的技术路线后，如何进一步细化研究工作，确定研究内容，就需要制定一套详细的评价指标体系。

指标体系选取的指标是对技术路线的具体落实，要切合研究重点，要与环保目标相对应，要为区域开发活动优化和调控指明方向。

以某产业开发战略环境影响评价为例，采用的评价指标体系参见表 14-1、表 14-2 和表 14-3。

表 14-1 重点产业发展战略评价指标体系（P）

| 一级 | 二级 | 三级 |
|---|---|---|
| 产业定位、产业规模、产业水平 | 资源能源耗用 | 水资源、土地资源、能源消耗 |
| | 污染物排放 | 水污染物、大气污染物、特征污染物 |
| 产业布局 | 生态敏感压力 | 与生态敏感因素的相对位置 |
| 资源及设施配套 | 生态安全压力 | 间接影响 |

表 14-2 生态安全评价指标体系（S）

| 一级 | 二级 | 三级 | 评价标准 |
|---|---|---|---|
| 资源 | 水资源 | 生态需水 | 保障用水；<br>不导致生态风险 |
| | | 水资源潜力 | |
| | | 水资源承载力 | |

| 一级 | 二级 | 三级 | 评价标准 |
|---|---|---|---|
| 环境 | 大气环境 | 大气环境质量 | 本区功能区达标；不产生跨界环境影响 |
| | 水环境 | 水环境质量 | 出省断面达标；不污染地下水质量 |
| | 土壤环境 | 土壤环境质量 | 不影响用地功能 |
| 生态 | 生态环境 | 生境敏感区 | 敏感区保障 |
| | | 荒漠化 | 逐步降低水土流失量 |
| | | 生态系统稳定性 | 生态功能区保持稳定 |

**表 14-3 重点产业优化及可持续发展指标体系（R）**

| 一级 | 二级 | 标准 |
|---|---|---|
| 产业优化 | 定位优化 | 发挥区位优势，避免区域间恶性竞争 |
| | 规模限制 | 满足各功能区资源环境限制条件 |
| | 布局限制 | |
| | 循环经济水平 | 降低产业物耗、能耗，提高产业产出率 |
| 污染控制 | 控制技术 | |
| | 控制标准 | |
| 产业与资源协调发展 | 节能减排 | |
| | 生态保障 | 满足区域及全流域生态安全 |
| | 管理机制 | |
| | 环境政策 | |

某城镇开发环境影响评价的指标体系则如表 14-4 所示。

上述评价指标体系，上承环保目标和技术路线，下启具体的研究工作，是研究内容的纲领性总结，为全面开展环境影响评价工作铺平了道路。

**表 14-4 某新城战略环境影响评价**

| 一级 | 二级 | 指标 | 生态城市建设考核标准 | 环保模范城市考核标准 | 生态工业园评价标准 | 全市 2020 年 | 亦庄新城区域战略环境影响评价目标 |
|---|---|---|---|---|---|---|---|
| 环境保护与生态建设指标 | 水环境 | 地下水超采率/% | | | | 0 | 0 |
| | | 地表水水质达标率/% | 100 | 100 | | 100 | 100 |
| | 噪声 | 噪声达标区覆盖率/% | ≥95 | ＞60 | | ＞85 | 95 |
| | 大气环境 | 空气环境质量控制目标 | | 80%达标 | | 全面达标 | 全面达标 |
| | 生态建设 | 城市总用地绿化覆盖率/% | | ＞35 | | | ＞35 |
| | | 建成区人均公共绿地面积/（$m^2$/人） | ≥11 | | | ≥16 | ≥16 |

| 一级 | 二级 | 指标 | 生态城市建设考核标准 | 环保模范城市考核标准 | 生态工业园评价标准 | 全市 2020 年 | 亦庄新城区域战略环境影响评价目标 |
|---|---|---|---|---|---|---|---|
| 社会、经济与基础设施指标 | 经济指标 | 第三产业占 GDP 比重/% | ≥45 | | | | ≥30 |
| | | 人均 GDP/（万元/人） | ≥3.5 | ＞1 | | 1 万美元 | ≥1 万美元 |
| | | 每公顷工业用地实现工业总产值/（亿元/$hm^2$） | | | ≥1.2 | | ≥1.2 |
| | | 土地投资强度/（万美元/$hm^2$） | | | ≥1 000 | | ≥1 000 |
| | 社会指标 | 人口密度/（人/$km^2$） | 11 000 | | | | 11 000 |
| | 城市基础设施 | 人均道路面积（市区）/（$m^2$/人） | ≥9 | | ＞6 | ≥19.2 | ≥19.2 |
| | | 人均住房面积/（$m^2$/人） | 9 | | | | 9 |
| 循环经济与污染控制指标 | 源头控制 | 人均生活用水/[L/（人·d）] | | | | 300 | 300 |
| | | 人均生活用电量/（kW/d） | | | | 3.8 | 3.8 |
| | | 城市清洁能源使用率/% | | | | 45 | 45 |
| | 过程控制 | 工业固体废弃物综合利用率/% | ≥80 | ＞70 | ＞70 | ＞70 | ≥80 |
| | | 工业用水重复利用率/% | ≥50 | | | | ≥50 |
| | 末端控制 | 生活垃圾无害化处理率/% | 100 | ＞80 | | 100 | 100 |
| | | 危险废物安全处置率/% | | | 100 | 100 | 100 |
| | | 工业污水排放达标率/% | | ＞95 | | | ＞95 |
| | 环境绩效 | 单位 GDP 能耗/（t 标煤/万元） | ≤1.4 | | | ≤1.4 | ≤1.4 |
| | | 单位 GDP 水耗/（$m^3$/万元） | ≤150 | | | ≤30 | ≤7.3 |
| | | 万元 GDP 化学需氧量排放量/（kg/万元） | 5 | | | | 5 |

## 第二节　区域开发环境影响评价主要内容

区域开发环境影响评价编制内容，主要依据《规划环境影响评价技术导则（试行）》（HJ/T 130—2003）、《开发区区域环境影响评价技术导则》（HJ/T 131—2003）、《规划环境影响评价技术导则—煤炭工业矿区总体规划》（HJ 463—2009）中相关要求。区域开发环境影响评价工作过程中，应充分考虑规划可能涉及的资源、环境问题，并将规划与相关法规、政策及规划中建设内容结合，综合分析规划实施的合理性。此外，还应重视社会各方的利益和主张，统筹协调经济增长、社会进步与环境保护的相互关系，保证规划环境影响评价工作的科学、客观、公正。

### 一、区域开发环境影响评价编制程序与框架

区域开发环境影响评价工作程序和编制思路框架，如图 14-2 所示。

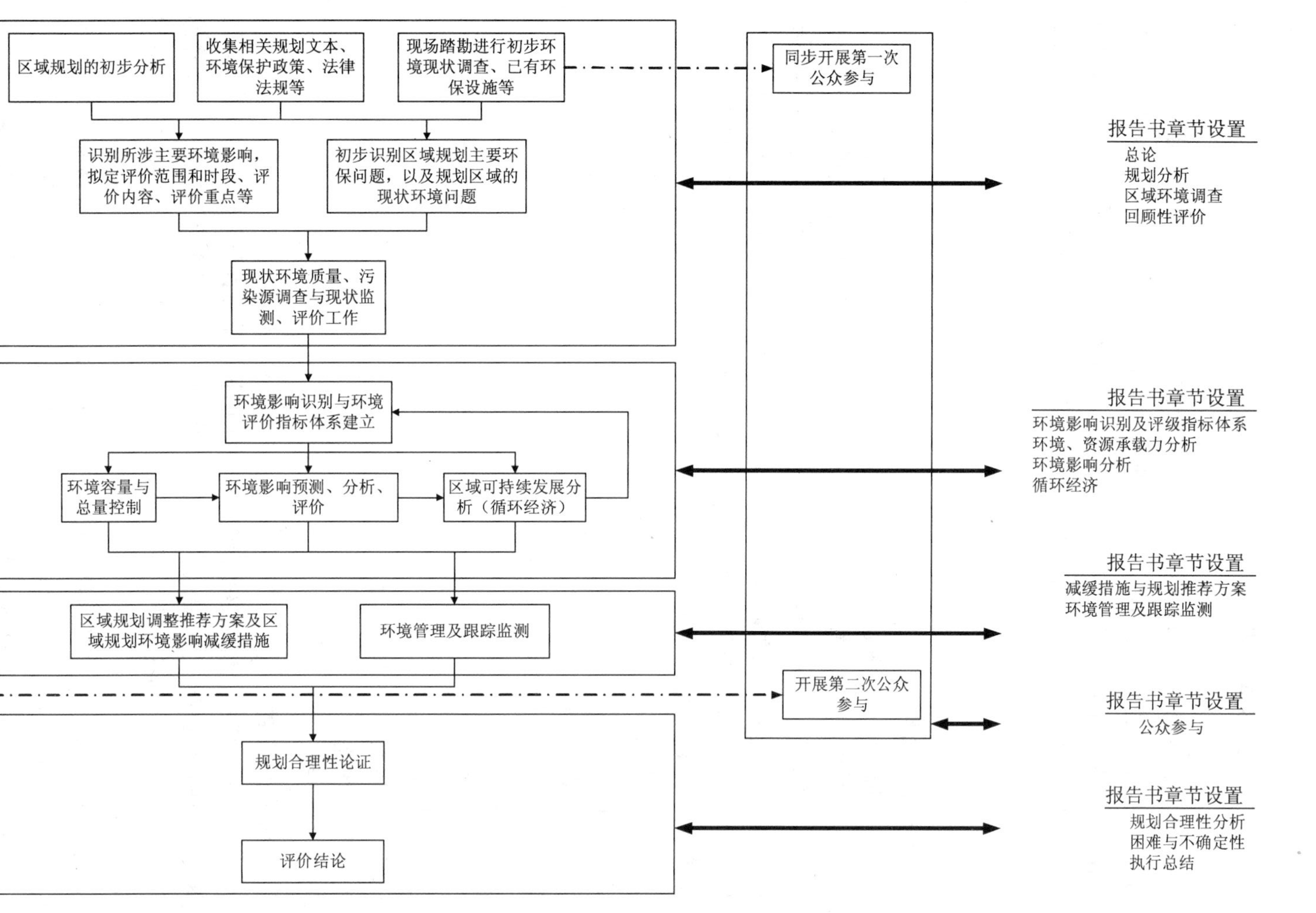


图 14-2　区域开发环境影响评价工作编制程序与思路框架

## 二、章节设置及基本内容

根据编制思路框架（图 14-2），区域开发环境影响评价报告书大致可设置为 13 个章节，分别是：总论、规划分析、区域环境现状及回顾性评价、环境影响识别及指标体系建立、资源和环境承载力分析、环境影响分析、循环经济、规划推荐方案与减缓措施、环境管理与跟踪评价、公众参与、规划合理性分析、困难与不确定性、执行总结。

### （一）总论

#### 1．章节基本内容

本章节对规划背景、规划编制依据进行概述，明确评价目标、评价时段，按不同环境要素的可能影响范围，确定环境影响评价的范围，明确评价范围内的主要环境敏感目标，附评价范围内主要环境敏感目标位置图。通过区域内，环境功能区划及环境敏感目标属性，确定区域开发环境影响评价的执行标准。并结合拟议规划特点和区域环境特征，阐明报告书的整体评价技术路线及评价重点，统领报告书的各个章节。

报告书章节设置建议如下：

① 规划背景；

② 编制依据；

③ 评价工作过程；

④ 评价目的与评价原则；

⑤ 评价时段；

⑥ 评价范围；

⑦ 评价标准；

⑧ 主要环境敏感目标；

⑨ 评价技术路线；

⑩ 评价重点。

#### 2．重点关注内容

总论章节主要任务是统领整个报告书，并阐明报告整体评价思路及评价重点，同时对规划编制的全过程进行概要记录，使审阅者能够获得对规划环境影响评价工作的整体认识。评价范围的确定、评价标准的筛选以及环境敏感目标的识别是总论部分编写的重点。

评价范围的确定：按不同环境要素和区域开发建设可能影响的区域确定环境影响评价范围。评价范围应包括开发区、开发区周边地域以及开发建设直接或间接涉及的区域（或设施），其中特别要强调可能受开发区规划长期累积影响的区域也应纳入评价范围，如，区域开发涉及对水资源需求大的规划内容，则不仅需要将区域内水资源环境列入评价范围，还需要将流域下游重点人群居住区的水资源保障纳入评价范围予以关注。

评价标准的筛选：区域开发规划环境影响评价标准的采用将有别于建设项目。建设项目环境影响评价标准是根据具体功能区的定位，按照环境要素来确定，规划环境影响评价标准确定需要从大尺度、宏观层面反映区域的环境保护需求，如评价的标准可设定为维持区域生态环境功能，满足区域可持续发展需求等。

环境敏感目标的识别：环境敏感目标的识别则需要从直接影响、间接影响，短期影响和长期累积影响等方面充分分析区域内和区域外的重要环境敏感问题。

### （二）规划分析

#### 1．章节基本内容

规划分析章节主要任务是，通过对规划对象的分析，确定区域开发对资源、环境产生的压力，并与相关规划结合，进行初步的规划合理性、协调性分析。

规划分析章节编写应充分理解规划内容，对规划拟议的各种方案，从规划目标、规划定位、规划选址、规划功能分区及布局、产业结构，主导行业、发展规模及阶段性目标、配套专项规划或基础设施、环保设施等方面进行系统分类整理。应附总体规划图、土地利用规划等专项规划图件。

通过拟议区域开发目标、产业结构以及优先发展项目清单，核算规划各方案的资源能源消耗量、环境污染排放量、生态系统破坏及水土流失等。

按照拟定规划目标、选址及土地利用、布局、发展规模、产业结构、能源利用、水资源利用及污水集中处理、固体废物处理处置、绿化等要素，逐项比较分析与所在地方、与所属行业上级相关规划（如：国民经济社会发展总体规划、全国主体功能区规划、环境保护规划、产业发展规划、土地利用规划、城市总体规划、流域规划等）的相容性，以及与同级相关规划的协调性。

报告书章节设置建议如下：

① 区域开发概述；

② 区域开发资源环境压力分析；

③ 区域开发相容性、协调性分析。

#### 2．重点关注内容

区域开发规划一般都具有前瞻性、长期性、复杂性和不确定性的特点，为了界定规划与环境影响之间的关系，必须全面、系统的进行规划分析。此部分内容与建设项目环境影响评价中的工程分析作用相同，对规划本身进行系统的剖析，研究其中可能造成未来重大环境影响的因素，进行定量和定性的分析，确定主要影响因子，查清其影响的途径和程度。

区域开发规划分析与建设项目环境影响评价中的工程分析虽然作用相同，但因其具有的上述四个方面的特点，决定了在进行规划分析时需要从宏观到微观，定性到定量，区域内和区域外等不同尺度、不同深度等方面进行充分剖析。

首先应明确开发区规划的目标，目标分析是开展后续规划影响评价的依据。对规划功能定位和产业定位进行充分分析，包括规划的结构、规模和布局，分析规划目标实施的期限和约束条件。分析规划实施目标实现可持续发展需要配套建设的保障措施。

其次分析实现规划确定目标所需的资源条件信息，因规划的宏观性、不确定性的特点，对于规划发展情景的假设至关重要，不同发展情景所需的资源条件以及产生的环境压力不同，情景模式的确定是开展规划开发影响分析的基础。同时实现规划目标对于规划区外的资源环境压力的分析在此部分也需特别予以关注。

最后除对规划内部进行分析外，从宏观层次上，需要对与拟定规划相关的同层规划和上层规划进行分析，明确其是否具有相容性。需要特别强调的是，2010 年年底，国务院印发了《全国主体功能区规划》，该规划是国土空间开发的战略性、基础性和约束性规划，是根据不同区域的资源环境承载能力、现有开发强度和发展潜力，统筹谋划人口分布、经济布局、国土利用和城镇化格局，确定不同区域的主体功能，并据此明确开发方向，完善开发政策，控制开发强度，规范开发秩序，逐步形成人口、经济、资源环境相协调的国土空间开发格局。区域开发类环境影响评价应从国家整体开发的高度，分析规划方案与全国主体功能区规划的相容性。

### （三）区域环境现状及回顾性评价

#### 1. 章节基本内容

区域环境现状章节主要任务是调查规划区域及周边地区的自然环境、社会经济、环境质量三方面的现状，用以识别区域的主要环境问题。该章的编制，需在区域环境现状调查、环境监测及现场踏勘统筹安排、全面分析的基础上开展。按评价工作开展顺序如下：

（1）环境现状调查

环境现状调查主要收集评价区内的资源现状、污染源现状、环境质量现状及生态环境现状（内容包括生物量及生物多样性、特殊生境及特有物种，自然保护区、湿地的自然生态退化状况、植被破坏、土壤污染与土地退化等）等方面的资料，以及区域历史常规环境监测数据、环境质量年报等资料。对于收集资料无法满足评价要求的要素时，可配合开展现场调查和现状监测工作，以确保调查结果的可信性和有效性。

（2）自然环境、社会经济状况概述

编制区域环境现状章节，对拟议规划地理位置、区域自然环境特征（地形地貌、地表水系、水文地质、工程地质、气候气象、土壤植被以及环境敏感区）和社会经济发展状况（拟议规划区域所属行政区划、人口分布、经济及产业结构、交通、土地利用及环保基础设施等）进行概述。对于规划所涉及的重要自然资源、环境敏感地区和各类保护区、重要历史文化遗产等区域敏感环境目标进行重点分析。附地表水系图、水文地质图以及环境敏感点相关说明图件等。

（3）环境质量现状评价

根据调查内容的详尽程度，按各环境要素进行区域环境质量现状评价、生态环境现状评价及相关评价的历史演变趋势分析等，识别所涉区域的环境问题及规划实施的主要环境制约因素。附污染源分布图、遥感影像图、土地利用现状图、景观类型分布图、植被类型分布图、生态系统类型分布图、土壤侵蚀现状图、环境质量现状监测点布设图等图件。

（4）回顾性评价

回顾性评价主要针对已有实质性建设活动的开发区域。评价的主要任务是对已建工程、主要环保设备运行、实际污染物排放情况进行调查。

主要内容是回顾规划范围内已建工程基本环保情况，尤其是重点项目、环保基础设施、各类污染物产生与排放情况。通过对现状资源、能源消耗变化调查，以及污染源定期常规监测等资料评估工程运行的真实环境影响程度，对已建工程产生的环境问题进行补充和修正，提出合理、实用的环境保护措施和对策。鉴于回顾性评价能有效弥补现有工程设计与实际运行存在的差距，本章内容可为后续环境影响分析，以及有效减缓措施的提出提供借鉴和参考。

（5）区域环境敏感问题和环境制约因素分析

通过区域资料的收集、分析和评价，全面掌握区域环境质量特征，演变趋势及其与区域经济社会发展之间的耦合关系。从社会经济发展与环境问题的关系、环境污染与生态破坏对社会经济的影响和社会、经济、环境对评价区域可持续发展的支撑能力等方面分析区域现状环境敏感问题和主要制约因素。

报告书章节设置建议如下：

① 自然环境特征；

② 社会经济状况；

③ 区域现有污染源调查分析；

④ 区域环境质量现状调查与评价；

⑤ 区域社会经济环境回顾性评价；

⑥ 区域环境敏感问题和环境制约因素分析。

### 2. 重点关注内容

与建设项目环境影响评价主要以现状监测为主的方法不同，区域开发规划环境影响评价则更注重区域内已有环境、社会、经济统计数据的收集。区域环境现状评价重点分析区域整体的环境质量变迁过程，以及变迁过程的主导因素，更强调长时间长序列的数据收集。在自然环境变化的基础上，社会、经济与环境之间的作用和反作用关系也是现状评价的重点，因此除对区域环境质量资料收集外，还需要获得与环境数据相匹配的长时间序列的经济数据。

社会经济活动与环境质量之间的耦合关系分析是区域环境敏感问题和环境制约因素分析的重点，在区域环境质量评价中区域内外的跨界环境影响不可忽视。

### （四）环境影响识别及指标体系建立

#### 1. 章节基本内容

环境影响识别及指标体系建立是开展规划环境影响评价的核心工作。

环境影响识别是对规划进行全面分析的基础上，从环境（地表水环境、地下水环境、环境空气、土壤环境、声环境、生态系统或生物多样性、固体废物、矿产资源、能源、土地资源、水资源等）与社会经济（文化遗产、人群健康、经济发展、交通等）两方面识别规划项目可能产生的环境影响，并说明各类环境影响因子、环境影响属性（如可逆影响、不可逆影响），判断影响程度、影响范围和影响时间等。

在环境影响识别的基础上，结合回顾性评价和环境现状调查结论，重点关注区域内的主要环境敏感目标，选择适合的评价指标建立评价指标体系。评价指标体系的建立，可通过理论分析、专家咨询、公众参与等工作逐步建立，并在后续的评价工作中进行补充、调整和完善。

报告书章节设置建议如下：

① 规划项目的环境影响因素分析；

② 环境影响识别；

③ 评价指标体系。

#### 2. 重点关注内容

环境影响识别与评价指标体系建立是区域开发规划环境影响评价的基础。

在规划环境影响评价过程中的环境影响识别与建设项目环境影响评价最大的不同在于筛选的影响因子层次更宏观，范围更广泛，目标更多样。环境影响识别是进行影响预测评价的前期工作，也是确定环境目标和评价指标的前提和基础，是保障规划环境影响评价有效性的关键环节。规划环境影响评价中的环境影响识别要综合分析规划区域内的社会、经济和环境影响，同时也需要分析拟定规划对规划区外的环境影响因素，环境影响识别的范围要包括规划可能产生的长远、累积的环境影响区域。如何进行环境影响识别将在后续章节中进行具体介绍。

评价指标体系是在环境影响识别的基础上建立起来的，是对规划环境影响具体的、系统化的反映。同时指标体系还是对规划环境影响评价的评价内容、评价重点、评价深度等具体工作方向的规定。从某种意义上说，评价指标体系的合理与否直接影响到规划环境影响评价工作的质量。因此建立一个科学、合理、实用的评价指标体系是规划环境影响评价实施的重点内容和关键环节。评价指标体系在规划环境影响评价工作中的作用主要体现在：① 使规划本身制定的规模目标、规划指标在环境保护和可持续发展的基础上转化为生态环境影响的指标和目标，充分综合地反映了区域社会、经济和资源环境的协调发展需求；② 将规划内容指标化，可明确对规划环境影响评价的具体评价内容，继而开展环境影响评价；③ 为构建替代方案和优化规划方案提出定量评价的标准。

指标体系所包含的内容应当能够准确地反映环境影响识别的影响因素、程度和范围，为开展后续规划环境影响评价工作提供指导，同时也可为规划的决策者和实施者提供管理依据，评价指标的确定应充分体现区域环境可持续发展，有利于决策者通过调控相关措施实现区域可持续发展的目标。

### （五）资源和环境承载力分析

#### 1. 章节基本内容

资源、环境承载力分析直接同社会、经济的发展相联系。本章主要任务是，核算评价时段内拟议规划范围内主要自然资源承载能力和各环境要素承载能力。从宏观角度协调环境与社会、经济的共同发展。核算规划评价时段、评价范围内，自然资源（如土地资源、能源、水资源、矿产或原材料资源、生物资源等）承载能力和各环境要素（大气环境容量、水环境容量、土壤环境容量、生态适宜性等）承载能力，综合分析区域资源环境承载力空间特征和分布。根据拟议规划方案和生产力配置基本要素，分析不同规划方案对自然资源的消耗情况，以及污染物排放总量，提出合理的自然资源配置计划和污染物排放总量控制方案，尤其是对排污口的优化、清洁能源的使用、集中供热（汽）的要求等全局性、规划性内容。

报告书章节设置建议如下：

① 环境容量分析；

② 资源承载力分析。

#### 2. 重点关注内容

资源环境承载力是区域规划环境影响评价判定区域可持续性的基线和标准。环境承载力的分析可以较好地将建设项目环境影响评价中受较多关注的对污染物经评价的微观层次分析，转向以环境承载力评价为核心，在更高的宏观角度对规划方案进行综合分析。

规划环境影响评价中环境承载力分析内涵可概括为：在规划的空间范围和时间跨度下，结合规划区域经济社会环境发展现状，建立综合的环境承载力指标体系，运用系统分析方法，以改善生态环境质量和经济社会环境系统优化为核心，针对规划各时段的社会经济水平，动态地分析区域的环境承载力对规划发展规模、产业结构、生产力布局的支撑能力，为规划决策者优化规划方案提供科学决策依据。

在承载力分析中需要特别关注以下几个方面：① 在规划环境影响评价中应从累积性上综合分析区域资源环境承载力；② 随着规划时序的延伸，区域内资源环境承载能力将发生动态的变化；③ 资源环境承载力衡量标准不同其结果也存在不确定性。

### （六）环境影响分析

#### 1．章节基本内容

环境影响分析的各专题，需根据区域开发环境影响评价确定的评价思路及重点设置。环境影响分析主要任务是，通过对各环境要素的环境质量影响程度的评价，对规划实施后的直接影响、间接影响和累积影响程度进行定量或定性的分析，并对不同规划方案环境影响进行比较。针对性地制定相应的减缓措施，以减轻规划实施对环境质量的不良影响。

（1）生态

区域生态环境影响分析应在生态环境现状调查基础上进行，主要对生物多样性、生态环境功能及生态景观等三方面的影响进行阐明。生态影响分析内容可分以下内容进行表述：① 土地利用类型改变导致的对自然植被、特殊生境及特有物种栖息地、自然保护区、水域生态和湿地、开阔地、园林绿化等影响；② 自然资源、旅游资源、水资源及其他资源开发利用等活动导致的对自然生态和景观方面的影响；③ 各种污染物排放量增加或污染源空间结构变化对自然生态和景观方面的影响；④ 区域开发利用对生态功能的改变的影响。

（2）环境空气

环境空气影响预测分析可参考建设项目大气环境影响预测方法，采用模型模拟区域内规划产业的大气污染强度。通过规划压力分析，对区域内主要的大气污染源，如集中供热（汽）污染源、工艺废气排放污染源（包括有组织排放和无组织排放）资料进行分析汇总，污染源参数应尽量说明污染源的位置，污染物排放方式，有组织污染源排气筒高度、直径、烟温，无组织污染源面积，污染物排放种类、排放量及控制措施等内容。

上述预测方法适合规划内容相对明确，主导产业具体，可定量给出规划压力的区域开发类项目。对于很多规划内容相对宏观，在实际工作过程中无法给出详细定量化数据的区域开发项目，采用类比和情景估算的方法也可开展环境空气影响预测分析。

同时与建设项目环境影响评价单因子预测不同，区域开发，尤其是对于综合性的区域开发过程，不同大气环境污染因子之间的叠加、协同影响（如 $PM_{2.5}$）以及大尺度气象场条件下的跨界传输影响等需要在规划环境影响评价中予以考虑。

（3）水环境

地表水环境影响预测与分析，首先应将重点落在水资源的循环利用上。通过区域的综合协调，产业之间的合理分配，构建区域内水资源平衡体系，从评价思路上构建区域内水资源的大循环。在尾水处理环节，应充分论证规划区域污水收集与集中处理、尾水回用以及尾水排放对受纳水体的影响，并针对受纳水体特点选择模型进行预测。

地下水环境影响分析，除可参照建设项目地下水环境影响评价的方法外，应通过区域水文地质资料等信息对区域内可开采、可利用的地下水资源分配情况进行评价，构建地下水开发利用条件分区图。分析拟议规划对地下水水质、水量的影响程度，在地下水开发利用分区图的基础上提出限制性或防护性措施。

（4）声环境

声环境影响预测与分析在规划环境影响评价中更强调对声环境功能区设置合理性的评价。根据规划布局方案和环境功能区划分原则，拟定规划区域的声环境功能分区方案。对于可能影响声功能区达标的区域，应从调整规划布局、设置噪声隔离带等方向提出防范措施。

（5）固体废物

固体废物处理处置方式及影响分析，首先应根据规划产业方向分析区域内可能产生的固体废物种类，以循环利用和资源再生等方向提出固体废物的处理处置方案。对于不能消纳的固体废物根据类别及产生规模分析应采取的处理方式。

固体废物处理处置场所应确保符合环境保护要求，如：符合垃圾卫生填埋标准，符合有害工业固体废物处置标准，符合危险废物储存/填埋污染控制标准等。此外，应核实现有固体废物处理设施可能提供的接纳能力和服务年限，否则应提出固体废物处理/处置建设方案，并确认其选址符合环境保护要求。对于拟新建的固体废物处理处置场所，应从环保角度分析选址合理性。

（6）环境风险

分析和预测拟议规划存在的潜在危险、有害因素，规划实施可能发生的突发性环境事故，或有毒有害和易燃易爆物质泄漏等，所造成的人身安全与环境影响和损害程度（一般不包括人为破坏及自然灾害），据此提出可行的防范、应急与减缓措施，使环境风险事故概率、损失和影响达到可接受水平。

（7）环境敏感保护目标

对于拟定规划区域内或其环境影响范围内存在环境敏感保护目标时，应针对环境敏感保护目标的特点、保护需求和保护范围等设立单章分析规划对环境敏感保护目标的影响程度、影响范围和影响途径，并对其进行评价，若拟定规划的实施对环境敏感保护目标可能产生环境影响，则需要针对其保护要求采取相应的防护措施，甚者提出规划的替代方案对拟定规划进行调整以满足保护需求。

（8）其他

对于拟议规划内容涉及海岸工程或海岸工程的项目，需设置海洋环境影响分析专题；对于涉及大量征用土地和移民搬迁，或可能导致原址居民生活方式、工作性质发生大的变化的区域开发，需设置社会影响分析专题；对于涉及煤矿井工矿开采的区域开发，需设置地表沉陷影响评价专题；对于重要的生态功能区域，如自然保护区等，应视规划技术路线确定的评价重点，决定是否有必要设置相应专题或专章进行说明。

报告书章节设置建议如下：

① 生态环境影响评价；

② 环境空气环境影响评价；

③ 地表水环境影响评价；

④ 地下水环境影响评价；

⑤ 声环境影响评价；

⑥ 固体废物环境影响评价；

⑦ 环境风险影响评价；

⑧ 环境敏感目标影响评价；

⑨ 其他环境影响评价（如：海洋环境影响评价、社会经济环境影响评价、地表沉陷影响评价等）。

**2．重点关注内容**

规划环境影响评价的预测分析方法可参照建设项目环境影响评价中各环境要素的分析评价方法，适合于定量的预测分析中。对于规划内容更宏观、内容不明确的区域开发规划，采取类比分析、情景估算以及专家咨询等手段进行定性分析更为有效。

在规划环境影响分析中，应更加关注对区域生态功能的影响分析，长期、累积的环境影响需要重点考虑。

### （七）循环经济和低碳经济

**1．章节基本内容**

循环经济是区域开发环境影响评价的一个特色章节，本章节主要任务是以资源的高效利用和循环利用为核心，以“减量化、再利用、资源化”为原则，努力实现区域开发的低能耗、低物耗、低排放、高效率，合理利用自然资源，防止环境污染和生态破坏，以符合可持续发展的经济发展模式。

构建区域内循环经济体系，建立区域开发企业间横向耦合和互利共生关系。使物质、能量、信息方面存在一定关联度，通过利用其他企业生产过程中的废物、副产品为原料，实现物质、能量的多级利用，形成工业代谢。区域开发循环经济的开展可在污染物产生之前就予以削减，减轻末端处理负担，提高区域开发产业链中各建设项目的环境可行性。

报告书章节设置建议如下：

① 循环经济建设方案；

② 低碳经济方案；

③ 产业链优化方案；

④ 节能减排和清洁生产。

**2．重点关注内容**

规划环境影响评价的循环经济内容是首位的区域开发环境影响减缓措施。

### （八）规划方案优化调整建议与减缓措施

**1．章节基本内容**

本章主要任务是通过以上专题对拟议规划的系统评价，在规划方案及其替代方案中选择出技术条件、资源条件、社会认同等方面可行，对区域环境影响最小的方案，作为规划环境影响评价工作的推荐方案或推荐替代方案。根据上述分析内容，整合国家颁布的相关产业政策、技术方案、规章制度和环境资源承载能力提出区域内开发建设项目的环境准入条件，从整体上、源头上对污染源进行合理规划。同时，对拟议规划方案可能产生的环境影响提出减缓措施，并针对各类环境影响提出具体的防护对策、措施，以及减缓措施实施的阶段性目标，最后提出规划的结论性意见和建议。

报告书章节设置建议如下：

① 规划方案优化调整建议；

② 环境准入条件及要求；

③ 减缓不良环境影响的对策措施。

**2．重点关注内容**

替代方案的分析是整个区域开发规划环境影响评价实现措施落地的具体体现。

在规划方案的设置中，决策者已对规划目标的达成设定了满足环境保护目标的减缓措施和政策方案，是对规划实施进行环境影响分析的前提。但因区域开发规划本身涉及范围广，具有复杂性、长期性、不确定性等特点，对资源环境需求、环保政策要求、对规划区内外环境影响程度的不确定，使规划的制定者不能全面的提出其环保措施。因此在规划影响分析的基础上寻找替代方案将是对规划实施过程中采取环保措施的必要的补充。

在替代方案的选择上一般遵循目标约束性原则、充分性原则、现实性原则、独立性原则及广泛参与的原则。替代方案可以是宏观层次的，也可以是微观层次的。

### （九）环境管理与跟踪评价

本章节主要任务是，提出区域开发环境管理与能力建设方案或计划安排，拟定区域开发环境质量监测计划，提出不同阶段的跟踪环境影响评价与监测计划（包括阶段验收的主要内容和要求），并提出简化下层次规划、项目环境影响评价的要求。

环境监测计划，需列出监测的环境因子或指标，提出环境监测方案或监测实施计划。

跟踪评价计划，需提出对后续的环境影响，进行评价的后评估计划，并对下一层次的规划和项目环境影响评价提出要求，并设定区域开发项目准入的条件。

报告书章节设置建议如下：

① 环境管理计划；

② 环境监测计划；

③ 跟踪评价计划。

### （十）公众参与

#### 1. 章节基本内容

本章主要任务是：通过公众广泛参与决策，使得区域开发活动能充分考虑社会公众的利益，为政府决策提供建议，同时公众参与也是实现可持续发展规划的先决条件之一。本章的编制，需在公众参与调查工作的基础上进行。

规划环境影响评价的公众参与可参考《环境影响评价公众参与暂行办法》相关要求开展。概述环境影响评价工作开展的主要公众参与调查内容，并汇总专家咨询以及公众调查收集的主要建议、意见。协调社会各方面人群利益，对公众提出的意见与建议落实情况进行反馈。

在报送规划环境影响评价文本时需要按照建设项目的相同管理要求进行，如在环境保护行政管理部门实施规划简本的公示等。

报告书章节设置建议如下：

① 公众参与调查方案；

② 公众参与意见汇总；

③ 公众意见采信方案。

#### 2. 重点关注内容

规划环境影响评价的公众参与参考《环境影响评价公众参与暂行办法》，但因规划的特点和辐射的可能受影响的公众面与建设项目不同，因此在开展此部分工作时可不完全按照暂行办法的程序、内容，如某省实施的区域电力发展规划，其相关社会群体将会是整个省域内的公众，暂行办法的要求将不再适用。

规划环境影响评价的公众参与在争取各方意见时应更体现多层次，如公众、部门代表、行业专家等。

### （十一）规划环境合理性综合论证

本章主要任务是，在充分考虑规划可能涉及的资源、环境问题基础上，系统整理、综合分析拟建规划实施的合理性或可行性。

根据以上各章相关评论，整合规划推荐方案的优势和制约因素，从规划目标、产业发展定位、产业结构、规划选址、规划布局、规划规模、资源环境可行性七个方面，对土地资源、水资源、矿产或原材料资源、配套基础设施、能源、运输条件、市场需求、气象特征、大气环境容量、水环境容量、土壤环境容量、生态适宜性等基本要素进行环境影响分析比较和综合论证，并最终提出规划推荐方案的优化建议。

报告书章节设置建议如下：

① 规划目标协调性分析；

② 产业发展定位协调性分析；

③ 产业结构合理性分析；

④ 选址合理性分析；

⑤ 规划布局合理性分析；

⑥ 规模合理性分析；

⑦ 资源环境可行性分析；

⑧ 规划优化建议。

### （十二）困难与不确定性

简要说明在编辑和分析用于环境影响评价的信息时，所遇到的困难和由此导致的不确定性，以及他们可能对规划过程的影响。

### （十三）执行总结

执行总结部分，简要概述的说明评价结论。执行总结应当包括以下内容：① 报告确定的推荐规划方案基本内容，以及实施区域开发对环境可能造成影响的分析、预测的合理性和准确性；② 预防或者减轻不良环境影响的对策和措施的可行性、有效性及调整建议；③ 从经济、社会、环境可持续发展角度出发，对拟议规划合理性、可行性的总体评价及改进建议；④ 区域开发环境影响的评价结论。

分别从规划相容性分析、规划区域环境现状及回顾性环境影响、规划环境影响、推荐方案、生态保护与污染防治措施、规划调整推荐方案及环境影响评价简化方案、公众参与等方面进行论述。

报告书章节设置建议如下：

① 规划相容性分析；

② 规划区域环境现状及回顾性环境影响；

③ 规划环境影响；

④ 推荐方案；

⑤ 生态保护与污染防治措施；

⑥ 规划调整推荐方案及环境影响评价简化方案；

⑦ 公众参与；

⑧ 总体结论。

# 第十五章　区域开发环境影响评价的技术要点及关键问题

## 第一节　区域环境影响识别

### 一、环境影响识别概念

区域开发环境影响是指拟开发区域与环境之间相互作用。不同层次和不同类型的区域开发其可能的环境影响差别较大（Therivel，1996），但无论任何影响，都可以看成是源（影响发生的原因）与受体（受影响的环境因子）之间的因果关系，或称之为效应（Julien et al.，1992）。所以环境影响识别也就是对源和受体之间因果关系的确定。环境影响识别是通过系统的梳理区域开发过程与各环境要素之间的关系，识别可能的环境影响，包括环境影响因子、影响对象、环境影响程度和环境影响方式等。与建设项目环境影响识别不同，区域开发过程的环境影响识别需要考虑更多的环境影响因子，并且不同层次、不同等级的区域开发活动所引发的环境影响的类型也不一样。

### 二、环境影响识别的依据

按照区域开发活动对环境要素的作用效应属性，环境影响效应可以划分为环境影响大小、影响的可逆转性或可恢复性、影响范围（大还是小）和影响持续时间（长期、中期、短期还是暂时）四个方面的内涵（Freeman，1990）。环境影响识别包含两个层次，即一是确定所有预期的环境影响或相关的环境影响因子与区域开发规划之间的关系；二是识别出较为关键的环境影响或环境因子。

### 三、环境影响识别的主要内容

区域开发环境影响识别的主要内容包括：

① 充分分析区域开发规划阐述的发展目标、功能定位、产业规模、规划布局、资源需求等信息，确定主要评价因子；

② 识别区域开发规划可能带来的主要环境敏感问题；

③ 识别区域现有社会、经济和环境特征，确定重点保护目标；

④ 识别各类环境影响因素的影响效应特征；

⑤ 确定区域开发规划作用于社会、经济和环境要素的效应权重，以明确环境影响预测和评价的方向。

## 四、环境影响识别的程序和方法

### （一）环境影响识别程序

① 对区域开发方案或规划进行全面的、系统的分析，确定开发活动所涉及的范围、内容、时段。

② 确定识别方法。

③ 对区域开发方案或规划的内容进行分析，判定开发活动的每一部分可能产生的环境影响因子，识别其能对哪些环境产生影响。分析确定影响和决定污染物产生、排放及制约污染治理的因素，确定影响范围、影响性质。

### （二）环境影响识别方法

清单法、矩阵法、叠图法、系统流图法、网络法、与灰色关联分析等。

## 五、环境影响识别案例

① 以某西部地区化工园区开展规划环境影响评价采用的影响矩阵法对规划产生的环境影响因素进行识别为例。该化工园区从宏观规划层次识别规划环境影响因素。具体参见表 15-1。根据识别矩阵，园区规划对社会环境的影响和自然环境的影响各有侧重。以资源、能源为例，园区规划可提高区域石化资源利用率，增加社会经济效益，为正面影响；而对于自然环境而言，园区消耗了水资源和能源，形成了区域资源压力，为负面影响。园区规划对自然环境的影响以负面为主，其中，较为突出的环境影响有大气环境影响、水环境影响和固体废物环境影响。

表 15-1 环境影响因素识别

| 规划内容 | 社会经济影响因素 | | | | | | | 自然环境影响因素 | | | | | |
|---|---|---|---|---|---|---|---|---|---|---|---|---|---|
| | 资源、能源供给 | 产业结构 | 交通运输 | 土地资源 | 区域景观 | 区域经济发展 | 人口规模 | 资源、能源消耗 | 水环境 | 空气环境 | 声环境 | 生态环境 | 土壤环境 |
| 产业规划 | +■ | +■ | +△ | −△ | −△ | +▲ | +△ | −▲ | −▲ | −▲ | −■ | −▲ | −▲ |
| 交通规划 | +□ | +□ | +■ | +△ | −□ | +△ | +△ | / | −■ | −■ | −■ | −▲ | / |
| 环卫设施规划 | / | / | / | / | +▲ | / | / | / | +▲ | / | / | / | +▲ |
| 给排水规划 | +■ | / | / | / | +△ | / | / | / | +▲ | / | / | +△ | / |
| 供热规划 | +■ | / | / | / | / | +△ | / | / | / | −▲ | / | / | −▲ |
| 供电规划 | +■ | / | / | / | / | +△ | / | −▲ | / | −▲ | / | / | −▲ |
| 天然气规划 | +■ | / | / | / | / | +△ | / | −▲ | / | / | / | / | / |
| 防灾规划 | / | / | / | / | / | / | / | / | / | +□ | / | +□ | / |
| 电信网络规划 | / | / | / | / | / | +△ | / | / | / | / | / | / | / |

注：+：有利影响，−：不利影响，/无影响；□：阶段影响，△：累积影响；黑色：直接影响，白色：间接影响。

② 以某中部城市高新技术经济开发区采用清单法开展规划环境影响评价环境影响因素识别为例。具体参见表 15-2。该案例环境影响识别过程主要体现规划环境影响的途径和方向，作为构建区域规划评价指标体系的基础。

表 15-2 主要规划环境影响分析

| 规划环境影响主要内容 | | 规划压力 | 环境影响因素 |
|---|---|---|---|
| 规划规模 | 人口规模 | 资源能源消耗压力<br>环境污染压力 | ➢水环境：生活污水排放对规划区地表水环境的影响；<br>➢固体废物环境影响：生活垃圾产生、处置、贮存及运输等环节对环境的影响 |
| | 用地规模 | 资源能源消耗压力<br>生态系统压力 | ➢生态环境：建设用地开发对陆地生态环境的影响；<br>➢资源利用：建设用地规模扩大对土地资源的影响 |
| | 经济规模 | 资源能源消耗压力<br>环境污染压力 | ➢资源能源：经济规模扩大对水资源、土地资源及电能等能源的消耗。<br>➢环境影响：经济规模扩大，“三废”排放量增加，对大气环境、水环境等的影响 |
| 产业定位 | 高新技术产业定位 | 资源能源消耗压力 | ➢水环境：高新技术产业污水排放对地表水环境影响；<br>➢大气环境：光机电、新材料等高新技术企业工艺废气排放对区域大气环境的影响；<br>➢资源能源：高新技术产业发展对水资源、土地资源及电能等能源的消耗。<br>➢社会环境：对区域社会经济的影响 |

| 规划环境影响主要内容 | | 规划压力 | 环境影响因素 |
|---|---|---|---|
| 规划布局 | 用地规划（工业、居住、公共设施用地） | 资源能源消耗压力<br>环境污染压力<br>生态系统压力 | ➢生态环境：用地布局对规划区陆地生态环境质量影响；<br>➢大气环境：工业用地中光电、新材料等工业企业工艺废气排放对居住用地大气环境的影响；<br>➢固体废物环境影响：工业用地中工业企业固废、危废的产生、处置、贮存及运输等环节对环境的影响；<br>➢环境风险影响：工业用地工业企业的危险物质贮存、危险生产设施生产过程等存在的潜在环境风险；<br>➢社会环境影响：工业、公共设施用地的居民搬迁产生的社会环境影响 |
| | 道路交通规划 | 环境污染压力 | ➢声环境：道路交通规划中道路系统建设运行带来的交通噪声污染 |
| 市政设施规划 | 供水规划 | 资源消耗压力 | ➢水资源：规划区用水对区域水资源的影响 |
| | 污水规划 | 环境污染压力 | ➢水环境：排污规划对规划区地表水环境的影响 |
| | 雨水规划 | 环境污染压力 | ➢水环境：雨水规划对规划区地表水环境的影响 |

## 第二节　资源环境承载力分析

### 一、资源环境承载力概念

环境承载力是指一定的区域范围内，在一定时期、一定的状态或条件下，在维持区域环境系统结构不发生质的变化、环境功能不遭受破坏的前提下，环境系统所能承受的人类各种社会经济活动的能力（图 15-1），它可看作环境对区域社会经济发展的最大支持阈值（曾维华，1998；彭再德，1996；唐剑武，1995）。

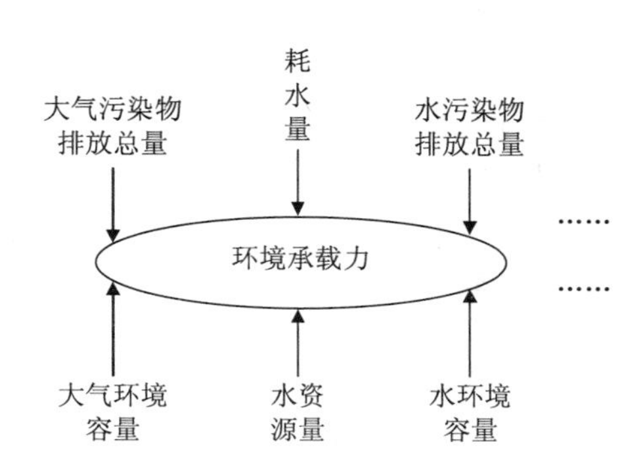


图 15-1　环境承载力

它包括两层基本含义，一是指区域生态环境系统自我维持、自我调节能力，以及资源与环境子系统的供给能力，是环境承载力的支持部分，二是指生态环境系统内社会经济子系统的发展能力，是环境承载力的压力部分（叶文虎，1995）。

## 二、资源环境承载力分析内容

环境承载力作为协调社会、经济与环境关系的中介，其分析对象是双方面的，不仅要对承载力的承载对象——人类的社会经济活动进行研究，也要研究人类活动的载体环境，它包括能源环境和资源两个方面的要素。

在区域开发环境影响评价中，环境承载力分析首先要建立环境承载力指标体系，通过现状调查或预测确定每一指标的具体数值后进行综合承载力评价。其中资源环境承载力研究对象主要为环境承载体、环境承载对象及环境承载水平，资源环境承载力评价应包括环境承载力评价、资源环境压力评价和环境承载能力水平评价三方面内容。

### （一）环境承载力评价

环境承载力评价，也是环境承载体的支持能力评价，分为自然资源承载力评价、环境生产承载力评价和社会经济技术承载力评价三类。

#### 1. 自然资源承载力评价

自然资源包括化石燃料、金属矿产资源、土地资源、森林资源、水资源等，区域开发环评中可结合各类区域的不同环境特点建立自然资源承载力评价指标体系。在区域开发环评中普遍关注的自然资源承载力评价内容及常用评价方法参见表15-3。

表15-3 区域开发环境影响评价中自然资源承载力评价内容

| 评价要素 | 基本含义 | 表征指标 | 常用评价方法 | 评价目的 |
| --- | --- | --- | --- | --- |
| 矿产资源承载力 | 在可以预见的时期内，通过利用矿产资源，在保证正常的社会文化准则的物质生活条件下，用直接或间接的方式表现的资源所能持续支撑的经济社会发展的保障能力 | 地质储量、可采储量等 | 背景分析法等 | 了解区域矿产资源可供开发的最大量 |
| 水资源承载力 | 以可预见的技术、经济和社会发展水平为依据，在水资源得到适度开发并优化配置前提下，区域（或流域）水资源系统对当地人口和社会经济发展的最大支持能力 | 水资源量 | 背景分析法、常规趋势法、系统动力学方法、模糊综合评判法、主成分分析法和多目标决策法等 | 了解区域水资源能够承受的资源开发强度 |

| 评价要素 | 基本含义 | 表征指标 | 常用评价方法 | 评价目的 |
| --- | --- | --- | --- | --- |
| 土地资源承载力 | 一定技术水平、投入强度下，一定地区在不引起土地退化，或不对土地资源造成不可逆负面影响，或不使环境遭到严重退化的前提下，能持续、稳定支持一定消费水平的最大人口数，或具一定强度的人类活动规模 | 土地资源 | 土地生产潜力、多目标决策分析法、投入产出法、土地资源分析法、线性规划方法、系统动力学方法 | 了解区域能够承受的资源开发强度（如建设用地和矿产开发等） |

### 2．环境生产承载力评价

环境生产指标包括可更新资源的再生量，如生物资源、水、空气等；污染物的迁移、扩散能力；环境消纳污染物的能力等。目前区域开发环境影响评价中重点关注的有环境消纳污染物的能力及生态承载力。在区域开发环境影响评价中普遍关注的环境生产承载力评价内容见表 15-4。

**表 15-4 区域开发环境影响评价中环境生产承载力评价内容**

| 评价要素 | 基本含义 | 表征指标 | 常用评价方法 | 评价目的 |
| --- | --- | --- | --- | --- |
| 水环境容量 | 环境单元所允许容纳污染物的最大数量，也指在人类生存和自然环境或环境组成要素（如水、空气、土壤及生物等）对污染物质的最大承受量或负荷量 | 常用的为 COD、$NH_3$-N、TP 等 | 段首控制法、段尾控制法和功能区段尾控制法 | 评价区域水环境容纳污染物的最大数量及水环境容量空间分布特征 |
| 大气环境容量 | | 常用的有 $SO_2$、TSP、$NO_2$ 等 | A-P 值法模型、箱模式、线性优化模型、ADMS 模式、复合模式等 | 评价区域大气环境容纳污染物最大数量及大气环境容量空间分布特征 |
| 生态承载力 | 某一时期某一地域某一特定生态系统，在确保资源合理开发利用和生态环境良性循环发展条件下，可持续承载人口数量、经济强度及社会总量的能力 | 自然植被净第一性生产力、生态承载力水平、生态系统承载指数等 | 自然植被净第一性生产力测算法、生态足迹法、综合评价法、主成分分析法 | 评价区域在某一特定环境条件下，生态承载力的最大容量 |

### 3．社会经济技术承载力评价

社会经济技术承载力指标包括社会物质技术基础、经济实力、公用设施、交通、技术支持系统等。目前区域开发环境影响评价中重点关注的有公用设施、交通等承载力，见表 15-5。

表 15-5 承载力表征指标及常用评价方法

| 评价要素 | 表征指标 | 常用评价方法 |
|---|---|---|
| 环保基础设施承载力 | 生活垃圾填埋场库容、污水处理厂处理能力、工业固废处理设施处理能力 | 背景分析法 |
| 市政基础设施承载力 | 公路货物周转量、公路通车里程 | — |
| 能源承载力 | 电能供给能力、天然气供给能力 | — |

### （二）资源环境压力评价

资源环境压力评价，即环境承载对象的评价，是分析在一定经济技术水条件下，区域发展中人类社会、经济活动对资源能源消耗，对区域环境产生的压力。主要包括以下几方面：

① 资源能源压力评价：分析区域社会发展、经济活动所消耗资源能源等，包括与自然资源承载力相对应的水资源消耗、土地资源占用、矿产资源消耗水平等内容。

② 环境压力评价：分析资源能源等消耗而产生的污染物，及对生态环境的影响。包括与环境容量相对应的水污染物排放、大气污染物排放等，与生态承载力相对应的生态足迹、生态系统压力等内容。

③ 社会经济技术压力评价：分析区域社会发展、经济活动对区域社会物质技术基础、经济实力、公用设施、交通、技术支持系统等产生的压力。

### （三）环境承载能力评价

单环境要素环境承载力评价是目前区域开发环境影响评价中较常使用的一种评价思路。在环境影响评价中区域资源环境承载力只考虑水、土地、大气、生态等环境要素，通过对这些单一环境要素资源环境承载力评价，分析区域资源环境承载力中最薄弱的环节。依据“木桶原理”，以环境承载力中最薄弱的要素来表征区域的资源环境承载力水平，而不应以各要素的综合承载力作为表征区域的资源环境承载力水平。这一类评价省去了对各环境要素的统一量度，减少了其中的不确定性。在某资源环境要素制约因素较为突出，且对应的资源环境要素压力较大的区域开发环境影响评价中最为适用。在建立合理评价指标体系基础上，依据环境承载力评价、资源环境压力评价结果，采用不同的综合评价方法，对区域资源环境承载力综合水平进行评价。

## 三、主要技术要点及关键问题

目前环境承载力评价中的技术要点及关键问题主要体现在以下几方面：

### （一）评价指标体系的构建

在实际的区域开发环境影响评价中，资源环境承载力分析评价存在较大的主观性，同一区域开发环境影响评价，不同评价者可能构建完全不同的资源环境承载力评价指标体系，得出的综合环境承载力评价结论将存在较大差异。因此根据各类区域开发特点，建立具有可操作性、体现不同区域开发特点的基本统一的评价指标体系，以保证资源环境承载力评价结论的准确性，是区域开发环境影响评价的技术要求之一。

### （二）评价范围的确定

任何环境要素都不是封闭的系统，始终与周围环境发生千丝万缕的联系。因此，在环境承载力评价中，评价范围确定是否合理将直接影响到资源环境承载力评价结论的准确性。这一问题在单要素环境承载力评价中最为突出。如区域开发环境影响评价中的水资源承载力评价，很多区域开发环境影响评价均以区域规划范围或比规划范围稍大一点的区县为评价范围，仅仅依托规划区现状水资源统计情况及规划水资源消耗进行简单分析，在水资源短缺区域往往会得出水资源承载力不足的评价结论，而实际上政府在更大区域范围，可通过区域调水及大区域水资源合理配置等手段缓解局部区域水资源短缺的问题。因此，在这类区域如果资源环境承载力评价范围确定过小，将得出水资源承载力短缺，制约区域经济发展等不合理的评价结论，而评价范围扩大则可得出水资源承载力仍有富余的评价结论。

由于区域开发是集社会经济发展、资源与环境消耗集中于一体的较小空间范围的区域，仅仅考虑较小范围内的开发活动，通过对开发区域中水资源承载情况的分析会得出目前开发区域制约因素是水资源短缺，而且随着经济发展，该问题会日益凸显。如果环境承载力评价选择更大的评价区域范围，综合考虑更大区域范围内采取的南水北调工程、中水回用、海水淡化等弥补水资源短缺问题的政策调控措施，采用发展变量和制约变量结合的方法综合分析，水资源短缺的整体状况能得到适当调整。选择更大区域范围内的资源合理配置既能合理解决水资源短缺的问题，也能使开发区域实现可持续发展的目标。

因此，需要从更高层次、更大区域范围，综合考虑政府调控政策等多方面因素，根据区域规划特点、区域资源环境特点、社会经济技术水平来确定环境承载力评价范围。

### （三）资源环境承载力的综合动态评价

区域资源环境承载力是动态发展的，随着各行业技术水平的不断提高，区域资源环境的承载能力也会发生相应变化，在不同发展阶段同一资源条件和环境容量可承载的发展规模将存在一定差异。资源环境承载力综合评价不能局限于资源环境系统内部的评价，也不能简单地把社会经济系统和环境系统分别作为黑箱来处理，要将社会经济系统和环境系统有机结合，找到两个系统内部运行规律及结合点，进行动态综合评价及预测。

（四）评价指标定量化问题

定量计算环境承载力，需要定量计算污染源、资源能源消耗及环境容量。污染源和资源能源消耗定量化和环境容量定量化是区域开发类环境影响评价的技术难题之一。

## 第三节 区域开发的环境累积影响

建设项目层面的环境影响评价在长期的实践中暴露出一些问题，如难以评价若干项目开发活动的累积影响；难以评价附加开发活动的环境影响；难以评价某些作为单独的项目不会对环境产生明显影响，但合在一起却会产生显著影响的项目；难以评价某些可能给环境造成显著影响，但不能通过主项目的审批加以控制的非工程性项目。建设项目环境影响评价仅考虑单个项目、简单的因果关系、一级影响、即时效应，而无法有效评价由多个项目、复杂的因果关系、高层影响、相互作用过程、时间滞后和边界扩大等因素引起的环境变化，而这些正是累积影响评价的特征。

为了破解上述矛盾，适应可持续发展战略，累积影响评价应运而生，成为区域开发环境影响评价的重要内容。自 2003 年 9 月 1 日起实施的《规划环境影响评价技术导则（试行）》（HJ/T 130—2003）明确要求进行累积影响分析。

### 一、累积影响的概念

国内外对累积影响评价的定义较多，比较有代表性的有以下几种提法：

第一种将累积环境影响评价定义为：是一种系统地分析和评价累积环境变化的过程（Spaling 和 Smit，1993）。第二种将累积环境影响评价定义为：评价那些单独看来可以接受，而累积起来无法接受的活动的环境影响，累积指时空拥挤、协同、间接影响和蚕食效应（JD Court 等，1994）。第三种累积环境影响评价定义为：累积影响是一项活动与过去、现在和将来的其他人类行动结合在一起所造成的环境变化，累积影响评价是对上述累积影响的评价（加拿大环境评价署）。第四种将累积环境影响评价定义为：累积影响评价是系统分析和评价累积环境影响的过程，也是使区域开发行为累积影响最小化的过程。同时提出了量化累积影响大小的累积度、累积区、累积频率的指标概念（彭应登，1997）。第五种根据彭应登提出的“累积度”概念，基于众多学者的研究成果，将累积影响定义归纳总结为：人类活动对环境产生的影响通过一定的方式（加和或协同）在时间和/或空间上进行累积，环境影响的累积度超出了环境承载力，导致环境系统的结构、功能和状态发生变化（李丽娜，2003）。

累积影响评价克服了建设项目环境影响评价的一些缺陷，扬长避短，在更大的时空范围内考虑环境影响及其长期后果，使人类活动对环境的累积影响保持在一定的阈值之内，促进可持续发展。

## 二、累积影响的分类

累积影响可以分为三个部分来分析：累积影响源、累积途径、累积效应。累积影响源通过一定的过程或途径作用于环境产生累积效应，累积效应是开发活动给环境造成的客观变化。因此对累积影响的分类体系也应建立在对上述三个部分的分类基础上。

根据累积影响源、累积途径、累积效应分别为单一或若干，可将累积影响分为六类，参见图 15-2。其中图（a）代表累积影响源多样，累积途径多样，呈共同累积效应的累积影响。如土壤重金属污染，大气污染源通过沉降，水污染源通过污水灌溉，化肥污染源通过化肥施用等共同引发和加剧土壤重金属污染。图（b）代表某种累积影响源通过多种途径产生多种累积效应的累积影响。如酸沉降污染，大气酸沉降通过若干途径分别对植被资源、土壤理化性质、地表水质等产生影响。图（c）代表多种累积影响源通过某种共同的途径产生多种累积效应的累积影响。如大气二次污染，$NO_x$、$SO_2$、VOC 等多种前体物在“一个大气”系统中经过复杂的物理化学协同变化产生灰霾、光化学烟雾等多种大气二次污染问题。图（d）代表多种累积源通过某种累积途径产生某种累积效应的累积影响。如经常接触到的空间累积，多个污染源以一定的空间布局排放污染物，经过一定的环境变化，产生累积影响。每个源的影响未必超出环境容量，但多个污染源的累积空间影响则有可能超出环境容量造成环境污染。图（e）代表某种累积源通过某种累积途径产生某种累积效应的累积影响。如时间累积，某个污染源在时间尺度上的排放频率或强度等超出了环境该时段的自净能力，产生累积污染。图（f）代表某种累积源通过多种累积途径产生某种累积效应的累积影响。如大气颗粒物沉降，大气中的颗粒态污染物通过直接干沉降、化学转化间接干沉降及湿沉降形成自然降尘。

典型的累积影响通常依照三个环节中较为收敛单一的环节命名，所以既有以环境效应命名的累积影响，如土壤重金属污染；也有以累积途径为准命名的累积影响，如大气二次污染；还有以累积影响源为准命名的累积影响，如酸沉降。研究范畴都是环境要素层次中的某种或若干种要素，相对于环境系统层次，时空尺度相对较小，复杂程度相对较低。

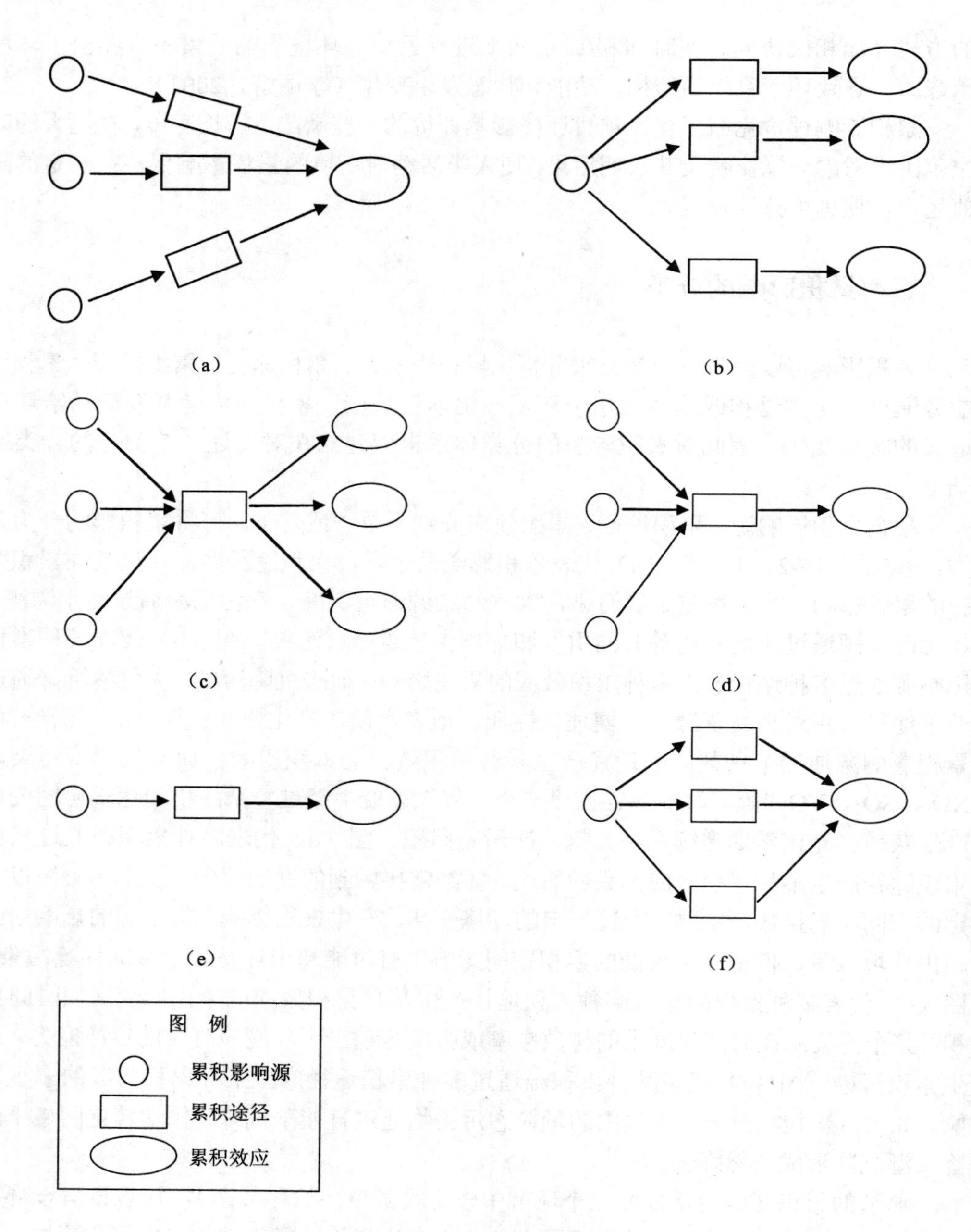


**图 15-2 累积影响分类**

根据 Sonntga 对累积影响源的分类，区域开发涉及的源主要是多成分活动和多项活动。多成分活动即同时或按一定顺序进行的两个（或多个）相关活动，如采煤、修建道路、发电厂建设等。多项活动即在较大时间或空间范围内进行的多种类型的项目，如工业生产、城市发展和货物运输。

累积环境影响来源不同，其累积的基本途径也有多种。Peterosn 等在 1987 年提出了人类活动产生累积影响的基本途径。

途径一：单项活动在环境系统中持续加和和转移原料和能量，无相互作用。

途径二：单项活动在环境系统中持续加和和转移原料和能量，且包含相互作用。

途径三：两种或多种活动通过加和的方式引起累积影响，如 $CO_2$ 等温室气体在大气中都有各自不同的化学过程，但结合起来共同产生温室效应。

途径四：多种活动通过协同作用引起环境变化，这种变化要大于简单加和引起的环境变化。如氮氧化合物、碳水化合物和紫外线通过复杂的化学反应产生光化学烟雾。

由以上分析可以看出，累积效应或累积影响产生的途径可根据累积的方式分为两大类：

加和，即影响按线性关系进行简单的叠加，累积影响等于各单个影响之和。例如，农业灌溉、生活消费和工业冷却用水均能引起地下含水层水位降低。

相互作用，多个影响之间发生相互作用，累积影响不等于单个影响之和，单个影响通过协同作用导致环境变化。相互作用又分为协同和拮抗两种方式。协同作用，累积影响大于单个影响之和，例如向河流中排放营养成分和热水，两者联合导致藻类大规模爆发而使水体丧失溶解氧，该联合作用大于任何由单个污染物造成的累积影响。拮抗作用，累积影响小于单个影响之和，拮抗作用可以看成是一种负的协同作用。

人类各种开发活动通过上述累积途径会产生各种累积效应，目前被广泛接受的分类方法是以下几种，主要有 8 种类型，见表 15-6。

**表 15-6　累积效应分类**

| 类型 | 主要特征 | 例子 |
| --- | --- | --- |
| 时间“拥挤” | 对某一环境要素频繁而反复的影响 | 废物连续性排入湖泊、河流或大气 |
| 空间“拥挤” | 对某一环境要素密集的影响 | 大气污染物烟羽的汇合 |
| 协同效应 | 多个污染对某一环境要素产生的协同作用 | 气态污染物排入大气产生化学烟雾 |
| 时间滞后 | 响应长时间滞后于干扰 | 致癌效应 |
| 空间滞后（超出边界） | 环境效应在远离污染源的地域出现 | 酸雨在远离污染排放源的地区出现 |
| 触发点和阈值 | 改变环境系统行为的破坏作用 | 大气中 $CO_2$ 逐渐增加导致全球变暖 |
| 间接效应 | 在时间上超出了主项目的次生影响 | 新道路建设带动周边的开发 |
| 蚕食效应 | 生态系统被割裂分化 | 自然生态区的逐渐缩小和消失 |

## 三、累积影响评价程序和内容

自 20 世纪 80 年代以来，已有相当多的研究关注于累积环境影响评价的概念和实践，其中国际上具有代表性的研究案例主要集中于美国、加拿大、澳大利亚和荷兰等国，以美国和加拿大为主。在研究框架上，除关注于尺度问题外，目前已有研究基于累积影响的关键问题提出包括问题识别、分析和管理 3 个阶段在内的累积影响评价概念框架；在研究对象与尺度上，目前的研究涵盖了河流生态系统、湿地、交通以及区域影响等方面。在不同对象的累积影响评价框架方面，已有研究基于景观生态学方法提出了湿地累积影响评价的 5 步骤概念框架，包括定义目标和标准、定义评估概要指数、选择景观指标、进行评估和评估报告；此外，还有研究基于战略环境影响评价提出重点公共交通工程的累积影响评价方法框架，见表 15-7。

可以看出累积影响评价的框架与区域开发环境影响评价的框架类似，因为从广义而言，区域开发环境影响评价均可视为累积影响评价。

表 15-7 累积影响评价框架

| 环境评价步骤 | 累积影响评价的程序和内容 | 评价方法 |
|---|---|---|
| 确定评价范围 | 识别与建议活动及其替代方案相关的区域累积影响问题，确定评价目标。<br>选择适当的区域有价值的生态系统成分（VECs）和社会环境要素（SEEs）。<br>识别可能影响同一 VEC 和 SEE 的其他活动（过去的、现在的或计划的）。<br>确定评价的时间、空间范围 | 资料收集、类比分析法、矩阵法等 |
| 分析评价区域的环境特征 | 分析评价区域是否已存在不可忽视的环境影响以及这些影响是针对哪些 VECs 和 SEEs 而言的。<br>分析评价区域的地理、生态和社会环境特征，包括：① 建议活动是位于一个相对未受干扰的景观还是已经受到破坏的景观；② 地形或其他地理因素是否从空间上限制建议活动对 VECs 和 SEEs 的影响；③ 评价区域是否存在稀缺的 VECs 和 SEEs；④ 评价区域是否存在可能受到干扰的环境敏感区。<br>收集区域的环境基线数据，分析区域环境状况的历史变化 | 综合指数法、景观生态学评价等 |
| 环境影响分析 | 分析与建议活动及其替代方案有关的累积影响的特征。<br>分析建议活动及其替代方案对所选择的的 VECs 和 SEEs 的影响。<br>分析评价范围内其他活动对所选择的的 VECs 和 SEEs 的影响。<br>定性或定量描述评价范围内所有识别活动对所选择的 VECs 和 SEEs 的累积影响的大小和范围，以及建议活动及其替代方案对此累积影响的贡献。<br>分析受影响的 VECs 和 SEEs 对其他 VECs 和 SEEs 的影响。<br>考虑跨边界影响和全球影响问题。<br>比较建议活动及其替代方案的累积影响的大小和范围 | 系统动力学（SD）模型、情景分析法、环境数学模型法、生态适宜性分析法、叠图法等 |

| 环境评价步骤 | 累积影响评价的程序和内容 | 评价方法 |
| --- | --- | --- |
| 建议环境影响减缓措施 | 选择累积影响较小的替代方案。<br>修改或增加替代方案，以避免、减少或缓和重大的累积影响。<br>推荐项目层次和区域层次的累积影响减缓或补偿措施，如在区域其他地方培育一块具有同等生态功能的栖息地以补偿失去的栖息地 | 类比分析法、专家咨询法、环境数学模型分析法等 |
| 评价剩余影响的重大程度 | 分析采取一定的减缓（补偿）措施后剩余累积影响的大小。<br>根据区域承载力、土地利用目标和区域可持续性目标，建立适当的评价指标，评价剩余累积影响的重要程度 | 综合评价法、生态足迹法等 |
| 环境影响后续监控 | 推荐区域范围的累积影响监测措施。<br>推荐区域的累积影响适应性管理措施。<br>以上监测和管理措施应与累积影响的自然地理或生态系统边界相协调 | — |

由于区域“经济-社会-环境”复合巨系统的复杂性、非线性、多变量和多反馈特征，使得采用系统分析的方法来模拟子系统间的关联并预测时间尺度上的累积效应成为必然；而其中系统动力学（SD）模型的应用最为广泛。系统动力学模型可预测社会经济活动在不同时间点的环境压力（如产污总量），也即时间尺度的累积效应；再依据时间累积按环境受体的空间状态概率分布规律选择合适的机理模型求算污染物排放总量的长期空间浓度分布，并叠加 GIS 分析，即可得到空间尺度的累积效应；将时空累积分别与按零方案发展预测的时空累积叠加，即可得到未来时空累积的总影响。

区域规划实施的另一个重要特征在于其不确定性，尤其是长时间序列规划方案的不确定性，对此可采用情景分析的方法。累积影响评价情景分析主要包括 3 个步骤：在历史回顾、现状调查与监测以及环境评价基础上，分析得到影响规划实施的驱动因子，设计不同的情景模式；对照评价基线分析不同时空尺度上的累积影响；累积影响的规划和管理以及跟踪监测与适应性调控。

其中累积影响评价情景大致可分为 3 类：① 原始情景：规划之前的情况，可通过历史资料分析和推断来确定；② 当前情景：指近期与现状；③ 将来情景，分为无拟议行动和有拟议行动两种。比较当前情景与原始情景可以分析过去和现在开发行动的累积影响；比较将来情景（无拟议行动）与当前情景可以分析将来其他开发行动的累积影响；比较将来情景（有拟议行动）与将来情景（无拟议行动）可以分析拟议行动对累积影响的贡献，此外，通过情景设定，可以进行更详细的累积影响分析。累积影响评价技术方法的详细论述见第十六章。

## 第四节　区域开发替代方案设计

规划环境影响评价较建设项目环境影响评价具有广泛性、复杂性、不确定性等特点。尽管一项规划环境影响评价会否定那些以过高环境代价实现某一规划目标，而且无法使之降低至合理水平的规划方案。但是开展规划环境影响评价的最终目的不是否定那些可能造成重大环境影响的规划，而是通过系统地、科学地评价，从众多的替代方案中选择出能够以较小环境代价达到既定目标，在技术条件、资源条件、社会认同等方面可行的规划方案，并通过评价对其可能造成的环境影响提出切实可行的减缓措施，使不利的环境影响消除或降低到合理的、可接受的水平。因此，替代方案是整个规划环境影响评价的重点和关键环节之一。

## 一、替代方案的定义和作用

### （一）替代方案的定义

替代方案是指为了实现同一规划目标，除推荐方案外可供比较和选择的规划方案，替代方案又可称为可供选择方案、备选方案。决策者应根据一系列科学研究的结果，从众多替代方案中选择一个资源消耗较少、环境代价较低、经济效益较高的方案。

### （二）替代方案的作用

许多国家和地区非常重视环境影响评价中的替代方案。美国的《国家环境政策法》明确规定，替代方案是环境影响评价报告书的重要组成内容；在罗马尼亚，详细的环境影响评价必须考查所有的选择方案，包括不实施活动的方案，并指明哪一种方案将会对环境保护最具合理性；欧洲复兴开发银行要求环境影响评价文件应包含对计划、工艺、选址、规模和运营替代方案及方法的比较，并考查每一个选择方案的环境影响，说明推荐方案的主要理由；欧盟委员会由修订的“环境影响条例”中要求其组成国全面考虑替代方案问题；联合国环境规划署（UNEP）也将替代方案和政策行动的环境影响包含在其每年一度的工作报告“全球环境展望”中；国际影响评价协会（International Association for Impact Assessment，IAIA）将替代方案的检查分析作为环境影响评价执行的原则之一。没有替代方案，则整个环境影响评价制度就失去了其最为重要的意义。规划环境影响评价贯彻预防为主的基本原则，目的不是仅仅提出措施将规划实施后所产生的环境影响最小化，而应该是使规划所可能产生的环境影响最小化，最终目的是使规划成为绿色规划和可持续规划。而要达到这一目的，替代方案的确定就至关重要。

## 二、替代方案特点分析

### （一）规划目标的综合性

制订某一规划，都有一个规划目标，该目标与单个建设项目的目标相比范围更广、实施的时间更长，它是多个单一目标的有机综合，具有宏观性。规划目标的实施和实现会涉及社会、经济、环境的多个要素。因此，为实现综合性的规划目标，任何一个替代方案都将涉及社会、经济环境等领域的各个要素。

（二）替代方案的具体性

尽管规划环境影响评价具有复杂性、规划性，但实现规划目标的各个替代方案，应是具体明确的、可操作的。

（三）表现形式的多样性

为实现某一既定目标，可以从不同层次，不同角度去规划、去实施。因此也就有不同层次上的许多不同类型的、各具特色的替代方案。比如为实现“某一区域经济开发规划”的目标，首先就区域的经济定位（以工业为主还是以特色农业为主，或者是以旅游开发为主等），存在众多的替代方案；在经济定位确定后，其下又存在众多为实现这一定位目标的众多方案，例如以发展工业为主的区域经济开发，因地制宜的各工业类型及比重也存在众多的替代方案，这样从宏观至微观，表现形式多种多样，不同的层次，存在众多不同的替代方案。

（四）替代方案的相对独立性

尽管在同一层次上所有替代方案具有共同的目标，但是各替代方案是有区别和明确界限的，即同一层次的各替代方案之间在内涵上是相对独立的，但替代方案的独立性，并不排斥最终的决策结果可能是所有替代方案中若干甚至是全部替代方案的集成与综合。

（五）“保持现有发展趋势”的可能性

“保持现有发展趋势”即：“零”替代方案或“不做方案”，也就是在该规划没有实施的情况下可能的发展状况，并以此作为比较各替代方案的背景或本底。

## 三、替代方案的制定原则

（一）目标约束性原则

要求所指定的任何替代方案都不能偏离建议方案的规划目标，或者偏重于规划目标的某些领域而忽视了其他领域。

### （二）充分性原则

制定规划替代方案，应充分考虑从不同角度去设计，这样才能保证规划替代方案的多样性特点，为规划决策提供更为广泛的选择余地，并且不失去任何可供选择的机会。

### （三）现实性原则

顾名思义就是要求所指定的替代方案在现实中具有可行性，即从技术条件、拥有的资源、时间尺度等方面可行。

### （四）独立性原则

独立性原则要求替代方案提出的一系列行动与原方案应该明显不同，但可获得同样的效益和不同的环境影响。另外，替代方案的设计或细节与原方案不同，环境影响也不同。然而，替代方案的独立性并不影响最终的规划决策结果对所有替代方案中若干，甚至是全部方案进行集成与综合。

### （五）广泛参与的原则

为保证最终形成的替代方案的科学性、可行性和先进性，应在广泛的公众参与的基础上最终形成各种替代方案。

## 四、替代方案的确定程序

规划环境影响评价中替代方案的确定可以分为以下几个步骤：

### （一）已有规划环境相容性分析

以实施可持续发展规划，促进经济、社会和环境的协调发展的原则，分析原有区域规划在资源环境承载力、环境影响等方面存在的问题和不适宜性，作为筛选替代方案的参考方向。

### （二）确定规划方案优化调整目标

确定规划方案优化调整目标可决定筛选替代方案的标准。

### （三）划定替代方案范围

在替代方案范围的划定中，要考虑满足既定目标的所有“合理的”替代方案。合理范围的划定必须依据可行性的相关观点，如现实性原则、充分性原则、目标约束性原则及广泛参与的原则等加以限定指导。这一过程要综合考虑，从不同层次、不同角度去设计和确定规划实现途径。

#### （四）比较和筛选替代方案

划定替代方案范围以后，要对确定范围内的各个替代方案的环境影响进行识别、预测和评价，通过分析明确各个替代方案的优缺点，同时基于技术、经济、环境和政治上的可行性等相关原则进行替代方案比较分析和筛选，替代方案的层次可以有所不同，即可是对规划功能定位、产业布局、规模等的替代，也可是对区域内企业环保措施、执行标准的替代，即从宏观到微观层次均可覆盖。

#### （五）确定最佳替代方案

基于最终确定替代方案，则是在综合分析规划社会、经济和环境的可持续发展因素下确定要实施的最佳方案。

## 第五节　循环经济和低碳经济在区域开发环境影响评价中的应用

### 一、循环经济在区域开发环境影响评价中的应用

#### （一）循环经济的概念和主要特征

##### 1. 循环经济定义

循环经济（cyclic economy）即物质闭环流动型经济，是指在人、自然资源和科学技术的大系统内，在资源投入、企业生产、产品消费及其废弃的全过程中，把传统的依赖资源消耗的线形增长的经济，转变为依靠生态型资源循环来发展的经济。循环经济是以资源的高效利用和循环利用为目标，以“减量化、再利用、再循环”为原则，即“3R”原则，以物质闭路循环和能量梯次使用为特征，按照自然生态系统物质循环和能量流动方式运行的经济模式。

循环经济把清洁生产和废弃物的综合利用融为一体，既要求物质在经济体系内多次重复利用，进入系统的所有物质和能源在不断进行的循环过程中得到合理和持续的利用，达到生产和消费的“非物质化”，尽量减少对物质特别是自然资源的消耗；又要求经济体系排放到环境中的废物可以为环境同化，并且排放总量不超过环境的自净能力。

2．循环经济的主要特征

① 物质流动多重循环性；

② 科学技术先导性；

③ 综合利益的一致性；

④ 全社会参与性；

⑤ 清洁生产模式是循环经济当前在企业层面的主要表现形式。

## （二）循环经济运行的三个层面

循环经济的运行具体体现在三个层面上，分别通过运用“3R”原则实现 3 个层面的物质闭环流动。

**1．企业层面（小循环）**

企业层面的循环主要是指企业内部的物质循环。例如，将下游工序的废弃物作为原料返回上游工序，或将上游工序产生的余热和副产品作为下游的能源或生产条件，或在同一工序中反复使用某种生产要素（例如水的循环使用）。

**2．区域层面（中循环）**

通常以生态产业链或生态工业园区的形式出现，把不同的企业联合起来形成共享资源和互换副产品的产业共生组合，使得某一家企业的废气、废水、废热、废弃物等成为另一家企业的原料和能源。

**3．社会层面（大循环）**

大循环指通过废弃物的再生利用，实现消费过程中和消费过程后物质与能量的循环。例如，废旧塑料、轮胎、钢材、玻璃、纸张等的回收再生利用。对于无法再变为资源的废弃物经过无害化处理后循环回大自然。

## （三）区域开发中的三个循环经济圈

**1．企业内部循环——清洁生产**

清洁生产在早期有不同提法，如“少废无废工艺”“无废生产”“废物最小化”“污染预防”等。1979 年 11 月在日内瓦通过的《关于少废、无废工艺和废料利用宣言》中，对无废工艺的叙述为“无废工艺是各种知识、方法和手段的实际应用，以期在人类需求的范围内达到保证最合理地利用自然资源和能量以保护环境的目的”。1984 年联合国欧洲经济委员会在塔什干召开的国际会议上将无废工艺定义为一种所有的原料和能量在“原料资源—生产—消费—二次原料资源”的循环中得到最合理和综合的利用，同时对环境的任何作用都不破坏它的正常功能的一种生产产品的方法。联合国在 1989 年提出清洁生产这一术语时指出，清洁生产是对生产过程、产品及服务不断采用的一体化预防性环境策略。我国在 2002 年 6 月 29 日通过的《中华人民共和国清洁生产促进法》中是这样定义清洁生产的：“本法所称清洁生产，是指不断采取改进设计、使用清洁的能源和原料、采用先进的工艺技术和设备、改善管理、综合利用等措施，从源头削减污染、提高资源利用效率，减少或者避免生产、服务和产品使用过程中污染物的产生和排放，以减轻或者消除对人类健康和环境的危害。”

由此可以看出，在区域开发活动中，区域内的企业或者基本生产单元应该成为循环经济的第一个循环圈。在这个循环圈内，资源应该得到最大的和最有效的利用，而对这些利用的控制应该是在企业生产的全过程。这一过程包括三个方面的内容，即清洁的能源、清洁的生产过程、清洁的产品。

清洁的能源包括：常规能源的清洁利用；可再生能源的利用；新能源的开发；各种节能技术和措施等。

清洁的生产过程包括：清洁的原料；清洁的生产工艺；高效的生产设备；物料的再循环；先进的管理技术等。

清洁的产品包括：易于回收、重复利用和再生的产品；无毒无害、易于降解的产品；对人类健康和环境无影响的产品；包装合理的产品；使用功能和使用性能合理的产品；节约原料和能源的产品等。

区域评价应按《中华人民共和国清洁生产促进法》的要求，评价和审核开发区内的建设项目。

### 2. 企业之间的循环——生态产业链

所谓生态产业链，是指在区域内，企业之间形成的一种共生系统，在这个系统中，理论上不存在“废物”，因为一个企业的“废物”可能成为另一个企业的原料。这样，区域内的企业就可以形成一个相互依存、类似于食物链的“生态共生系统”，从而实现“废物”综合利用，达到相互资源的最大优化配置，使区域经济发展和环境保护走上良性循环的轨道。

在区域开发活动中，要尽可能地构建这样一个生态产业链，尽可能地选择那些产业关联度比较高的企业进入开发区，从而形成区域内的产业链，最终实现区域内资源利用最大化和环境污染最小化。

### 3. 企业与社会的循环——静脉产业

静脉产业是将人类经济活动过程中的物质流动比做人类血液运动的一种比喻。

物质流被比作人体的血液，生产体系——企业被比作动脉系统。作为原材料的物质和作为商品的物质就像动脉血液一样，在生产过程中流动并被按照一定程序进行加工，形成产品进入消费系统，这是动脉系统的物质流动。

生产过程产生的废弃物和消费过程产生的废旧产品，经过回收和加工后成为有用的物质再回流到生产和消费过程以重新利用，这是静脉系统的物质流。

上述两个过程就像血液经过动脉输入到毛细血管为身体各部位输送养分和能量后，经过静脉回收再流回心脏参加下一轮循环一样。因此，废弃物收集和加工处理产业被形象地比喻为静脉产业。

区域内各企业的最终废弃物终将进入社会，这些废弃物的综合利用就是静脉产业。在区域内，可以根据各企业废弃物最终进入社会的特点，形成不同的静脉产业，例如废水资源化、固体废物资源化、废气资源化等，使所有的废物经过资源化后，最终进入社会时达到微量化和无害化，并得到妥善的处置。这样，当资源进入区域后，在它的生命周期里通过企业内部循环、企业之间的循环和企业与社会的循环，完成了最有效的利用，最终得到妥善处置。

### （四）循环经济在区域开发环境影响评价中的应用

区域规划环境影响评价是保证区域规划遵循循环经济模式的重要手段。在区域环境影响评价中经常应用循环经济理论和技术方法对规划方案进行论证，评价区域规划产业生态化、污染物排放减量化、环境累计影响的最小化，通过具有法律效力的环境影响评价文件体现区域调整结构、增长方式转变和发展循环经济、实行清洁生产等方面的要求。

#### 1. 评价区域产业结构的生态效率是构建区域循环经济的基础

循环经济的核心内容是产业的生态化（张天柱，2004）。产业和企业是经济活动的主要组织方式，区域是企业和产业的载体，区域发展规划在很大程度上是对区域内产业结构的规划，而产业链的生态效率又是表征规划方案经济、社会、环境可持续发展的重要依据。因此，区域环境影响评价中循环经济分析重点是对规划的产业或行业的生态效率进行论证，分析各条生态工业链之间通过物质、能量、信息流动和共享，分析规划产业链间彼此交错、横向耦合与互补，构建累积影响最低的生态产业体系，为区域环境准入提供科学依据。

#### 2. 以物质代谢分析为手段，论证规划方案环境累积影响的最小化

从物质代谢途径入手，分析区域开发规划方案的资源、能源消耗和废弃物的排放，可以达到评价区域开发规划方案累积环境影响程度的目的。物质流分析方法描述了人类从自然界获取资源、进行人类生产和消费的经济活动，并生产出废弃物，以及废弃物的再使用和资源化再利用的过程中物质的实物流量和流向（刘滨，2005）。环境影响评价中关注的是废弃物和能源消费及直接的物质投入量，废弃物包括气体废弃物（含能源消费废弃物）、工业和城市垃圾、废水及具有面源污染特征的流散废弃物（如粪便、农药、化肥等）。通过对不同规划方案的场景模拟分析，类比同类区域、行业的物质、能量消耗指标，应用物质流核算方法计算各类废弃物的产生强度，可以定性或半定量分析规划方案的环境累积影响，筛选累积环境影响最小化的规划方案。

#### 3. 采用循环经济指标进一步完善区域环境管理指标体系

在开展区域规划环境影响评价过程中导入循环经济指标体系，特别是表征经济增长和资源投入、污染物产出分离趋势的分离性指标，如水资源生产力（单位水耗所产出的 GDP）、土地资源生产力（单位土地所产出的 GDP），能很好地克服基于线性经

济基础上构建的、偏重于关注经济的增长和结构转变，缺乏对资源节约和再循环利用等方面考虑的指标体系所存在的缺陷，为区域的可持续发展提供指标保障。实际工作中有三类指标最具可操作性，即减量投入指标、污染减量排放指标和资源再循环利用指标，旨在提高资源的有效利用效率和减量化投入水平，改善区域的环境质量，促进区域各行业的清洁生产，加强污染治理，使污染排放对环境的影响达到最小。

**4．建立区域循环经济发展框架，完善区域发展规划**

区域环境影响评价作为区域规划工具之一，一个很重要的功能就是根据区域开发的特点提出区域发展循环经济的框架模式，进一步完善区域发展规划，实现区域的可持续发展。通过企业层面的清洁生产、区域层面的生态园区和社会层面的循环型社会的构建综合实现区域循环经济发展的合理模式。

以西部某经济技术开发区为例：该开发区以能源为核心和基础，构建集化工、机械制造、高新技术产业于一体的现代化综合型开发区。规划环境影响评价中以建设环境友好型开发区为目标，提出循环经济发展方案和工业生态系统建设方案以及清洁生产方案，分别从开发区、园区、企业三个层面构建实现环境友好型开发区的具体建设方案。

在设计各个建设方案中，开发区循环经济建设方案是以深入分析开发区内各主导产业之间产品和废物之间的代谢关系为根本前提，提出开发区循环经济建设的总体框架，主要设计了开发区各主导产业的产品代谢循环经济建设方案和开发区废物回收产业循环经济建设方案，并提出循环经济支撑体系建设方案；工业生态系统建设方案是以构建各工业园稳定生态工业系统为主要目标，以各工业园的工业生态系统稳定性建设、产业链建设以及工业生态系统的能力建设为主要内容；清洁生产方案侧重于对开发区内可能涉及的企业提出具体的清洁生产指标要求，以及实现清洁生产的途径。

在规划环境影响评价中基于各重要产业链条之间的上下游产品以及废物的代谢关系，以开发区产业链条关系为设计主线构建循环经济方案，见图 15-3。

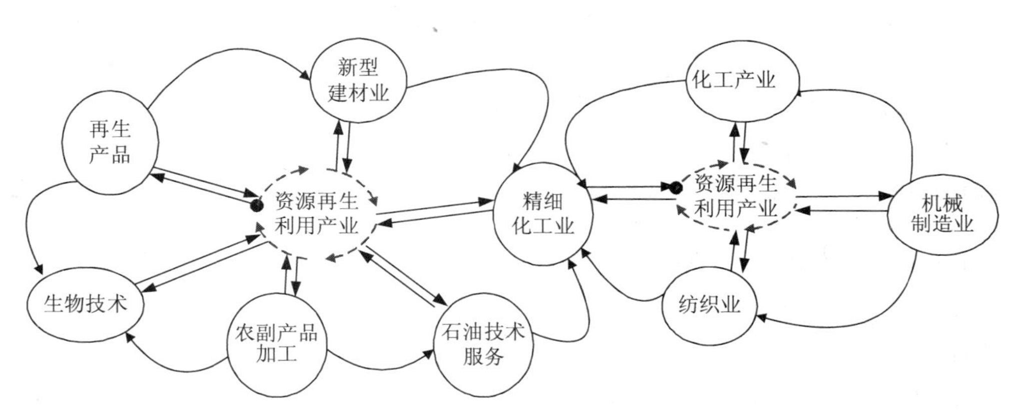


图 15-3 开发区产业链条关系

## 二、低碳经济在区域开发环境影响评价中的应用

### （一）低碳经济的概念

国内普遍采用的低碳经济概念是，“以低能耗、低排放、低污染为基础的经济模式，其实质是提高能源利用效率和创建清洁能源结构，核心是技术创新、制度创新和发展观的转变”。国外一些学者认为：低碳经济是一种后工业化社会出现的经济形态，其核心是低温室气体排放或低化石能源的经济，认为低碳经济是能够满足能源、环境和气候变化挑战的前提下实现可持续发展的唯一途径。

### （二）低碳经济的概念模型

低碳经济（LCE）的概念模型如下所示：

$$LCE = f\{E, R, T, C\}$$

其中，E 为经济发展阶段，主要体现在产业结构、人均收入和城市化等方面。R 为资源禀赋，包括传统化石能源、可再生能源、核能、碳汇资源等，此处资源不仅是自然资源，也包含人力资源，没有人力资本的投入，可再生能源、核能等不可能高效利用。T 为技术因素，指主要能耗产品和工艺的碳效率水平，即可实现高收入-低碳排放的水平。C 为消费模式，主要指不同消费习惯和生活质量对碳的需求或排放。

对于低碳经济可以从以下内容进行理解：

① 低碳发展的驱动因素：经济发展到后工业化时期，社会经济系统具有向高产出、低污染、环境友好型发展模式转型的内在动力和诉求，包括生产方式、消费模式、技术导向和资源可持续利用等。

② 低碳发展状态：对经济发展阶段、资源禀赋、技术水平和消费模式的综合度量，能够界定某一时期所处的低碳经济发展水平。

③ 低碳发展的政策响应：通过评价区域实现低碳经济转型的优势与不足，探讨如何采取有针对性的低碳发展路径。或者设定未来某一时期的低碳发展目标，包括低碳排放、碳生产力，清洁能源发展目标等，评估政策的可行性及不同发展路径的成本。

### （三）区域开发中实现低碳经济的基本路径

低碳发展的基本路径包含以下几个方面：

① 能源结构的清洁化：发展风电、太阳能、生物质能、核能等清洁能源。

② 产业结构的优化：推动产业升级换代，发展更多的低能耗高附加值的低碳型产业。

③ 技术水平的提高：在能源相关行业推广采用节能环保型的新产品和新技术，促进能源利用效率的提升。

④ 消费模式的改变：消费是一切生产活动的最终目的，消费模式的改变是一个渐进的过程，构建低碳社会的认识，逐渐向低能耗、低污染、低排放的生产和生活方式转型。

⑤ 其他政策和技术手段，积极发展森林碳汇，发挥生态系统吸收碳的能力；利用碳捕获技术对碳资源进行再利用，或借助碳封存技术减少区域碳排放总量。

# 第十六章　区域开发环境影响评价技术方法

## 第一节　方法简介

前面三章已述及，区域开发环境影响评价在工作目的、评价原则以及基本内容与项目环境影响评价基本一致或者相似，而在评价对象、评价范围和评价时段上与项目环境影响评价有较大差异，这就使得区域开发环境影响评价的工作主线、工作重点以及评价指标等方面也与项目环境影响评价有所不同。区域开发环境影响评价所采用的技术方法目前大致可分为两大类，一类是建设项目环境影响评价所用同时适用于区域开发环境影响评价的技术方法，如进行影响识别的各种方法（清单、矩阵、网络分析）；另一类是建设项目环境影响评价中少见而主要适用于区域开发环境影响评价的方法，如情景和模拟分析、环境承载力分析方法等。表 16-1 归纳了区域开发环境影响评价通常采用的方法以供参考，本章选取了其中类比分析法、线性规划法、叠图法、景观生态学法、模型法、土地适宜性分析法以及专家咨询法进行介绍，其他方法具体使用方法可参阅相关工具书和文献。

表 16-1　区域开发环境影响评价适用方法

| 区域开发环境影响评价环节 | 适用方法 | 适用范围及条件 |
| --- | --- | --- |
| 区域环境现状调查与评价 | 资料收集 | 最常用的方法之一，普遍适用 |
| | 综合指数法 | 运用多个指标进行处理后进行综合评价 |
| | 景观生态学评价 | 主要应用于生态现状评价 |
| 环境影响识别 | 矩阵法 | 采用影响矩阵可逐项说明区域开发规划的环境影响 |
| | 网络与系统流程图法 | 可应用于解释和描述区域开发规划内容与环境之间的关系，特别是识别间接影响和累计影响 |
| | GIS 支持下的叠图法 | 可用于辨识和标示区域开发规划产生显著影响的区域 |
| | 类比分析法 | 可应用于具有相似背景的区域开发规划影响识别 |
| | 专家咨询法 | 对于较为重要敏感的区域开发规划，可采用专家咨询法进行环境影响的识别分析 |

| 区域开发环境影响评价环节 | 适用方法 | 适用范围及条件 |
| --- | --- | --- |
| 评价指标体系 | 核查表法 | 最为常用的建立评价指标体系方法 |
| | 层次分析法 | 主要运用于各评价指标体系的权重计算和分配 |
| | 专家咨询法 | 对于敏感区域规划，可进行专家咨询确定评价指标体系 |
| 资源和环境承载力分析 | 环境数学模型法 | 适用于水环境容量的核算 |
| | 线性规划法 | 可应用于大气环境容量和水环境容量计算 |
| | 综合评价法 | 主要应用于生态承载力计算 |
| | 生态适宜性分析法 | 主要应用于生态承载力计算 |
| | 生态足迹法 | 主要应用于生态承载力计算 |
| | 土地适宜性分析法 | 适用于对区域开发规划的土地利用决策分析 |
| 环境影响分析与预测 | 情景分析法 | 主要应用于区域开发规划不同内容环境影响分析，并适用于规划的不确定分析 |
| | 系统动力学法 | 适合大尺度范围规划环境影响评价 |
| | 基于 GIS 的叠图法 | 适用于空间属性较强的区域开发规划和以生态影响为主的区域开发规划环境影响 |
| | 投入产出分析 | 应用于区域开发规划中区域经济的环境影响 |
| | 类比分析法 | 应用于具有相似背景的区域规划环境影响分析，需注意其运用条件 |
| | 环境数学模型分析法 | 应用于大气、水环境影响分析预测。适用于较小范围（如开发区）、较低层次（控制性详细规划）、近期的规划（如三年行动计划）和行业规划（如石化产业发展规划）的环境影响评价 |
| | 专家咨询法 | 应用于环境影响的定性分析 |

由于区域开发环境影响评价的复杂性和特殊性，对于不同区域和不同类型的规划，目前为止并没有统一成型的方法直接套用。评价方法的选取，应当建立在对区域的环境、经济、社会系统进行系统调研的基础上。值得注意的是，各评价环节所采用的方法并不是唯一的，通常需要多种方法进行综合使用，才能取得较好的效果。如进行环境影响识别通常利用核查表法进行环境影响的初步判别，但并不能显示规划的环境影响过程、影响程度以及影响的综合效果，而综合运用矩阵法和层次分析法能较好的解决这类问题。运用情景分析法也通常与其他评价方法如环境数学模型法进行结合使用。

## 第二节　类比分析法

### 一、类比分析法概述

类比分析法是利用与拟建项目类型相同的现有项目的设计资料或实测数据进行

工程分析的方法，也是定量结果较为准确的方法（周能芹，1997）。根据使用情景的不同，一般又可细分为经验系数法和生态类比法等。以下简要介绍这两种方法。

（一）经验系数法

经验系数法可以评估开发活动未来在开发区域产生的污染排放，主要操作方法为选择与区域规划性质、发展目标相近似的国内外已建开发区作类比分析，采用计算经济密度的方法（每平方千米的能耗或产值等），类比污染物排放总量数据，建立能耗、产值和污染物排放量的相互关系，进而估算区域的污染物排放总量，据此评估开发活动对开发区域的环境影响。

经验系数通常是特定条件下的统计平均值。此外，在使用排污系数法进行污染物排放量预测时，需要明确三个时间概念：一是预测基准年，二是预测目标年，三是预测参照年。根据问题的性质，需要求解的是目标年的单产排污系数 $m$ 和排污总量 $M$。假设在预测基准年与预测参照年之间，污染物的逐年排放量和工农业生产的总产值各自以一个平均的增长速度在增长；在预测基准年与预测目标年之间，污染物的逐年排放量和工农业生产的总产值 $G$ 各自也以一个平均的增长速度在增长，其数学表达式可归纳为：

$$M = M_0(1+\alpha)^{t-t_0} \tag{16-1}$$

$$G = G_0(1+\beta)^{t-t_0} \tag{16-2}$$

式中：$t$ —— 预测目标年或参照年；

$t_0$ —— 预测基准年；

$M_0$ —— 基准年的已知排污量；

$M$ —— 目标年或参照年的排污量；

$\alpha$ —— 排污量的年增长速率，$\alpha$ 可以是负数，说明对应于排污量减少的情况；

$G_0$ —— 基准年的工农业生产的总产值；

$G$ —— 目标年或参照年的工农业生产的总产值；

$\beta$ —— 产值的年增长速率。

$$\zeta = \frac{\alpha}{\beta} \tag{16-3}$$

虽然在预测基准年前后 $\alpha$ 和 $\beta$ 的数值可以不同，操作中通常认为预测基准年前后的弹性系数 $\zeta$ 保持不变。

注意事项：采用经验系数法时，应充分注意分析对象与类比对象之间的相似性，如：

① 工程一般特性的相似性。包括建设项目的性质、建设规模、车间组成、产品

结构、工艺路线、生产方法、原料、燃料来源与成分、用水量和设备类型等。

② 污染物排放特性的相似性。包括污染物排放类型、浓度、强度与数量，排放方式与去向，以及污染方式与途径等。

类比法也常用单位产品的经验排污系数计算污染物排放量。但是采用此法必须注意，一定要根据生产规模等工程特征和生产管理等实际情况进行必要的修正。在评价时间允许、评价工作等级较高、又有可资参考的相同的或相似的现有工程时，可采用此法。

### （二）生态类比法

生态类比法就是通过既有开发工程及其已显现的环境影响后果的调查结果来近似地分析说明拟建工程可能发生的环境影响。由于生态环境影响的渐进性（量变到质变）、累积性、复杂性和综合性特点，使得许多生态环境影响的因果关系十分错综复杂，因而通过类比调查分析既有工程已经发生的环境影响，并类比分析拟建工程的环境影响，就成为一种十分重要的影响预测与评价方法，一般有生态整体类比、生态因子类比和生态问题类比等。

选择好类比对象（类比项目）是进行类比分析或预测评价的基础，也是该法成败的关键。类比对象的选择条件是：工程性质、工艺和规模与拟建项目基本相当，生态因子（地理、地质、气候、生物因素等）相似，项目建成已有一定时间，所产生的影响已基本全部显现。

类比对象确定后，则需选择和确定类比因子及指标，并对类比对象开展调查与评价，再分析拟建项目与类比对象的差异。根据类比对象与拟建项目的比较，做出类比分析结论。

注意事项：采用生态类比分析时，关键在于关注类比对象的选择和类比调查的内容。选择类比内容时应筛选出可重点类比调查的内容。类比分析一般不会对两项工程进行全方位的比较分析，而是针对某一个或某一类问题进行类比调查分析，因而选择类比对象时还应考虑类比对象对相应类比分析问题的深入性和有效性。同时，在进行环境影响评价时应对类比选择的条件进行必要的阐述，并对类比与拟建对象的差异进行必要的分析、说明。类比对象的选择应从工程和生态环境两个方面考虑：

① 工程方面。选择的类比对象应与拟建项目性质相同，工程规模相差不多，其建设方式也与拟建工程相类似。

② 生态环境方面。类比对象与拟建项目最好同属一个生物地理区，最好具有类似的地貌类型，最好具有相似的生态环境背景，如植被、土壤、江河环境和生态功能等。

## 二、技术特点

### （一）类比分析法的优点

首先，类比分析法涵盖的内容广泛，简单、计算便捷，不受开发活动详细情况无法明确的制约，可以根据已有情况大致预测。其次，类比分析法通过建立开发活动对环境影响的静态模型实现了开发活动的资源利用——经济产出这一污染发生过程的量化表述，并可以以预测结果为依据提出更切合开发区域实际的开发和环境协调发展的建议。

### （二）类比分析法的不足

类比分析法在应用中也存在一定的局限性，第一，生产某种产品的污染物排放系数因原料、工艺、设备、生产规模、操作和管理水平及污染治理程度的不同而有较大差异，因此在确定与使用污染物排放系数时均必须明确其适用条件；第二，同一部门的单位产值排污量，也会因产品类型及管理效率不同而实际存在差别，因此完全采用经验系数也会产生预测不够准确的问题。另外，排污系数法剔除了行业规模对污染负荷的影响，反映不了环境和经济对污染源的综合影响。

## 三、类比分析法应用示例

### （一）某开发区耗水量估算

位于广东省的某经济开发区，规划近期工业增加值约 250 亿元，远期 1 000 亿元。根据开发区规划，近期开发区内石油化工项目新鲜水量需求量约为 2 万 $m^3/d$。这种情况下，可以运用类比分析法估算该开发区的远期水资源消耗量。按规划近期的单位工业总产值平均水资源消耗强度进行估算，规划远期开发区的水资源消耗量约为 8 万 $m^3/d$。

### （二）某产业带污染物产生量估算

在某个区域环境影响评价中，需要估算产业带各行业的污染物排放量，可以运用类比分析法。通过查阅有关产业政策、行业清洁生产指标和调查相关产品的单位产品的污染物产生系数，采用单位产品产污系数计算某产业带污染物产生量（表 16-2）。

表 16-2　某产业带污染物产生量计算

| 规划期 | 产品 | 规模 | 大气污染物 | | | | 水污染物 | | | | 固体废物 | |
|---|---|---|---|---|---|---|---|---|---|---|---|---|
| | | | $SO_2$产污系数/（kg/t） | $SO_2$产生量/（t/a） | $CO_2$产污系数/（t/t） | $CO_2$产生量/（万 t/a） | 废水产生系数/（t/t） | 废水产生量/万 t | COD 产生系数/（kg/t） | COD 产生量/（t/a） | 固废产污系数/（t/t） | 固废产生量/（万 t/a） |
| 近期 | 电力 | 360 万 kW | 0.5% | 65 664 | 800～900 g/kW·h | 1 800（均值） | 5% | 70 | 100 | 2 160 | 0.141 | 115 |
| | 甲醇 | 150 万 t | 0.145 | 217.5 | 2 | 300 | 3.43 | 514.5 | 0.71 | 1 065 | 0.375 | 56.3 |
| | 二甲醚 | 80 万 t | — | — | — | — | 0.4 | 32 | 0.15 | 120 | — | — |
| | 油品 | 300 万 t | 0.4 | 1 200 | 3.3 | 990 | 2.0 | 600 | 4.63 | 13 890 | 0.74 | 222 |
| | 合成氨 | 90 万 t | 0.28 | 252 | — | — | 7 | 630 | 1.5 | 1 350 | 0.19 | 17.1 |
| | 天然气 | 6 亿 $m^3$ | 0.38 | 228 | 2.75 | 110 | 2.8 | 168 | 3 | 1 800 | 0.16 | 9.6 |
| | 季戊四醇 | 3 万 t | — | — | — | — | 3.5 | 10.5 | 5.25 | 15.8 | — | — |
| 近期合计 | | | | 67 561.5 | | 3 200 | | 2 025 | | 20 400.8 | | 430.8 |
| 远期 | 电力 | 2 000 万 kW | 0.5% | 364 800 | 800～900 g/kW·h | 10 200（均值） | 5% | 389 | 1 | 12 000 | 0.141 | 638.4 |
| | 甲醇 | 800 万 t | 0.145 | 1 160 | 2 | 1 600 | 3.43 | 2 744 | 0.71 | 5 680 | 0.375 | 300 |
| | 二甲醚 | 80 万 t | — | — | — | — | 0.4 | 32 | 0.15 | 120 | — | — |
| | 油品 | 1 000 万 t | 0.4 | 4 000 | 3.3 | 3 300 | 2.0 | 2 000 | 4.63 | 46 300 | 0.74 | 740 |
| | 乙烯/丙烯 | 200 万 t | — | — | — | — | 2.53 | 506 | 1.54 | 3 080 | — | — |
| | 合成氨 | 265 万 t | 0.28 | 742 | — | — | 7 | 1 855 | 1.5 | 3 975 | 0.19 | 50.4 |
| | 天然气 | 60 亿 $m^3$ | 0.38 | 2 280 | 2.75 | 1 180 | 2.8 | 1 680 | 3 | 18 000 | 0.16 | 96 |
| | 季戊四醇 | 3 万 t | — | — | — | — | 3.5 | 10.5 | 5.25 | 15.8 | — | — |
| 远期合计 | | | | 372 982 | | 16 280 | | 9 216.5 | | 89 170.8 | | 1 835.6 |

# 第三节 线性规划法

## 一、线性规划法概述

线性规划是决策系统的静态最优化数学规划方法之一，主要用来解决在各种相互关联的多变量约束条件下，规划一个对象的线性目标函数最优的问题（John Wiley and Sons，1998）。线性规划法本身是一种运筹学原理，这种原理结合不同的环境数学模型，可应用于环境影响评价。例如，《开发区区域环境影响评价技术导则》（HJ/T 131—2003）中明确指出估算大气环境容量可采用线性规划法，并给出了相应的数学模型。

应用该方法的关键是将特定问题转化为一个线性规划问题并求解。在进行区域开发规划环境影响评价时，一般可将区域资源能源承载力及环境容量作为约束条件，以各产业总产值或污染物排放量极大化为目标函数，建立基本的线性规划模型，将满足区域资源能源承载力及环境容量的产值或排放量极大化方案视为区域产业发展的最优方案。

建立线性规划的数学模型必须具备以下基本条件：变量之间具有线性关系；问题的目标可以用数字表达；问题中应存在能够达到目标的多种方案；达到目标在一定的约束条件下实现，并且这些条件能用不等式加以描述。

运用线性函数规划法建立数学模型的步骤是：首先，确定影响目标的变量。其次，建立目标函数，目标函数是决策者要求达到目标的数学表达式，用一个极大值或极小值表示。再次，找出实现目标的约束条件；在建立目标函数的基础上，附加约束条件。约束条件是指实现目标的能力资源和内部条件的限制因素，用一组等式或不等式来表示。最后，求解各种待定参数的具体数值；找出使目标函数达到最优的可行解，即该线性规划的最优解。

线性规划的目标函数可用以下数学式表达：

$$\max\left(\sum_{i=1}^{n} Q_i\right) \tag{16-4}$$

式中：$Q_i$—— 各污染源最大允许排放量。

通常的约束条件为：

$$\sum_{i=1}^{n} t_{ij} \times Q_i \leqslant S_j \tag{16-5}$$

式中：$S_j$——$j$ 控制点环境质量功能区相应标准限值，根据实际情况可设定影响的浓度限值；

$t_{ij}$ —— 污染传输矩阵。

$$t_{ij} = C_{ij}/Q_{0i} \tag{16-6}$$

式中：$C_{ij}$ —— $i$ 污染源对 $j$ 控制点的浓度贡献；

$Q_{0i}$ —— 基准年 $i$ 污染源排放量。

## 二、技术特点

### （一）线性规划法的优点

相对于其他一些简单的计算容量的方法而言，线性规划法具有较显著的优点。由于该法主要基于数学模型的建立、调整和计算，因此精度较高，且数据可量化。另外，在进行评价时，线性规划法比较适合于位置相对来说较为确定的多个污染源的叠加问题的评价，如果是评价区域内的污染源位置发生变化，则环境容量计算结果随之发生变化。基于线性规划法的这种动态特点，在开展深入分析——如经济效益分析、资源能源消耗核算与分析、污染源强核算与分析时，可以利用线性规划法的不同结果来分析产业规模的合理性并提出调整建议。

### （二）线性规划法的不足

但正因为线性规划法是一种具有动态调整特点的基于数学模型的方法，在使用时就必然要面临一些这些特点带来的弊端。应用此法时要求园区规划相对确定，对环境背景资料的要求较其他方法而言也更高。此外，线性规划法中约束条件对矩阵求解的影响非常大，如果约束条件和模型参数选取不合理，常常会出现无解或模型结果不符合实际情况的结果，因此，对操作人员的要求也较高，在预测时操作难度和工作量也较大。

## 三、线性规划法应用示例

某地区规划以石油及石油化工为主的加工园区，确定了乙烯－聚氯乙烯－塑料加工产业链、丙烯－环氧丙烷－聚醚产业链、天然气（煤）－甲醇－二甲醚产业链、盐化工－氯碱产业链、林麻纸一体化产业链、动力源煤－热－电产业链六条主产业链。园区距市中心城 12 km，区域大部分地区为戈壁荒漠。干旱、少雨、多风、温差大。

采用线性规划法对规划近期内化工园区的最佳生产规模、产业结构比例进行优化分析。规划模型以化工园区的经济效益最大化为目标，以化工园区的水耗、能耗、污染物排放量为约束条件，求解化工园区各产品生产规模最佳的组合，以实现化工园区经济效益的最大化。

构建线性规划模型：

（一）目标函数

$$F_{\max} = V_i \cdot X_i \tag{16-7}$$

式中：$X_i$（$i=1$，2，…，9）—— 各入园企业的规模，数字下标1～9分别对应的是甲醇厂、二甲醚厂、聚氯乙烯厂、环氧丙烷厂、聚醚厂、氯碱厂、纸浆厂、顺酐厂和热电厂；

$V_i$（$i=1$，2，…，9）—— 各企业的工业增加值；

$F$—— 园区总的工业增加值。

（二）约束条件

$$C_{ij} \cdot X_i \leqslant B_i \tag{16-8}$$

式中：$C_{ij}$（$i=1$，2，…，16；$j=1$，2，…，9）—— 各行向量分别代表各企业资源消耗量和环境容量（包括各企业水、蒸汽、甲醇、二甲醚、乙烯、丙烯、环氧丙烷、氯气、烧碱、林麻、纸浆、顺酐、聚醚多元醇、聚氯乙烯等资源消耗量，以及$SO_2$和烟（粉）尘的环境容量）；

$B_i$（$i=1$，2，…，16）—— 园区可用资源量或环境容量（考虑预留，将现有值乘以系数0.9以后得到的值）；

该园区优化分析的约束条件为在规划的产品规模及结构下水资源消耗量、土地资源消耗量、原料消耗量、$SO_2$排放量、废水排放量及区域应考虑的其他制约条件，即优化方案的资源消耗、污染物排放量以不突破规划规模及结构下的资源消耗、污染物排放量位约束条件。

（三）计算结果与分析

产业链筛选：纸浆厂耗水量大，污染物产生量大，工业增加值低，并与园区主导产业链条相关性不大，建议园区不发展纸浆项目，继而摒弃林麻纸一体化产业链（表16-3）。

表 16-3　园区发展规模核算结果

单位：万 t/a

| 序号 | 企业类别 | 方案一<br>一般清洁生产水平<br>（废水不循环利用） | | 方案二<br>一般清洁生产水平<br>（废水循环利用） | | 方案三<br>国内先进清洁生产水平<br>（废水循环利用） | |
|---|---|---|---|---|---|---|---|
| | | 设计规模 | 核算规模 | 设计规模 | 核算规模 | 设计规模 | 核算规模 |
| 1 | 甲醇厂 | 100 | 100 | 100 | 100 | 100 | 100 |
| 2 | 二甲醚厂 | 60 | 59.623 | 60 | 57.42 | 65 | 64.516 |
| 3 | 聚氯乙烯厂 | 0 | 0 | 10 | 8 | 25 | 25 |
| 4 | 环氧丙烷厂 | 2 | 1.979 | 2.3 | 2.34 | 2.3 | 2.338 |
| 5 | 聚醚厂 | 2.1 | 2.126 | 2.5 | 2.52 | 2.5 | 2.512 |
| 6 | 氯碱厂 | 3 | 2.98 | 10 | 9.12 | 18 | 18.266 |
| 7 | 纸浆厂 | 0 | 0 | 0 | 0 | 0 | 0 |
| 8 | 顺酐厂 | 2 | 2 | 2 | 2 | 2 | 2 |
| 9 | 热电厂 | 236.1 | 235.4 | 236.1 | 234.7 | 180.6 | 181.7 |

由表 16-4 可见三个方案中甲醇厂的工业增加值所占比重均超过 50%，为园区重要的发展项目；其次为二甲醚项目，所占比重均高于 30%，为园区的推荐发展项目。

表 16-4　园区发展经济效益

| 序号 | 企业类别 | 方案一 | | 方案二 | | 方案三 | |
|---|---|---|---|---|---|---|---|
| | | 工业增加值/元 | 比重 | 工业增加值/元 | 比重 | 工业增加值/元 | 比重 |
| 1 | 甲醇厂 | $2.09\times10^{9}$ | 54.35% | $2.09\times10^{9}$ | 56.38% | $2.24\times10^{9}$ | 52.74% |
| 2 | 二甲醚厂 | $1.30\times10^{9}$ | 33.60% | $1.30\times10^{9}$ | 35.07% | $1.41\times10^{9}$ | 33.10% |
| 3 | 聚氯乙烯厂 | 0 | 0 | $1.12\times10^{8}$ | 3.02% | $3.36\times10^{8}$ | 7.90% |
| 4 | 环氧丙烷厂 | $9.74\times10^{7}$ | 2.51% | $1.12\times10^{8}$ | 3.03% | $1.35\times10^{8}$ | 3.19% |
| 5 | 聚醚厂 | $3.41\times10^{7}$ | 0. 90% | $4.06\times10^{7}$ | 1.10% | $4.10\times10^{7}$ | 0.97% |
| 6 | 氯碱厂 | $4.86\times10^{6}$ | 0.13% | $1.62\times10^{7}$ | 0.44% | $5.33\times10^{7}$ | 1.26% |
| 7 | 纸浆厂 | 0 | 0 | 0 | 0 | 0 | 0 |
| 8 | 顺酐厂 | $3.60\times10^{7}$ | 0.94% | $3.60\times10^{7}$ | 0.97% | $3.60\times10^{7}$ | 0.85% |
| 合计 | | $3.56\times10^{9}$ | — | $3.70\times10^{9}$ | — | $4.36\times10^{9}$ | — |

# 第四节　叠图法

## 一、方法概述

图形叠置法是将一系列表示环境要素一定特征的图片叠置起来表征区域环境的综合特征，以识别和预测环境影响的方法。操作时首先将所研究的地区划分成若干个环境单元，以每个环境单元为独立单位，把通过各种途径、手段所获得的有关环境要素资料分别做成反映环境性质、特征的各环境要素的单幅环境图（如水土流失、地下水位、植被覆盖等），然后把这些图叠加到该单元的基本地图（或称底图）上，编制成一个环境单元的综合环境图，再利用这张图就可以进行环境影响因子的识别和环境影响的判别。

GIS 是一种综合分析、处理空间数据的信息管理系统，具备很强的属性数据处理能力。在现代计算机强大的软硬件支持下，能对空间数据进行采集、管理，适时提供多种空间和动态地理信息。能把需要研究的数据和反映地理位置的图形有效结合，并根据应用需要进行信息空间分析处理，可供决策者进行可视化操作和管理。

## 二、技术特点

### （一）叠图法的优点

基于 GIS 的图形叠置法具有强大的功能，可以很方便地将各种空间要素、环境要素在 GIS 平台上进行叠加分析，清晰的表征各种环境要素在空间分布及其特征，开展环境影响的现状调查、识别、预测以及评价，甚至更进一步可在其他模型的支持下进行动态仿真模拟，这在区域规划环境影响评价领域得到了日益广泛的运用。除此之外，将 GIS 技术和图形叠置法相结合，可发挥 GIS 系统数字化程度高、数据模型多样，拓扑关系明显等优点，方便地实现地图间的叠置和空间数据的提取、处理，使分析者能够方便快捷的联系自然、环境特征数据库与图形数据库并进行叠置，从而大大提高了工作的效率和结论的可靠性。

### （二）叠图法的不足

传统的图形叠置法在应用中也存在一定的局限性，如叠置的透明图不能太多，无法精确计算出区域面积等。

与 GIS 结合的过程中，GIS 数据处理过程中的误差和不确定性是基于 GIS 的叠图法所面临的最大的问题。矢量数据叠置分析由于是在不同图层的点、线、多边形之间进行的，点、线、多边形的误差会传递到叠置结果上，影响到分析的可靠性。此外，为了保证视觉信息叠置的一致性，要求各数据层必须具有相同的空间参考系，因此叠置前往往需要进行大量的坐标转换、几何校正工作，使得工作量较大。

## 三、叠图法应用示例

叠图法适用于空间属性较强的规划和生态影响为主的规划，比如城市规划、土地利用规划、区域与流域开发利用规划、交通规划、生产力和产业布局规划和旅游规划、农业规划、畜牧业规划、林业规划等。本节以某区域规划生态承载力分析为例，介绍叠图法的过程。

### （一）区域概况

规划区的生态系统类型为荒漠类生态系统，土地利用类型基本上以风蚀为主的草地和未利用地，人口稀少，无常住居民，区域内分布有某国家级重点风景名胜区。

### （二）基于 GIS 的叠图过程

#### 1. 建立评价指标体系，并据其建立单因子图层

充分考虑矿区环境特点，以生态环境影响显著性、指标易得性、代表性和体现空间分异性为原则，并参考《生态功能区划技术暂行规程》生态环境敏感性评价指标和评价标准，筛选评价因子。建立生态承载力评价指标体系，见表 16-5。

**表 16-5　生态承载力分析评价指标**

| 评价因子 | 评价指标 |
| --- | --- |
| 土壤侵蚀敏感性 | 降雨侵蚀 |
| | 坡度和长度 |
| | 植被覆盖 |
| 地质灾害敏感性 | 地质灾害点分布密度 |
| 重要用地类型敏感性 | 国家重点风景名胜区 |
| 土地沙漠化敏感性 | 湿润指数 |
| | 冬春季大于 6 m/s 大风的天数 |
| | 土壤质地 |
| | 植被覆盖度（冬春） |

（1）土壤侵蚀敏感性

综合考虑植被、坡度等因素，采用《土壤侵蚀分类分级标准》（SL 190—96）推荐的分级方法，按表 16-6 的标准将评价区土壤侵蚀强度划分为极重度土壤侵蚀、重度土壤侵蚀、中度土壤侵蚀、轻微土壤侵蚀、无明显土壤侵蚀五类。

**表 16-6　土壤侵蚀强度分级**

| 强度分级 | 极重度 | 重度 | 强度 | 轻微 | 无明显 |
| --- | --- | --- | --- | --- | --- |
| 平均侵蚀模数/[t/（$km^2$·a）] | ＞8 000 | 5 000～8 000 | 2 500～5 000 | 200～2 500 | ＜200 |

注：表中数据参考《土壤侵蚀分类分级标准》（SL 190—96）。

（2）重要用地类型敏感性

根据国家法律、法规及经各级人民政府批准的需要特殊保护的地区，如风景名胜区。

（3）地质灾害敏感区

地质灾害点高密度分布区直接影响到区域生态承载力，本次评价将全区划分为地质灾害高密度区（地质灾害点≥3 处）、中密度区（地质灾害点≥1 处，＜3 处）和无地质灾害区（无地质灾害分布区）三类区。

（4）土地沙漠化敏感性

用湿润指数、土壤质地及起沙风的天数等来评价区域沙漠化敏感性程度，具体指标与分级标准见表 16-7。

表 16-7 沙漠化敏感性分级指标

| 敏感性指标 | 不敏感 | 轻度敏感 | 中度敏感 | 高度敏感 | 极敏感 |
|---|---|---|---|---|---|
| 湿润指数 | ＞0.65 | 0.5～0.65 | 0.20～0.50 | 0.05～0.20 | ＜0.05 |
| 冬春季大于 6 m/s 大风的天数 | ＜15 | 15～30 | 30～45 | 45～60 | ＞60 |
| 土壤质地 | 基岩 | 黏质 | 砾质 | 壤质 | 沙质 |
| 植被覆盖（冬春） | 茂密 | 适中 | 较少 | 稀疏 | 裸地 |
| 分级赋值（$D$） | 1 | 3 | 5 | 7 | 9 |
| 分级标准（DS） | 1.0～2.0 | 2.1～4.0 | 4.1～6.0 | 6.1～8.0 | ＞8.0 |

注：此表引自《生态功能分区技术规范》。

沙漠化敏感性指数计算方法如下：

$$\mathrm{DS}_j=\sqrt[4]{\prod_{i=1}^{4}D_i} \tag{16-9}$$

式中：$\mathrm{DS}_j$——$j$ 空间单元沙漠化敏感性指数；

$D_i$——$i$ 因素敏感性等级值。

根据上述要求分别建立区域地质灾害分布、土壤侵蚀、土地荒漠化、重要用地类型等单因子图层，见图 16-1。

**2．叠图分析**

结合矿区生态环境实际情况，根据层次分析法确定各评价因子的权重，用以下模式计算生态适宜性值：

$$S_i=\sum_{i=1}^{n}W_i\times V_i \tag{16-10}$$

式中：$S_i$—— 评定单元综合评价因子；

$n$—— 评价因子数；

$W_i$ —— 第 $i$ 个评价因子的权重；

$V_i$ —— 第 $i$ 个评价因子的量化分值。

采用多因子等权综合评价模型，将各单因子分析结果专题图在 ArcGIS 软件支持下进行空间叠加分析，得到生态承载力分析综合图，根据计算结果的峰值分布，将矿区划分为生态环境高承载区、生态环境中承载区和生态环境低承载区，各分区特点及其发展方向见表 16-8，其空间叠图过程示意图见图 16-1。

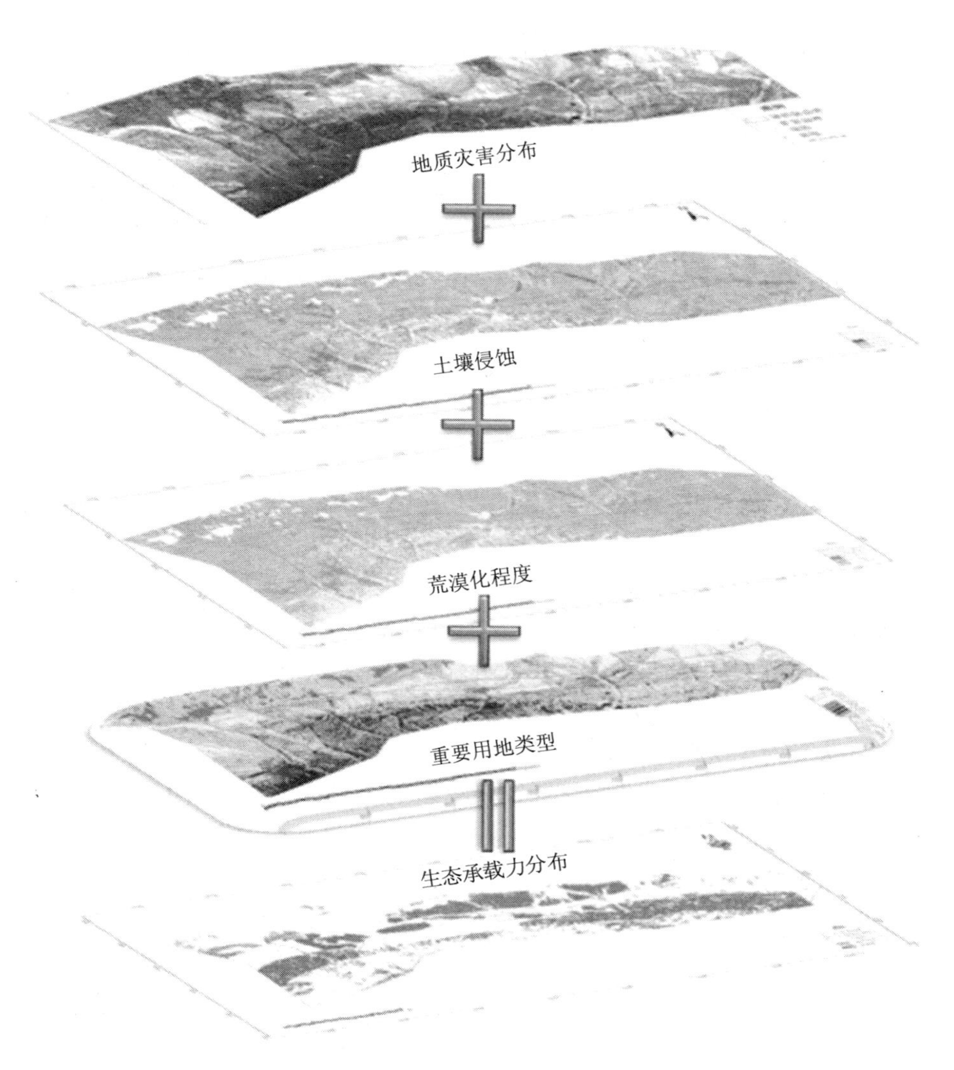


图 16-1　某矿区生态承载力分析叠图过程示意

表 16-8 各区环境特点及发展方向一览

| 分区类型 | 环境特点 | 发展方向 |
| --- | --- | --- |
| 生态环境低承载区 | 为土地沙漠化极敏感和高度敏感区、生境高度敏感区、地质灾害点高密度区、土壤侵蚀剧烈和极强度区及地表水体分布区，是区域生态环境极度脆弱区，自我调节能力弱，易受人为干扰，自然生态相对稳定性较差，是生态风险防范重点地区，这些区域对生态环境有十分重要的调控作用 | 该区域原则上禁止可能加剧土地沙漠化和土壤侵蚀的开发建设活动，限制大面积破坏植被的建设活动 |
| 生态环境中承载区 | 为土地沙漠化中度敏感区、土壤侵蚀强度和中度区、地质灾害点中密度区，这些区域自然生态系统抵御外部干扰的能力相对较强，具有一定自然生态系统的恢复稳定性和阻抗稳定性 | 在该区域开发建设，应注意区域生态环境保护，开发建设过程中应及时采取相应措施，防止土地沙漠化和对植被的破坏 |
| 生态环境高承载区 | 为土壤侵蚀轻度和微度区、土地沙漠化不敏感和轻度敏感，具有较强的自然生态系统恢复和阻抗稳定性，抵御外部干扰能力比其余区域更强 | 开发建设中加强生态环境保护，强调与区域生态环境改善过程相辅相成 |

## 第五节 景观生态学法

### 一、景观生态学法概述

景观生态学是 20 世纪中期发展起来的一门新兴学科，现代景观生态学已经成为生态学领域中令人瞩目的一个分支，其发展为生态环境评价提供了有力的工具。景观生态学法是通过研究某一区域、一定时段内的生态系统类群的格局、特点、综合资源状况等自然规律，以及人为干预下的演替趋势，揭示人类活动在改变生物与环境方面的作用的方法（刘茂松，张明娟，2004）。

景观生态学理论和方法在区域开发环境影响评价中主要应用于分析区域的生态完整性，判定区域整体生态质量的优劣，评价该区域自然系统生产能力与稳定状况是否符合所处生态地理区位的特征，人类活动对区域整体的开发和利用是否超过了生态承载力阈值。

景观生态学认为景观的结构与功能是相匹配的，故生态质量评估主要通过空间结构分析和功能与稳定性分析进行。

空间结构分析基于景观是高于生态系统的自然系统，是一个清晰的和可度量的单位。景观由斑块、基质和廊道组成，其中基质是景观的背景地块，是景观中一种可以控制环境质量的组分。因此，基质的判定是空间结构分析的重要内容。判定基质有三个标准，即相对面积大、连通程度高、有动态控制功能。基质的判定多借用传统生态学中计算植被重要值的方法。决定某一斑块类型在景观中的优势，也称优势度值（$D_o$）。优势度值由密度（$R_d$）、频率（$R_f$）和景观比例（$L_p$）三个参数计算得出。其数学表达式如下：

$$R_d =（斑块 i 的数目/斑块总数）\times 100\% \quad (16\text{-}11)$$

$$R_f =（斑块 i 出现的样方数/总样方数）\times 100\% \quad (16\text{-}12)$$

$$L_p =（斑块 i 的面积/样地总面积）\times 100\% \quad (16\text{-}13)$$

$$D_o = 0.5 \times [0.5 \times (R_d + R_f) + L_p] \times 100\% \quad (16\text{-}14)$$

上述分析同时反映自然组分在区域生态中的数量和分布，因此能较准确地表示生态的整体性。

景观的功能和稳定性分析包括生物恢复力分析、异质性分析、种群源的持久性和可达性分析以及景观组织的开放性分析。其中景观异质性分析是景观功能和稳定性分析的核心内容，景观的结构、功能、性质和地位主要取决于景观的时空异质性。

## 二、技术特点

### （一）景观生态学方法优点

从景观生态学角度而言，区域开发结果实际上是区域中景观元素发生了变化，进而导致景观的结构和功能也发生相应的变化。区域开发生态影响通常包括生态系统生产力的变化，生态系统稳定性的变化和生态质量的整体改变，而这些内容同时也是景观生态学目前理论和方法较为成熟的地方，因此景观生态学方法特别适用于区域生态现状评价和生态影响分析和预测。

### （二）景观生态学方法的不足

景观生态学的发展虽然已有几十年历史，但仍然存在许多尚未解决的科学问题。景观异质性研究多局限于小的尺度（区域），如何使用可靠的方式把小尺度（区域）上的成果推广到大尺度（区域）上目前还存在较大分歧。此外，当前应用的景观生态学测度指标和方法繁多，通用性不强，有些指标生态学意义不明确，有时会出现滥用和错用的现象。因此，在运用景观生态学方法时，应当特别注意所选取的测度指标的适用性和使用条件。

## 三、景观生态学法应用示例

以某煤炭矿区总体规划为例，采用景观生态学法分析评价区的生态完整性和景观功能稳定性。

### （一）自然系统生产能力的调查与评价

自然系统本底的生产能力是指自然系统在未受到任何人为干扰情况下的生产能力。这个值可通过计算当地的净第一性生产力（NPP）来估算。以测定的数据为基础，结合环境因子建立的模型可以对自然植被净第一性生产力的区域分布和全球分布进行评估。

采用 Miami 模型，该模型是 H.Lieth 利用世界 5 大洲约 50 个地点可靠的自然植被 NPP 的实测资料和与之相匹配的年均气温及年均降水资料，根据最小二乘法建立的。模型的推导和数学表达式如下：

$$y_1 = \frac{300}{1 + e^{(1.42 - 0.141t)}} \tag{16-15}$$

$$y_2 = 3\,000(1 - e^{-0.000\,65p}) \tag{16-16}$$

式中：$y_1$ —— 根据年均温计算的生物生产量，g/（$m^2 \cdot a$）；

$y_2$ —— 根据年降水量计算的生物生产量，g/（$m^2 \cdot a$）；

$t$ —— 年均温度，℃；

$p$ —— 年降水量，mm。

依据整理的气象资料，评价区及周边的降水量和年均温度，利用公式（16-15）和公式（16-16）对评价区自然植被净第一性生产力进行计算，其结果列于表 16-9。

**表 16-9 自然系统植被本底的净第一性生产力测算结果**

| 年均温度/℃ | 净第一生产力/[g/（$m^2 \cdot a$）] | 奥德姆（Odum，1959） |
|---|---|---|
| –3.1 | 40.52 | 最低：荒漠和深海，生产力最低，通常小于 0.5 g/$m^2 \cdot d$； |
| 年降水量/mm | 净第一生产力/[g/（$m^2 \cdot a$）] | 较低：山地森林、热带稀树草原、某些农耕地、半干旱草原、深湖和大陆架，平均生产力为 0.5～3.0 g/$m^2 \cdot d$； |
| 400 | 687.01 | 较高：热带雨林、农耕地和浅湖，平均生产力为 3～10 g/$m^2 \cdot d$；<br>最高：少数特殊的生态系统，如农业高产田、河漫滩、三角洲、珊瑚礁、红树林，生产力为 10～20 g/$m^2 \cdot d$，最高可以达到 25 g/$m^2 \cdot d$ |

最后根据 Liebig 定律，选取二者中最小值和最大值作为计算点的生物生产量变化区间。评价区生物生产量为 40.52～687.01 g/（$m^2 \cdot a$），即 0.11～1.88 g/（$m^2 \cdot d$）。

从表 16-9 中可以看出，自然系统植被净生产能力在 0.11～1.88 g/（$m^2 \cdot d$）。根据奥德姆（Odum，1959）将地球上生态系统按照生产力的高低划分的四个等级，依此衡量，评价区自然系统生态系统本底的生产力处于最低—较低水平。

### （二）自然系统稳定状况分析

#### 1. 恢复稳定性分析

恢复稳定性是指景观发生变化后恢复原来状态的能力，恢复稳定性的强弱是由景观的高亚稳定性元素（指具有较高生物量或生命周期较长的物种或种群，例如树木或哺乳动物）能否占主导地位决定的。目前，评价区域内高亚稳定性元素所占比例较小，森林覆盖率一般，占 17.39%，农田占 38%，而农田只有靠人工抚育才能维持其恢复稳定性，因此评价区恢复稳定性较弱。

#### 2. 阻抗稳定性分析

阻抗稳定性是指景观在环境变化或潜在干扰下抵抗变化的能力。对阻抗稳定性的度量是通过对植被异质性改变的程度来度量的。

评价区内人类干扰较为严重，植被以农田占优势，植被人工化、物种单一化现象比较严重，而且生物组分异质化程度比本底降低很多，因此，评价区域内的阻抗稳定性较差。

通过上述分析可以看出，评价区目前的生态完整性尚可，但由于长期的和目前正在加剧的人类干扰，生态环境正朝着日益衰退的方向发展，因此，在未来的矿产开发中，一定要尽量保护自然植被。

# 第六节　层次分析法

## 一、层次分析法概述

### （一）层次分析法基本概念

层次分析法（Analytical Hierarchy Process，AHP）是美国运筹学家匹茨堡大学教授萨德于 20 世纪 70 年代初应用网络系统理论和多目标综合评价方法提出的一种层次权重决策分析方法（T L Saaty，1980）。它是一种解决多目标、多准则或无结构性的复杂问题的定性和定量相结合的决策分析方法，通常用来处理具有复杂因素的社会、经济和环境问题。其基本原理是将一个复杂问题看成一个系统，根据系统内部因素之间的隶属关系，将要评价系统的有关替代方案的各种要素分解成若干层次，并以同一层次的各种要素按照上一层要素为准则，进行两两判断比较，并计算各要素权重。

（二）层次分析法工作流程

### 1．建立层次结构模型

将决策的目标、考虑的因素（决策准则）和决策对象按它们之间的相互关系分为最高层、中间层和最低层，绘出层次结构图。

最高层：目标层。表示解决问题的目的，即层次分析要达到的总目标。通常只有一个总目标。

中间层：准则层、指标层……表示采取某种措施、政策、方案等实现预定总目标所涉及的中间环节；一般又分为准则层、指标层、策略层、约束层等。

最低层：方案层。表示将选用的解决问题的各种措施、政策、方案等。通常有几个方案可选。

### 2．构造出各因素两两相互比较的判断矩阵，进行相对重要性计算

判断矩阵是表示本层所有因素针对上一层某一个因素的相对重要性的比较。判断矩阵的元素 $a_{ij}$ 用 Santy 的 1～9 标度方法给出。见表 16-10。

表 16-10　标度及对应的含义

| 标度 | 含义 |
|---|---|
| 1 | 表示两个因素相比，具有同样重要性 |
| 3 | 表示两个因素相比，一个因素比另一个因素稍微重要 |
| 5 | 表示两个因素相比，一个因素比另一个因素明显重要 |
| 7 | 表示两个因素相比，一个因素比另一个因素强烈重要 |
| 9 | 表示两个因素相比，一个因素比另一个因素极端重要 |
| 2、4、6、8 | 上述两相邻判断的中值 |
| 倒数 | 因素 $i$ 与 $j$ 比较得判断 $a_{ij}$，则因素 $j$ 与因素 $i$ 比较的判断 $a_{ji}=1/a_{ij}$ |

首先，对各个因素进行两两比较，为了使决策判定量化，形成判断矩阵。

然后，计算判断矩阵的最大特征根及其对应的特征向量。矩阵的特征向量和特征根的计算方法通常有三种：方根法、正规化求和法、求和法。

### 3．层次单排序及其一致性检验

$W$ 的元素为同一层次因素对于上一层次因素某因素相对重要性的排序权值，这一过程称为层次单排序。能否确认层次单排序，需要进行一致性检验，所谓一致性检验是指对 $A$ 确定不一致的允许范围。

定义一致性指标：

$$\mathrm{CI}=\frac{\lambda-n}{n-1} \tag{16-17}$$

式中：$\lambda$ —— 判断矩阵的最大特征根；

$n$ —— 判断矩阵的阶数。

CI = 0，有完全的一致性；

CI 接近于 0，有满意的一致性；

CI 越大，不一致越严重。

为衡量 CI 的大小，引入随机一致性指标 RI。

随机一致性指标 RI，见表 16-11。

表 16-11　*n* 值与随机一致性指标 RI 对应关系

| *n* | 1 | 2 | 3 | 4 | 5 | 6 | 7 | 8 | 9 | 10 | 11 |
|---|---|---|---|---|---|---|---|---|---|---|---|
| RI | 0 | 0 | 0.58 | 0.90 | 1.12 | 1.24 | 1.32 | 1.41 | 1.45 | 1.49 | 1.51 |

定义一致性比率 CR：

$$\mathrm{CR} = \frac{\mathrm{CI}}{\mathrm{RI}} \tag{16-18}$$

若 $\mathrm{CR} = \frac{\mathrm{CI}}{\mathrm{RI}} < 0.1$，则 $A$ 的不一致程度在容许范围之内，有满意的一致性，通过一致性检验。可用其归一化特征向量作为权向量，否则要重新构造成对比较矩阵 $A$，对 $a_{ij}$ 加以调整。

**4．层次总排序及其一致性检验**

它是指在层次模型中，某层的每一指标相对于总目标的权重。总排序的计算从目标层开始，由上而下逐层排序直到要素层为止。

$$\mathrm{CR} = \frac{a_1\mathrm{CI}_1 + a_2\mathrm{CI}_2 + \cdots + a_m\mathrm{CI}_m}{a_1\mathrm{RI}_1 + a_2\mathrm{RI}_2 + \cdots + a_m\mathrm{RI}_m} \tag{16-19}$$

利用总排序一致性比率 CR<0.1 进行检验。若通过，则可按照总排序权向量表示的结果进行决策，否则需要重新考虑模型或重新构造那些一致性比率 CR 较大的成对比较矩阵。

## 二、技术特点

层次分析法的特点是在对复杂的决策问题的本质、影响因素及其内在关系等进行深入分析的基础上，利用较少的定量信息使决策的思维过程数学化，从而为多目标、多准则或无结构特性的复杂决策问题提供简便的决策方法。尤其适合于对决策结果难于直接准确计量的场合。

### （一）层次分析法优点

**1．系统性的分析方法**

层次分析法把研究对象作为一个系统，按照分解、比较判断、综合的思维方式进行决策，成为继机理分析、统计分析之后发展起来的系统分析的重要工具。层次分析法中每一层的权重设置最后都会直接或间接影响到结果，而且在每个层次中的每个因素对结果的影响程度都是量化的，非常清晰、明确。这种方法尤其可用于对无结构特性的系统评价以及多目标、多准则、多时期等的系统评价。

#### 2. 简洁实用的决策方法

层次分析法基本原理简洁易懂，不需要高深的数学方法，容易为决策者了解和掌握。

#### 3. 所需定量数据信息较少

层次分析法主要是从评价者对评价问题的本质、要素的理解出发，比一般的定量方法更讲求定性的分析和判断，因此不需要大量的定量数据。

### （二）层次分析法的不足

① 不能为决策提供新方案。层次分析法的作用是从备选方案中选择较优者。这个作用正好说明了层次分析法只能从原有方案中进行选取，而不能为决策者提供解决问题的新方案。

② 定量数据较少，定性成分多，说服力稍弱。

③ 指标过多时数据统计量大，且权重难以确定。为了深入研究问题，指标选取数量会有所增加，由于一般情况下对层次分析法的两两比较是用 1～9 来说明其相对重要性，若指标过多，对指标之间的重要程度的判断越发困难，甚至会对层次单排序和总排序的一致性产生影响，使一致性检验不能通过。

④ 特征值和特征向量的精确求法比较复杂。在求判断矩阵的特征值和特征向量时，随着指标的增加，阶数也随之增加，在计算上也变得越来越困难。此时一般采用三种比较常用的近似计算方法：和法、幂法和根法。

## 三、层次分析法应用示例

层次分析法 AHP 能通过建立判断矩阵的过程，逐步分层地将众多的复杂因素和决策者的个人因素综合起来，进行逻辑思维，然后用定量的形式表示出来，从而使复杂问题从定性的分析向定量结果转化。因此，将其应用于规划环境影响评价中是非常合适的，并在《规划环境影响评价技术导则（试行）》得以推荐使用。本节以某地区规划为例，介绍层次分析法的应用。

### （一）规划概况

某地拟对其沿江地区进行发展规划，总面积约 261.8 km$^2$。

在充分分析区域资源优势及发展潜力的基础上，筛选了以下四个替代方案：

A1：不作规划。保持现有模式继续发展即零行动方案。

A2：产业发展定位为“国际的制造业基地”，区域可以充分发挥临江适宜布局大运输量、大用水量、大进大出产业的优势，重点发展基础产业，同时发展相关优势产业，即积极发展化工、造纸、能源、钢铁等行业，该方案为当地政府初步拟定的发展规划。

A3：改变“国际的制造业基地”这一产业定位，限制、减少“重化工、冶金、造纸”等重污染项目，在原有的开发区的基础上，重点发展体现高新技术且污染较轻的产业和项目，走一条科技含量高、经济效益好，资源消耗低，环境污染少，人力资源优势得到充分发挥的新型工业化道路。

A4：发展重点放在第三产业上，包括现代物流业、信息产业和旅游业。

### （二）建立评价体系

规划的评价体系包括了社会、经济和环境资源 3 个方面，共 9 项评价因素（*C*1～*C*9）。每个评价因素又由相应的评价指标支撑。具体内容如下。

*C*1：是否符合更大区域范围的政策及发展方向和趋势。

*C*2：社会的接受程度。

*C*3：是否有助于社会稳定和人民生活质量的提高。

*C*4：对经济发展规模和水平的作用。

*C*5：产业结构的合理性和先进性。

*C*6：对增强区域经济竞争能力的贡献。

*C*7：是否造成最小的环境污染。

*C*8：环保措施是否最可行，即通过费用效益分析，比较达到同等环境质量的最小的污染治理成本。

*C*9：土地资源的利用是否最合理。

通过专家调查法，对以上 9 条评价因素进行打分建立起判断矩阵，见表 16-12。

表 16-12　各评价因素的权重判断矩阵

| | *C*1 | *C*2 | *C*3 | *C*4 | *C*5 | *C*6 | *C*7 | *C*8 | *C*9 |
|---|---|---|---|---|---|---|---|---|---|
| *C*1 | 1 | 1/3 | 1/7 | 1/5 | 1/5 | 1/6 | 1/5 | 1/3 | 1/4 |
| *C*2 | 3 | 1 | 1/5 | 1/3 | 1/2 | 1/5 | 1 | 1/2 | 1 |
| *C*3 | 7 | 5 | 1 | 2 | 1 | 2 | 1 | 3 | 2 |
| *C*4 | 5 | 3 | 1/2 | 1 | 2 | 1 | 3 | 3 | 1 |
| *C*5 | 5 | 2 | 1 | 1/2 | 1 | 1/2 | 1 | 1 | 1/2 |
| *C*6 | 6 | 5 | 1/2 | 1 | 2 | 1 | 2 | 2 | 1/2 |
| *C*7 | 5 | 1 | 1 | 1/3 | 1 | 1/2 | 1 | 2 | 1 |
| *C*8 | 3 | 2 | 1/3 | 1/3 | 1 | 1/2 | 1/2 | 1 | 1/2 |
| *C*9 | 4 | 1 | 1/2 | 1 | 2 | 1 | 1 | 2 | 1 |

采用方根法对判断矩阵进行计算，得出了各评价因素的权重，具体数值见表 16-13。

表 16-13 各评价因素的权重值

| | *C*1 | *C*2 | *C*3 | *C*4 | *C*5 | *C*6 | *C*7 | *C*8 | *C*9 |
|---|---|---|---|---|---|---|---|---|---|
| 权重 | 0.025 | 0.057 | 0.202 | 0.165 | 0.098 | 0.150 | 0.101 | 0.072 | 0.130 |

经检验该矩阵 $C=0.05<0.10$，具有完全一致性。

（三）评价结果

针对每一个评价因素对 4 个替代方案两两比较，进行层次单排序，具体的赋值和计算结果见表 16-14 和表 16-15。经检验 9 个 CR 值均小于 0.10，符合一致性要求。

表 16-14 替代方案比较

| | *A*1-*A*2 | *A*1-*A*3 | *A*1-*A*4 | *A*2-*A*3 | *A*2-*A*4 | *A*3-*A*4 | CR |
|---|---|---|---|---|---|---|---|
| *C*1 | 1/5 | 1/7 | 1/8 | 1/2 | 1/2 | 1/3 | 0.049 |
| *C*2 | 3 | 2 | 1/3 | 1 | 1/2 | 1/2 | 0.078 |
| *C*3 | 1/7 | 1/6 | 1/5 | 3 | 2 | 1/2 | 0.039 |
| *C*4 | 1/7 | 1/5 | 1/7 | 2 | 1/2 | 1/2 | 0.025 |
| *C*5 | 1/5 | 1/9 | 1/7 | 1/7 | 1/5 | 1 | 0.078 |
| *C*6 | 1/9 | 1/7 | 1/2 | 2 | 3 | 2 | 0.016 |
| *C*7 | 5 | 1/5 | 1/5 | 1/7 | 1/7 | 1 | 0.069 |
| *C*8 | 3 | 1/3 | 1/5 | 1/5 | 1/7 | 1/2 | 0.023 |
| *C*9 | 1/7 | 1/5 | 1/7 | 3 | 1/2 | 1/3 | 0.045 |

表 16-15 层次单排序结果

| | *C*1 | *C*2 | *C*3 | *C*4 | *C*5 | *C*6 | *C*7 | *C*8 | *C*9 |
|---|---|---|---|---|---|---|---|---|---|
| *A*1 | 0.045 | 0.270 | 0.050 | 0.048 | 0.039 | 0.055 | 0.116 | 0.121 | 0.046 |
| *A*2 | 0.196 | 0.145 | 0.480 | 0.311 | 0.101 | 0.502 | 0.044 | 0.057 | 0.330 |
| *A*3 | 0.272 | 0.161 | 0.189 | 0.202 | 0.462 | 0.301 | 0.420 | 0.299 | 0.158 |
| *A*4 | 0.487 | 0.423 | 0.282 | 0.439 | 0.399 | 0.141 | 0.420 | 0.523 | 0.466 |

在层次单排序的基础上，利用表 16-13 各因素权重值以及表 16-15 层次单排序结果，根据公式（16-19）计算得到层次总排序结果，见表 16-16，并对总排序进行一致性检验 CR=0.03＜0.10，具备完全一致性。

表 16-16 层次总排序结果

| *A*1 | *A*2 | *A*3 | *A*4 |
|---|---|---|---|
| 0.07 | 0.30 | 0.26 | 0.37 |

（四）结论

替代方案一 $A1$ 由于缺乏统筹规划，开发布点无序，开发方式雷同，产业同构较为突出，无法形成特色的产业规模和效益，不能满足新形势的发展要求，所以得分最低。

拟定规划方案 $A2$ 充分利用了当地有利位置，大力发展大运输量、大用水量、大进大出产业，推动了区域经济发展，增强了综合竞争力，缓解了就业压力，但对能源和资源的大量消耗却是它致命的缺点。

替代方案三 $A3$ 由于发展的产业起点较高，以区域目前的经济发展水平，还没能完全达到方案三的要求，故它的得分也不是很高。但是，经过一段时间的发展，在工业化水平大幅度提高之后，规划替代方案三也是可选择的途径。

替代方案四 $A4$ 在结合当地区位优势的基础上付出的环境和资源代价是最小的，所以得分最高。

## 第七节　模型法

### 一、环境数学模型概述

环境数学模型是用数学公式来描绘环境中事物累积变化的过程，可以用作设计规划决策的辅助工具，更多的是应用于幕景分析与预测各种环境影响。区域规划环境影响评价常见的环境数学模型包括大气扩散模型、水文与水动力模型、水质模型、土壤侵蚀模型、沉积物迁移模型和物种栖息地模型等。本教材重点介绍区域环境影响评价中常用的大气容量模型和水环境容量模型。

（一）区域大气污染物环境容量模型（A 值法模型）

A 值法模型属于箱模型，该模型的基本原理是将总量控制区上空的空气混合层视为承纳地面排放污染物的一个箱体。污染物排放入箱体后被假定为均匀混合。箱体能够承纳的污染物量将正比于箱体体积（等于混合层高度乘以区域面积）、箱体的污染物净化能力以及箱内污染物浓度的控制限值（即区域环境空气质量目标）。由于箱体高度和自净能力属于自然条件，随地区而定。因此，方法中用 A 值来表示。在不同地区，依据当地的 A 值、环境空气质量目标以及总量控制区面积可确定出总量控制的环境空气容量。

A 值法本质上也是属于系数法的一种，只要给出规划区总面积及各功能分区的面积，再根据当地总量控制系数 A 值就能计算出该面积上的总允许排放量。根据 A 值法并参考当地的环境质量情况，采用下式计算规划区大气污染物剩余环境容量：

$$Q_a = \sum_{i=1}^{n} Q_{ai} \tag{16-20}$$

$$Q_{ai} = A(C_{si} - C_{bi})\frac{S_i}{\sqrt{S}} \tag{16-21}$$

式中：$Q_a$—— 规划区污染物年允许排放总量，$10^4$ t/a；

$Q_{ai}$—— 第 $i$ 功能区大气污染物年允许排放量，$10^4$ t/a；

$N$—— 功能区总数；

$S$—— 规划区总面积，$km^2$；

$S_i$—— 第 $i$ 功能区面积，$km^2$；

$C_{si}$—— 第 $i$ 功能区类别的年平均浓度标准限值，$mg/m^3$；

$C_{bi}$—— 第 $i$ 功能区类别的年平均本底浓度值，$mg/m^3$；

$A$—— 地理区域性总量控制系数，$10^4$ t/（km·a）。

规划区低架源的排放大气污染物年允许排放总量 $Q_b$ 为：

$$Q_b = \sum_{i=1}^{n} Q_{bi} \tag{16-22}$$

$$Q_{bi} = \alpha Q_{ai} \tag{16-23}$$

式中：$Q_{bi}$—— 第 $i$ 功能区低架源排放的大气污染物年允许排放量，$10^4$ t/a；

$\alpha$—— 低架源排放分担率。

（二）水环境容量模型

**1．水环境容量基本概念和特征**

在给定水域范围和水文条件，规定排污方式和水质目标的前提下，单位时间内该水域最大允许纳污量，称作水环境容量。水环境容量的确定对于实施区域污染物总量具有重要意义，也是实现水环境综合管理的基础。

水环境容量具有资源性、区域性和系统性特征，如在确定局部水域水环境容量时，必须从流域的角度出发，合理协调流域内各水域的水环境容量。

**2．影响水环境容量建模的因素**

影响水环境容量的要素很多，概括起来主要有以下四个方面。

（1）水域特性

水域特性是确定水环境容量的基础，主要包括：几何特征（岸边形状、水底地形、水深或体积）；水文特征（流量、流速、降雨、径流等）；化学性质（pH 值，硬度等）；物理自净能力（挥发、扩散、稀释、沉降、吸附）；化学自净能力（氧化、水解等）；生物降解（光合作用、呼吸作用）。

（2）环境功能要求

到目前为止，我国各类水域一般都划分了水环境功能区。不同的水环境功能区提出不同的水质功能要求。不同的功能区划，对水环境容量的影响很大：水质要求高的水域，水环境容量小；水质要求低的水域，水环境容量大。例如对于COD环境容量，要求达Ⅲ类水域的环境容量仅为要求达Ⅴ类水域环境容量的1/2。

（3）污染物质

不同污染物本身具有不同的物理化学特性和生物反应规律，不同类型的污染物对水生生物和人体健康的影响程度不同。因此，不同的污染物具有不同的环境容量，但具有一定的相互联系和影响，提高某种污染物的环境容量可能会降低另一种污染物的环境容量。因此，对单因子计算出的环境容量应作一定的综合影响分析，较好的方式是联立约束条件同时求解各类需要控制的污染物质的环境容量。

（4）排污方式

水域的环境容量与污染物的排放位置与排放方式有关。一般来说，在其他条件相同的情况下，集中排放的环境容量比分散排放小，瞬时排放比连续排放的环境容量小，岸边排放比河心排放的环境容量小。因此，限定的排污方式是确定环境容量的一个重要确定因素。

### 3．水环境容量计算过程

通常情况下，水域的环境容量计算可以按照以下6个步骤进行：

（1）水域概化

将天然水域（河流、湖泊水库）概化成计算水域，例如天然河道可概化成顺直河道，复杂的河道地形可进行简化处理，非稳态水流可简化为稳态水流等。同时，支流、排污口、取水口等影响水环境的因素也要进行相应概化。

（2）基础资料调查与评价

包括调查与评价水域水文资料（流速、流量、水位、体积等）和水域水质资料（多项污染因子的浓度值），同时收集水域内的排污口资料（废水排放量与污染物浓度）、支流资料（支流水量与污染物浓度）、取水口资料（取水量，取水方式）、污染源资料等（排污量、排污去向与排放方式），并进行数据一致性分析，形成数据库。

（3）选择控制点（或边界）

根据水环境功能区划和水域内的水质敏感点位置分析，确定水质控制断面的位置和浓度控制标准。对于包含污染混合区的环境问题，则需根据环境管理的要求确定污染混合区的控制边界。

（4）建立水质模型

根据实际情况选择建立零维、一维或二维水质模型，在进行各类数据资料的一致性分析的基础上，确定模型所需的各项参数（各水质模型数学表达式可参考专业书籍和文献）。

（5）容量计算分析与容量确定

应用设计水文条件和上下游水质限制条件进行水质模型计算，利用试算法（根据经验调整污染负荷分布反复试算，直到水域环境功能区达标为止）或建立线性规划模型（建立优化的约束条件方程）等方法确定水域的水环境容量。在容量计算分析的基础上，扣除非点源污染影响部分，得出实际环境管理可利用的水环境容量。

## 二、技术特点

数学模型法适用于较小范围（如开发区）、较低层次（控制性详细规划）、近期的规划（如三年行动计划）和行业规划（如石化产业发展规划）的环境影响评价。

### （一）环境数学模型优点

环境数学模型能较好地定量描述多个环境因子和环境影响的相互作用及其因果关系、充分反映环境扰动的空间位置和密度。可以分析空间累积效应以及时间累积效应、具有较大的灵活性（适用于多种空间范围；可用来分析单个扰动以及多个扰动的累积影响；分析物理、化学、生物等各方面的影响）。

### （二）环境数学模型的不足

数学模型建立在一些假设基础上，而且假设条件是否成立尤其是在规划环境影响评价中难以核实与检测；使用中需要大量的数据，计算方法复杂，耗费大量的时间和资源；约束条件过多，不宜于层次高、范围广、涉及领域多且复杂的规划环境影响评价中。

因此，一般数学模型法应用于人们了解比较充分的环境系统，通常用于分析对单个环境要素的影响。

模型法用于规划影响评价时，将最优化分析与模拟（仿真）模型结合起来，能提供量化因果关系，主要用于选择最佳方案或者否定其他被选方案。最优化方法可以确定多个污染或其他影响源产生的累积影响，并能找出每一种影响源达到控制目标的最优水平。最优化方法的范围从简单的能用一组变量解出的代数式到复杂表达式，包括非线性函数、多层的优化、可能性和随机参数方程系列等。

## 三、环境数学模型水环境容量计算应用示例

### （一）控制因子

根据国家环保总局对实施污染物排放总量控制的要求，综合矿区煤炭开采排污特点，本次评价总量控制因子为 COD。

### （二）计算方法

根据《矿区总体规划》，评价区水磨河、三工河、四工河、甘河子河、白杨河、西沟河和黄山河。这些河流均属于宽深比较小，流程较短的河流，污染物在较短的河段内基本上混合均匀，且污染物浓度在断面横向方向变化不大，横向和垂向的污染物浓度梯度可以忽略。因此，水环境容量计算选用一维模型，计算各河流在矿区内的水环境容量。

$$G = Q(Ce^{kL/u} - C_0) \tag{16-24}$$

式中：$G$——水环境容量，g/d；

$Q$——设计流量，$m^3/d$；

$C$——标准浓度，mg/L；

$k$——综合衰减系数，$d^{-1}$；

$L$——河流长度，m；

$u$——河流速度，m/d；

$C_0$——河流现有浓度，mg/L。

### （三）计算参数确定

设计流量：根据有关水环境容量核算要求，设计流量应取“近 10 年最枯月平均流量为设计流量，或 90%保证率最枯月平均流量”。本次评价设计流量取值，根据水管站水文站 1956—2000 年 45 年平均径流量统计，选取各河流最枯月——2 月多年平均径流量为设计流量。从历年流量资料分析，这一数值是最小值，符合容量计算的要求，即在最恶劣的水文条件下求解水体的最大容量。

河流流速：根据各河流最枯月设计流量得出相应河流流速（见表 16-17）。

综合衰减系数：

$$k = 86.4 \times \frac{L}{u} \ln \frac{C_A}{C_B} \tag{16-25}$$

式中：$k$——污染物综合降解系数，计算结果见表 16-17；

$C_A$、$C_B$——上、下游断面污染物的浓度，mg/L，取主要河流现状监测值；

$u$——河流平均流速，m/s；

$L$——上、下断面距离，km。

水环境容量计算参数取值见表 16-17。

表 16-17 ××矿区主要河流 COD 水环境容量计算参数取值一览

| 河 名 | 站名 | 矿区内河流长度/km | 设计流量/亿 $m^3$ | 流速/（m/s） | 综合衰减系数 | 污染物浓度/（mg/L） | 标准值/（mg/L） |
|---|---|---|---|---|---|---|---|
| 水磨河 | 水管站 | 14.2 | 0.005 7 | 0.045 | 0.138 | 12.4 | 15 |
| 三工河 | 水管站 | 10.5 | 0.012 8 | 0.42 | 0.138 | 12.6 | 20 |
| 四工河 | 水管站 | 6.7 | 0.004 0 | 0.059 | 0.138 | 13.1 | 20 |
| 甘河子 | 白杨河 | 2.3 | 0.002 8 | 0.055 | 0.138 | 5.0 | 20 |
| 白杨河 | 水管站 | 2.0 | 0.007 1 | 0.053 | 0.138 | 17.1 | 20 |
| 黄山河 | 水管站 | 2.8 | 0.001 3 | 0.048 | 0.138 | 18.6 | 20 |

（四）水环境容量计算结果

根据各参数取值，××矿区内各河流水环境容量计算结果见表 16-18。

表 16-18 ××矿区内各主要河流 COD 水环境容量计算结果

| 河 名 | 矿区内河流长度/km | 日环境容量/（t/d） | 年环境容量/（t/a） |
|---|---|---|---|
| 水磨河 | 14.2 | 0.253 | 92 |
| 三工河 | 10.5 | 0.376 | 137 |
| 四工河 | 6.7 | 0.155 | 57 |
| 甘河子 | 2.3 | 0.164 | 60 |
| 白杨河 | 2.0 | 0.105 | 38 |
| 黄山河 | 2.8 | 0.016 | 6 |

## 第八节 土地适宜性分析法

### 一、土地适宜性分析法概述

土地适宜性评价是在现有的生产力经营水平和特定的土地利用方式条件下，以土地自然要素和社会经济要素相结合作为鉴定指标，通过考察和综合分析土地对于某种用途是否适宜以及适宜的程度，对土地的用途和质量进行分类定级。它是进行土地利用决策，科学地编制土地利用规划的基本依据（史同广，2007）。

土地适宜性评价的基本原理：在现有的生产力经营水平和特定的土地利用方式条件下，以土地的自然要素和社会经济要素相结合作为鉴定指标，通过考察和综合分析土地对各种用途的适宜程度、质量高低及其限制状况等，从而对土地的用途和质量进行分类定级。

土地适宜性评价的步骤如下：明确评价目的；选择评价对象；收集相关资料；选择评价因素；确定评价因子分级指标；制作评价因子图；划分评价单元；确定评价因素权重；确定土地适宜性；分析与评述评价成果。

进行土地适宜性评价过程中通常要与其他方法或模型结合使用，评价因子的筛选、评价因子等级划分、评价因子权重的确定是土地适宜性分析法的关键。

#### （一）评价因子选取

评价因子选取并非固定，一般需要根据不同区域特点灵活选取，不同的评价区域或土地类型可选取不同的评价因子，通常包括土地的自然属性和社会经济因素。评价因子的选择应尽量选取影响最显著、最稳定的数据，评价因子选取不宜过多，避免烦琐。

#### （二）建立评价指标

通过层次分析法建立评价指标结构体系和确定其权重，权重的确认还可以采用德尔菲法、线性回归分析法和模糊综合评判法等方法确定。

#### （三）确定评价分值和评价等级

选取评价因子和确定评价指标权重后，进行土地适宜性等级评定分析。

### 二、技术特点

#### （一）土地适宜性分析方法的优点

土地适宜性可以对区域开发利用方式是否适宜及其适宜程度进行综合评定，决策者可以根据土地适宜性评价的结果，因地制宜地进行不同用地规划布局，以实现土地开发的可持续利用。此外，土地适宜性分析将土地作为资源环境承载力的重要影响因子，一定程度上丰富和完善了区域环境承载力的内涵。

#### （二）土地适宜性分析方法的不足

土地适宜性评价的不足之处在于评价因子的选择较难掌握，评价中引入经济、社会、环境、行为等因素可以使得评价结果更为客观，但这些因素可变性较大，因此会影响到评价成果的可靠程度和持久性。此外，评价者在评价因子权重确定的过程中有一定的主观因素考虑，这也影响到评价的精度。

## 三、土地适宜性分析法应用示例

### （一）某区域开发规划用地

区域内现状用地包括水域、耕地、道路广场用地、村镇建设用地和防护绿地等。其中耕地占67%，林地占11%，村镇建设用地占9%。规划用地面积为11.92 $km^2$，用地分为居住用地、公共设施用地（包括对外交通用地）、工业用地及仓储用地、绿地、道路广场用地及市政公用设施用地等8大类。

规划实施后，基地土地利用类型发生了较大变化，原来以耕地、林地为主的农业用地类型将变为以工业用地为主，并辅之以相关配套设施的城市用地类型。工业仓储用地从现状基本不存在，提高到占总用地面积33%，成为基地内比重最大的土地类型；与此相应，公共设施、市政公用设施及道路广场用地比重也随之大大提高。

### （二）土地适宜性评价过程

#### 1．指标体系的建立

通过对区域的自然条件、社会条件、经济状况等各方面的综合调查，经过综合分析后，选取地质和土壤、强度和规模、内外布局科学性以及生态影响4方面的11个因子作为评价因子，分别为地质条件、土壤肥力、土地政策、容积率、绿地率、投资强度、外部布局科学性、内部布局科学性、乡土植被保存、水域生态维护以及景观多样性。

#### 2．权重的确定

采用层次分析法确定评价因子权重，见表16-19。

表16-19 区域土地利用适宜性评价因子权重

| 评价因子 | 地质条件 | 土壤肥力 | 土地政策 | 容积率 | 绿地率 | 投资强度 | 外部布局科学性 | 内部布局科学性 | 乡土植被保存 | 水域生态维护 | 景观多样性 |
|---|---|---|---|---|---|---|---|---|---|---|---|
| 权重 | 7 | 6 | 10 | 8 | 9 | 10 | 12 | 11 | 10 | 9 | 8 |

#### 3．评价分值

根据国家分等定级规程，可以知道区域处于长江中下游区沿江平原区，根据国家分等定级规程长江中下游区土壤环境指标分值及专家经验分析，确定评价因素的分值，见表16-20。

表 16-20　区域土地利用适宜性评价因子权重

| 分值 | 地质条件 | 土壤肥力 | 土地政策 | 容积率 | 绿地率 | 投资强度 | 外部布局科学性 | 内部布局科学性 | 乡土植被保存 | 水域生态维护 | 景观多样性 |
|---|---|---|---|---|---|---|---|---|---|---|---|
| 100 | 1 级 | | | | | | | | 1 级 | | |
| 90 | | 2 级 | 1 级 | 1 级 | 1 级 | 1 级 | 1 级 | 1 级 | | 1 级 | 1 级 |
| 80 | 2 级 | | 2 级 | | 2 级 | | 2 级 | 2 级 | 2 级 | | |
| 70 | 3 级 | 3 级 | 3 级 | 2 级 | 3 级 | 2 级 | 3 级 | 3 级 | | 2 级 | 2 级 |
| 60 | | 4 级 | 4 级 | | 4 级 | 3 级 | 4 级 | 4 级 | | | |
| 50 | 4 级 | 5 级 | 5 级 | 3 级 | | 4 级 | 5 级 | 5 级 | 3 级 | 3 级 | 3 级 |
| 40 | | 6 级 | 6 级 | | | | | | | | |
| 30 | | | | | | | | | | 4 级 | 4 级 |
| 20 | | | | | | | | | | | |
| 10 | | | | | | | | | | | |

### 4．综合评定

在单因子评价的基础上考虑到各个评价因子之间的相互关系，采用综合评价指数法进行评价，将区域土地分为适宜、基本适宜。不太适宜、不适宜 4 个等级，评价标准得分见表 16-21。

表 16-21　区域土地利用适宜性综合评价标准

| 等级 | 适宜 | 基本适宜 | 不太适宜 | 不适宜 |
|---|---|---|---|---|
| 土地利用适宜度指数 | ＞85 | 85～75 | 75～60 | ＜60 |

### 5．评价结果及分析

土地适宜性综合评价结果见表 16-22。由表 16-22 可见，本区域土地利用适宜性评价总得分为 77.6，根据综合评价判别标准表，属基本适宜区间，表明该区域建设土地利用基本适宜。

表 16-22　区域土地利用适宜性综合评价结果

| 评价因子 | 评分 | 权重 | 评价因子综合得分 | 总得分 |
|---|---|---|---|---|
| 地质条件 | 85 | 7 | 5.95 | 77.55 |
| 土壤肥力 | 55 | 6 | 3.30 | |
| 土地政策 | 85 | 10 | 8.50 | |
| 容积率 | 85 | 8 | 6.80 | |
| 绿地率 | 90 | 9 | 8.10 | |
| 投资强度 | 55 | 10 | 5.50 | |
| 外部布局科学性 | 80 | 12 | 9.60 | |
| 内部布局科学性 | 75 | 11 | 8.25 | |
| 乡土植被保存 | 80 | 10 | 8.00 | |
| 水域生态维护 | 75 | 9 | 6.75 | |
| 景观丰富性 | 85 | 8 | 6.80 | |

# 第九节 专家咨询法

## 一、专家咨询法概述

专家咨询法是指组织环境评价相关领域的专家，运用专业方面的知识和经验，对评价对象现状和整体发展趋势和状况进行科学判断的方法，又称专家调查法。专家咨询法类型包括头脑风暴法、德尔菲法、广议法、集体商议法、圆桌会议法等。其中，德尔菲法一般适用于争论较大的重要问题的分析和预测，在环境影响评价中得到较为广泛的应用。

德尔菲法的基本步骤：

① 整理背景资料，明确咨询任务；

② 设计咨询调查表；

③ 初步选定咨询专家；

④ 发放第一轮咨询和说明性材料，回收专家意见；

⑤ 对专家反馈意见进行汇总后进行统计分析；

⑥ 修改进行第二轮咨询；

⑦ 专题练习，根据不同情况深入征求意见，确定咨询结果。一般进行 2～3 轮。

德尔菲法应用条件是咨询主题应当十分明确，使专业领域专家能清晰理解问题性质、内容和范围，其次是需要找到一批经验丰富且熟悉咨询领域的专家。

## 二、技术特点

### （一）专家咨询法优点

#### 1. 咨询结果具有权威性

在进行专家意见征询时选择的征询对象通常是对有关领域具有比较深入研究的专家和权威，某种程度上而言，专家对所咨询问题的回答就已具备一定的权威价值，如果专家都认为某一指标重要，要给它较高的权重值，那就说明该项指标确实重要。反之亦然。

#### 2. 咨询过程保持独立性

参加意见征询的专家和权威在整个征询意见的过程中独立回答咨询者问题，没有相互影响和相互对抗，对所咨询问题的回答均是自己独到的见解，具有较强的独立性。

### 3．咨询结果趋于一致性

在意见征询的多轮过程中，有关专家可以通过反馈回来的经过整理的各轮结果，了解并认真考虑他人的思想和意见，在此基础上，决定是否修正和如何修正自己原来的想法。一般来说，整个意见征询过程中专家的意见呈逐步收敛的趋势。这就保证了咨询结果将根据大多数人的专业认识去统一，保证了参加意见征询专家的专业判断能够逐步地取得一致。

### 4．咨询过程可控性

专家只能按照咨询表中所列非常明确、具体的问题依照指定的回答方式简单明了地表示自己的意见。咨询者可以较好的组织和控制，避免了专家咨询过程中无序的过程，可将与咨询主题无关的回答进行筛除。

## （二）专家咨询法的不足之处

虽然专家咨询法是一种便于操作，应用也较为方便的方法，但其使用过程也存在一定程度的不足。专家咨询法受个人主观因素影响较大，咨询专家的专业水平，对咨询问题的认知程度，咨询时的心理状态等都会影响到咨询结论的客观准确性。除此之外，由于专家咨询法通常需要进行数轮统计分析以得到较为理想的咨询结果，因此整个过程比较复杂，花费时间也较长。

# 第十七章 案例

## 案例 A 工业开发区环境影响评价

工业开发区是区域开发最为常见的类型之一。工业开发区的规划目标相对具体，发展方向明确，其涵盖的规划内容全面，包含区域社会经济发展的各个方面。由于工业开发区规划涉及的产业多样，未来入区企业的规模和性质存在不确定性，在对规划内容进行环境压力分析时又缺少可供量化的依据，因此如何构建满足资源环境承载能力的产业发展指标，是此类工业开发区规划环境影响评价的重点和难点。

本案例位于我国西部地区，以能源加工为主要核心产业。规划环境影响评价量化分析了区域规划目标的环境合理性，并通过对区域不同产业规划链条关系的分析，构建出开发区循环经济发展模式，为建设环境友好型开发区及工业生态系统发挥了技术支撑的作用。

### 一、开发区概述

#### （一）项目背景

某经济技术开发区（以下简称“开发区”）位于我国西北地区，属温带大陆性干燥气候，年均降水量为 67.2 mm。该区域属于戈壁平原地貌特征，分布有河流和水库。开发区由多个园区整合而成，现状已建成一定规模。开发区总体规划在各园区规划的基础上，提出综合开发的设想。开发区规划面积为 80 余平方千米，开发区规划预测人口总计约 30 万人，规划期 20 年，分近期和远期两个阶段实施：近期：2006—2010 年；远期：2011—2025 年。

开发区的功能定位以天然气化工为特色，融纺织、机械制造、高新技术产业于一体的现代化综合型开发区。

开发区的产业定位涵盖如下发展方向：① 以天然气化工为龙头的化工产业；② 以棉纺织棉花（籽、浆粕）为原材料的下游深加工及特色林果加工业；③ 以生物医药、食品饮料、精密仪器和以石油化工能源开发配套技术为主的高新技术产业；④ 以石油机械和纺织机械制造为方向的机械制造业；⑤ 矿业（金属和非金属矿）精细加工业；⑥ 以航空、铁路、公路联运为基础的仓储物流服务业。

区域综合性的经济技术开发区的规划内容包含区域社会经济发展的各个方面，涉及工业区布局、道路系统、居住用地、公共服务设施、仓储用地、绿地水系、市政配套设施、环境保护、综合防灾等。

**点评：**

开发区规划内容的介绍，是充分了解区域功能定位、产业定位、敏感问题和环境保护要求的重要环节。明确开发区的功能定位、产业定位和环境保护目标要求，是开展开发区规划环境影响评价的工作基础。

### （二）工作方案的整体设计

开发区功能、产业定位和环保规划要求明确后，将结合区域的环境特点对开发区规划环境影响评价工作方案进行整理设计。包括进行环境影响因素识别、确定评价指标体系、划分评价工作等级、给出环境保护目标和评价重点等。

#### 1. 环境影响因素识别

本案例通过对规划内容的深入分析和对区域环境状况的全面把握，在充分考虑开发区发展与区域各环境要素之间相互作用的基础上，采用矩阵分析法，开展环境影响因素的识别。

首先分析区域主要环境敏感问题，本案例中总结开发区现存环境敏感问题主要包括以下六个方面。① 开发区与主城区的环境相容性：如何通过开发区的合理布局实现二者的环境相容性，是开发区规划应解决的主要环境敏感问题。② 天然气资源量：区域天然气的供给量能否满足开发区生产、生活的需求，成为制约开发区产业发展的关键性因素。③ 区域水资源：如何有效地节约用水，并实现开发区内废水的循环利用，最大限度地降低水资源需求对区域供水能力的压力，成为制约开发区发展的另一个关键性因素。④ 洪水：开发区属于防洪区，如何确定有效的防洪工程，将直接影响着开发区开发建设的安全性。⑤ 地震：如何通过开发区内合理的布局以及在建设过程中合理避让地震断裂带，将直接决定着开发的有效性。⑥ 新机场：新机场净空和电磁环境保护要求，将是保证开发区与新机场协调发展的首要问题。

开发区规划环境影响评价环境影响因素识别在建设项目环境影响评价通常采用的环境要素的基础上增加了经济要素识别和社会要素识别的内容。本案例确定的环境影响因素识别成果见表 17-1。

表 17-1 规划环境影响因素识别

| 环境影响因素 | | | 产业、功能定位 | 就业人口预测 | 宏观布局 | | | | 中观布局 | | 环境保护规划 |
|---|---|---|---|---|---|---|---|---|---|---|---|
| | | | | | 道路系统 | 公共服务设施 | 绿地水系 | 综合防灾 | 工业区总体布局 | 居住用地布局 | |
| 自然要素 | 自然环境状况 | 地理位置 | ** | – | *** | *** | * | ** | * | * | * |
| | | 地形地貌 | * | – | ** | – | ** | ** | *** | ** | – |
| | | 气象气候 | * | – | – | – | *** | * | *** | *** | * |
| | | 工程地质 | * | – | ** | * | * | *** | *** | *** | – |
| | | 地表水系 | * | – | ** | * | *** | *** | *** | * | – |
| | | 地下水 | ** | – | * | * | ** | * | * | * | – |
| | | 动植物资源 | – | – | – | – | – | – | – | * | – |
| | 环境质量现状 | 地表水环境 | * | * | – | * | * | * | * | *** | *** |
| | | 地下水环境 | * | * | – | * | * | * | * | *** | *** |
| | | 大气环境 | * | * | – | * | * | * | * | *** | *** |
| | | 声环境 | * | * | – | * | – | * | * | *** | *** |
| | | 生态环境 | * | * | – | * | * | * | * | *** | *** |
| | 环境承载力 | 大气环境容量 | *** | * | – | – | – | – | *** | *** | *** |
| | | 水资源承载力 | *** | *** | – | – | ** | – | – | – | – |
| | | 工业资源承载力 | *** | * | – | – | – | – | – | – | – |
| | | 能源承载力 | *** | *** | – | – | – | – | – | – | – |
| | | 土地资源承载力 | *** | *** | – | – | – | *** | *** | * | – |
| | | 环境人口容量 | *** | *** | – | – | – | – | – | – | – |
| 经济要素 | | 矿产资源 | *** | * | – | – | – | – | – | – | – |
| | | 产业结构与产业布局 | *** | * | – | – | – | – | *** | * | * |
| | | 区域开发现状 | *** | * | *** | ** | ** | * | *** | *** | – |
| 社会要素 | | 区域相关规划 | *** | * | – | – | – | – | – | – | – |
| | 其他 | 行政区划及人口 | – | ** | – | *** | ** | * | * | *** | * |
| | | 交通 | *** | * | *** | *** | ** | * | ** | ** | – |
| | | 教育 | * | * | – | *** | – | – | – | * | – |
| | | 现有环保设施 | *** | – | – | – | – | * | * | ** | *** |
| | | 机场 | * | – | * | ** | – | *** | *** | *** | * |

注：“–”：规划内容与因素之间无作用；“*”：规划内容与因素之间有影响；“**”：规划内容与因素之间有较强影响；“***”：规划内容与因素之间有很强影响。

## 2．评价指标体系确定

评价指标体系的确定需要充分考虑区域环境敏感问题对开发区发展的限制，本案例提出主要的评价方法和评价指标体系见表 17-2。

表 17-2　评价指标体系

| 评价重点内容 | 评价方法 | 一级评价指标 | 序号 | 二级评价指标 |
|---|---|---|---|---|
| 可持续发展能力预测 | 多目标规划法 | 产业导向 | 1 | 国家产业政策 |
| | | | 2 | 区域产业特点 |
| | | | 3 | 开发区产业现状 |
| | | 环境承载力 | 4 | 区域水资源供应量 |
| | | | 5 | 天然气资源、长绒棉供应量 |
| | | | 6 | 适宜建设用地面积 |
| | | | 7 | 区域大气环境容量 |
| | | | 8 | 开发区适度环境人口容量 |
| | | 依托环保设施能力 | 9 | 区域垃圾处理厂处理能力 |
| | | | 10 | 区域污水处理厂处理能力 |
| 开发区选址合理性 | 综合评价法 | 政策指导因素 | 1 | 省市相关规划 |
| | | | 2 | 城市总体规划 |
| | | 自然条件 | 3 | 工程地质条件 |
| | | | 4 | 主导风向条件 |
| | | 社会经济条件 | 5 | 经济区位 |
| | | | 6 | 交通条件 |
| 规划布局合理性 | 层次分析法 | 自然条件 | 1 | 地形条件 |
| | | | 2 | 主导风向条件 |
| | | | 3 | 地表水分布 |
| | | | 4 | 工程地质条件 |
| | | 环境要素 | 5 | 环境容量 |
| | | 社会经济条件 | 6 | 新机场 |
| | | | 7 | 交通运输条件 |
| | | | 8 | 开发建设现状 |
| 环境影响预测和评价 | 类比分析法<br>环境数学模型<br>情景分析法 | 资源相容性 | 1 | 水资源 |
| | | | 2 | 天然气、棉花、电能资源 |
| | | 环境要素 | 3 | 环境空气 |
| | | | 4 | 声环境 |
| | | | 5 | 生态环境 |
| | | | 6 | 社会环境 |
| | | 环境风险 | 7 | 环境风险 |
| 环境友好型开发区建设方案 | 生态工业代谢理论 | 开发区 | 1 | 循环经济 |
| | | 园区 | 2 | 工业生态系统 |
| | | 企业 | 3 | 清洁生产 |
| 开发区环境管理方案 | 过程控制法 | 企业 | 1 | 企业管理措施 |
| | | 开发区 | 2 | 开发区管理方案 |
| | | 区域 | 39 | 区域环境管理配套 |

3．确定评价重点

① 开发区环境承载力分析。通过开发区可持续发展能力预测，进行规划的资源环境承载力分析，并在此基础上对水环境、环境空气、生态环境、社会环境等要素进行影响分析和评价，并针对区域开发可能产生的环境风险进行评价。

② 开发区选址和布局合理性分析。论证开发区建设与周边环境的相容性，以及开发区具有的优势条件和各种限制因素，分析开发区选址的合理性；以保证开发区合理的功能结构为主要目标，进行开发区宏观、中观、微观三个层次的布局合理性评价。

③ 构建开发区循环经济发展模式分析。以创建环境友好型开发区的规划评价理念为指导，进行开发区循环经济发展模式设计，建立开发区工业生态系统方案，提出企业清洁生产途径，实现区域协调发展。

④ 设计开发区环境管理方案。以开发区的日常环境管理、环境监控体系建设、跟踪评价体系以及开发区环境安全应急预案为重点内容，设计开发区环境管理方案。

**点评：**

本章紧紧围绕工业开发区的规划目标、区域社会经济环境协调发展以及规划可能对环境产生的综合影响等，构建环境影响识别和评价指标体系。对于经济技术开发区而言，在规划环境影响评价中应设计其循环经济体系以及环境友好型的开发方案，以实现社会经济发展与区域环境资源的协调发展。因此在评价指标体系选择上应重点突出上述方面，在后续评价中可针对不同的重点内容选择恰当的评价方法。

## 二、区域环境承载力与可持续发展能力预测分析

### （一）区域环境承载力分析

对于开发区区域环境影响评价，环境承载力的分析将是重点。承载力分析内容主要包括大气环境容量、水环境承载力、资源承载力、生态承载力等，根据本案例所处区域社会、经济和环境条件，确定承载力分析的重点为大气环境承载力、资源承载力、开发区环境人口容量三个方面。

1．大气环境承载力

污染物总量的宏观控制值按国家规定的总量控制方法进行计算。空气污染物总量控制模型，则针对面源、低架源、中架源和高架点源中的大气污染物，参照《城市区域大气环境容量总量控制技术指南》（中国环境科学出版社出版）的要求，选取 $SO_2$ 作为大气环境容量的核定指标，采用 A 值法计算区域大气理想环境容量。

2．区域资源承载力分析

结合开发区的特点，本案例针对与开发区发展息息相关的资源进行承载力分析，具体包括水资源、天然气资源、棉花资源和土地资源。

### 3．开发区环境人口容量分析

合理的人口规模，是开发区经济、社会发展的战略基础。本案例综合考虑自然资源、生态资源、经济以及社会条件等因素对开发区可容纳的适度人口数量的制约作用，运用环境人口适度规模模型，进行开发区环境人口容量的核算。

### （二）可持续发展能力分析

通过分析开发区环境承载力可以发现，区域水资源、天然气、土地等资源与开发区大气环境容量以及开发区所能承受的适度人口容量，都将成为影响开发区发展的重要因素。开发区在实现经济增长的同时，如何有效地保证资源的有序利用，环境的可持续发展，将成为开发区在发展过程中面临的主要问题。

本案例以多目标规划理论为基础，以计算机仿真技术为手段，定性和定量相结合，通过核算规划期内，在实现环境、经济、社会综合目标最优的前提下，开发区最大可能的资源消耗量和污染物排放量，进行开发区可持续发展能力的预测，给出了开发区产业发展方案的产业发展最大可能规模为 260 亿，行业水资源的最大可能消耗总量为 1.14 亿 $m^3/a$，废水排放的最大可能总量为 2 279.05 万 t/a，固废排放的最大可能总量为 31.78 万 t，天然气消耗的最大可能总量为 10.7 亿 $m^3$，行业提供就业人口的最大可能规模为 11.17 万人，$SO_2$ 排放的最大可能总量为 7 000 t/a，工业用地的最大可能面积为 42.05 $km^2$。此核算结果将作为规划实施后产生的最大资源环境压力，作为后续评价工作的基础。

**点评：**

区域环境承载力分析是对区域资源条件和污染物消纳能力的评估。本章通过对大气环境容量、水资源、天然气资源、棉花资源和土地资源的全面分析，核算了区域环境承载能力；同时核算了在实现规划设定的经济发展目标情况下，资源消耗和污染物排放强度。对比两者，使决策者可以清晰地看到发展压力和资源承载能力之间的关系，明确规划目标实现过程中的主要制约因素。

本案例采用 A 值法计算控制区大气污染物总量，由于边界条件设置的差异以及该方法未充分考虑到区域内产业的布局，将导致计算结果存在较大误差。建议此类环境容量的核算参考导则中的模型法确定。

## 三、环境影响分析与评价（略）

## 四、规划布局合理性分析

开发区总体规划制定了该区域未来总的发展目标，各个专项规划中又提出了子系统各自的发展目标，总目标和各子系统目标之间存在着密切的相互影响、相互制约和相互支持的关系。开发区布局方案是开发区规划目标的具体落实，它通过改变开发区结构，影响开发区系统状态，并最终决定着开发区功能，对开发区的发展有着至关重要的意义。

本案例将开发区布局方案的合理性评价作为工作重点之一，进行深入而具体地分析。

评价技术路线：本案例采用“宏观层次”“中观层次”和“微观层次”相结合的思路，对开发区总体规划布局方案的合理性进行评价。首先对开发区布局进行宏观层次的合理性评价，即对开发区规划总体布局的合理性评价，然后针对开发区内具体子功能区单元，进行子功能区单元层次的合理性评价。对于微观层次的评价，本案例结合国家相关标准和规范，对各具体装置的布局提出要求。

评价技术路线见图 17-1。

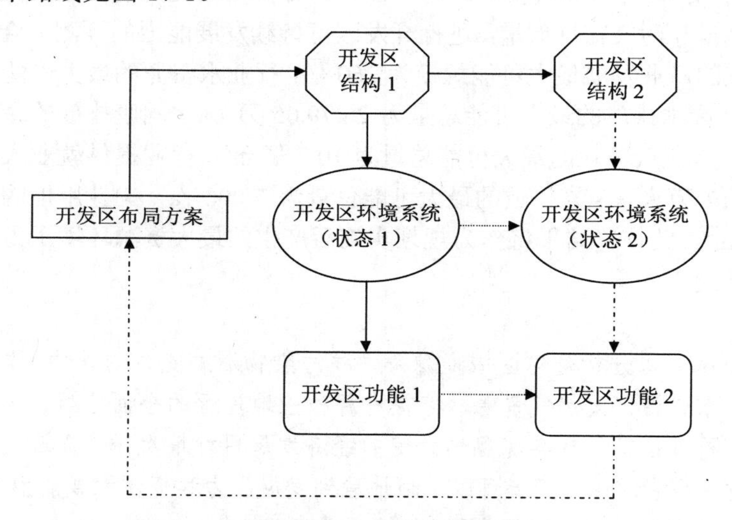


**图 17-1　开发区布局方案合理性评价技术路线**

规划方案把开发区功能布局规划为三层的“圈层结构”形态，由里到外分别为：核心——综合加工服务园区；第二圈——产业区；第三圈——居住区。各功能圈之间和功能圈内部各子功能区之间相互配合，较为合理。

开发区绿地和水系布局是开发区生态系统功能发挥的基础，加大开发区的生态建设很有必要；开发区内对外联络的长途车站等会对开发区的环境产生一定影响，应尽可能布置在开发区的边缘；消防站布局不能满足消防标准的要求，需要增加消防站的个数；规划新建河道需要经过充分的水资源论证；同时，应加强干渠两侧绿化带的建设。

开发区总体布局方案基本是合理的。

## 五、开发区选址合理性分析

本案例对于开发区选址合理性分析内容主要从政策指导因素、开发区存在限制因素以及开发区现有优势条件三个方面开展。

### （一）政策指导因素

政策指导因素主要从开发区功能、产业定位与上层规划、同层相关规划匹配性上进行全面分析，开发区通过对现有多个园区的整合和资源优势的充分利用，能够较好地带动区域经济的发展，同时也能够较好地降低对城市的环境压力，符合区域发展的各种政策导向。

### （二）选址限制因素

充分了解区域选址的限制因素，包括：地震断裂带；开发区位于主城区配套居住区上风向；开发区属于防洪区；开发区周边存在新机场、水库等敏感目标。在规划评价分析中应提出上述限制因素的减缓措施，也为后续开发区布局、规模和结构需求提出针对性建议。

### （三）区域现有优势条件

区域现有优势条件的分析是对区域选址合理性分析的重要补充，从经济区域条件、工程地质条件、交通运输条件、给水条件、生态适宜性等方面进行分析，充分考虑了开发区建设的社会、经济效益。

## 六、环境友好型开发区建设方案

本案例提出建设环境友好型开发区，目的在于将开发区的生产和消费活动规制在区域的生态承载力、环境容量限度之内，通过生态环境要素的质态变化形成对生产和消费活动进入有效调控的关键性反馈机制，特别是通过分析代谢废物流的产生和排放机理与途径，对生产和消费全过程进行有效监控，并采取多种措施降低污染产生量、实现污染无害化，最终降低社会经济系统对生态环境系统的不利影响。

因此，建设环境友好型开发区，必须以资源环境可承载能力为基础，改变高消耗、高污染、低效率的经济增长方式，主动选择低消耗、少污染、高效率的生产体系；反对盲目消费、过度消费和奢侈消费，积极倡导绿色消费与合理消费，建立可持续消费体系。

本案例为建设环境友好型开发区，提出循环经济发展方案和工业生态系统建设方案以及清洁生产方案，分别从开发区、园区、企业三个层面构建实现环境友好型开发区的具体建设方案。

在设计各个建设方案中，开发区循环经济建设方案是以深入分析开发区内各主导产业之间产品和废物之间的代谢关系为根本前提，提出开发区循环经济建设的总体框架，主要设计了开发区各主导产业的产品代谢循环经济建设方案和开发区废物回收产业循环经济建设方案，并提出循环经济支撑体系建设方案；工业生态系统建设方案是以构建各工业园稳定生态工业系统为主要目标，以各工业园的工业生态系统稳定性建设、产业链建设以及工业生态系统的能力建设为主要内容；清洁生产方案侧重于对开发区内可能涉及的企业提出具体的清洁生产指标要求，以及实现清洁生产的途径。

结合开发区特点及发展趋势，设计开发区循环经济发展建设内容。总体上分为生产体系和支撑体系两部分。具体内容见图 17-2。

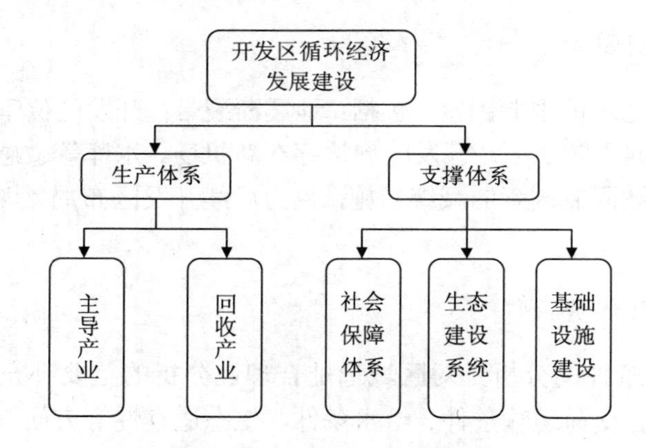


图 17-2　开发区循环经济建设内容

## 七、开发区环境管理方案（略）

## 八、替代方案（略）

## 九、困难和不确定性

### （一）局部用地的不确定性

经调查发现，开发区内现有三条地震断裂带分布。但由于现有资料的限制，未能详细调查其具体位置和震级，存在不确定性。

（二）入区企业类型的不确定性

在规划期内，开发区天然气的最大可能需求量为 10.7 亿 $m^3/a$。经调查发现，开发区现有保障的天然气供应量为 9 亿 $m^3/a$，基本能够满足开发区以天然气化工为主导的产业发展。但由于开发区现有保障的天然气资源的相对有限性，天然气化工产业链条究竟能够延伸多长，即入区企业的具体类型存在不确定性。

（三）装置的不确定性

由于规划处于决策链的中高端，受设计进度及深度的影响，对企业装置的具体位置和规模均未定，在评价过程中，尤其是对于规划的环境影响预测造成了一定的难度。本次评价为尽可能地预测到规划可能产生的环境影响，做了一定的假设。

**点评**

因开发区规划方案本身具有不确定性，且随着企业工艺水平的提高、清洁生产水平的进步，相关企业的排污可能有较大幅度的降低，其产生的环境影响也将大幅降低，开发区所面临的环境问题也必将发生转变。因此，随着开发区的进一步发展，环境影响评价的预测基础以及相应的结论和措施存在一定的不确定性。为解决这一问题，在环境影响评价编制阶段可采用情景分析法；此外，开发区需要根据其发展的具体情况，进行跟踪评价，以保证环保措施的实效。

本案例充分认识到了不确定因素的存在，在环境影响评价编制过程中已采用情景分析法，还需在“跟踪评价”章节明确工作内容，以减少开发区规划实施阶段不确定因素带来的结论误差。

## 十、评价结论

开发区的发展受到与主城区环境相容性、新机场、地震断裂带、区域天然气供应以及洪水问题等因素的制约。开发区须通过转换区内用地功能，保证石化园区与主城区配套居住区的环境相容性；通过对区内企业类型和建筑物的高度加以限制，以满足新机场净空和电磁环境保护的要求；通过合理避让区内现存和潜在分布的地震断裂带，最大限度地降低地震灾害对开发区发展造成的损失；通过积极修建防洪工程，降低洪水对开发区发展存在的威胁；通过政府出面协调，争取充足的天然气资源，较好地保证以天然气化工为主导产业的开发区各产业的协调发展。

总的来说，开发区在严格执行环境影响评价报告书对开发区规划提出的各项优化建议，并积极采纳开发区环境管理要求和完备区域环境安全应急体系以及环境友好型开发区建设方案等条件下，对开发区总体规划进行优化调整后，开发区总体开发建设是可行的。

**点评：**

本案例中所列评价结论与建设项目环境影响评价结论中的八个方面不同，重点对开发区发展中存在制约因素的解决建议进行概述性的总结，起到提纲挈领的作用，使开发区的管理者能够从评价结论中抓住区域开发需要特别关注的因素，并了解针对制约因素采掘的解决建议，这是评价结论中的一种编写形式。评价结论还应给出明确的评价结果以及在区域开发环境管理中的一些建议。

## 案例B　城镇开发环境影响评价

城镇开发规划兼有产业发展和人口发展的内容。在开展城镇开发环境影响评价时，评价内容上除应增加考虑人口聚集带来的环境压力外，还应充分考虑产业发展对人口聚集的影响，以及人口聚集对产业发展的制约性因素。评价目标也相应调整为经济与人口规模的合理性、产业与人口布局的协调性以及产业结构和人口结构与资源环境承载能力的适应性。此案例较好地体现了城镇开发规划环境影响评价的特点，在技术方法上也有较大创新。

### 一、总论

根据国务院批准的《北京城市总体规划（2004—2020 年）》，亦庄新城作为北京“两轴—两带—多中心”城市空间结构中东部发展带上的重要节点，也是未来京津城镇发展走廊中的最重要的地区。

亦庄新城地区地处北京平原区东南部，其北边界距天安门 16.5 km，距左安门 9 km，距方庄小区 7 km。西北与中心城区相邻，北与通州区相邻，西与大兴区相邻，东南与河北廊坊相邻，京津塘高速公路穿区而过，是京津城际间的重要门户。

评价以 2004 年为基准年。评价时段近期为 2004—2010 年，远期至 2020 年。

对新城规划开展环境影响评价，主要目标为在系统考虑北京亦庄新城区域特点、区域经济发展规划以及北京城市总体规划的基础上，以区域发展适宜性分区与环境承载力研究为核心，识别该区域发展的优势和限制因子，计算区域环境容量并对其分配进行研究和优化，为区域发展规划以及产业结构、布局等提供环境方面的信息，为改善区域生态环境，实现可持续发展目标提供科学的决策依据。

### 二、亦庄新城地区生态环境现状及社会经济概况（略）

## 三、亦庄新城规划方案分析

《北京城市总体规划（2004—2020 年）》对亦庄新城定位：东部发展带的重要节点，北京重点发展的新城之一，是以高新技术产业和先进制造业集聚发展为依托的综合产业新城，是辐射并带动京津城镇走廊产业发展的区域产业中心，也是高端产业研发、商务、物流等区域产业服务基地。

总体规划要求大力推动新城建设，积极引导产业和人口向新城集聚。充分依托现有卫星城和重大基础设施，建设相对独立、功能完善、环境优美、交通便捷、公共服务设施发达的健康新城。引导发展电子、汽车、医药、装备等高新技术与现代制造业，以及商务、物流等功能，积极推动开发区向综合产业新城转变。同时，随着高新技术人才的聚集，将建设成为具有国际水平的适宜就业和适宜生活居住的现代化新城。

### （一）新城主要职能

首都人口转移、功能疏解的重要载体；高新技术产业发展中心和先进制造业基地；首都生产性服务业（商务、技术研发培训等）重要组成部分；重要的城际铁路门户，公路交通枢纽和物流基地；政府管理创新的示范区。

### （二）经济发展目标

2010 年发展目标：① 大力引导高新技术产业的集聚，疏解中心城职能，形成区域产业引擎；② 加快构建综合型产业新城基本架构，为进一步持续发展创造条件；③ 构建与自然平衡的生态环境。届时，地区生产总值（GDP）达到 650 亿元，对北京市的贡献率约为 8.5%。

2020 年发展目标：形成京津冀北高新技术产业中心和高端产业服务基地，实现良好的人居环境，建设成为经济、社会、生态全面协调、可持续发展的国际化综合产业新城。届时，地区生产总值（GDP）达到 3 000 亿元，对北京市的贡献率约为 15%。

### （三）规模

根据规划，新城范围内现状城镇人口 12.2 万人，至 2010 年，新城人口规模为 30 万人，到 2020 年，新城人口规模为 70 万人，年均增长率控制在 12%以内，其中常住人口 33 万人左右，居住半年以上暂住人口 37 万人左右。其中：预计承接中心城人口疏解占 55%左右，约 30 万人；预计本地城镇化占 10%左右，约 6 万人；吸纳新增人口 35%，约 20 万人。2010 年、2015 年、2020 年新城人口规模的预测见表 17-3。

表 17-3 2010 年、2015 年、2020 年新城人口规模的预测 单位：万人

| 年份 | 就业岗位 | 人口规模 |
|---|---|---|
| 2010 | 6.9 | 12.2 |
| 2015 | 18 | 30 |
| 2020 | 45 | 70 |

（四）用地规模

亦庄新城 2020 年规划面积 212.7 $km^2$。规划到 2010 年，城市建设用地规模应控制在 55 $km^2$ 左右，到 2020 年规划亦庄新城集中建设用地规模约为 100 $km^2$。

（五）规划方案实施情景设计与污染物排放预测

大气污染物排放量预测：根据新城规划、通州区和大兴区“十一五”环境保护和生态建设规划，燃煤锅炉和小煤炉以推广清洁煤为主要手段，逐步加大清洁能源的供应量和使用量。2010 年对 20 t/h 以下的燃煤锅炉进行整合，采用清洁能源或联片供暖供热，逐步取消小吨位燃煤锅炉，总体燃煤量削减约 50%。到 2020 年，新城规划范围燃煤全部削减 100%。开发区一般由集中热力厂提供工业蒸汽，不考虑企业自供热能源消耗量。裸地扬尘在 2010 年和 2020 年均保持与 2004 年一致。施工扬尘 2010 年保持与 2004 年一致，但开发区域不同；2020 年取 2004 年的 15%；汽车尾气污染物和道路扬尘仍根据道路长度和车流量及排放因子预测。预测到 2010 年该地区大气污染源排放总量分别为：$SO_2$：1 466.18 t/a、$NO_x$：10 496.92 t/a、$PM_{10}$：8 983.20 t/a。

水污染物排放量预测：2010 年人均综合生活用水量指标为 250 L/人·日，综合生活用水包括居民生活用水和公共生活用水（含机关事业单位和公建设施，包括商业服务业、交通运输、文教卫生、邮电通讯、城市绿化等非工业用水），2010 年亦庄新城人口规划为 30 万，生活用水总量为 2 738 万 $m^3$/a。采用万元 GDP 法预测，根据亦庄新城规划，2010 年亦庄新城 GDP 将达到 650 亿元，其中工业企业 GDP 约占 80%，即 520 亿元/年。2004 年开发区万元工业 GDP 用水量为 7.23 $m^3$，按照北京市工业促进局提出的节水指标，即“十一五”万元产值用水量下降 30%计，根据亦庄新城实际情况，亦庄新城万元 GDP 用水量下降 30%计，则 2010 年亦庄新城万元工业 GDP 耗水量为 5.06 $m^3$。因此，2010 年亦庄新城工业用水量为 2 631.2 万 $m^3$/a。根据《北京经济开发区水资源综合规划》，2010 年生态用水为 136 万 $m^3$，全部采用再生水。

**点评：**

城镇开发规划较工业区开发规划不同，新城建设、人口规模及生活基础设施成为规划的重要内容之一。相应地，生活用水、生活燃煤等产生的污染物排放也成为重要的环境压力核算内容。此报告在详细分析北京市燃料结构和供水结构的基础上，结合新城规划的经济规模和人口规模，对新城建设后新增的大气污染物和水污染物进行了

相对准确的估算。

对于其他城镇开发规划环评而言，如果不能获取丰富的区域现状资料，则难以采用这一方法。

## 四、水环境容量研究及水环境可达性分析（略）

## 五、大气环境预测与环境容量研究（略）

## 六、噪声和固体废物影响分析（略）

## 七、生态功能分区及生态影响分析

### （一）生态功能区划分

新城规划方案中，采用系统聚类法进行亦庄新城生态区划中的特征区划，叠加生态服务的计算结果、生态敏感度评价结果、NDVI 指数分布图、各生态要素分布图、土地利用现状、地形地貌和新城规划方案等多方面因素，将新城分为 3 个生态区——生态保护区、生态缓冲区和生态建设区。

规划分区特征和本次生态功能区划特征对比见图 17-3，规划分 3 个区，各区策略见表 17-4。

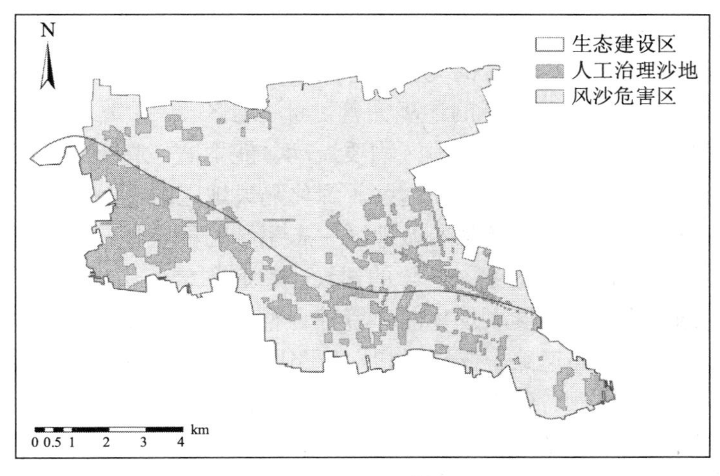


图 17-3 生态建设区

表 17-4 新城规划分区控制策略一览

| 生态分区 | 建设 | 修复 | 保育 | 环境污染 |
| --- | --- | --- | --- | --- |
| 生态保护区 | 宜林地绿化 | 废弃土地修复 | 公益林 | |
| 生态缓冲区 | 河流生态廊道<br>防护林、风景林 | 地表水体修复 | 基本农田 | 农业面源污染控制 |
| 生态建设区 | 城市公共绿地 | 地下水超采区修复，<br>水集成系统 | 节约用水<br>都市农田 | 城市面源污染控制；生态工业园区水污染治理<br>空气污染治理 |

## （二）新城规划实施后生态影响

按照新城建设总体安排，在近期，将要征占亦庄、瀛海、马驹桥和台湖等乡镇的约 10 393.9 $hm^2$ 土地，将减少农业作物生产量约 1.6 亿 kg，将会使近 8.3 万农业人口失去赖以为生的土地，成为城市居民。新建城市发展建设用地将与现状的农田用地产生冲突。随着新城的规划建设，原来的农田生态系统和农村自然-人工生态经济复合系统将变成城市人工生态系统，农田生态景观、农村平房住宅将被林立的现代化工厂、高楼所替代，原有的生态系统结构发生变化，功能也随之发生变化。

随着新城的发展，一些自然生态环境系统向人工生态环境系统的转变日益明显。在城市发展过程中，不仅生态系统功能发生改变，其生态空间也会受到城市建设的侵蚀，大量的农田生态系统被城市建设发展用地占用，大量季节性农作物及植被生物量将消失，系统内原有的能量交换、物质循环形式将发生变化，系统受外界制约和对外界的依赖性增强，原有的生态秩序将被打乱，多年人工选择和自然形成的传统生态格局将被打破，系统的稳定性减弱。

新城建设用地被城市快速路、高速公路、河流分割，削弱了各部分之间的联系，原来能量、物质交换的正常节奏和秩序被打乱。同时，由于道路的切割，造成区域景观环境不协调，破坏了生态系统的完整性，也容易对区域生物的生存环境产生影响。

随着新城的规划建设和功能的逐步完善，周边地区（主要是新城发展带动的周边乡镇）在新城的辐射带动下，新城地区物质流动、能量循环将更加活跃、通畅，周边地区对新城的支持保障作用也将不断增强。绿化隔离地区的生态建设和新城自身生态保护与生态建设的发展，不仅增强新城地区生态系统的稳定性，增强新城系统抗风险能力，同时，对北京南部地区生态屏障的建设也将起积极作用。

新城的规划建设，将开展大规模的环境综合整治和生态建设，城内凉水河和新凤河的整治，以及京津塘高速路、五环路和六环路两侧绿化隔离带的建设，将形成贯穿新城的楔形绿色空间走廊，营造的舒适宜人、与大自然有机结合的绿色环境，为新城居民的工作生活创造优美的空间。随着新城生态建设、郊野公园的绿化建设的展开，区域内林木覆盖率将大幅度提高，将减少建设用地比例，增强区域生态保障作用。

**点评：**

本章在深刻研究亦庄新城生态系统类型的结构和过程及其空间分布特征的基础上，评价不同生态系统类型的生态服务功能及其对新城社会经济发展的作用，明确新城生态环境敏感性的分布特点与生态环境高敏感区，结合区域的社会、经济现状及发展趋势，有效控制城市的土地无序开发，实现社会、经济、自然的协调发展。

本部分内容的亮点是采用了多年的卫星图片对评价区的生态变迁进行了分析，不足之处是对现场调查核实不够。

## 八、区域环境承载力综合分析

### （一）建立环境承载力指标体系

在参考国内有关研究成果的基础上，结合新城的实际情况和发展规划，初步提出了环境承载力评价的指标体系，如表 17-5 所示。

表 17-5　资源环境承载力指标与社会经济开发强度指标

| 类别 | 指标 |
| --- | --- |
| 社会经济开发强度变量（发展变量） | 人口 |
| | GDP |
| | 工业增加值 |
| | 总用水量 |
| | 能源消耗（天然气） |
| | 能源消耗（电） |
| | 道路建设总里程 |
| 资源环境承载力变量（限制因子） | $NO_x$ 排放量 |
| | $PM_{10}$ 排放量 |
| | 废水排放量 |
| | COD 排放量 |
| | 生活垃圾产生量 |
| | 夜间生活区声级 |
| | 工业用地 |

### （二）技术路线

根据其他子专题对基础情景下其资源环境承载状况研究结果和区域发展适宜性分区的结果，分析未来制约亦庄新城社会人口与经济发展的主要资源环境约束，并提出解决问题的途径。技术路线如图 17-4 所示。

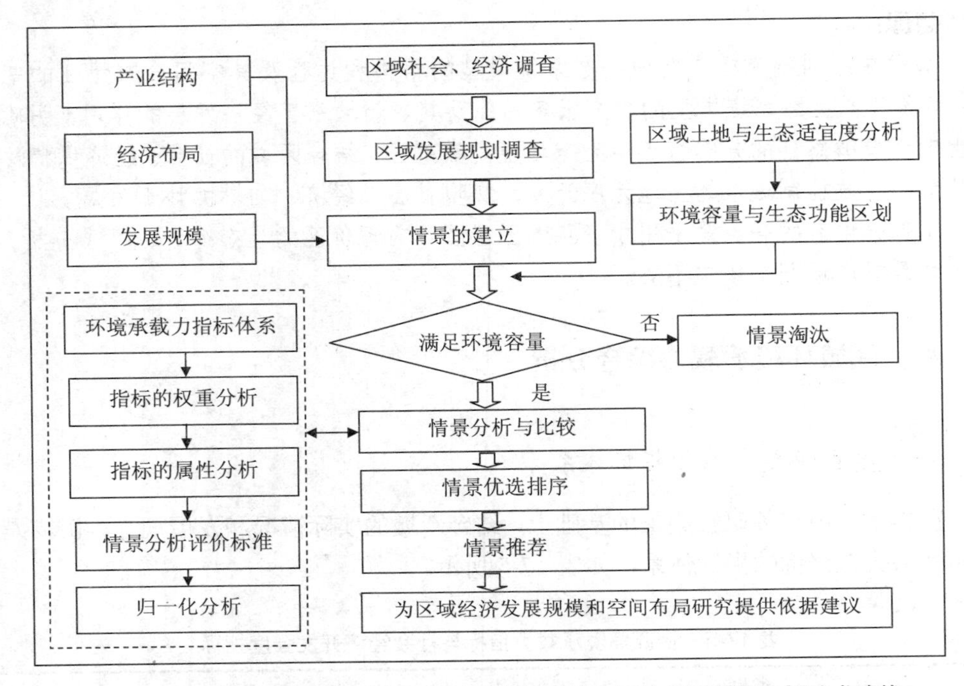


图 17-4　基于环境承载力综合分析评价的新城社会经济发展情景分析技术路线

（三）社会经济发展情景分析

新城发展因子与限制因子之间的关系分析结果表明，影响新城社会发展承载力水平的限制因子主要有废水排放量、COD 排放量、$NO_x$ 排放量、生活垃圾产生量、夜间生活区声级。但决定新城社会发展承载力水平的最大限制因子是水环境容量约束下的废水排放量和 COD 排放量。因此，要提高社会发展承载力水平，首先要采取提高再生水回用率和提高节水率等措施以减少总体废水排放量和 COD 排放量。

按新城规划，2020 年的 GDP 发展目标为 3 000 亿元，人口发展目标为 70 万人。区域环境承载力综合分析可知，如果不采取资源节约型的可持续发展模式，仍然按新城现有的发展模式发展，到 2020 年新城 GDP 的承载力只能达到 1 939 亿元的水平，人口的承载力达到 32.2 万的水平。

如采取低水平的资源节约型的可持续发展模式，例如 2020 年提高再生水回用率、达到 40%时，可减少总体废水排放量 2 762 万 $m^3$，COD 排放量 1 657 t，从而可达到明显提高社会发展承载力整体水平的作用，使 GDP 的承载力达到 2 368 亿元的水平，人口的承载力达到 46 万的水平。

如采取中水平的资源节约型的可持续发展模式，例如 2020 年提高再生水回用率、达到 50%时，可减少总体废水排放量 4 143 万 $m^3$，COD 排放量 2 486 t，从而可达到显著提高社会发展承载力整体水平的作用，使GDP的承载力达到3 058亿元的水平，人口的承载力达到58万的水平。

如采取高水平的资源节约型的可持续发展模式，例如2020年提高再生水回用率、达到55%时，可减少总体废水排放量5 001万$m^3$，COD排放量3 001 t，从而使GDP的承载力达到3 154亿元的水平，人口的承载力达到60万的水平。

进一步的计算分析结果表明，如果2020年人口的承载力要达到新城规划中70万人口的水平，再生水回用率须达到55%以上，用水总量不超过1.041亿$m^3$，COD排放量必须在规划的城市污水处理厂二级处理的基础上再削减50%以上。此外，在再生水利用方面，应尽量利用亦庄新城自身产生的再生水，少用区外的再生水。这样才能真正保证本区域较高的再生水回用率，以最大限度地减少排入水环境的污染负荷。

**点评：**

本研究是在其他专题研究结果基础上，结合北京市对本区域的定位要求以及区域自身需求两方面，建立环境承载力指标体系，分析评价区域当前环境质量、资源环境压力及发展适宜性，并以北京市和本区域国民经济和社会发展规划为依据，设计区域未来社会经济发展的基础情景，明确未来社会经济发展所面临的主要资源环境压力和挑战。运用环境承载力指标体系，对不同情景进行量化评价。通过对未来发展情景分析，优化经济社会发展模式，提出适应环境承载力的空间布局和区域经济发展方向，实现区域经济发展与环境保护的双赢战略。

环境承载力分析需要收集至少5年的历史资料，才能做出趋势分析和回归分析。本报告的不足之处在于，预测分析方法过于单一，对数据的依赖性过强。

## 九、亦庄新城发展规模、产业结构与空间布局分析（略）

## 十、循环经济及构建生态工业园区的基本方案（略）

## 十一、公众参与（略）

## 十二、结论与建议

### （一）结论

新城地区大气环境质量总体情况较差，突出问题是可吸入颗粒物年均值超标。区域大气污染物排放主要是燃料燃烧过程污染物排放，特征污染物排放量较小。2004年城区控制区 $PM_{10}$ 已无环境容量，但 $SO_2$、$NO_x$ 还有较大环境容量。2010 年和 2020 年规划情景下新城地区 $SO_2$、$NO_x$ 空气质量可以实现控制目标，$PM_{10}$ 采取措施后也可实现控制目标。

新城水资源匮乏，地下水储量处于亏损状态，用水主要由区外城市自来水管网供给，供需矛盾突出。新城地区水环境质量较差，地表水体均为劣Ⅴ类，地下水也受到一定程度的污染。2004 年凉水河、凤河、凤港减河、新凤河、通惠干渠 5 条过境河流均无环境容量。2010 年和 2020 年规划发展情景下，新城内的 4 条纳污河流接受的 COD 排放量仍然超过环境容量约束下的允许排放量。

新城现有工业固体废物和危险废物均得到安全、有效处理处置，农村大部分地区生活垃圾随意堆放给当地环境带来一定影响。新城规划目标年的生活垃圾、工业固体废物、危险废物均可得到有效、安全处置，不会对环境带来影响。

现状集中居住区域声环境质量较好，集中工业区域噪声达标，交通噪声影响较大。预测集中居住区域声环境质量好，集中工业区域噪声达标，交通噪声影响仍然较大。

新城地区耕地资源丰富，林地资源极为有限，农田是目前主要的生态用地类型，且保护良好，在长期人类活动影响下，天然林等自然植被已经破坏殆尽，人工林和园地、农业用地是主要植被。河道污染严重，水生动物种群组成简单，生物种群组成单一。湿地动物类群仍具有较丰富的多样性，古桑园和麋鹿苑是亦庄新城地区两个最为重要的生境。随着新城的建设，耕地面积持续减少，居民和建设用地不断增加，生态建设使林地面积增加，水域面积呈减少趋势，人口因素、经济因素、政策因素成为土地利用变化的主要驱动力。新城地区受人为干扰程度高，大部分地区生态敏感性低。通过大型植物斑块的营造、小型植物斑块的补充完善，以凤港减河、凉水河、新凤河、凤河等河道及京津塘高速公路等为主要轴线的大型廊道建设，构建新城地区生态安全格局。

新城核心区由于交通、人口、经济等优势，属于建设用地适宜区，生态较敏感的地区建设用地的适宜性较低；生态功能区划分与规划基本一致，但仍存在不同之处，主要问题是其生态安全格局维护的能力较弱。决定新城社会发展承载力水平的最大限制因子是水环境容量约束下的废水排放量和 COD 排放量，要提高社会发展承载力水平，首先要采取提高再生水回用率和提高节水率等措施以减少总体废水排放量和 COD 排放量。要实现新城规划中 3 000 亿元的经济发展目标，必须采取资源节约型的可持续发展模式，发展低耗水的高新技术产业与现代制造业以及商务、物流等主导产业，选择真正低耗水的入区企业，引导低耗水的企业以再生水为主要水源，并适当提高新城城市污水处理厂的整体处理程度。要实现新城规划中 70 万人口的发展目标，必须在新城规划现有的资源节约方案的基础上，进一步提高再生水的回用率和城市污水处理厂的处理程度，并同时压缩工业用水与排水规模，并采用有效削减工业 COD

排放量的措施。

新城规划建立在职住均衡、职住近接、同步成长的发展模式之上，形成居住区与工业区犬牙交错、相互包围的布局，工业区对某些生活区的大气环境质量存在潜在影响。

（二）建议

新城发展电子、汽车、医药、装备等高新技术产业与现代制造业以及商务、物流为主导产业的定位构想，必须要在满足高水平的资源节约型的可持续发展模式的要求下，选择真正低耗水的入区企业，引导低耗水的企业以再生水为主要水源，并适当提高新城城市污水处理厂的整体处理程度，才能实现预期的经济发展目标。

要实现亦庄新城规划中 70 万人口的发展目标，必须在新城规划现有的资源节约方案的基础上，进一步提高再生水的回用率和城市污水处理厂的处理程度，同时压缩工业用水与排水规模，并采用有效削减工业 COD 排放量的措施。

优化新城产业结构，积极发展低耗水、低耗能、低污染的以服务业为特色的第三产业。依靠科技进步，提升产业的节水水平与生活节水水平。在产业准入政策上树立循环经济理念，坚持生态工业导向，科学制订产业的准入门槛，促进新城可持续发展。

**点评：**

城镇开发规划涉及范围广、涵盖内容多，本案例评价结论编写主要从新城建设对环境要素影响以及对资源承载力影响的角度进行归纳总结，给出不同规划期主要的环境压力和资源承载能力，点出问题所在。同时也再次强调新城的开发建设与现实环境之间仍存在矛盾。

评价结论也对存在的环境制约因素提出了明确的解决建议，使用再生水、提高污水处理程度、发展低耗水产业，是寻求区域社会经济可持续发展的根本。

## 案例 C　区域战略环境影响评价

区域战略环境影响评价涉及的面积和开发规模大，造成的环境影响范围广、程度大、情况复杂。在落实压力－状态－响应评价思路时，压力、状态、响应以及环保目标的具体指标难以确定和量化，压力、状态、响应之间的作用关系难以建立。

黄河中上游能源化工区重点产业战略环境影响评价是迄今为止我国开展的最大尺度的区域开发环境影响评价，充分体现了战略环境影响评价宏观性的特点。本案例建立了一套能表现区域环境特征的压力－状态－响应的评价指标，并以区域水资源及水环境研究工作为重点，抓住区域生态核心环境问题，带动区域生态环境全面改善。

该环境影响评价最终以水资源和大气环境容量为环境红线，对区域开发的定位、重点产业的规模、布局、技术水平等提出了调控建议。较为遗憾的是，由于数据不足、工作时间有限以及项目组技术水平的限制，区域水环境的预测研究未能达到预期目标，优化调控区域开发方案的能力稍显不足。

## 一、概述

### （一）项目背景

评价区地处我国内陆腹地，西与青海、甘肃接壤，南部毗邻中原地区，区域面积约 52 万 $km^2$。评价区生态脆弱、环境敏感、水资源短缺。是全国重要的防风固沙功能区，全国水土保持的关键区域，华北地区的生态防线。评价区扼守黄河上中游河段，众多支流和黄河干流将河源区草甸湿地、上中游库塘湿地、中游灌区湿地等不同景观生态单元有机连接，构成黄河流域重要的“生态廊道”。评价区人口聚集效应也日渐明显，保障人居环境成为区域在社会经济发展中必须高度关注的问题。

综合大气环境、水环境和生态环境现状及演变趋势分析，评价区主要生态功能均受到不同程度的干扰，对区域性、流域性生态安全构成威胁。××沙漠、××沙漠、××沙漠和××沙地，××西北部沙漠化有加剧态势，局部地区土壤侵蚀加剧，对评价区局地防风固沙、水土保持功能有一定影响。评价区干旱缺水程度增加，生态用水被挤占造成重要湿地萎缩、支流断流，黄河生态安全廊道出现间断和破碎，影响流域生态安全。评价区饮用水源地水质局部恶化，大气环境呈现煤烟型污染特征，尚难满足人居环境保障功能。

评价区人口数量少，城市化水平较低，工业发展以煤源产业为核心，农业发展占重要地位。评价区目前基本形成了以煤炭、煤电、煤化工等煤源产业为基础、辅以冶金、机械制造等其他产业为补充的产业结构。评价区是国家重要的能源供给基地，是国家最主要的煤炭产区和调出区，是“西电东送”北通道的重要输出地。评价区是国家传统煤化工产品的主要产地，新型煤化工在评价区内也渐成产业发展方向，初步形成三大集聚区。评价区黑色金属冶炼及压延加工业总产值高，为评价区第一大支柱产业。

评价区初步形成了五个产业分区，五大产业区初步形成了“一体四翼”的分布格局。“一体”产业区煤炭储量大，煤源产业发展势头迅猛，资源环境效率水平较高；“东翼”产业区开发早，煤源工业颇具规模，资源环境效率水平较低，环境问题突出；“南翼”产业区多元发展，独具发展优势，资源环境效率水平居中，局部地区环境问题显现；“北翼”产业区冶金工业产业链初具规模；“西翼”产业区工业起步晚，仍以传统煤化工为主要产业，资源环境效率水平低。

### （二）环境影响识别和筛选

评价区由于长期低水平发展，工业发展已经干扰了区域生态功能维护，工业发展也加剧了区域环境质量恶化，甚至威胁到了生态敏感区安全。重点产业发展带来的环境压力分析见表 17-6。

表 17-6　重点产业对各产业分区的生态环境压力

| 环境要素<br>产业分区 | 生态环境 | 水环境 | 大气环境 | 综合承载能力 |
|---|---|---|---|---|
| 一体 | 局部地区出现挤占生态用水问题，加剧了重要湿地萎缩 | — | — | — |
| 东翼 | 煤炭资源开发加剧土壤侵蚀，高耗水产业挤占生态用水，造成河流断流、局部地区形成地下水漏斗 | 河流生态需水被挤占，自净能力不足；焦化等产业排污造成水环境质量恶化 | 煤电、冶金、焦化等产业排污造成大气环境恶化 | 煤炭资源开发破坏水资源；重点产业排污造成水环境承载力、大气环境承载力弱 |
| 南翼 | 高耗水产业挤占生态用水，造成河流生态用水不足、局部地区形成地下水漏斗 | 河流生态需水被挤占，自净能力不足；焦化等产业排污加剧水环境质量恶化 | 煤电等产业排污造成局部地区大气环境恶化 | 重点产业排污加剧水环境承载力不足矛盾 |
| 北翼 | — | — | 冶金、焦化等产业排污造成区域大气环境恶化 | 重点产业耗用大量水资源，区域水资源承载力弱；重点产业排污造成区域大气环境承载力弱 |
| 西翼 | 局部地区出现挤占生态用水问题，形成地下水漏斗 | — | 焦化等产业排污造成局部地区大气环境恶化 | 在农业耗用大量水资源的背景下，重点产业加剧了地区水资源紧张；重点产业排污造成局部地区地大气环境承载力弱 |

综合分析区域内各产业区存在的环境问题和发展战略，区域重点产业发展战略的环境影响识别见表 17-7。

表 17-7　重点产业发展战略环境影响识别

| 战略内容 | 生态安全 | | | | |
|---|---|---|---|---|---|
| | 资源 | 生态质量 | 环境质量 | | |
| | 水资源 | 生态敏感性 | 大气环境 | 水环境 | 土壤环境 |
| 重点产业定位 | 3L | 3L | 3L | 2L | 2L |
| 产业规模 | 3L | 3L | 3L | 2L | 2L |
| 产业布局 | | 3L | 2L | | |
| 资源配置方案 | 3L | 3L | | 2L | |
| 公共设施配套方案 | 2L | | 2L | 2L | |

注：2、3 表示影响程度，3 为严重，2 为较严重；L 表示长期影响。

（三）环保目标

- 促进黄河中上游地区可持续发展；
- 维护黄河中上游地区生态功能：保障华北地区生态防线功能，维持黄河流域生态安全廊道功能，改善人居环境保障功能；
- 抑制水资源过度开发，改善区域煤烟型污染现状，遏制黄河支流水环境质量恶化趋势。

（四）评价范围（略）

（五）评价时段（略）

**点评：**

五大区战略环评是我国首次对经济发展热点地区开展的战略环评，评价范围广、工作层次高，在确定环保目标、核算规划压力等方面与其他区域开发环评有所不同。本案例在充分分析区域环境特征和发展战略趋势的基础上，识别了区域产业发展的环境影响，制定了符合区域生态功能定位且具有一定操作性的环保目标。

## 二、生态环境演变趋势及现状评估（略）

## 三、资源环境承载力评估（略）

## 四、重点产业发展现状及资源环境效率水平评估（略）

## 五、重点产业发展中长期环境影响及生态风险评估

### （一）重点产业发展情景方案

依据地方发展规划、国家及行业发展规划以及区域资源环境条件，设计了三种重点产业发展情景。

情景一：基于地方发展愿景的情景。以相对客观地描述地方相关产业发展的现状趋势，真实反映地方经济发展诉求。主要考虑两方面因素：其一，相关产业近几年的平均增长速度及态势；其二，地方对相关产业中长期的发展安排。通过上述两方面因素的综合界定，模拟出从地方发展愿望出发的产业发展情景方案。

情景二：基于国家战略需求的情景。主要是将国家对相关产业的需求状态作为设计各地产业发展的基本依据，以适当反映国家对相关产业发展的总体要求。基于国家发展需求的情景设计考虑三方面因素：其一，国家相关行业近几年平均增长速度及态势；其二，国家新近出台的相关产业中长期产业发展规划；其三，地方资源环境压力情况。

情景三：基于资源环境约束的情景。将促进生态环境改进作为地方产业发展情景设计的主要依据，以体现科学发展观的根本要求。主要考虑三方面因素：其一，地方生态环境情况；其二，国家节能减排的总体要求；其三，地方生态环境保护相关规划要求。

三种情景产业规模和技术水平对比详见表 17-8 和表 17-9。

**表 17-8 三种情景产业规模对比（近期）**

| 情景 | 煤炭开采/亿 t | 煤电/MW | 传统煤化工 | 新型煤化工 | 冶金/万 t |
|---|---|---|---|---|---|
| 基于地方发展意愿情景 | 15.5 | 100 900 | 焦炭：1.66 亿 t<br>电石：2 640 万 t<br>合成氨：1 010 万 t | 二甲醚：2 320 万 t<br>煤制烯烃：1 380 万 t<br>煤制油：1 720 万 t<br>煤制甲醇：1 530 万 t<br>煤制天然气：80 亿 $m^3$ | 9 000 |
| 基于国家战略需求情景 | 10.9 | 77 140 | 立足升级改造和产能置换，不再新增产能 | 二甲醚：233 万 t<br>煤制烯烃：172 万 t<br>煤制油：440<br>煤制天然气：20 亿 $m^3$ | 4 500 |
| 基于资源环境约束情景 | 13 | 89 290 | 焦炭：8 357 万 t<br>电石：700 万～800 万 t<br>合成氨：700 万～800 万 t | 二甲醚：313 万 t<br>煤制烯烃：232 万 t<br>煤制油：720 万 t<br>煤制甲醇：600 万～900 万 t<br>煤制天然气：40 亿 $m^3$ | 5 000 |

表 17-9　三种情景产业规模对比（远期）

| 情景 | 煤炭开采/亿 t | 煤电/MW | 传统煤化工 | 新型煤化工 | 冶金/万 t |
|---|---|---|---|---|---|
| 基于地方发展意愿情景 | 29.7 | 177 300 | 焦炭：1.66 亿 t<br>电石：2 640 万 t<br>合成氨：1 010 万 t | 二甲醚：2 320 万 t<br>煤制烯烃：1 380 万 t<br>煤制油：3 660 万 t<br>煤制天然气：80 亿 $m^3$ | 14 000 |
| 基于国家战略需求情景 | 16.6 | 113 740 | 立足升级改造和产能置换，不再新增产能 | 二甲醚：313 万 t<br>煤制烯烃：232 万 t<br>煤制油：1 040 万 t<br>煤制天然气：60 亿 $m^3$ | 4 500 |
| 基于资源环境约束情景 | 22 | 145 100 | 焦炭：1 亿 t<br>电石：700 万～800 万 t<br>合成氨：700 万～800 万 t | 二甲醚：413 万 t<br>煤制烯烃：452 万 t<br>煤制油：1 500 万 t<br>煤制天然气：80 亿 $m^3$ | 5 000 |

（二）水资源承载力预测

优化上游河段地表水取水量，保障河道内生态用水，是评价区重点产业发展的前提。预计到规划近期，评价区多年平均可供水量为 237.56 亿 $m^3$，其中，地表水供水量 164.23 亿 $m^3$ 与现状的 164.82 亿 $m^3$ 持平，保障黄河干流总取水量不突破分配指标。地表供水量的区间分布将有所调整，其中宁夏区退还超指标挤占河道内用水 14.35 亿 $m^3$，内蒙古区退还 4.19 亿 $m^3$，山西区和陕西区通过增加调蓄工程、新建供水工程等措施，将分别增加供水 10.96 亿 $m^3$ 和 8.78 亿 $m^3$。

黄河上游产业区和汾河流域产业区应调整产业结构，鼓励发展低耗水产业。吴忠、中卫、阿拉善、巴彦淖尔、咸阳、运城等地水资源承载能力在规模较小、技术水平较高的情景二下仍不能满足重点产业需求，这些城市受水资源制约，在水资源无法保障的前提下，不宜发展高耗水的煤电、煤化工等产业，应转为发展低耗水产业。

“一体”产业区应升级改造现有高耗水产业，提高新增产能水资源利用效率。西部煤炭产区发展重点产业应按国家技术政策大幅提高整体产业技术水平。矿井水利用率、原煤洗选率大幅提高，新增煤炭项目矿井水利用率应达到 90%以上，火力发电采用空冷技术，煤化工废水循环利用率达 95%以上。这些地区发展重点产业时应同时加大现有产业升级改造。为便于污水集中处理和再生水利用，新建项目必须进入工业园区。发展新型煤化工产业的缺水地区，城市生活污水处理率应达到 85%以上，再利用率达到 40%以上。

### （三）大气环境影响预测

区域产业发展最主要的制约因素为水资源，由于情景一条件下水资源不能够满足重点产业发展需求，因此，大气环境演变趋势分析只考虑情景二和情景三。

情景三下评价区重点产业 $SO_2$ 排放量将有较大幅度削减，评价区重点产业 2015 年 $SO_2$ 排放量比 2007 年可削减 76.87 万 t/a，满足了区域 $SO_2$ 承载力削减的要求（区域应在 2007 年的基础上削减 45.25 万 t/a），其中煤电产业 $SO_2$ 排放量削减最大，焦化、电石产业 $SO_2$ 排放量也有所减小。与 2007 年相比，2015 年区域内 $SO_2$ 年平均浓度、日均最大浓度超标范围明显减小。$PM_{10}$ 影响范围和程度有减小趋势。2015 年评价区重点产业烟尘排放量减小，与 2007 年相比占标率 10%的年平均浓度等值线的范围缩小。$NO_x$ 排放量比 2007 年增大 31.95 万 t/a，其中煤电行业的 $NO_x$ 排放量增加最大（27.46 万 t/a）。在情景三的技术水平下，脱硝等 $NO_x$ 控制措施被 80%的燃煤电厂采用，脱硝效率为 50%，$NO_2$ 影响范围和程度有增加趋势，$NO_2$ 年平均浓度出现超标点，长距离传输对华北地区的影响较 2007 年增大。

情景三条例下区域二次污染程度整体改善、局部地区有所加重。区域能见度整体有所改善。2015 年的重点产业布局有了一定的变化，对 $SO_2$ 加大了削减力度，$NO_x$ 的排放量虽有增加，但是大多数城市的能见度都有不同程度的改善，对北京小时、日均、年均能见度的影响程度都有所减小。

在情景二的技术水平下，燃煤电厂采用更为严格的 $NO_x$ 控制措施，100%的燃煤电厂采用 $NO_x$ 控制措施，脱硝效率达到 70%以上，此情景下，重点产业 2015 年 $NO_x$ 排放量可比 2007 年减少 3.31 万 t/a，$NO_2$ 的影响范围和程度不会增加。

### （四）水环境影响预测

根据水环境预测结果，在情景二和情景三条件下，重点产业排污量不断减少，但渭河在规划近期和规划远期水质仍然恶劣，为劣Ⅴ类水体。渭河流域面源污染严重，其他工业废水入河量大，水环境承载力弱。在这一背景下，应加大现有重点产业治污力度，升级改造区域内合成氨、电石产业，布局改扩建项目必须实现水污染物总量减排。未来应调整产业结构，大力发展低污染产业。

加强全区域高含盐废水治理。在情景二和情景三中，对产业废水循环利用提出了较高的要求，使得高含盐废水成为区域重点产业的一个特征污染物。为避免高含盐废水对黄河水环境质量的影响，应在全区域加强高含盐废水治理。高含盐废水不得直接向黄河等重要地表水体排放。

### （五）生态环境影响预测

情景一重点产业需水量、占地规模较现状增长过大，将加剧挤占生态用水引发的生态环境问题和局部土地退化。

情景三整体缺水率有所降低，重点产业占地规模缩小，仍有局部地区可能延续挤占生态用水引发的生态环境问题，存在土地退化的潜在威胁。

情景二缺水率及重点产业占地规模进一步缩小，大部分地市挤占生态用水引发的生态环境问题有所缓解，土地退化范围缩小。

为减缓高耗水能源化工产业挤占生态用水引发的生态环境问题，必须严格控制工业取水范围。为避免工业园区沿黄布局引发的水环境风险，要求工业企业，尤其是新型煤化工企业必须入工业园区，存在水环境污染的工业园区必须与集中式饮用水源地保持合理距离，同时加强现有小工业园区整合，提高工业园区技术及污染治理水平，提高水资源循环利用率和中水回用率，减少水污染物排放。为减轻重点产业发展对退化土地的影响，严格控制强度以上土壤侵蚀、土地沙漠化分布区的能源化工产业占地规模。

### （六）生态风险评估

评价区干旱、沙尘暴、土壤侵蚀、土地沙漠化等多重自然生态风险源强度由东南向西北逐渐增强。能源化工产业战略发展中可能出现的生态用水挤占、水环境污染、粗放型煤炭资源开发等人为风险源，多作用于评价区中部及南部地区，与自然生态风险源叠加影响，可能发生河流断流、高强度水土流失、生态系统退化等生态风险。

**点评：**

影响及生态风险评估是环评工作的核心内容。本案例采用情景分析的方法，粗略估算了重点产业战略实施后在资源消耗、污染物排放、生态风险等方面产生的环境压力，结合前章已完成的区域资源环境承载力内容，分析不同环境要素对重点产业战略的定位、规模、布局所产生的制约性要求，从而为重点产业优化调控提供技术支撑。

## 六、重点产业优化调控建议方案

### （一）“一体”产业区优化调控的建议方案

鼓励“一体”产业区建设新型能源重化产业区。合理控制煤炭产业规模，优化开采方式；提高煤电产业技术水平，优化产业布局；适度发展新型煤化工产业，提高准入要求。

### （二）“东翼”产业区优化调控的建议方案

建议将“东翼”产业区打造成为“资源型经济转型区”。推进煤炭产业整合，提高产业集中度；控制煤电发展规模，提升产业技术水平；升级改造传统煤化工产业，实现总量减排；对冶金行业进行深入的产业结构调整。

（三）“南翼”产业区优化调控的建议方案

“南翼”产业区大力发展多元化产业。鼓励产业多元化发展，丰富产业结构；升级改造传统煤化工产业，提升技术水平。

（四）“北翼”产业区优化调控的建议方案

“北翼”产业区建议着力建设“特色冶金基地”。提高冶金产业技术水平，优化产业布局；升级煤电和传统煤化工产业，合理控制规模。

（五）“西翼”产业区优化调控的建议方案

“西翼”产业区围绕“黄河上游城市带”的建设，着力优化产业结构，提升技术水平。鼓励发展低耗水产业，优化产业结构；升级改造现有重点产业，提升产业技术水平。

**点评：**

重点产业优化调整建议是战略环评的核心成果，不仅要具有说服力，更应具有操作性。本案例根据评价区域的具体情况，将区域分为五个不同发展区，分别提出产业定位、规模、结构及布局的调整要求和优化建议，为保证区域实现可持续发展保驾护航。

以上建议将环境保护放在较为重要的位置，但在区域开发的实践中，环保部门的话语权相对较弱，简单地提出环保要求尚不能完全保证各项措施的落实。探索能为各级政府部门接受的调控建议是环评工作者共同面临的挑战。

## 七、产业与资源环境协调发展对策机制（略）

# 参考文献

[1] James T E，et al. 1983. Regional environmental assessments for policymaking and research and development planning Environ.Impact Assess.Review 4（1）：9-24.

[2] Therivel et al.，1992 Strategic Environmental Assessment，Earthscan Publication Ltd.

[3] 王华东，等．区域环境影响评价有关问题的探讨[J]．中国环境科学，1991，1（5）.

[4] 周能福，董旭辉，王亚男，等．黄河中上游能源化工区重点产业发展战略环境评价研究[M]．北京：中国环境出版社，2013.

[5] 彭应登，王华东．战略环境评价与项目环境影响评价[J]．中国环境科学，1995（6）.

[6] 彭应登，王华东．论区域环境规划与区域开发环境影响评价在区域环境管理中的作用和地位[J]．化工环保，1995，2（15）.

[7] 彭应登，王华东．浅谈区域开发环境影响评价的涵义[J]．环境保护，1996（5）.

[8] 彭应登，王华东．累积影响研究及其意义[J]．环境科学．1997（1）.

[9] 彭应登，唐子华．论区域开发环境影响评价的时空边界[J]．轻工环保，1998（5）.

[10] 彭应登．区域开发环境影响评价研究进展[J]．环境科学进展，1999（4）.

[11] 彭应登．区域开发环境影响评价[M]．北京：中国环境科学出版社，1999.

[12] 彭应登，杨明珍．区域开发环境影响累积的特征与过程浅析[J]．环境保护，2001（3）.

[13] 彭应登，杨明珍．浅论区域开发环境影响评价的指标体系[J]．环境保护，2001（7）.

[14] 尚金城，包存宽．战略环境评价导论[M]．北京：科学出版社，2002.

[15] 包存宽，刘利，陆雍森，尚金城．战略环境影响识别研究[J]．安全与环境学报，2002，2（4）.

[16] 尚金城，包存宽．规划环境评价导论[M]．北京：科学出版社，2003.

[17] 尚小都，郭怀成．区域规划环境影响评价方法及应用研究[M]．北京：科学出版社，2102.

[18] 林逢春，陆雍森．浅析区域环境影响评价与累积效应分析．环境保护[J]，1999（2）.

[19] 李丽娜．累积环境影响评价指标体系研究[D]．中国环境科学研究院，2003.

[20] 蒋宏国，林朝阳．规划环境影响评价中的替代方案研究[J]．环境科学动态，2004（1）.

[21] 王玉梅，尚金城，丁俊新．战略环境评价中替代方案的形成和比较分析方法[J]．江苏环境科技，2007，20（6）.

[22] 谯华．浅谈区域开发环境影响评价存在的主要问题与对策[J]．环境科学导刊，2010（2）.

[23] 张蓉．开发区环境影响评价实践的几点思考与探析[J]．北方环境，2012（3）.

[24] 孟庆堂，崔良．规划环境影响评价中替代方案的确定、筛选和分析方法探讨[J]．新疆环境保护，2004，26（3）.

[25] 毛文锋，吴仁海．建议在我国开展累积影响评价的理论与实践研究[J]．环境科学研究，1998，11（5）．

[26] 毛文锋，陈建军．累积影响评价的原则和框架[J]．重庆环境科学，2002（6）．

[27] 叶兆木，邓力，李理．累积影响评价研究进展[J]．四川环境，2006，25（4）．

[28] 吴贻名，张礼兵，万飚．系统动力学在累积环境影响评价中的应用研究[J]．武汉水利电力大学学报．2000，33（1）．

[29] 都小尚，刘永，郭怀成，等．区域规划累积环境影响评价方法框架研究[J]．北京大学学报：自然科学版，2011（3）．

[30] 张天柱．循环经济的概念框架[J]．环境科学动态，2004（5）．

[31] 刘滨，王苏亮，吴宗鑫．试论以物质流分析方法为基础建立我国循环经济指标体系[J]．中国人口资源与环境，2005，15（4）．

[32] 高吉喜，韩永伟，吕世海．区域开发战略环境影响评价总体思路与技术要点[J]．电力环境保护，2007，23（5）．

[33] 时进钢，王亚男，祝晓燕，等．基于资源环境承载力的规划结构优化方法探讨[J]．环境科学与技术，2010，33（9）．

[34] 王亚男，蔡春霞，仇鹏．西北干旱地区战略环评的研究思路及实践[J]．环境保护，2012（10）．

[35] 仝川．环境指标研究进展与分析[J]，环境科学研究，2000（4）．

[36] 外山敏夫，香川顺合著．在烟雾中生活[M]．燃料化学工业出版社，1973（6）．

[37] 王亚男，赵芳，李冬，孙汉坤．环境影响评价促进企业实现水资源保护[J]．环境保护，2012（22）．

[38] 冯之浚．循环经济导论[M]．人民出版社，2004.

[39] 张坤民，潘家华，崔大鹏．低碳发展论[M]．中国环境科学出版社，2009（10）．

[40] 兰芬，石晓枫．用循环经济理论指导工业区环境影响评价[J]．环境科学与技术，2007，30（10）．

[41] 石成春．循环经济理论和技术方法在区域规划环评中的应用[J]．海峡科学，2008（6）．

[42] 时进刚，王亚男，等．黄河中上游能源化工区大气污染跨界环境影响分析[J]，环境监测管理与技术，2011（6）．

[43] 黄丽华，王亚男，韩笑．黄河中上游能源化工区重点产业发展战略土地资源承载力评价[J]．环境科学研究，2011（2）．

[44] 鱼红霞，刘振起．项目环境影响评价与战略环境影响评价比较[J]．环境科学与技术，2004（4）．

[45] 鱼红霞．土地一级开发环境影响评价初探[J]．四川环境，2008（12）．

[46] 周能芹，类比分析法在环境影响评价中的应用[J]，环境保护，1997（6）．

[47] John Wiley and Sons. Theory of Linear and Integer Programming[M]. 1998.

[48] 开发区区域环境影响评价技术导则.

[49] T. L. Saaty. The Analytic Hierarchy Process[M]. Mc.Graw：Hill International Book Company. 1980.

[50] 蒋欣，钱瑜，张玉超，等. 层次分析法在规划环评中的应用——以太仓市沿江地区规划为例[J]. 环境保护科学，2005，130（31）.

[51] 史同广，郑国强，王智勇，等. 中国土地适宜性评价研究进展[J]. 地理科学进展，2007，26（2）.